应用型本科计算机类专业系列教材
应用型高校计算机学科建设专家委员会组织编写

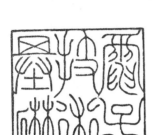

电子技术基础
简明教程

主　编　郭立强
副主编　栾　迪　朱慧博　黄　卉

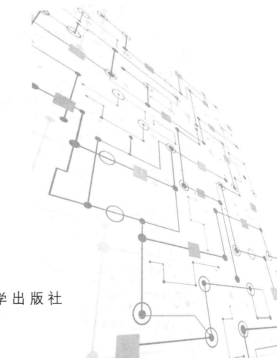

 南京大学出版社

内容简介

电子技术基础作为工科专业的专业基础必修课,在整个本科人才培养体系中起到关键作用。然而,由于各高校培养目标改革等诸多因素的影响,导致课程的学时数偏少,现有相关教材的篇幅就显得过于庞大。本书是由传统的电路分析、模拟电子技术和数字电子技术三门课程整合而成,定位为简明教程,"简"是内容精练,同时保证前后内容的衔接性;"明"是讲究教材内容的浅显易懂,充分考虑基础课教学的特点,在保证理论系统完整和基本概念清晰的前提下,突出电子技术的基础知识和基本理论,以培养学生的基本电路分析与设计能力为主要目标,面向应用型教学需求。全书共18章,每章均配套适量习题和在线练习,学生可以通过扫码在线答题,相关题目都有提示及解答,便于自学。此外,本书配套的实验教程,具有大量的实验内容,学生可通过实验巩固所学知识。

图书在版编目(CIP)数据

电子技术基础简明教程 / 郭立强主编. — 南京:
南京大学出版社,2020.8(2021.7 重印)
应用型本科计算机类专业系列教材
ISBN 978-7-305-23533-7

Ⅰ. ①电… Ⅱ. ①郭… Ⅲ. ①电子技术—高等学校—
教材 Ⅳ. ①TN

中国版本图书馆 CIP 数据核字(2020)第 114457 号

出版发行　南京大学出版社
社　　址　南京市汉口路22号　　　　　邮　编　210093
出版人　金鑫荣

书　　名　**电子技术基础简明教程**
主　　编　郭立强
责任编辑　苗庆松　　　　　　　编辑热线　025-83592655
照　　排　南京开卷文化传媒有限公司
印　　刷　南京鸿图印务有限公司
开　　本　787×1092　1/16　印张 19　字数 512 千
版　　次　2020 年 8 月第 1 版　　2021 年 7 月第 2 次印刷
ISBN　978-7-305-23533-7
定　　价　49.80 元

网　　址:http://www.njupco.com
官方微博:http://weibo.com/njupco
官方微信号:njupress
销售咨询热线:(025)83594756

前　言

　　电子技术基础作为工科专业的专业基础必修课,在整个本科人才培养体系中起到关键作用。然而,由于各高校培养目标改革等诸多因素的影响,导致课程的学时数偏少,现有相关教材的篇幅就显得过于庞大。如何在课时有限的条件下完成电路分析、模拟电子技术和数字电子技术三门课程的讲授是一个极具挑战性的课题。为了适应工科非电类专业人才培养的新要求,综合考虑计算机以及通信工程等专业对本课程的特殊需要,我们编写了这本简明教程。期望通过本教材的学习,读者能够获得电子技术方面的基础知识、基本理论和基本技能,掌握电子电路及其系统的分析与设计方法,学会应用相关知识解决实际问题,并为后续深入学习相关硬件课程打下良好的基础。本书在编写上采用较少的篇幅把传统电路分析、模拟电子技术和数字电子技术这三门课程的核心内容呈现给学生。本书定位为简明教程,"简"是内容精练,同时保证前后内容的衔接性;"明"是讲究教材内容的浅显易懂,充分考虑基础课教学的特点,在保证理论系统完整和基本概念清晰的前提下,突出电子技术的基础知识和基本理论。本书每章均配套适量习题和在线练习,学生可以通过扫码在线答题,相关题目都有提示及解答,便于自学。

　　全书共分三大模块18个章节,分别是电路分析模块(4个章节)、模拟电路模块(7个章节)和数字电路模块(7个章节),重点突出模拟电路和数字电路内容的讲解。电路分析模块仅介绍电子电路的基础知识,内容主要包括电路分析基础、线性电阻电路分析、电路分析基本定理和正弦交流电路。模拟电路模块主要介绍半导体器件的基本原理、三极管基本放大电路、多级放大电路、负反馈放大电路、功率放大电路、集成运算放大器基础、直流稳压电源。数字电路模块主要介绍数字逻辑基础、集成逻辑门电路、组合逻辑电路、触发器、时序逻辑电路、矩形脉冲电路和 A/D 及 D/A 转换等内容。此外,本书配套的实验教程有丰富的实验案例,读者可通过实验巩固所学知识。

　　本书由淮阴师范学院的郭立强主编,负责全书统稿。南京理工大学紫金学院的栾迪、宿迁学院的朱慧博和东南大学成贤学院的黄卉为副主编。其中,郭立强编写第8、9、14～18章;黄卉编写第1～3章;栾迪编写第4～7章;朱慧博编写第10～13章。本书由淮阴师范学院的刘恋老师和南京理工大学紫金学院的谢玲老师负责全书的主审工作,并提出了许多宝贵的修改建议,谨致以衷心的感谢。由于编者水平有限,在教材的编写过程中难免有疏漏之处,恳请广大读者批评指正,以便及时修改。

编　者

2020 年 4 月

目　录

第1章

电路分析基本概念及定律

　　本章介绍电路分析所需的基本概念,包括电路模型基本概念;电路变量中电压、电流参考方向的基本概念和功率计算以及吸收、发出判断方法;还将介绍电阻、电容、电感、电源等理想电路元件。此外将重点介绍电路中所有支路电压和电流所遵循的基本规律——基尔霍夫定律,它是分析集总参数电路的基本定律,包括基尔霍夫电流定律(KCL)和基尔霍夫电压定律(KVL)。图 1.1 是本章知识点的思维导图。

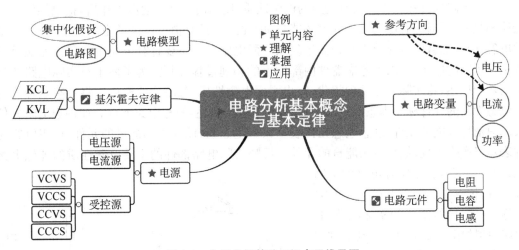

图 1.1　电路分析基础知识点思维导图

1.1 ▶ 电路与电路模型

1.1.1　电路模型

　　现如今,电路与人们生活工作息息相关。在实际应用中,为了达到某种预期目标,将若干电工设备或器件通过导线按照一定方式组合连接起来,构成电流的通路统称为电路。实际电路具有能量的传输、分配、转换和信息的传递、处理、控制和计算等功能。电路一般由电源、负载以及中间环节三个部分组成。电源是将非电能转换成电能(或者电信号)的装置。

由于非电能的种类很多,转变成电能的方式也很多。例如,电池把化学能转变成电能;发电机把机械能转变成电能。在电路中使用电能的各种设备统称为负载。负载的功能是把电能转变为其他形式的能量。例如,电炉把电能转变为热能;电动机把电能转变为机械能,等等。通常使用的照明器具、家用电器、机床等都可称为负载。导线和辅助设备合称为中间环节,是连接电源和负载的部分,实现对电路的传输、控制、分配、保护及测量等作用,如导线、各种开关、熔断器、电流表、电压表及测量仪表等。

通常把电源产生的电压、电流称为激励(excitation),推动电路正常工作。而由激励在电路中产生的电压、电流称为响应(response)。根据激励和响应之间的因果关系,激励也称为输入,响应称为输出。在已知电路的结构、元件、参数的情况下分析电路的特点和功能,即由已知激励求给定电路的响应,称为电路分析(circuit analysis)。在给定性能指标的情况下建立起相应的电路,即由已知响应求实现指定激励的电路,称为电路综合或电路设计(circuit synthesis)。电路分析是电路理论中最基本的部分,是电路设计的基础。电路分析是本书电路基础部分的主要任务。

电路功能主要分为两大类:一类功能是实现电能的传输、分配与转换,例如照明系统;另一类功能是实现信息的传递与处理,例如手机、扩音器。实际应用的电路都十分复杂,如电力系统通过发电机、变压器、输电线等完成电力的产生、输送和分配,每一块都是一个复杂且庞大的电路系统。

实际电路器件在工作时会有复杂的电磁性质,比如白炽灯在通电工作后,把电能转换成光能和热能,同时还有电场能量和磁场能量,因此除了具有消耗电能的电阻特性,还有一定的电容性和电感性,具体分析起来比较复杂。而电路分析主要计算电路中各器件的端子电流和端子间的电压,一般不考虑器件内部发生的物理过程,因此,为了便于对实际电路的分析与数学描述,将实际元器件理想化,突出主要电磁性质,忽略次要性质。将具有某种确定的电磁性能的元件称为理想电路元件,有明确的数学描述,简称电路元件。如理想电阻元件表示只消耗电能的元件;理想电感元件表示只产生磁场,储存磁场能量的元件;理想电容元件表示只产生电场,储存电场能量的元件。反映实际电路部件的主要电磁性质的理想电路元件及其组合,就是实际电路的电路模型,简称电路。如图 1.2(a)为电池、灯泡、开关、导线组成的实际电路,其电路模型如图 1.2(b)所示,电池理想化为电压源 U_S 和内阻 R_S 串联的组合模型,灯泡为电路负载,理想化为电阻 R_1,开关和导线用理想开关、导线(电阻为零,忽略不计)来表示。本书所说的电路均指由理想电路元件构成的电路模型,而非实际电路。

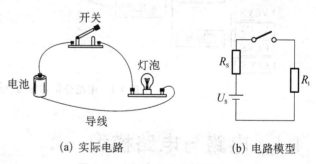

(a) 实际电路　　　　　　(b) 电路模型

图 1.2　实际电路与电路模型

1.1.2　集总电路

实际电路中使用的电路部件一般都和电能的消耗现象及电、磁能的储存现象有关,它们交织在一起并发生在整个部件中。根据实际电路的几何尺寸(d)与工作信号波长(λ)的关系,把电路分为集总参数电路和分布参数电路。若元件的实际尺寸远小于工作信号的波长(即 $d \ll \lambda$)时,称该元件为集总参数元件,由集总参数元件所构成的电路称为集总参数电路。反之,若信号工作频率高于一定数值时,其波长与元件尺寸大体相当或者小于元件尺寸,此时就不可以忽略元件所产生的分布参数效应,需要使用分布参数电路来进行描述。例如一段长度为 10 厘米的馈线,在工频 50 Hz 信号时,对应波长约为 6 000 千米,满足集总参数假设条件。但若此馈线作为 Wi-Fi 信号天线,Wi-Fi 信号频率是 2.4 GHz,其波长约为12.5厘米,与该馈线的长度相当,此时就不满足集总参数假设条件。对于一些信号频率更高的远距离传输线路,例如雷达和微波设备等,均不符合集总参数假设条件。

对于集总参数电路而言,信号波长远大于元件尺寸,所以当信号通过元件时,信号在元件内部每点的变化相当小,可视为相同,因此集总元件的电流与电压关系可以明确定义,与器件的几何尺寸以及空间位置无关。而分布参数电路中的电压电流不仅是时间函数,还与器件的几何尺寸以及空间位置有关,一般要结合电磁场理论加以分析。集总参数思想是电路理论的核心思想,本书只研究集总参数电路,以后所述的电路基本定律、定理、方法等,均是在这一假设的前提下才能成立。

1.2 电路分析基本变量

电路理论中主要物理量有电压、电流、电荷、磁链、能量、电功率等。在集总参数电路分析中,描述电路性能最常用的基本物理量是电流、电压和功率,通常用 I,U,P 表示。

1.2.1 电流

导体中的自由电荷在电场力的作用下做有规则的定向运动就形成了电流。电流的大小用电流强度 I 来表示,电流强度是单位时间内通过导体横截面的电荷量,简称电流,用符号 i 表示,其瞬时值为

$$i(t) \stackrel{\text{def}}{=\!=\!=} \lim_{\Delta t \to 0} \frac{\Delta q}{\Delta t} = \frac{\mathrm{d}q}{\mathrm{d}t} \tag{1.1}$$

在国际单位制(SI)中,电流单位为安培,简称安(A),常用的还有千安(kA)、毫安(mA)、微安(μA)。电流的大小和方向随时间变化,称为时变电流,用小写字母 i 表示。当电流的大小和方向做周期性变化且平均值为零时,称为交流电流(AC,alternating current)。当电流的大小和方向恒定不变时,则称为直流电流(DC,direct current),用大写字母 I 表示。

通常把正电荷移动的方向规定为电流的实际方向。在实际电路中,往往很难事先判断电流的实际方向,而且也可能随时间变化,很难在电路中标定出电流的实际方向。为了方便电路分析,引入参考方向的概念。

在分析电路前,任意假定一个正电荷运动的方向为电流的参考方向,如图1.3中表示的电路的一部分,方框代表一个二端口元件,假设经过这个元件的电流为 i,图中的实线为电流 i 的参考方向,若电流实际方向与参考方向相

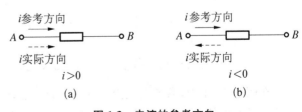

图 1.3　电流的参考方向

同,如图 1.3(a)所示,电流取正值;若电流实际方向与参考方向相反,如图 1.3(b)所示,电流取负值。由此电流变成代数值,结合参考方向,从电流结果的正负可判断电流的实际方向。

电流的参考方向有两种表示方式,一种用箭头标定在电路图上如图 1.3 所示,箭头指向为电流的参考方向;另一种可用双下标表示,如图 1.3 中电流亦可以用 i_{AB} 表示为电流的参考方向由 A 点流向 B 点。需要注意的是,参考方向是为了分析方便,人为假设的电流方向,非实际方向。一般情况下,电路图中所标方向为参考方向,未标参考方向的情况下进行电路分析所得的电流值的正负是毫无意义的,一旦进入分析电路,电流的参考方向就不能改变。

1.2.2 电压

在电路分析中,电位定义为单位正电荷 q 从电路中一点移至参考点时电场力做功的大小。参考点为计算电位的起始点,即零电位点。两点间的电位差则为单位正电荷 q 从电路中一点移至另一点时电场力做功(W)的大小,也称为两点间的电压。如图 1.4 所示,某二端口元件两端 A、B 两点,正电荷由 A 点移动到 B 点失去了部分能量,则电位降低,A 点为高电位,B 点为低电位;反之若是获得能量,则电位升高,A 点为低电位,B 点为高电位。A、B 两点间的电压可根据公式(1.2)求得,在国际单位制(SI)中,电压单位有伏(V)、千伏(kV)、毫伏(mV)、微伏(μV)。

$$U_{AB} \overset{\text{def}}{=\!=} \frac{\mathrm{d}W}{\mathrm{d}q} \tag{1.2}$$

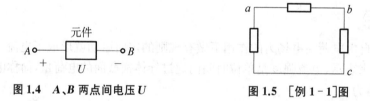

图 1.4　A、B 两点间电压 U　　　　图 1.5　[例 1-1]图

【例 1-1】 如图 1.5 所示,已知 4C 正电荷由 a 点均匀移动至 b 点电场力做功 8 J,由 b 点移动到 c 点电场力做功为 12 J。(1)若以 b 点为参考点,求 a、b、c 点的电位和电压 U_{ab}、U_{bc};(2)若以 c 点为参考点,再求以上各值。

解　(1)若以 b 点为参考点,$V_b = 0$ V,

$$V_a = \frac{W_{ab}}{q} = \frac{8}{4} = 2 \text{ V}, V_c = \frac{W_{cb}}{q} = -\frac{W_{bc}}{q} = -\frac{12}{4} = -3 \text{ V}$$

$$U_{ab} = V_a - V_b = 2 - 0 = 2 \text{ V}, U_{bc} = V_b - V_c = 0 - (-3) = 3 \text{ V}$$

(2)若以 c 点为参考点,$V_c = 0$ V,

$$V_a = \frac{W_{ac}}{q} = \frac{8 + 12}{4} = 5 \text{ V}, V_b = \frac{W_{bc}}{q} = \frac{12}{4} = 3 \text{ V}$$

$$U_{ab} = V_a - V_b = 5 - 3 = 2 \text{ V}, U_{bc} = V_b - V_c = 3 - 0 = 3 \text{ V}$$

在例题 1-1 中,参考点无论在 b 点还是 c 点,U_{ab} 和 U_{bc} 的值都不变。一般来说,电路中电位参考点可任意选择,参考点一经选定,电路中各点的电位值就是唯一的。当选择不同的电位参考点时,电路中各点电位值将发生改变,但任意两点间电压保持不变。

　　和电流一样,当电压的大小和方向随时间变化,称为时变电压,用小写字母 u 表示。当电压的大小和方向做周期性变化且平均值为零时,称为交流电压。当电压的大小和方向恒定不变时,则称为直流电压,用大写字母 U 表示。

　　电压的实际方向为电位真正降低的方向,在实际复杂电路中两点的电压高低很难事先判断,因此同样也要预先假定一个参考方向,此时电压值为一个代数值,通过电压的正负值以及参考方向确定电压的实际方向。若电压值为正,表明参考方向和实际方向一致;若电压值为负,表明参考方向和实际方向相反。电压的参考方向可以有三种表达形式,如图 1.6 所示。可用正(＋)、负(－)极性表示,如图 1.6(a),正极指向负极为

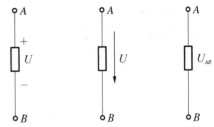

(a) 极性表示　(b) 箭头表示　(c) 双下标表示

图 1.6　电压参考方向表示方式

参考方向;也可以用箭头表示,如图 1.6(b),箭头指向为假设的电位降低方向;还用双下标表示,如图 1.6(c),U_{AB} 表示电压参考方向由 A 点指向 B 点。

　　在分析电路前必须选定元件的电压/电流的参考方向,参考方向一经选定,必须在图中相应位置标注(包括方向和符号),在计算过程中不得任意改变。需注意的是参考方向不同时,其表达式相差一负号,但实际方向不变。参考方向可以任意指定,且独立无关。如果指定的电流参考方向是从电压参考方向的高电位指向低电位,我们把这种电流参考方向和电压参考方向一致的情况,称为关联参考方向,如图 1.7(a)所示。反之则称为非关联参考方向,如图 1.7(b)所示。

　　为了方便起见,除非特别指定,电路分析中一般采用关联参考方向,在关联参考方向的情况下,电路图上只需要标出电压参考方向或者电流参考方向的其中一个,另一个也取相同方向,无需特别标定。

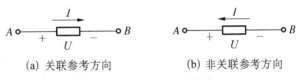

(a) 关联参考方向　　　　　　(b) 非关联参考方向

图 1.7　关联和非关联参考方向

1.2.3　功率

　　电流能使电动机转动、电炉发热、电灯发光,说明电流具有做功的本领。因此除了电流、电压,功率和能量的计算在电路分析中也十分重要。当正电荷从元件的正极运动到负极,电场力要对电荷做正功,此时元件吸收功率;反之当正电荷从元件的负极运动到正极,电场力要对电荷做负功,此时元件释放功率。功率是指物体在单位时间内电场力所做的功,表征了电路中电能转换速率的物理量,用 p 表示。元件的功率表示为

$$p = \frac{\mathrm{d}w}{\mathrm{d}t} \tag{1.3}$$

　　若电压、电流方向为关联参考方向,将式(1.1)、式(1.2)代入,有

$$p = \frac{\mathrm{d}w}{\mathrm{d}t} = \frac{\mathrm{d}w}{\mathrm{d}q}\frac{\mathrm{d}q}{\mathrm{d}t} = u(t)i(t) \tag{1.4}$$

功率的单位为瓦特,简称瓦(W)。

功率与电压、电流相关,采用参考方向后,电压、电流均为代数量,功率也是代数量。当电压、电流方向为关联参考方向,p 表示元件吸收的功率,若 $p>0$ 表示元件确实在吸收功率,若 $p<0$ 则表示元件吸收负功率,实为发出功率。反之,当电压、电流方向为非关联参考方向,p 表示元件发出的功率,若 $p>0$ 则表示元件确实发出功率,若 $p<0$ 表示元件发出负功率,实为吸收功率。

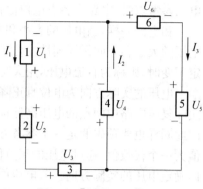

图 1.8　[例题 1-2]图

【例 1-2】 已知图 1.8 所示电路中各方框电压电流值:$U_1=1$ V,$U_2=-3$ V,$U_3=8$ V,$U_4=-4$ V,$U_5=7$ V,$U_6=-3$ V,$I_1=2$ A,$I_2=1$ A,$I_3=-1$ A。求各元件功率,并求电源发出的总功率。

解　根据公式(1.4),各元件功率计算为

$$P_1=U_1I_1=1\times 2=2 \text{ W} \quad P_2=U_2I_1=(-3)\times 2=-6 \text{ W}$$

$$P_3=U_3I_1=8\times 2=16 \text{ W} \quad P_4=U_4I_2=(-4)\times 1=-4 \text{ W}$$

$$P_5=U_5I_3=7\times(-1)=-7 \text{ W} \quad P_6=U_6I_3=(-3)\times(-1)=3 \text{ W}$$

其中元件 1 为非关联参考方向,发出功率为正,为实际提供功率。元件 2、3、4、5、6 为关联参考方向,元件 3、6 吸收功率为正,为实际消耗功率;元件 2、4、5 吸收功率为负,为实际提供功率。因此电源发出的总功率为

$$P_{发出}=2+6+4+7=19 \text{ W}$$

消耗的总功率为

$$P_{吸收}=16+3=19 \text{ W}$$

显然整个电路发出的功率等于消耗的功率,满足能量守恒定理。

对于二端口网络而言,能量的定义为某二端网络从时间 t_1 到 t_2 所吸收的能量,可由式(1.4)两边积分得到

$$W(t_1,t_2)=\int_{t_1}^{t_2} p(\xi)\mathrm{d}\xi=\int_{t_1}^{t_2} u(\xi)i(\xi)\mathrm{d}\xi \tag{1.5}$$

显然电功的大小不仅与电压电流的大小有关,还取决于用电时间的长短。电压 U 单位为 V,电流 I 单位为 A,时间 t 为秒 s 时,W 单位为焦耳(J),1 J 表示功率为 1 W 的用电设备在 1 s 时间内所消耗的电能。当电压 U 单位为 kV,电流 I 单位为 A,时间 t 为小时 h 时,W 单位为 kW·h,俗称度。如 1 度电可表征 1 000 W 的电炉加热 1 小时或者 40 W 的灯泡照明 25 小时所消耗的电能。日常生活中,用电度表测量电功。当用电器工作时,电度表转动并且显示电流做功的多少。

1.3　电路元件

电路元件是电路模型的最基本组成单元,在集总参数电路中,每一种元件都反映某种确

定的电磁性质,端口电压和通过的电流都有明确的关系,这种关系称为元件的伏安关系,简称 VCR,不同元件其 VCR 不同。根据表征元件端子特性的数学表达式线性与否,电路元件可分为线性元件和非线性元件两类。根据能否向外界提供能量,电路元件可分为有源元件和无源元件两类。根据电路元件与外界相连的端子数目又可分为二端元件、多端元件。

1.3.1　电阻元件

电阻元件是实际电阻器的理想化模型,反映电阻器对电流呈现的阻力特性性能。电阻元件的端口电压和通过的电流若是关联参考方向,则其伏安关系可用 u-i 平面的一条过原点的曲线 $f(u,i)=0$ 来描述,如图 1.9 所示。

如图 1.9 所示的这种则称为非线性电阻元件。若电阻的伏安关系曲线是过原点的在第一、三象限的斜率固定的直线,如图 1.10 所示,则这种电阻元件称为线性电阻元件。线性电阻元件的伏安关系即电压、电流的正比例关系不随时间而变化,是一个定值,称为线性定常电阻元件。本书重点讨论的是线性定常电阻元件,如无特殊说明,电阻元件均特指线性定常电阻元件,简称电阻。

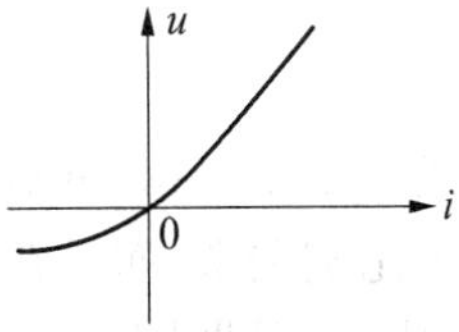

线性定常电阻元件的端口电压和通过的电流在任何时刻都成正比例关系,其伏安关系服从欧姆定律,在电压、电流为关联参考方向时

$$u = Ri \tag{1.6}$$

在电压、电流为非关联参考方向时

$$u = -Ri \tag{1.7}$$

式(1.6)、(1.7)中的 R 为元件的电阻,是一个正实常数,当电压单位为 V,电流单位为 A 时,电阻的单位为欧姆 Ω,简称欧。电阻元件的图形符号如图 1.11 所示。

若令 $G = \dfrac{1}{R}$,式(1.6)变成

$$i = Gu \tag{1.8}$$

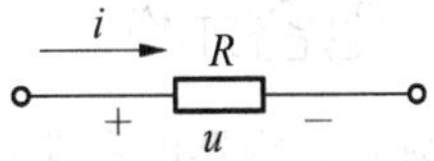

式(1.8)中 G 称为电阻元件的电导,国际单位是西门子(S),简称西。在使用电阻元件的 VCR 时,一定注意公式和参考方向必须配套使用,如电阻上的电压与电流参考方向非关联,公式中应冠以负号。

图 1.9　电阻元件的伏安关系图

图 1.10　线性电阻元件的伏安关系图

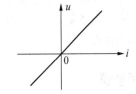

图 1.11　电阻元件的电路符号

由式(1.6)以及伏安关系图可知,任何时刻电阻元件的电压(或电流)由当前时刻的电流(或电压)所决定,与该时刻之前的电流(或电压)无关,因此电阻元件也是一种无记忆元件。

若一个线性电阻元件无论两端电压为何值,流过它的电流均为零,则称为"开路",该元件的电阻值为无穷大,开路时的伏安关系是过原点与电压轴重合的直线,如图 1.12 所示。若一个线性电阻元件无论流过它的电流为何值,两端电压均为零,则称为"短路",该元件的电阻值为 0,短路时的伏安关系是过原点与电流轴重合的直线,如图 1.13 所示。

图 1.12 开路的伏安关系图   图 1.13 短路的伏安关系图

在电压、电流取关联参考方向情况下,电阻元件吸收的功率为

$$p = ui = i^2 R = \frac{u^2}{R} \tag{1.9}$$

在电压、电流取非关联参考方向情况下,电阻元件吸收的功率为

$$p = ui = -i^2 R = -\frac{u^2}{R} \tag{1.10}$$

由式(1.9)、(1.10)可知,不管参考方向如何,电阻元件的功率与电压的平方或者电流的平方成正比例关系,而且在线性定常电阻时,R 为一个正实常数,电阻元件始终都是吸收能量,消耗功率,因此电阻元件是耗能元件、无源元件。

在实际应用时,要注意额定功率,必须工作在生产厂家给定工作条件下正常运行的容许值,否则会导致发热甚至烧坏。另外线性电阻元件的伏安关系是在第一、三象限,也有电阻元件的伏安关系是在第二、四象限,此时电阻元件的电阻小于 0,为负值,在实际中则是一个可提供电能的元件。

思考题

一个 $100\ \Omega/1\ \text{W}$ 的碳膜电阻,使用电流、电压不得超过多大数值?

1.3.2 电容元件

市场上电容器的种类很多,但基本结构都是由两块金属极板以及两极板之间的绝缘介质所构成。电容器的基本原理是,给电容器两端加上电源,即给两极板上分别带上等量异种电荷,撤去电源后,由于电场力的作用电荷互相吸引,但因为介质绝缘而不能中和,因此板上电荷仍可长久地集聚下去,因此电容器是一种储存电能的部件。电容元件是实际电容器的电路模型,仅考虑储存电荷建立电场的元件。

电容元件的定义为一个二端元件,如果在 t 时刻,它的电荷同端口电压之间的关系可在 u-q 平面上用 $f(u,q)=0$ 来描述,则称该元件为电容元件。如果 u-q 平面上所描述的电容曲线是一条过原点的直线,如图 1.14 所示,而且不随时间变化,即在任何时刻电容元件极板上的电荷 q 与电压 u 成正比,则称为线性定常电容。本书重点讨论的是线性定常电容元件,如无特殊说明,电容元件均特指线性定常电容元件,简称电容。

图 1.14 电容元件的库伏特性图

$$q(t) = Cu(t) \tag{1.11}$$

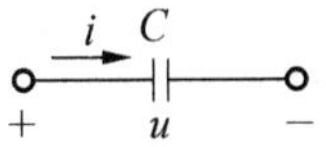

图 1.15 电容元件的电路符号

公式(1.11)中 C 为电容元件的电容,在线性定常电容元件中 C 为正实常数,表征了电容元件储存电荷的能力,国际单位是法拉(F),简称法。图 1.15 为电容元件的电路符号表示。在实际工程中,电容常用微法(μF)、皮法(pF)表示,与法拉的换算关系:$1\,\text{F} = 10^6\,\mu\text{F} = 10^{12}\,\text{pF}$。

在电压、电流取关联参考方向时,由电容的库伏关系式(1.11)可求得其伏安关系

$$i = \frac{\mathrm{d}q}{\mathrm{d}t} = \frac{\mathrm{d}(Cu)}{\mathrm{d}t} = C\frac{\mathrm{d}u}{\mathrm{d}t} \tag{1.12}$$

式(1.12)表明了流过电容元件的电流 i 的大小取决于两端电压 u 的变化率,与电压 u 的大小无关。电压变化越大,电流也相应很大。实际电路中通过电容的电流 i 为有限值,则电容电压 u 必定是时间的连续函数,是不能跃变的。当电压 u 不随时间变化,为常数(直流)时,$i = 0$,相当于开路,因此电容有隔断直流作用。由式(1.12)得到电压表达式

$$u(t) = \frac{1}{C}\int_{-\infty}^{t} i\,\mathrm{d}\xi = \frac{1}{C}\int_{-\infty}^{t_0} i\,\mathrm{d}\xi + \frac{1}{C}\int_{t_0}^{t} i\,\mathrm{d}\xi = u(t_0) + \frac{1}{C}\int_{t_0}^{t} i\,\mathrm{d}\xi \tag{1.13}$$

电容元件的 VCR 是微分/积分关系,因此电容是动态元件。由式(1.13)可知,电容两端电压值不仅和 $t = t_0 \sim t$ 时刻流过电容元件的电流值有关,还和初始状态 t_0 时刻的值有关,因此与电阻元件相比,它是一种记忆元件。

须提醒的是,当电压、电流为非关联参考方向时,上述微分和积分表达式前都要冠以负号。

在电压、电流取关联参考方向时,电容元件的功率为

$$p = ui = u \cdot C\frac{\mathrm{d}u}{\mathrm{d}t} \tag{1.14}$$

当电容元件充电时,两端电压 u 大于 0,电压变化率 $\mathrm{d}u/\mathrm{d}t$ 大于 0,则 i 大于 0,p 大于 0,此时电容实际吸收功率;当电容元件放电时,两端电压 u 方向保持不变且大于 0,但电压变化率 $\mathrm{d}u/\mathrm{d}t$ 小于 0,则 i 小于 0,p 小于 0,此时电容实际发出功率。因此说明电容能在一段时间内吸收外部供给的能量并将其转化为电场能量储存起来,在另一段时间内又把能量释放回电路,所以电容元件是储能元件,它本身不消耗能量。又因为电容元件本身不会释放多于所吸收的能量,所以它也是无源元件。电容元件储能为

$$W_C = \int_{-\infty}^{t} Cu\frac{\mathrm{d}u}{\mathrm{d}\xi}\mathrm{d}\xi = \frac{1}{2}Cu^2(\xi)\Big|_{-\infty}^{t} = \frac{1}{2}Cu^2(t) - \frac{1}{2}Cu^2(-\infty)$$

$$\xrightarrow{\text{若}\,u(-\infty)=0} \frac{1}{2}Cu^2(t) = \frac{1}{2C}q^2(t) \geqslant 0 \tag{1.15}$$

公式(1.15)表明电容元件的储能只与当时的电压值有关,电容储存的能量一定大于或等于零。电容元件两端的电压不能跃变,因而储能也不能跃变。

1.3.3 电感元件

在工程中把金属导线绕在骨架上构成实际电感器,当线圈通过电流时,将产生磁通,随时间变化产生感应电压。感应电压的参考方向与磁通链成右手螺旋关系,根据电磁感应定律有

$$u(t) = \frac{\mathrm{d}\psi}{\mathrm{d}t} \tag{1.16}$$

电感元件是实际线圈电感器的理想化模型,仅考虑建立磁场和储存磁能的元件,其电路符号如图 1.16 所示。电感元件的定义为一个二端元件,如果在 t 时刻,它的磁通链 ψ 与通过的电流 i 之间的关系可在 ψ-i 平面上用 $f(\psi, i) = 0$ 来描述,则称该元件为电感元件。如果 ψ-i 平面上的是一条过原点的直线,如图 1.17 所示,而且不随时间变化,即在任何时刻电感元件极板上的磁通链 ψ 与电流 i 成正比,则称为线性定常电感。本书重点讨论的是线性定常电感元件,如无特殊说明,电感元件均特指线性定常电感元件,简称电感。

图 1.16　电感元件电路符号

图 1.17　电感元件的韦安特性图

$$\psi(t) = Li(t) \tag{1.17}$$

公式(1.17)中,L 为电感元件的自感系数,也称电感,在线性定常电感元件中,L 为正实常数,表征了电感元件储存磁场能量的能力。电感的国际单位是亨利(H),简称亨,常用 μH,mH 表示,其换算关系:$1\ \mathrm{H} = 10^3\ \mathrm{mH} = 10^6\ \mu\mathrm{H}$。

在电压、电流取关联参考方向时,可求得其伏安关系

$$u(t) = \frac{\mathrm{d}\psi}{\mathrm{d}t} = L\frac{\mathrm{d}i(t)}{\mathrm{d}t} \tag{1.18}$$

表明了电感元件两端电压 u 的大小取决于流过它的电流 i 的变化率,与电流 i 的大小无关。电流变化越大,电压也相应很大。实际电路中电感两端电压为有限值,则流过电感的电流必定是时间的连续函数,是不能跃变的。当电流 i 不随时间变化为常数(直流)时,$u = 0$,相当于短路,因此电感有通直流作用。由式(1.18)得到电流表达式

$$i(t) = \frac{1}{L}\int_{-\infty}^{t} u\,\mathrm{d}\xi = \frac{1}{L}\int_{-\infty}^{t_0} u\,\mathrm{d}\xi + \frac{1}{L}\int_{t_0}^{t} u\,\mathrm{d}\xi = i(t_0) + \frac{1}{L}\int_{t_0}^{t} u\,\mathrm{d}\xi \tag{1.19}$$

与电容元件一样,电感元件的 VCR 亦是微分/积分关系,因此电感是动态元件。由式(1.19)可知,电感电流不仅和 $t = t_0 \sim t$ 时刻端口电压有关系,还和初始状态 t_0 时刻的值有关,因此它也是一种记忆元件。

同样必须注意,当电压、电流为非关联参考方向时,上述微分和积分表达式前都要冠以负号。

在电压、电流取关联参考方向时,电感元件的功率为

$$p = ui = L\frac{\mathrm{d}i}{\mathrm{d}t} \cdot i \tag{1.20}$$

当通过电感的电流增大,电流变化率 $\mathrm{d}i/\mathrm{d}t$ 大于 0,则两端电压 u 大于 0,功率 p 大于 0,此时电感实际吸收功率;当可通过电感的电流减小,电流变化率 $\mathrm{d}i/\mathrm{d}t$ 小于 0,则两端电压 u 大于 0,功率 p 小于 0,则此时电感实际发出功率。由此表明电感能在一段时间内吸收外部

供给的能量并将其转化为磁场能量储存起来,在另一段时间内又把能量释放回电路,因此电感元件是储能元件,它本身不消耗能量。又因为电感不能释放多于吸收/储存的磁场能量,所以电感元件也是无源元件。电感元件的储能为

$$W_L = \int_{-\infty}^{t} Li\frac{\mathrm{d}i}{\mathrm{d}\xi}d\xi = \frac{1}{2}Li^2(\xi)\Big|_{-\infty}^{t} = \frac{1}{2}Li^2(t) - \frac{1}{2}Li^2(-\infty) \tag{1.21}$$

$$\xrightarrow[\text{若}i(-\infty)=0]{} \frac{1}{2}Li^2(t) = \frac{1}{2L}\psi^2(t) \geqslant 0$$

由式(1.21)表明电感元件的储能只与当时的电流值有关,电感储存的能量一定大于或等于零。因为通过电感元件的电流不能跃变,因而储能也不能跃变。

1.3.4　独立电源

电源是将非电能转换成电能(或者电信号)的装置。实际的电源种类和形式有很多,如电池、发电机、信号发生器等。电源元件是实际电源的理想化模型。独立电源为二端有源元件,能够独立地向外电路供电,有独立电压源和独立电流源两种。

1. 独立电压源

如果一个二端元件无论流过它的电流为何值,其两端电压总能保持常量 U_{S} 或为某确定的时间变化函数 $U_{\mathrm{S}}(t)$,则此二端元件称为独立电压源,简称为电压源。电压源的符号如图1.18所示,图中"+""−"号表示电压源电压的参考极性。通常电压源的端口电压和流过它的电流的参考方向采用非关联参考方向,为发出功率。若流过电压源的电流实际方向与参考方向不同,则电压源亦可从外电路接收能量,充当电路中负载的角色。

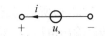

图 1.18　电压源电路符号

电源两端电压由电源本身决定,与外电路无关,与流经它的电流方向、大小无关,对于直流电压源(U_{S} 为一个定值)而言,其电压电流关系曲线为一条平行于电流轴的直线,如图1.19所示。

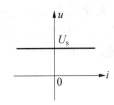

图 1.19　直流电压源的特性曲线

【**例 1-3**】　如图1.20所示,已知直流电压源输出稳定电压 U_{S},若所接外电路的电阻值为 R,求电流 i,若电阻值为0时,电流又为何值?若电阻值为∞时,电流又为何值?

解　当接电阻为 R 的外电路时,$i = U_{\mathrm{S}}/R$;若电阻为0,即外电路短路,i 为无穷大;若电阻为无穷大,即外电路开路,i 为0。

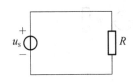

图 1.20　[例 1-3]图

由例题1-3,我们发现通过电压源的电流大小,是由电源及外电路共同决定的。另外当外电路短路时,流过电压源的电流无穷大,会造成电源损坏;更为严重的是,因为电流太大,会使导线的温度升高,严重时有可能造成火灾。因此电压源不能短路。

2. 独立电流源

如果一个二端元件无论端口电压为何值,其输出电流总能保持常量 I_{S} 或按某确定的时

间函数 $i_S(t)$ 变化,则此二端元件称为独立电流源,简称为电流源。电流源的符号如图1.21所示,通常电流源的端口电压和输出电流的参考方向采用非关联参考方向,为发出功率。若电流源的端口电压实际方向与参考方向不同,则电流源亦可从外电路接收能量,充当电路中负载的角色。

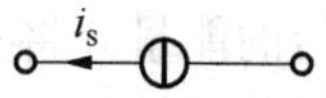

图 1.21　电流源电路符号

电流源输出电流由电源本身决定,与外电路无关,与端口电压方向、大小无关,对于直流电流源(I_S 为一个定值)而言,其电压电流关系曲线为一条平行于电压轴的直线,如图1.22所示。

电流源的端口电压大小,由电流源输出电流及外电路共同决定。另外当外电路开路时,电流源的端口电压无穷大,会造成电源损坏,因此电流源不能开路。

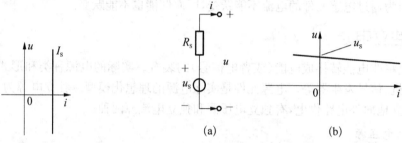

(a)　　　　　　　　(b)

图 1.22　直流电流源的特性曲线　　　　**图 1.23　实际电压源的电路模型及伏安关系**

实际电源电路模型要考虑内阻,实际电压源的电路模型为理想电压源与内阻串联的组合,如图1.23(a)所示,其伏安关系如图1.23(b)所示,由式(1.22)可知,实际电压源的内阻越小,其端口输出电压 U 越接近理想电压源电压。

$$u = u_S - R_S i \tag{1.22}$$

实际电流源的电路模型为理想电流源与内阻并联的组合,如图1.24(a)所示,其伏安关系如图1.24(b)所示,由式(1.23)可知,实际电流源的内阻越大,其端口输出电流 i 越接近理想电流源电流。

$$i = i_S - \frac{u}{R_S} \tag{1.23}$$

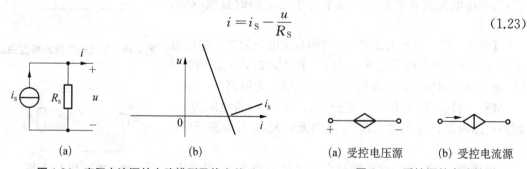

(a)　　　　　　(b)　　　　　　(a) 受控电压源　　(b) 受控电流源

图 1.24　实际电流源的电路模型及伏安关系　　　　**图 1.25　受控源的电路符号**

1.3.5　受控电源

受控电源是一种电源,但是其源电压或源电流受电路中另一处电压或电流所控制,因此又称为非独立源。当被控制量是电压时,用受控电压源表示;当被控制量是电流时,用受控电流源表示。其电路符号如图1.25所示。

根据控制量和被控制量是电压 u 或电流 i,受控源可分四种类型:电流控制的电流源(CCCS)、电流控制的电压源(CCVS)、电压控制的电流源(VCCS)、电压控制的电压源(VCVS)。受控源是四端元件,左边端口为控制部分,当控制量是电压时,控制回路是开路,如图 1.26(a)、(b)所示的 VCCS 和 VCVS;当控制量是电流时,控制回路是短路,如图 1.26(c)、(d)所示的 CCCS 和 CCVS。右边为输出,输出量为电压或者电流,受控制回路的电压或者电流的控制。

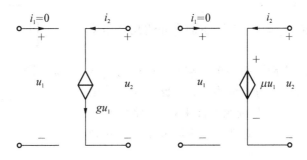

(a) 电压控制的电流源(VCCS)   (b) 电压控制的电压源(VCVS)

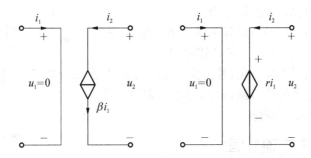

(c) 电流控制的电流源(CCCS)   (d) 电流控制的电压源(CCVS)

图 1.26 四种受控源

图 1.26 中 g 为转移电导,μ 为转移电压比,β 为转移电流比,r 为转移电阻,均为受控源的控制系数。当受控源的控制系数为常数时,则称为线性受控源,本书重点讨论线性受控源。含有受控源的电路中,受控源的控制端一般情况下不需要画,只需要在受控源的菱形符号旁边注明受控关系。

【例 1-4】 如图 1.27 所示,求 U。

解 $I=6/2=3$ A,所以受控源两端电压为 $3I=9$ V,因此 $U=3I+6=9+6=15$ V

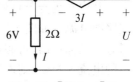

图 1.27 [例 1-4]图

需要特别注意,受控源不是独立电源,独立源的输出电压(或电流)由电源本身决定,与电路中其他电压、电流无关,而受控源的输出电压(或电流)由控制量决定。独立源在电路中起"激励"作用,在电路中产生电压、电流,而受控源只是反映输出端与输入端的受控关系,在电路中不能作为"激励"。

1.4 基尔霍夫定律

电路是由若干电路元器件通过导线按照一定方式组合连接构成的电流通路。每个元件的端口电压和流过电流均受其元件特性所约束,不同元件特性不同,其伏安关系亦不同。此外,元件与元件之间的连接方式也会受到约束。基尔霍夫定律就是反映电路中所有支路电压和电流必须遵循的约束关系的基本规律,它包括基尔霍夫电流定律(KCL)和基尔霍夫电压定律(KVL),是分析集总参数电路的基本定律。基尔霍夫定律与元件特性构成了电路分析的两个基础。

1.4.1 基本概念

为了更好地理解基尔霍夫定律,下面先介绍几个相关的名词。

1. 支路(branch):电路中每一个二端元件就称为一条支路;或者电路的串并联的分支称为一条支路。支路数用 b 来表示。如图 1.28 所示,若按照元件来算,支路数 b 为 5;若按照另一种方法算,支路数为 3。通常采用串并联分支的算法。

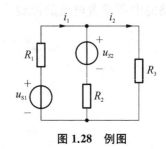

图 1.28 例图

2. 节点(node):支路的连接点称为节点。节点数用 n 来表示。如图 1.28 所示,节点数 n 为 2。

3. 回路(loop):由支路组成的任一闭合路径称为回路。回路数用 l 来表示。如图 1.29 所示,回路数 l 为 3。

4. 网孔(mesh):对平面电路,其内部不含任何支路的回路称为网孔,因此网孔是回路,但回路不一定是网孔。如图 1.29 所示,l_1 和 l_2 为网孔。

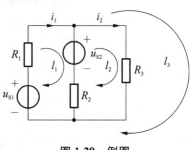

图 1.29 例图

1.4.2 基尔霍夫电流定律

基尔霍夫电流定律又称基尔霍夫第一定律,简称 KCL,反映了相连的各支路电流之间的约束关系,具体定义为:对于集总参数电路,在任意节点上,流出节点的电流和流入该节点电流的代数和恒等于零。

$$\sum_{k=1}^{m} i_k(t) = 0 \tag{1.24}$$

其中 k 为与节点相联的支路数,$i_k(t)$ 为与该节点相联的第 k 条支路的电流。如图 1.30 所示与节点相联 5 条支路,各支路电流的参考方向已标定出,若假设参考方向流出节点的电流为"+",流入节点的电流为"-",则该节点的 KCL 方程为

$$-i_1 - i_2 + i_3 + i_4 + i_5 = 0 \tag{1.25}$$

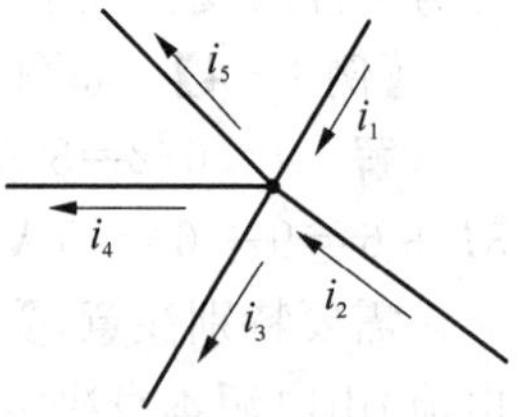

也可以写成

图 1.30 KCL 例图

$$i_1 + i_2 = i_3 + i_4 + i_5 \tag{1.26}$$

基尔霍夫电流定律是电荷守恒和电流连续性原理在电路中任意节点处的反映,所以有多少电荷流入节点,也必有多少电荷流出。需注意的是,KCL 是对支路电流加的约束,与支路上接的是什么元件无关,与电路是线性还是非线性无关;KCL 方程是按电流参考方向列

出,与电流实际方向无关。

KCL 还可以推广到任一假设的闭合面,如图 1.31,3 个节点构成一个闭合回路,分别列写 KCL 为

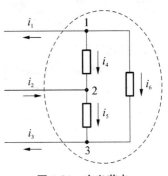

$$i_1 + i_4 + i_6 = 0 \tag{1.27}$$

$$-i_2 - i_4 + i_5 = 0 \tag{1.28}$$

$$i_3 - i_5 - i_6 = 0 \tag{1.29}$$

三式相加得

$$i_1 - i_2 + i_3 = 0 \tag{1.30}$$

图 1.31　广义节点

i_1、i_2、i_3 为闭合回路的连接支路,满足 KCL 约束,表明 KCL 可推广应用于电路中包含多个节点的任一闭合面,在任一瞬间通过任一封闭面的电流的代数和也恒等于零。

1.4.3　基尔霍夫电压定律

基尔霍夫电压定律又称基尔霍夫第二定律,简称 KVL,反映了回路中各支路电压之间的约束关系,具体定义为:对于集总参数电路,在任一时刻,沿任一闭合路径绕行,各支路电压降的代数和等于零。

$$\sum_{k=1}^{m} u_k(t) = 0 \tag{1.31}$$

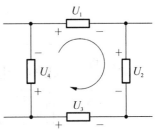

其中 k 为回路内的支路数,$u_k(t)$ 为回路内第 k 条支路的电压。列写 KVL 方程时,需要标定各支路电压参考方向,选定回路绕行方向,即顺时针或逆时针。如图 1.32 所示,和绕行方向一致的电压为"+",反之为"−",列写 KVL 方程为

图 1.32　KVL 例题

$$U_1 + U_2 - U_3 + U_4 = 0 \tag{1.32}$$

还可以写成

$$U_1 + U_2 + U_4 = U_3 \tag{1.33}$$

基尔霍夫电压定律实质反映了电路遵从能量守恒定律。需注意的是,KVL 是对回路电压加的约束,与回路各支路上接的是什么元件无关,与电路是线性还是非线性无关;KVL 方程是按电压参考方向列写,与电压实际方向无关。KVL 也适用于电路中任一假想的回路,如图 1.33,a、b、c 构成一个假想回路,在该回路内根据绕行方向以及参考方向列写 KVL 方程。

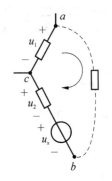

图 1.33　假想回路例图

$$U_{ab} = U_1 + U_2 + U_3 \tag{1.34}$$

由此,KVL 也可推广到求任意两点间的电压,具体为电路中任意两点间的电压等于从假定高电位节点经任一路径到另一节点路径中各元件的电压降之和。

习 题

一、分析计算题

1. 判断图 1.34 各元件的电压/电流的实际方向,并判断各元件功率吸收还是发出。

2. 电压、电流参考方向如图 1.35 所示,A、B 两部分电路电压、电流参考方向是否关联?

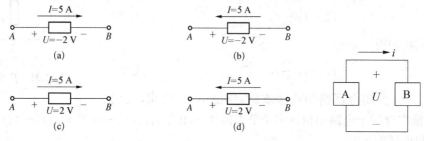

图 1.34 题 1 图 图 1.35 题 2 图

3. 如图 1.36 所示的电路图中,节点数为多少,回路数为多少?

4. 求图 1.37 中电流 I。

5. 图 1.38 中 $I_1=10$ A,$I_2=5$ A,$I_6=2$ A,求出其他支路电流。

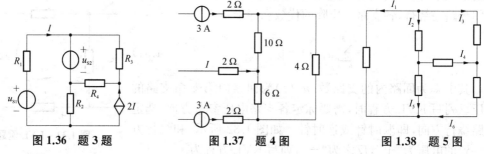

图 1.36 题 3 题 图 1.37 题 4 图 图 1.38 题 5 图

6. 已知图 1.39 中 $U_{ab}=5$ V,$U_{ae}=-2$ V,$U_{ec}=8$ V,尽可能多地确定各元件的电压。

7. 求图 1.40 中的 a 点电位。

8. 求图 1.41 中电流源与电阻的功率。

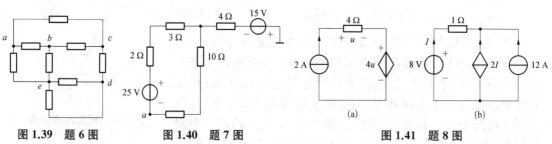

图 1.39 题 6 图 图 1.40 题 7 图 图 1.41 题 8 图

【微信扫码】
在线练习 & 相关资源

第2章

线性电阻电路分析方法

由线性无源元件、线性受控源和独立源连接组合的电路称为线性电路。若线性电路中的线性无源元件均为线性电阻,则称为线性电阻电路。本章以线性电阻电路为基础,介绍电阻电路常见的等效变换概念以及方法,还将介绍线性电阻电路方程的建立,包括支路电流法、网孔电流法、节点电压法。图 2.1 是本章知识点思维导图。

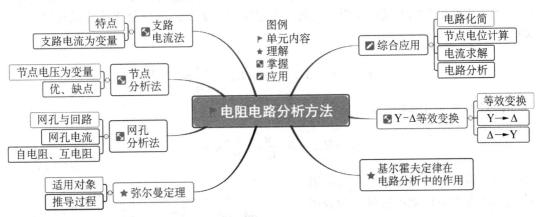

图 2.1　线性电阻电路分析方法知识点思维导图

2.1　电路的等效变换

电路等效变换是在满足某种条件下,把一个给定的电路中的一部分通过改变连接方式以及元件参数,使其成为一个新电路。电路等效变换是简化电路、方便计算的一种常用手段。两个电路之间不管其内部结构、元件参数如何,满足两个条件便可相互等效变换,一是互换的电路端口数目要相同,二是两电路的端口特性必须相同。如图 2.2 所示,N_1 和 N_2 两个内部结构不同的电路网络均为二端口网络,若这两个二端口网络接相同外电路时其端口电压、电流都相同,那么 N_1 和 N_2 可以相互等效代换,其对外电路而言获得功率不变。

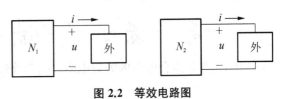

图 2.2　等效电路图

需注意的是,等效变换只对等效变换以外的电路保证其电压、电流保持不变,而相互等效代换的电路内部结构、参数并不相同,因此等效变换是"对外等效,对内不等效"。另外只要满足等效条件的,都可以相互等效代换,因而等效网络的数目可以有无数个。

2.1.1 电阻的串联和并联

电阻的连接方式中最简单也最常见的是串联和并联。

如图 2.3(a)所示,R_1、R_2、$\cdots$、R_n 各电阻顺序连接,为串联组合,其电压、电流参考方向如图标定。根据 KCL,流过串联的各电阻均为同一电流。

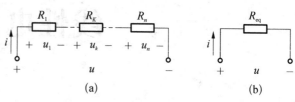

图 2.3 电阻串联及其等效电路图

根据 KVL,串联的总电压 u 为

$$u = u_1 + \cdots + u_k + \cdots + u_n \tag{2.1}$$

由欧姆定律带入可变换得

$$u = R_1 i + \cdots + R_K i + \cdots + R_n i = (R_1 + \cdots + R_n)i = R_{eq} i \tag{2.2}$$

其中 R_{eq} 为串联组合电阻的等效电阻,由式(2.2)可知,串联电路的等效电阻等于各分电阻之和,且大于串联组合内的任一电阻。由等效电阻可对图 2.3(a)进行简化等效,如图 2.3(b)所示

$$R_{eq} = R_1 + \cdots + R_k + \cdots + R_n = \sum_{k=1}^{n} R_k > R_k \tag{2.3}$$

串联时,各电阻两端电压为

$$u_k = R_k i = R_k \frac{u}{R_{eq}} = \frac{R_k}{R_{eq}} u < u \tag{2.4}$$

式(2.4)表明串联各电阻电压与其电阻成正比,因此串联电阻电路可作为分压电路。

如图 2.4(a)所示,R_1、R_2、$\cdots$、R_n 各电阻两端分别接在一起,为并联组合。根据 KVL,并联的各电阻两端均为同一电压。

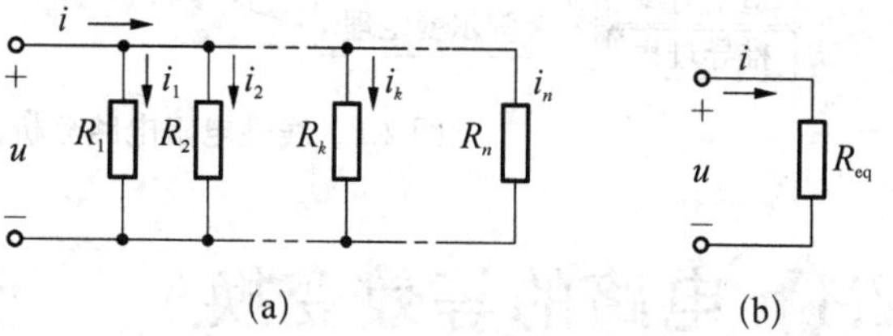

图 2.4 电阻并联及其等效电路图

根据 KCL,并联的总电流 i 为

$$i = i_1 + \cdots + i_k + \cdots + i_n$$

由欧姆定律带入可变换得

$$i = \frac{u}{R_1} + \cdots + \frac{u}{R_k} + \cdots + \frac{u}{R_n} = u\left(\frac{1}{R_1} + \cdots + \frac{1}{R_k} + \cdots + \frac{1}{R_n}\right) = \frac{u}{R_{eq}} = uG_{eq} \tag{2.5}$$

其中 R_{eq} 为并联组合电阻的等效电阻,G_{eq} 为等效电导:

$$G_{eq} = G_1 + G_2 + \cdots + G_n = \sum_{k=1}^{n} G_k > G_k \tag{2.6}$$

由式(2.6)可知,并联电路的等效电导等于各分电导之和,且大于并联组合内的任一电导,因而并联电路的等效电阻小于并联组合内任一电阻。由等效电阻可对图 2.4(a)进行简化等效,如图 2.4(b)所示。

并联时,各电阻的电流有

$$i_k = \frac{u}{R_k} = \frac{G_k}{G_{eq}} i \tag{2.7}$$

公式(2.7)表明并联各电阻电流与其电导成正比,因此并联电阻电路可作为分流电路。

【例 2-1】　如图 2.5 所示,若已知 $u_{S1} = 90$ V, $R_1 = 5$ Ω, $R_2 = 8$ Ω, $R_3 = 6.8$ Ω, $R_4 = 2$ Ω, $R_5 = 3$ Ω, 求各支路的电流。

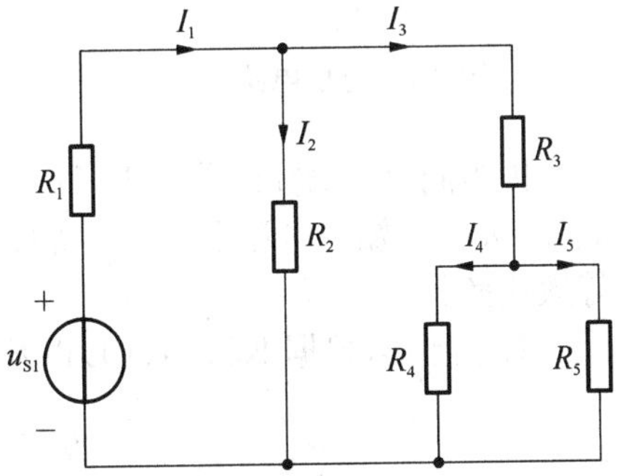

解　该电路中有电阻的串联,又有电阻的并联,这种连接方式称电阻的串并联,又称为混联电路。对该电路进行简化,如图 2.6 所示。变换后的 $R_{3'}$ 为

$$R_{3'} = \frac{2 \times 3}{2 + 3} + 6.8 = 8 \ \Omega$$

继续变换得到 R_{eq} 为

$$R_{eq} = \frac{8 \times 8}{8 + 8} + 5 = 9 \ \Omega$$

图 2.5　[例 2-1]图

可求出总电流 I_1,然后利用分流公式求各支路电流

$$I_1 = 90/9 = 10 \ \text{A} \quad I_2 = I_3 = 10/2 = 5 \ \text{A}$$

$$I_4 = \frac{3}{5} \times 5 = 3 \ \text{A} \quad I_5 = \frac{2}{5} \times 5 = 2 \ \text{A}$$

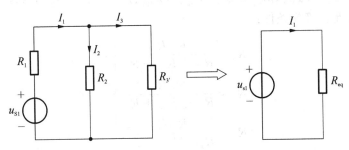

图 2.6　[例 2-1]简化等效图

从例 2-1 可得求解串、并联电路的一般步骤,首先识别各电阻的串联、并联关系求出等效电阻或等效电导,然后利用欧姆定律以及 KVL 求出总电压或总电流,接着利用欧姆定律或分压、分流公式求各电阻上的电流。

2.1.2　△与Y形等效变换

电阻的连接方式除了串联、并联还有其他形式,如图 2.7 所示,R_1、R_2、R_3、R_4、R_5 组合

为一种常见的电桥电路,五个电阻的连接方式既不是串联也不是并联,其中,R_1、R_3、R_5(R_2、R_4、R_5)分别构成一个△形连接,R_1、R_2、R_5(R_3、R_4、R_5)分别构成一个Y形连接。

△形连接为三个电阻元件首尾相连构成一个三角形,向外引伸出三个端子,为三端口网络,如图2.8所示。Y形连接为三个电阻元件一端连接在一起,另外一端分别连接电路中的三个节点,同样也为三端口网络,如图2.9所示。

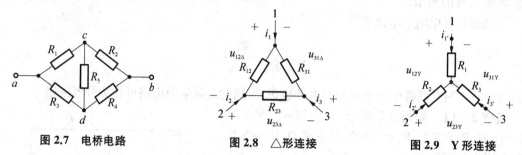

图 2.7　电桥电路　　　　图 2.8　△形连接　　　　图 2.9　Y形连接

因为同是三端口,若△形和Y形的端口电压都分别相等($u_{12\triangle}=u_{12Y}$,$u_{23\triangle}=u_{23Y}$,$u_{31\triangle}=u_{31Y}$),端子电流也分别相等($i_1=i_1'$,$i_2=i_2'$,$i_3=i_3'$),此时△形和Y形等效,可以相互等效代换。

对于△形,根据 KCL/KVL 以及欧姆定律,列写方程有

$$\left.\begin{array}{l} i_1=u_{12\triangle}/R_{12}-u_{31\triangle}/R_{31} \\ i_2=u_{23\triangle}/R_{23}-u_{12\triangle}/R_{12} \\ u_{12\triangle}+u_{23\triangle}+u_{31\triangle}=0 \end{array}\right\} \tag{2.8}$$

对于Y形,根据 KCL/KVL 以及欧姆定律,列写方程有

$$\left.\begin{array}{l} u_{12Y}=R_1i_{1'}-R_2i_{2'} \\ u_{23Y}=R_2i_{2'}-R_3i_{3'} \\ i_{1'}+i_{2'}+i_{3'}=0 \end{array}\right\} \tag{2.9}$$

由等效条件 $u_{12\triangle}=u_{12Y}$,$u_{23\triangle}=u_{23Y}$,$u_{31\triangle}=u_{31Y}$,$i_1=i_{1'}$,$i_2=i_{2'}$,$i_3=i_{3'}$,代入变换得到由△形变换为Y形的变换条件:

$$\left.\begin{array}{l} R_1=\dfrac{R_{12}R_{31}}{R_{12}+R_{23}+R_{31}} \\[3mm] R_2=\dfrac{R_{23}R_{12}}{R_{12}+R_{23}+R_{31}} \\[3mm] R_3=\dfrac{R_{31}R_{23}}{R_{12}+R_{23}+R_{31}} \end{array}\right\} \tag{2.10}$$

亦可以得到Y形变换为△形的变换条件:

$$\left.\begin{array}{l} R_{12}=R_1+R_2+\dfrac{R_1R_2}{R_3} \\[3mm] R_{23}=R_2+R_3+\dfrac{R_2R_3}{R_1} \\[3mm] R_{31}=R_3+R_1+\dfrac{R_3R_1}{R_2} \end{array}\right\} \tag{2.11}$$

若是△形的三个电阻元件均相等 $R_{12}=R_{23}=R_{31}=R_{\triangle}$，根据式(2.10)，变换成 Y 形后的三个电阻也相等：

$$R_Y=R_1=R_2=R_3=\frac{1}{3}R_{\triangle} \qquad (2.12)$$

同样若是 Y 形的三个电阻元件均相等 $R_1=R_2=R_3=R_Y$，根据式(2.11)，变换成△形后的三个电阻也相等：

$$R_{\triangle}=R_{12}=R_{23}=R_{31}=3R_Y \qquad (2.13)$$

△形还有其他变形形式，如图 2.10(a)所示的 π 形电路。Y 形电路的其他形式是 T 形电路，见图 2.10(b)。

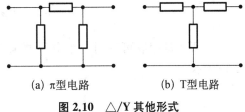

(a) π型电路　　　　　(b) T型电路

图 2.10　△/Y 其他形式

【**例 2 - 2**】　计算图 2.11(a)中电流 I。

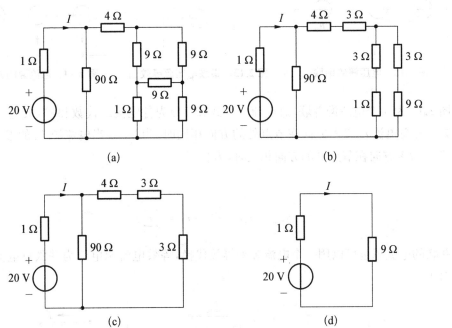

(a)　　　　　　　　　　(b)

(c)　　　　　　　　　　(d)

图 2.11　[例 2 - 2]图

解　将三个 9 Ω 电阻元件组合的△形电路结构变换为 Y 形电路结构，得到图 2.11(b)，根据公式(2.12)Y 形结构的三个电阻为

$$R_Y=\frac{1}{3}R_{\triangle}=3\ \Omega$$

然后由串、并联等效方法，得到图 2.11(c)、(d)，得到最终等效电阻

$$R_{eq}=10\ \Omega$$

由欧姆定律得

$$I=\frac{20}{10}=2\ A$$

2.1.3　电源等效变换

图 2.12 为 n 个电压源串联,总电压 u 如式(2.14)为各电压之代数和,若某电压源 u_{sk} 的参考方向和总电压 u 参考方向一致时,为"＋";若电压源 u_{sk} 的参考方向和总电压 u 参考方向相反时,为"－"。

$$u = u_{s1} + u_{s2} + \cdots + u_{sn} = \sum_{i=1}^{n} u_{si} \tag{2.14}$$

电压源的串联可以用一个电压源来等效代换,等效电压源电压为串联总电压 u,如图 2.13 所示。

图 2.12　电压源的串联　　　图 2.13　串联电压源等效图　　　图 2.14　电流源的并联

图 2.14 为 n 个电流源并联,总电流 i 如式(2.15)为各电流之代数和,当某电流源 i_{sk} 的参考方向和总电流 i_s 参考方向在节点处的方向相同时,为"＋";当电流源 i_{sk} 的参考方向和总电流 i_s 参考方向在节点处的方向相反时,为"－"。

$$i = i_{s1} + i_{s2} + \cdots + i_{sn} = \sum_{k=1}^{n} i_{sk} \tag{2.15}$$

并联的电流源也可以用一个电流源来等效代换,等效电流源电流为并联总电流 i,如图 2.15 所示。

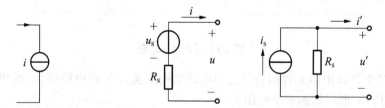

图 2.15　并联电流源的等效电路图　　　图 2.16　实际电源模型图

必须强调的是,只有电压相同、极性一致的电压源才能并联,否则违背 KVL,电压源并联时,各个电压源的电流分配不确定。同样,只有电流相同、极性一致的电流源才能串联,否则违背 KCL,电流源串联时,各个电流源的电压分配不确定。

实际电压源和实际电流源两种模型之间可以相互等效变换,所谓的等效是指端口的电压、电流在转换过程中保持不变。如图 2.16 所示的实际电压源与实际电流源,两个均为二端口网络,其中实际电压源的输出电流 i 为

$$i = \frac{u_S}{R_S} - \frac{u}{R_S} \qquad (2.16)$$

实际电流源的输出端口电流 i' 为

$$i' = i_S - \frac{u}{R_S} \qquad (2.17)$$

若两个网络相互可以等效代换,其端口电压、电流相等,即 $u = u'$,$i = i'$,因而有

$$\frac{u_S}{R_S} - \frac{u}{R_S} = i_S - \frac{u}{R_S} \qquad (2.18)$$

$$i_S = \frac{u_S}{R_S} \qquad (2.19)$$

由此可将实际电压源模型变换为电流源模型,如图 2.17 所示。注意变换后的电流源的 i_S 的参考方向和电压源 u_S 的参考方向极性相反,i_S 从 u_S 的负极指向正极。

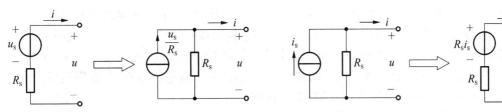

图 2.17　实际电压源变换为电流源模型图　　　图 2.18　实际电流源变换为电压源模型图

同理也可将实际电流源模型变换为电压源模型,如图 2.18 所示。

需注意的是,理想电压源与理想电流源不能相互转换。

【例 2-3】　求图 2.19(a)所示电路中的电流 I。

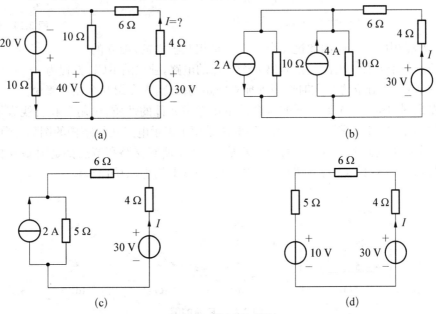

图 2.19　[例 2-3]图

解 对图 2.19(a)左边两条电压源与电阻串联支路进行变换,得到图 2.19(b)。在图 2.19(b)中电流源、电阻分别并联等效(注意两电流源参考方向相反),变换得到图 2.19(c)。对图 2.19(c)继续变形,将电流源与电阻并联形式转换为电压源与电阻串联形式,最终简化得到一个单回路电路,如图 2.19(d),利用 KVL 可求解出电流 I:

$$I = \frac{30-10}{15} = 1.33(\text{A})$$

思考题

受控电压源、电阻的串联组合和受控电流源、电导的并联组合能否等效变换?

2.2 分析方法基本概念

在 2.1 节中介绍了电路等效变换,通过改变电路结构,用简单电路等效代换复杂电路的方式,简化分析计算。若电路比较复杂,改变电路结构困难的情况下,这种方法就不太适合。从本节起,将介绍不需要改变电路结构,通过列写方程求解电路的一般方法。根据 KVL 和 KCL 以及元件的 VCR 建立该组变量的独立方程组,通过求解电路方程,从而得到所要求的响应。因此接下来,首先讨论 KCL 的独立方程数。

在图 2.20 例图中一共有 4 个节点,对这 4 个节点列写 KCL 方程

$$\begin{cases} i_1 + i_2 - i_5 = 0 \\ -i_1 + i_3 - i_6 = 0 \\ -i_3 - i_4 + i_5 = 0 \\ -i_2 + i_4 + i_6 = 0 \end{cases} \tag{2.20}$$

图 2.20 例图

4 个方程相加等于 0,因此这 4 个方程不是相互独立的,独立的是其中任意 3 个方程。由此可推断出 n 个节点的电路,独立的 KCL 方程为 $n-1$ 个。

讨论 KVL 的独立方程数时要用到独立回路的概念,先介绍几个相关概念。

首先是图的概念。电路中图的概念是不用考虑元件的性质,仅用点和直线表示电路的拓扑结构,如图 2.21(a)所示电路,该电路的图是用于表示电路几何结构的图形,图中的支路和节点与电路的支路和节点一一对应。若某图 G1 中所有支路和节点都是图 G 中的支路和节点,则称 G1 是 G 的子图。如图 2.21 中(b)、(c)、(d)均为(a)的子图。

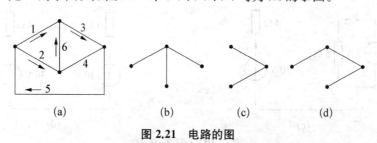

(a)　　　　(b)　　　　(c)　　　　(d)

图 2.21 电路的图

若某子图包含图 G 的全部节点,不包含任何回路,但是连通,则称该子图为树。构成树的支路称为树支,用 b_t 表示。属于图但不为树支的支路称为连支。树支数和连支数加起来为图的支路数。如图 2.21 中(b)、(d)为图(a)的树,但(c)不是树。一个图对应有很多树,树支数是确定的,为

$$b_t = n - 1 \tag{2.21}$$

当回路仅含有一个连支,其余为树支时,称该回路为基本回路。如图 2.21(a),选取支路(1,3,6)为树即图(b),对应该树的一组基本回路为(1,6,2)、(1,3,5)和(3,4,6),该组里每个基本回路只包含一个连支,且该连支中不会出现在同组其他的基本回路中。因此每个基本回路组都是独立回路组,独立回路数为连支数

$$l = b - (n - 1) \tag{2.22}$$

KVL 独立方程数为独立回路数,对于平面电路而言,网孔就是基本回路(独立回路)。

2.3　支路电流法

支路电流法是一种以各支路电流为未知量列写电路方程分析电路的方法。对于有 n 个节点、b 条支路的电路,要求解支路电流。支路电流未知量共有 b 个,只要列出 b 个独立的电路方程,便可以求解这 b 个变量。

用支路电流法解题的一般步骤如下:

(1) 选定各支路电流的参考方向;

(2) 从电路的 n 个节点中任意选择 $n-1$ 个节点列写 KCL 方程;

(3) 选择 $b-(n-1)$ 个基本回路(如网孔),给定绕行方向,列写 $b-(n-1)$ 个 KVL 方程;

(4) 将元件的特性 VCR 代入方程;

(5) 求解上述方程,得到 b 个支路电流;

(6) 进一步计算支路电压并进行其他分析。

接下来将以图 2.22 为例,介绍如何列写其支路电流方程。

在图中,一共 4 个节点,6 条支路,即 6 个支路电流,其参考方向已在图中标定,因而需列写 6 个独立方程。首先,列写 $n-1=3$ 个 KCL 方程:

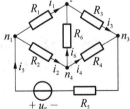

$$\begin{cases} i_1 + i_2 - i_5 = 0 \\ -i_1 + i_3 - i_6 = 0 \\ -i_3 - i_4 + i_5 = 0 \end{cases} \tag{2.23}$$

图 2.22　支路电流法例图

接着,取网孔作为独立回路,均以顺时针为绕行方向,列写 KVL 方程

$$\begin{cases} u_{R_1} - u_{R_2} - u_{R_6} = 0 \\ u_{R_3} - u_{R_4} + u_{R_6} = 0 \\ u_{R_2} + u_{R_5} + u_{R_4} = u_S \end{cases} \tag{2.24}$$

结合元件特性消去支路电压,得到支路电流方程

$$\begin{cases} R_1i_1 - R_2i_2 - R_6i_6 = 0 \\ R_3i_3 - R_4i_4 - R_6i_6 = 0 \\ R_2i_2 - R_5i_5 - R_4i_4 = u_S \end{cases} \tag{2.25}$$

【例 2-4】 列写图 2.23 的支路电流方程。

解 该图有 2 个节点, 3 条支路, 因此有 3 个支路电流方程, 任选一个节点列写 KCL 方程

$$-I_1 - I_2 + I_3 = 0$$

对两个网孔列写 KVL, 注意中间支路有无伴电流源(电路中不与电阻串联的电压源和不与电阻并联的电流源称为无伴电源), 其端口电压未知, 因而在列写 KVL 方程时, 需先设电流源端口电压为 U, 参考方向与电流方向相反, 则KVL 方程为

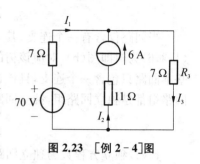

图 2.23 [例 2-4]图

$$\begin{cases} 7I_1 - 11I_2 = 70 - U \\ 11I_2 + 7I_3 = U \end{cases}$$

由于多了一个未知量 U, 需多一个增补方程。从图分析可知, 6 A 电流源在支路 I_2 上, 因而增补方程为

$$I_2 = 6 \text{ A}$$

该题还可以有另一种解法。由于 I_2 已知, 等于 6 A 电流源电流, 那么实际支路电流未知量少一个, 只有 2 个, 可少列一个方程, 具体操作可在列写 KVL 方程前, 选择独立回路时避开无伴电流源支路的回路。以例题 2-4 为例, KCL 方程仍然是任选一个节点列写

$$-I_1 - I_2 + I_3 = 0$$

避开电流源支路取大回路列写 KVL, 以顺时针为绕行方向。此时因避开了电流源, 无需增设电流源的电压未知量, 因而无需添加增补方程, 也可求解。

$$7I_1 + 7I_3 = 70$$

【例 2-5】 列写图 2.24 的支路电流方程。

解 KCL 方程仍然是任选一个节点列写

$$-I_1 - I_2 + I_3 = 0$$

图 2.24 与图 2.23 相比, 无伴电流源改成了受控电压源。有受控源的电路, 先将受控源看作独立源进行处理列写方程, 控制量部分的电路结构一般不变。因此 KVL 方程为(以顺时针为绕行方向)

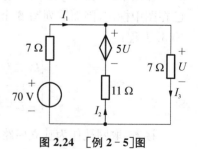

图 2.24 [例 2-5]图

$$\begin{cases} 7I_1 - 11I_2 = 70 - 5U \\ 11I_2 + 7I_3 = 5U \end{cases}$$

然后将控制量用未知量表示, 并代入所列的方程中, 消去中间变量。图中控制量为 7 Ω

电阻的端口电压,与未知量 I_3 有关系

$$U = 7I_3$$

代入 KVL 方程,结合 KCL 可求解出三条支路电流。

支路电流法列写方便、直观,列写的是 KCL 和 KVL 方程。b 条支路需要列写 b 个方程,若电路比较复杂,支路数较多的情况下,列写的方程数较多,给求解方程组带来困难,因而支路电流法只适合于在支路数不多的情况下使用。

2.4 网孔电流法

网孔电流法是以假想出来的网孔电流为未知变量来建立电路方程并进行电路变量求解的方法。在 2.2 节介绍过,具有 b 条支路和 n 个节点的平面连通电路,有 $b-(n-1)$ 个独立回路,而网孔就是其中的一组,因此网孔电流就是一组独立电流变量。因而网孔电流法与支路电流法相比,只需要利用 KVL 列写 $b-(n-1)$ 个方程即可,方程数与支路电流法相比少 $n-1$ 个。

网孔电流在独立回路中是闭合的,对每个相关节点均流进一次,流出一次,自动满足 KCL。通过列写网孔电流方程求解出网孔电流后,利用 KCL 方程可求出全部支路电流,再结合 VCR 以及 KVL 方程可求出全部支路电压。

以图 2.25 为例介绍网孔电流方程列写方法。例图中共有 2 个网孔,设对应网孔电流分别为 i_{l1}、i_{l2},绕行方向如图均为顺时针。对于支路 1,只有网孔电流 i_{l1} 流过,支路电流 i_1 与网孔电流 i_{l1} 相等;对于支路 3,只有网孔电流 i_{l2} 流过,支路电流 i_3 与网孔电流 i_{l2} 相等;而对于支路 2,网孔电流 i_{l1}、i_{l2} 均同时流过,因而支路电流 i_2 是网孔电流 i_{l1}、i_{l2} 的代数和,为 $i_{l2}-i_{l1}$。对每个网孔列写 KVL 方程有

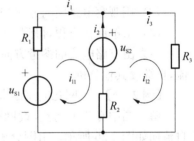

图 2.25　网孔电流法例图

$$\begin{cases} R_1 i_{l1} + R_2(i_{l1} - i_{l2}) - u_{S1} + u_{S2} = 0 \\ R_2(i_{l2} - i_{l1}) + R_3 i_{l2} - u_{S2} = 0 \end{cases} \quad (2.26)$$

整理后得网孔电流方程

$$\begin{cases} (R_1 + R_2)i_{l1} - R_2 i_{l2} = u_{S1} - u_{S2} \\ -R_2 i_{l1} + (R_2 + R_3)i_{l2} = u_{S2} \end{cases} \quad (2.27)$$

式(2.27)中 $R_1 + R_2$ 为网孔 1 内所有电阻之和,$R_2 + R_3$ 为网孔 2 内所有电阻之和,网孔内的所有电阻之和称为网孔的自电阻,R_{ii} 表示网孔 i 的自电阻,如 R_{11} 和 R_{22} 为网孔 1 和网孔 2 的自电阻。

支路 2 为两个网孔共用,网孔电流 i_{l1}、i_{l2} 均流过支路 2 上的电阻 R_2,R_2 为网孔 1 和网孔 2 的互电阻。$R_{kj}(k \neq j)$ 表示为网孔 k 与网孔 j 的互电阻,它们是两网孔公共电阻,其取值可正可负。当两网孔电流以相同方向流过公共电阻时取"+"正号,当两网孔电流以相反方向流过公共电阻时取"-"负号,例如 $R_{12} = R_{21} = -R_2$。

$u_{S1}-u_{S2}$为回路 1 中所有电压源电压升[①]的代数和,用 u_{l1} 表示;u_{S2} 为回路 2 中所有电压源电压升的代数和,用 u_{l2} 表示。由此式(2.27)可改为

$$\begin{cases} R_{11}i_{l1} - R_{12}i_{l2} = u_{l1} \\ -R_{21}i_{l1} + R_{22}i_{l2} = u_{l2} \end{cases} \tag{2.28}$$

方程组可理解为各网孔电流在某网孔全部电阻上产生电压降的代数和,等于该网孔全部电压源电压升的代数和。具体表现是方程的左边为自电阻电压加或者减互电阻电压,方程的右边为回路所有电源的电压升的代数和。根据以上总结的规律和对电路图的观察,就能直接列出网孔方程。具有 m 个网孔的平面电路,其网孔方程的一般形式为

$$\begin{cases} R_{11}i_1 + R_{12}i_2 + \cdots + R_{1m}i_m = u_{S11} \\ R_{21}i_1 + R_{22}i_2 + \cdots + R_{2m}i_m = u_{S22} \\ \qquad\qquad \cdots\cdots \\ R_{m1}i_1 + R_{m2}i_2 + \cdots + R_{mm}i_m = u_{Smm} \end{cases} \tag{2.29}$$

需强调的是,当两网孔电流以相同方向流过公共电阻时取正号("＋"),当两网孔电流以相反方向流过公共电阻时取负号("－")。由此,可归纳出网孔电流法分析解题的一般步骤:

(1) 在电路图上标明网孔电流及其参考方向。若全部网孔电流均选为顺时针(或逆时针)方向,则网孔方程的全部互电阻项均取负号。

(2) 用观察电路图的方法按照规律直接列出各网孔方程。

(3) 求解网孔方程,得到各网孔电流。

(4) 由支路电流的参考方向,根据支路电流与网孔电流的线性组合关系,求得各支路电流,再继续其他分析。

【例 2 - 6】 用网孔电流法求图 2.26 的电流 I。

解 图中有 3 个网孔,设网孔电流为 I_{l1}、I_{l2}、I_{l3},其各自流向如图 2.26 所示。由图分析可得 2 A 电流源在网孔外边沿,只有网孔 I_{l3} 流过,因此网孔 I_{l3} 为已知量,$I_{l3}=2$ A,网孔 3 的电流方程可不用列写。

1 A 电流源在公共支路上,网孔电流 I_{l1}、I_{l2} 均流过,需先把 1 A 电流源看作电压源,假设电流源的端口电压为 u,列写到 KVL 方程中。网孔电流方程为

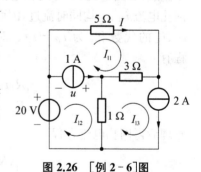

图 2.26 ［例 2 - 6］图

$$\begin{cases} 8I_{l1} - 3I_{l3} = -u \\ I_{l2} - I_{l3} = 20 + u \end{cases}$$

未知量增多一个,电路方程需相应增加,增补方程可从电流源与网孔电流关系中得到:

$$I_{l2} - I_{l1} = 1$$

---

① 对于一个包含电源和负载的闭合回路,从电源正极出发,沿着回路一周到电源的负极。如果此时以电源负极为参考电位,在绕行过程中遇到负载或者逆向的电压源,就是电压降;遇到顺向的电压源,就是电压升。具体而言,我们标定好电压源以及相关元器件的参考方向,如果绕行方向与参考方向一致就是电压降,如果绕行方向与参考方向不一致就是电压升。

解方程得 $I_{l1}=3$ A, $I_{l2}=4$ A 和 $I_{l3}=2$ A, 由此得到 $I=3$ A。

若电路中的电流源没有电阻与之并联, 称为无伴电流源。当电流源出现在电路外围边界上时, 该网孔电流等于电流源电流, 成为已知量, 此时可不列出此网孔的网孔方程。当电流源在公共支路上, 通过增加电流源电压作变量来建立这些网孔的网孔方程, 由于增加了电压变量, 需补充电流源电流与网孔电流关系的方程。

若电路中含有受控电源支路, 可先把受控源看作独立电源列方程, 再将控制量用网孔电流表示。

【例 2-7】　用网孔电流法求图 2.27 的电流 I。

解　与上一例题结构相同, 不同的是 1 A 电流源被受控电压源替代。2 A 电流源仍然在网孔外边沿, 因此网孔 I_{l3} 为已知量, $I_{l3}=2$ A。将受控电压源看作电压源, 列写网孔电流方程

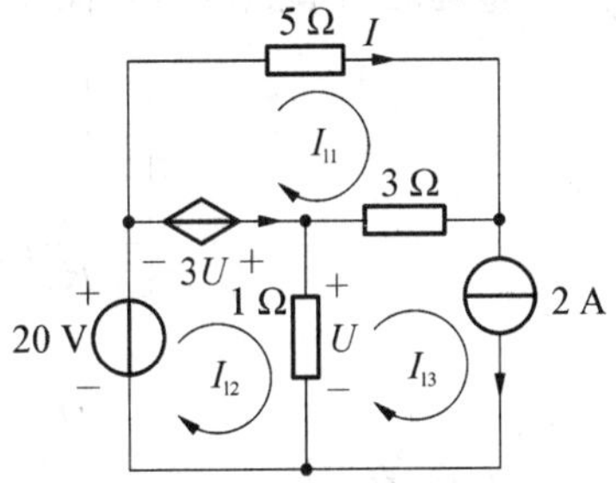

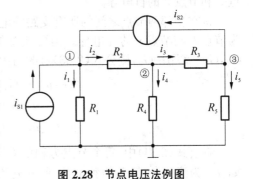

图 2.27　[例 2-7]图

$$\begin{cases} 8I_{l1}-3I_{l3}=-3U \\ I_{l2}-I_{l3}=20+3U \end{cases}$$

增补方程从控制量与网孔电流的关系中得到：

$$U=1\times(I_{l2}-I_{l3})$$

解方程得 $I_{l1}=4.5$ A, $I_{l2}=-8$ A 和 $I_{l3}=2$ A, 由此得到 $I=4.5$ A。

2.5　节点电压法

在电路中任选一个节点为参考点, 其余各节点与参考点的电压降称为节点电压, 节点电压方向为从独立节点指向参考节点。节点电压法是以节点电压为未知变量来建立方程组并进行电路变量求解的方法。对于具有 b 条支路和 n 个节点的电路, 有对应 $n-1$ 个节点电压, 可列写对应节点上的 KCL 方程。与支路电流法相比, 方程数减少 $b-(n-1)$ 个。

图 2.28　节点电压法例图

以图 2.28 为例介绍节点电压方程列写方法。图中有 3 个节点, 选取其中一个为参考节点, 其余节点电压为 u_{n1}、u_{n2}、u_{n3}, 根据 KCL 列写方程

$$\begin{cases} i_1+i_2=i_{S1}+i_{S2} \\ -i_2+i_4+i_3=0 \\ -i_3+i_5=-i_{S2} \end{cases} \tag{2.30}$$

结合元件的 VCR, 用节点电压表示各支路电流, 代入方程得

$$\begin{cases} \dfrac{u_{n1}}{R_1} + \dfrac{u_{n1} - u_{n2}}{R_2} = i_{S1} + i_{S2} \\ -\dfrac{u_{n1} - u_{n2}}{R_2} + \dfrac{u_{n2} - u_{n3}}{R_3} + \dfrac{u_{n2}}{R_4} = 0 \\ -\dfrac{u_{n2} - u_{n3}}{R_3} + \dfrac{u_{n3}}{R_5} = -i_{S2} \end{cases} \tag{2.31}$$

整理后得节点电压方程

$$\begin{cases} \left(\dfrac{1}{R_1} + \dfrac{1}{R_2}\right)u_{n1} - \left(\dfrac{1}{R_2}\right)u_{n2} = i_{S1} + i_{S2} \\ -\dfrac{1}{R_2}u_{n1} + \left(\dfrac{1}{R_2} + \dfrac{1}{R_3} + \dfrac{1}{R_4}\right)u_{n2} - \dfrac{1}{R_3}u_{n3} = 0 \\ -\left(\dfrac{1}{R_3}\right)u_{n2} + \left(\dfrac{1}{R_3} + \dfrac{1}{R_5}\right)u_{n3} = -i_{S2} \end{cases} \tag{2.32}$$

或者可写成

$$\begin{cases} (G_1 + G_2)u_{n1} - G_2 u_{n2} = i_{S1} + i_{S2} \\ -G_2 u_{n1} + (G_2 + G_3 + G_4)u_{n2} - G_3 u_{n3} = 0 \\ -G_3 u_{n2} + (G_3 + G_5)u_{n3} = -i_{S2} \end{cases} \tag{2.33}$$

式(2.33)中 $G_1 + G_2$ 为接在节点 1 上所有支路的电导之和, $G_2 + G_3 + G_4$ 为接在节点 2 上所有支路的电导之和, $G_3 + G_5$ 为接在节点 3 上所有支路的电导之和。接在节点上的所有电导之和称为节点的自电导, G_{ii} 表示节点 i 的自电导,如 G_{11}、G_{22}、G_{33} 分别表示为节点 1、节点 2 和节点 3 的自电导。

接在相邻两节点之间的所有支路的电导之和,称为互电导,为负值。用 $G_{kj}(k \neq j)$ 表示为节点 k 与节点 j 的互电导。需要注意的是, $G_{kj} = G_{jk}$。在公式(2.33)中,令 $G_{12} = G_{21} = G_2$, $G_{23} = G_{32} = G_3$,则公式(2.33)可改写为

$$\begin{cases} G_{11}u_{n1} - G_{12}u_{n2} - G_{13}u_{n3} = i_{Sn1} \\ -G_{21}u_{n1} + G_{22}u_{n2} - G_{23}u_{n3} = i_{Sn2} \\ -G_{31}u_{n1} - G_{32}u_{n2} + G_{33}u_{n3} = i_{Sn3} \end{cases} \tag{2.34}$$

在公式(2.34)中,每个节点方程的右边是流入该节点的独立电流源电流的代数和。例如, i_{Sn1} 为流入结点 1 的独立电流源电流的代数和,即 $i_{Sn1} = i_{S1} + i_{S2}$;类似地, $i_{Sn2} = 0$, $i_{Sn3} = -i_{S2}$。

方程组可理解为各节点电压在电导上流出该节点的电流代数和等于该节点连接的全部电流源流入节点的电流代数和。具体表现是方程的左边为自电导电流(未知节点电压乘自电导)减互电导电流(相邻节点电压乘互电导),方程的右边为流进节点电流源电流的代数和。根据以上总结的规律和对电路图的观察,就能直接列出节点电压方程。具有 m 个节点的平面电路,其节点电压方程的一般形式为

$$\begin{cases} G_{11}u_{n1} - G_{12}u_{n2} - \cdots - G_{1m}u_{nm} = i_{Sn1} \\ -G_{21}u_{n1} + G_{22}u_{n2} - \cdots - G_{2m}u_{nm} = i_{Sn2} \\ \qquad\qquad \cdots\cdots \\ -G_{m1}u_{n1} - G_{m2}u_{n2} - \cdots + G_{mm}u_{nm} = i_{Sn1} \end{cases} \tag{2.35}$$

由此,可归纳出节点电压法分析解题的一般步骤:

(1) 选定参考节点,标定 $n-1$ 个独立节点。在选定参考节点时,尽量选择无伴电压源支路的一端为参考节点,则此时电压源的另一端节点电压为已知量,等于电压源电压;若无伴电压源的一端不在参考节点上,需增设电压源电流未知变量,增补节点电压与电压源间的关系方程。

(2) 对 $n-1$ 个独立节点,以节点电压为未知量,列写其 KCL 方程。

(3) 求解上述方程,得到 $n-1$ 个节点电压。

(4) 用节点电压求各支路电流,再继续其他分析。

【例 2-8】 利用节点电压求图 2.29 中的电流 I。

解 图中节点有 4 个,各个节点标定如图 2.29 所示。由图可直接得到 $u_{n1}=100$ V。90 V 电压源和 1 Ω 电阻串联,可等效为 90 A 电流源和 1 Ω 电阻并联形式。

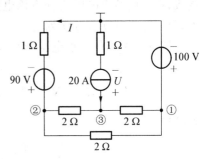

图 2.29 [例 2-8]图

注意对于含电流源和电阻串联的支路的电路,列节点电压方程时应按原方法编写,但不考虑电流源支路的电阻。列写节点电压方程为

$$\begin{cases} u_{n1}=100 \text{ V} \\ \left(1+\dfrac{1}{2}+\dfrac{1}{2}\right)u_{n2}-\dfrac{1}{2}u_{n1}-\dfrac{1}{2}u_{n3}=90 \\ \left(\dfrac{1}{2}+\dfrac{1}{2}\right)u_{n3}-\dfrac{1}{2}u_{n1}-\dfrac{1}{2}u_{n2}=20 \end{cases}$$

解方程得 $u_{n1}=100$ V,$u_{n2}=100$ V,$u_{n3}=120$ V。所以可解电流 I 为

$$I=-(u_{n2}-90)/1=-10(\text{A})$$

对含有受控电源支路的电路,处理方法与之前方法相同,先把受控源看作独立电源按上述方法列方程,再将控制量用节点电压表示。

【例 2-9】 利用节点电压法求图 2.30 中的电流 I。

解 由图可直接得到 $u_{n1}=100$ V。90 V 电压源和 1 Ω 电阻串联,可等效为 90 A 电流源和 1 Ω 电阻并联形式。而 $4U$ 受控电压源和 2 Ω 电阻串联,也可等效为 $2U$ 受控电流源和 2 Ω 电阻并联形式。列写节点电压方程为

$$\begin{cases} u_{n1}=100 \text{ V} \\ \left(1+\dfrac{1}{2}+\dfrac{1}{2}\right)u_{n2}-\dfrac{1}{2}u_{n1}-\dfrac{1}{2}u_{n3}=90+2U \\ \left(\dfrac{1}{2}+\dfrac{1}{2}\right)u_{n3}-\dfrac{1}{2}u_{n1}-\dfrac{1}{2}u_{n2}=20 \end{cases}$$

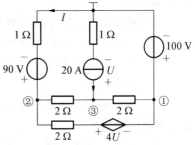

图 2.30 [例 2-9]图

根据 KVL,按顺时针参考方向沿右上角闭合回路列写方程并化简得到如下关系式

$$U=U_{n3}+20$$

联立方程求解得 $u_{n1}=100$ V,$u_{n2}=473.3$ V,$u_{n3}=306.6$ V。从而电流 I 为

$$I=-(u_{n2}-90)/1=-383.3 \text{ A}$$

2.6 弥尔曼定理

弥尔曼定理是用于求解由电压源和电阻构成的两个节点电路的节点电压法。如图 2.31 所示,该电路由 3 条支路并联构成,在应用节点电压法分析该电路时,将 b 节点设为参考节点,只需针对独立节点 a 列写一个节点电压方程即可。

假设 a 节点的节点电压为 U_a,则

$$\left(\frac{1}{R_1}+\frac{1}{R_2}+\frac{1}{R_3}\right)U_a = \frac{U_{S1}}{R_1}+\frac{U_{S2}}{R_2}+\frac{U_{S3}}{R_3}$$

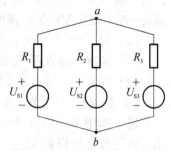

图 2.31 两个节点的网络

整理得

$$U_a = \left(\frac{U_{S1}}{R_1}+\frac{U_{S2}}{R_2}+\frac{U_{S3}}{R_3}\right) \bigg/ \left(\frac{1}{R_1}+\frac{1}{R_2}+\frac{1}{R_3}\right) = \frac{G_1 U_{S1}+G_2 U_{S2}+G_3 U_{S3}}{G_1+G_2+G_3} \tag{2.36}$$

图 2.31 所示电路可以推广到具有 2 个节点、n 条支路的情形,给出弥尔曼定理的一般表达式

$$U_a = \frac{G_1 U_{S1}+G_2 U_{S2}+\cdots+G_n U_{Sn}}{G_1+G_2+\cdots+G_n} \tag{2.37}$$

公式(2.37)中,各支路电压源电压的参考方向和节点电压的参考方向一致时,取正号,反之取负号。

习 题

一、填空题

1. 两个电路之间不管其内部结构、元件参数如何,满足两个条件便可相互等效变换,一是互换的电路端口数目要_____,二是两电路的端口特性必须_____。
2. 若某子图包含图 G 的全部节点,不包含任何回路,但是连通,则称该子图为_____。
3. 每个基本回路组都是独立回路组,独立回路数为_____。

二、分析计算题

1. 求图 2.32 各电路中 a,b 端口的等效电阻 R。

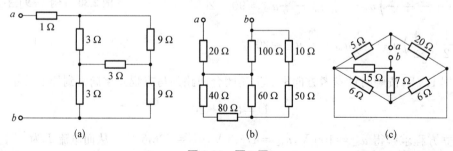

(a)　　　　　　　　　(b)　　　　　　　　(c)

图 2.32 题 1 图

2. 利用等效变换求图 2.33 中的电流 I。

3. 用等效变换求图 2.34 中的电流 I。

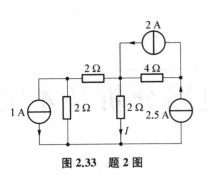

图 2.33　题 2 图

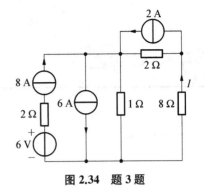

图 2.34　题 3 题

4. 列出图 2.33 支路电流方程。

5. 用网孔电流法求图 2.35 电流 I。

6. 用网孔电流法求图 2.36 中的 I_1、I_2。

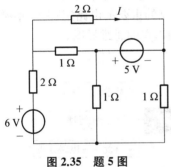

图 2.35　题 5 图

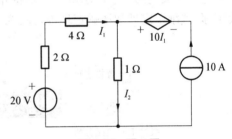

图 2.36　题 6 图

7. 利用节点电压法求图 2.37 电压 U。

8. 用弥尔曼定理求解图 2.38 的各支路电流。

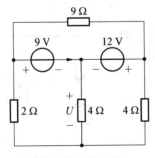

图 2.37　题 7 图

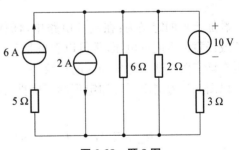

图 2.38　题 8 图

第3章

电路分析基本定理

第2章介绍了线性电阻电路的一般分析方法,利用不同的变量列写电路方程,若遇到支路、节点较多的复杂电路时,求解方程组也比较烦琐。在实际工程中,往往只需要知道某条支路的电流或者电压,并不需要求解所有支路的电流以及电压,此时我们可以使用一些电路定理来进行相关电路变量的求解。本章将介绍一些常见的重要的电路定理,包括叠加定理、替代定理、戴维宁定理和诺顿定理等。图 3.1 是本章知识点的思维导图。

图 3.1　电路分析基本定理知识点思维导图

3.1　叠加定理

叠加定理的定义为:在线性电路中,任何一条支路上的电流或任意两点间的电压,都可以看成是各个独立源单独作用时在该支路上所产生的响应的代数和。

以图 3.2 为例说明叠加定理的正确性,列写网孔电流方程有

$$(R_1 + R_2)i_1 + R_2 i_s = u_s$$

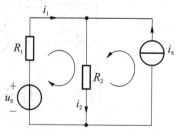

图 3.2　叠加定理例图

求解上式可得到电阻 R_1 的电流 i_1:

$$i_1 = \frac{1}{R_1 + R_2} u_s + \frac{-R_2}{R_1 + R_2} i_s \tag{3.1}$$

电流 i_1 表达式有两项,分别单独看,第一项 $\dfrac{1}{R_1 + R_2} u_s$,可作为只有电压源工作时电流

i_1 的响应,如图 3.3(a)所示,此时电流源假设输出电流为 0,即等效为"开路"。第二项 $\dfrac{-R_2}{R_1+R_2}i_s$,可作为只有电流源工作时电流 i_1 的响应,如图 3.3(b)所示,此时电压源假设输出电压为 0,即等效为"短路"。电流 i_1 为这两个响应的代数和。

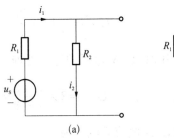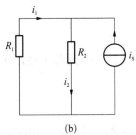

图 3.3　两个响应

用叠加定理解决电路问题的实质,就是把含有多个独立电源的复杂电路分解为多个简单电路子图的叠加。叠加定理应用时,需要注意以下几点:

(1) 叠加定理只适用于线性电路,非线性电路不适用。

(2) 当某独立源单独作用,其余独立源置零,电压源置零时用短路代替,电流源置零时用开路代替,而其他线性元件保持不变。

(3) 叠加定理只适用于电压、电流的叠加。假设某电阻 R 上各电源单独作用所产生的响应分别为 i_1 和 i_2,电源共同作用时电阻 R 的电流有

$$i = i_1 + i_2$$

各电源单独作用时电阻所消耗的功率分别为

$$P_1 = Ri_1^2,\; P_2 = Ri_2^2$$

电源共同作用时,电阻所消耗的功率为

$$P = Ri^2 = R(i_1 + i_2)^2 \neq R(i_1^2 + i_2^2)$$

由此可看出,功率为电压和电流的乘积,为电源的二次函数,总功率不等于各电源单独作用时的功率叠加,因此叠加定理不适用于功率的求解。

(4) 使用叠加定理时,u,i 叠加时求的是各分量的代数和,务必要注意各分量的参考方向。

(5) 若电路中含有受控源,对于第 2 章所介绍的电路分析方法,如网孔电流法和节点电压法,可将受控源当作独立源来列写方程求解并分析电路。然而,在使用叠加定理时,受控源不能作为独立源,不能单独作用。当某独立源单独作用时,受控源也须始终保留。

【例 3-1】　求图 3.4(a)电流源的电压和发出的功率。

解　当 10 V 电压源单独作用时,2 A 电流源开路处理,如图 3.4(b)所示,此时 $U_{(1)}$ 为 3 Ω 电阻电压,注意参考方向。

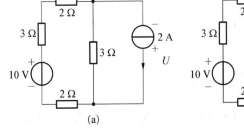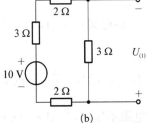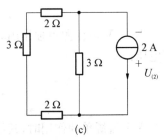

图 3.4　[例 3-1]图

$$U_{(1)} = -10 \times \frac{3}{10} = -3(\text{V})$$

当 2 A 电流源单独作用时,10 V 电压源短路处理,如图 3.4(c)所示

$$U_{(2)} = 2 \times \frac{7 \times 3}{7 + 3} = 4.2(\text{V})$$

两个电源共同作用时,2 A 电流源电压为

$$U = U_{(1)} + U_{(2)} = 1.2(\text{V})$$

2 A 电流源的功率为

$$P = 1.2 \times 2 = 2.4(\text{W})$$

【例 3 - 2】 计算图 3.5(a)中的 3 A 电流源两端电压 U。

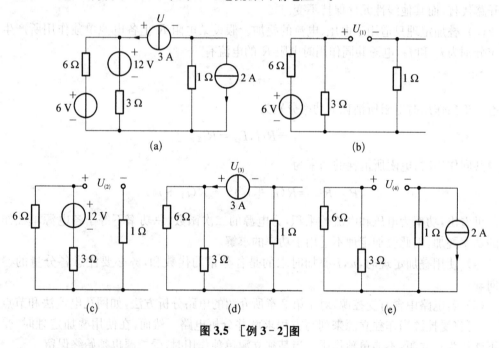

图 3.5 ［例 3 - 2］图

解法一 利用叠加定理,可分为 4 个子图。当 6 V 电压源单独作用时,其他电源不作用,如图 3.5(b),此时电压 $U_{(1)}$ 为 3 Ω 电阻两端电压(注意参考方向):

$$U_{(1)} = 6 \times \frac{3}{6 + 3} = 2(\text{V})$$

当 12 V 电压源单独作用时,其他电源不作用,如图 3.5(c),此时电压 $U_{(2)}$ 为 6 Ω 电阻两端电压:

$$U_{(2)} = 12 \times \frac{6}{6 + 3} = 8(\text{V})$$

当 3 A 电流源单独作用时,其他电源不作用,如图 3.5(d),此时电压 $U_{(3)}$ 为总等效电阻两端电压:

$$U_{(3)} = 3 \times \left(\frac{6 \times 3}{6 + 3} + 1 \right) = 9 (\text{V})$$

当 2 A 电流源单独作用时,其他电源不作用,如图 3.5(e),此时电压 $U_{(4)}$ 为 1 Ω 电阻两端电压

$$U_{(4)} = 2 \times 1 = 2 (\text{V})$$

叠加得 3 A 电流源两端电压 U:

$$U = U_{(1)} + U_{(2)} + U_{(3)} + U_{(4)} = 2 + 8 + 9 + 2 = 21 (\text{V})$$

解法二　叠加方式是任意的,可以一次一个独立源单独作用,也可以一次几个独立源同时作用,取决于使分析计算简便。例 3-2 除了把每个电源单独作用分为 4 个子图分别求各自响应以外,还可任意分组,如图 3.6 所示,分成 3 A 电流源单独作用和其余三个电源共同作用两组。

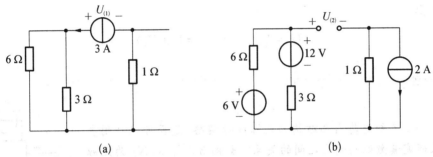

图 3.6　〔例 3-2〕解法二图

3 A 电流源单独作用时,电压 $U_{(1)}$ 为

$$U_{(1)} = (6 \mathbin{/\!/} 3 + 1) \times 3 = 9 (\text{V})$$

其余电源作用时,

$$i_{(2)} = (12 - 6)/(6 + 3) = 2/3 (\text{A})$$
$$U_{(2)} = 6 i_{(2)} + 6 + 2 \times 1 = 12 (\text{V})$$

叠加得 3 A 电流源两端电压 U:

$$U = U_{(1)} + U_{(2)} = 9 + 12 = 21 (\text{V})$$

【例 3-3】　求图 3.7 中的电压 U_s。

解　图中的受控电压源不能做激励在电路中单独作用,应用叠加定理时受控源须始终保持在每个子图中,如图 3.8(a)、(b)所示。

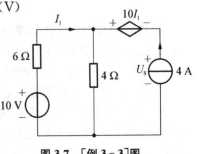

图 3.7　〔例 3-3〕图

10 V 电压源单独作用时,

$$I_{1(1)} = \frac{10}{6 + 4} = 1 (\text{A}) \quad U_{1(1)} = 10 \times \frac{4}{6 + 4} = 4 (\text{V})$$

$$U_{s(1)} = -10 I_{1(1)} + U_{1(1)} = -6 (\text{V})$$

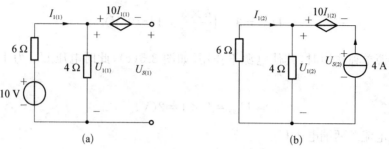

图 3.8 ［例 3－3］叠加分组图

4 A 电流源单独作用时，

$$I_{1(2)} = -\frac{4}{4+6} \times 4 = -1.6(A) \quad U_{1(2)} = (-1.6+4) \times 4 = 9.6(V)$$

$$U_{s(2)} = -10I_{1(2)} + U_{1(2)} = 25.6(V)$$

叠加得

$$U_s = U_{s(1)} + U_{s(2)} = 19.6(V)$$

思考题

对于一个不知道其内部结构的无源线性网络，是否可以利用叠加定理来研究其激励与响应之间的关系？如图 3.9 所示，N_0 为无源的线性网络，若已知下列实验数据：当 $u_S = -1$ V，$i_S = 2$ A 时，响应 $i = 1$ A；当 $u_S = 1$ V，$i_S = 1$ A，其响应 $i = 2$ A；那是否可以求 $u_S = -3$ V，$i_S = 5$ A，其响应 $i = ?$

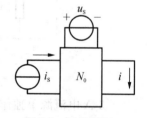

图 3.9 思考题图

3.2 替代定理

替代定理又称为置换定理，对于给定的任意一个电路，若已知某支路电压为 u_k、电流为 i_k，那么这条支路就可以用一个电压等于 u_k 的独立电压源，或者用一个电流等于 i_k 的独立电流源，或用一个 $R = u_k/i_k$ 的电阻来替代，替代后电路中全部电压和电流均保持不变。

通过以下例子来证明替代定理的正确性。

如图 3.10(a)所示，A 表示线性网络，外接一个支路 k，已知支路 k 上与网络 A 连接的 a、b 两端电压 u_{ab} 为 u_k，流过连接支路 k 的电流为 i_k，为了保证与网络 A 连接端的电压不变，对该电路做一个变形，如图 3.10(b)所示，u_{ab} 仍然等于 u_k，此时 a 点电位和 c 点电位相同，u_{ac} 等于零，将两点短路不影响其余支路的数值，因而由图 3.10(c)，用 u_k 电压源替代后，根据 KVL 其余支路电压不变，故其余支路电流也不变。

同样图 3.11 中 A 表示线性网络，外接一个支路 k，已知支路 k 上与网络 A 连接的 a、b 两端电压 u_{ab} 为 u_k，流过连接支路 k 的电流为 i_k，为了保证与网络 A 连接支路电流 i_k 不变，对该电路做一个变形，如图 3.11(b)所示，此时方框内的两支路电流大小相同，方向相反，并

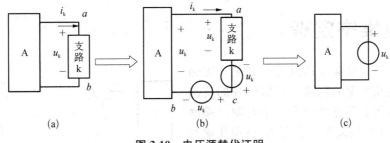

图 3.10　电压源替代证明

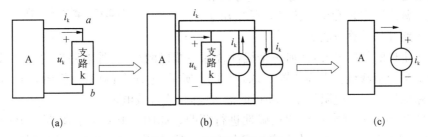

图 3.11　电流源替代证明

联后电流为零,将其断开不影响其余支路的数值,因而由图 3.11(c),用 i_k 电流源替代后,根据 KCL 其余支路电流不变,故其余电压也不变。

显然替代前后 KVL/KCL 关系相同,不影响其余支路的电压、电流,因此替代定理是正确的。应用替代定理可简化电路分析,方便计算,在使用时需注意以下几点:

(1) 理论上讲,无论是线性还是非线性电路,无论时变还是时不变电路,替代定理都可适用;

(2) 替代后电路必须为唯一解,且替代后其余电路的支路以及参数不得改变。

【例 3 - 4】　求图 3.12 中 I_1。

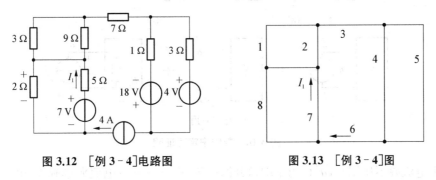

图 3.12　[例 3 - 4]电路图　　　　　图 3.13　[例 3 - 4]图

解　图 3.12 对应的图如图 3.13,显然支路 1、2 并联,支路 7、8 并联,支路 4、5 并联,然后和支路 3、6 构成一个回路,其回路的电流已知为 4 A 电流源电流。应用替代定理,将除了支路 7、8 并联以外的电路,用一个电流源代替,电流源电流为 4 A,如图 3.14 所示。

利用叠加定理可得到 I_1 为

$$I_1 = \frac{7}{2+5} + \frac{2 \times 4}{2+5} = \frac{15}{7} = 2.1 \text{ A}$$

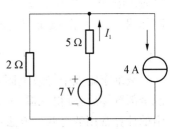

图 3.14　替代图

3.3 戴维宁定理

实际工程中,常常碰到只需研究某一支路的电压、电流或功率的问题。对所研究的支路来说,电路的其余部分就成为一个有源二端网络,可等效变换为较简单的含源支路(电压源与电阻串联或电流源与电阻并联支路),使分析和计算简化。戴维宁定理和诺顿定理正是给出了等效含源支路及其计算方法。

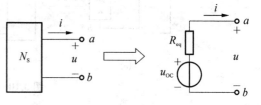

图 3.15　戴维宁定理

戴维宁定理的具体内容:任何一个线性含源一端口网络,对外电路来说,总可以用一个电压源和电阻的串联组合来等效置换,如图 3.15 所示,电压源的电压等于外电路断开时端口处的开路电压 u_{oc},而电阻等于一端口的输入电阻(或等效电阻 R_{eq})。

通过图 3.16 对戴维宁定理的正确性进行证明。如图 3.16(a)所示,N_s 为线性含源网络,N' 为任意网络。端口连接支路电流已知为 i,应用替代定理,用电流源替代 N' 网络,如图 3.16(b)。利用叠加定理,端口电压 u 可以分为电流源不作用时的响应 u' 和电流源单独作用时的响应 u''。

$$u = u' + u''$$

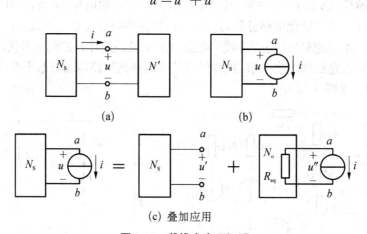

(a)　　　　　　(b)

(c) 叠加应用

图 3.16　戴维宁定理证明

其中电流源不作用时,u' 相当于端口开路电压,有 $u' = u_{oc}$;电流源单独作用时,N_s 网络内的所有独立电源均置零,N_s 网络变成了无源线性网络 N_o,此时 $u'' = -R_{eq}i$,R_{eq} 为 N_o 的等效电阻,因此电压 u 为式(3.2),由此得到 N_s 网络的等效电路如图 3.17 所示,戴维宁定理得证。

$$u = u_{oc} - R_{eq}i \tag{3.2}$$

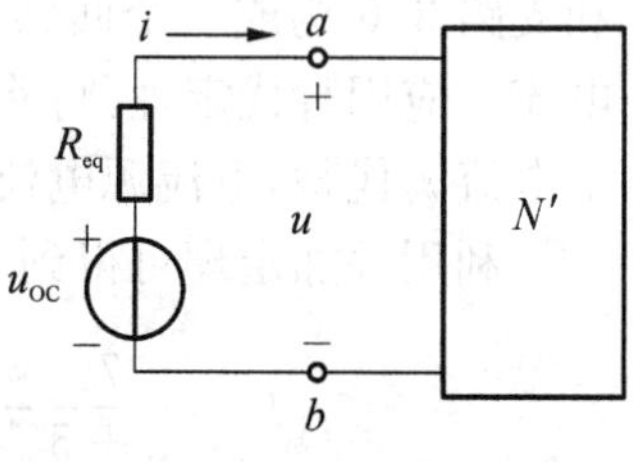

戴维宁定理中等效电阻定义为将一端口网络内部独立电源全部置零后,所得无源一端口网络的输入电阻 R_{eq}。等效电阻的计算常用的有两种方法:

图 3.17　戴维宁等效电路图

1. 除源法

如图 3.18 所示,使用除源法时,将 N_s 网络内的所有独立电源置零,具体操作为电压源短路,电流源开路,得到无源网络 N_o,此时等效电阻等于端口输入电阻,端口输入电阻的定义为端口电压除以端口电流。

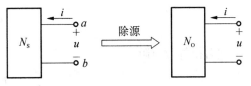

图 3.18　等效电阻

$$R_{eq} = R_{in} = \frac{u}{i} \tag{3.3}$$

求输入电阻时,若 N_o 网络内仅含电阻,则应用电阻的串、并联、$\triangle - Y$ 变换等方法求它的等效电阻;若 N_o 网络除了电阻以外还有受控源元件,则采用外加电源法求输入电阻,即在端口加电压源,求得电流(或在端口加电流源,求得电压),得其比值。

【例 3 − 5】　求图 3.19 端口的等效电阻。

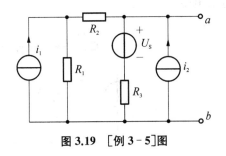

图 3.19　[例 3 − 5]图

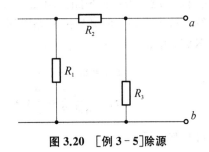

图 3.20　[例 3 − 5]除源

解　利用除源法,将图 3.19 中的所有独立源置零,得图 3.20。故等效电阻为

$$R_{in} = \frac{(R_1 + R_2)R_3}{R_1 + R_2 + R_3}$$

【例 3 − 6】　求图 3.21 端口的等效电阻。

解　利用除源法,将图 3.21 中的 6 V 电压源置零,得图 3.22(a)。

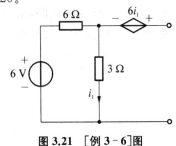

图 3.21　[例 3 − 6]图

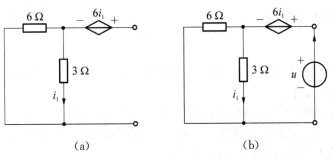

(a)　　　　　　　　　(b)

图 3.22　[例 3 − 6]除源

在端口外加电压 u,求出 i,通过式(3.3)求出等效电阻。利用 KVL 以及并联分流公式有

$$u = 6i_1 + 3i_1 = 9i_1$$

$$i_1 = \frac{6}{9}i$$

整理后得等效电阻

$$R_{in} = \frac{U}{i} = \frac{6i}{i} = 6(\Omega)$$

2. 开路短路法

在不除源的情况下,先将端口断开,求开路电压 u_{oc};接着再将端口短路,求短路电流 i_{sc},等效电阻等于开路电压与短路电流的比值。

$$R_{eq} = \frac{u_{oc}}{i_{sc}} \tag{3.4}$$

【例 3-7】 用开路短路法求图 3.21 端口的等效电阻。

解 首先求端口断开后的开路电压 u_{oc},如图 3.23。
利用 KVL 可得

$$u_{oc} = 6i_1 + 3i_1 = 9i_1$$

$$i_1 = \frac{6}{6+3} = \frac{2}{3}(A)$$

整理得开路电压

$$u_{oc} = 6(V)$$

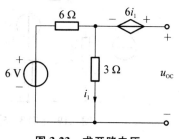

图 3.23 求开路电压

接着将图 3.21 端口短路,求短路电流 i_{sc},注意短路电流的参考方向与开路电压参考方向关联,如图 3.24 所示。端口短接后,3 Ω 电阻与受控源并联,

$$3i_1 = -6i_1$$

故有 $i_1 = 0$。

$$i_{sc} = \frac{6}{6} = 1(A)$$

将算得的值代入式(3.4)得

$$R_{eq} = \frac{u_{oc}}{i_{sc}} = 6(\Omega)$$

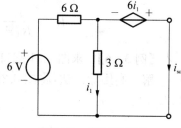

图 3.24 求短路电流

在计算含受控源电路的等效电阻时,是采用外加电源法还是开路短路法,要具体电路具体分析,以计算简便为好。

应用戴维宁定理时,需要求端口的开路电压 u_{oc} 和等效电阻 R_{eq}。在求开路电压时,视电路形式可选择前面学过的任意方法进行分析计算,另外要注意参考方向,在戴维宁等效电路中电压源电压方向与所求开路电压方向有关。

【例 3-8】 利用戴维宁定理求图 3.25 中负载 R_L 的电流 I。

解 利用戴维宁定理求解时分三个步骤进行:

(1) 首先所求支路负载视为外电路,将其断开,得到有源二端口网络如图 3.26 所示,

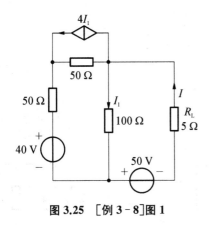

图 3.25 [例 3-8]图 1

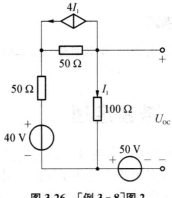

图 3.26 [例 3-8]图 2

利用 KVL 以及 KCL,求断开后的端口开路电压

$$u_{oc} = 100I_1 + 50$$
$$150I_1 + 250I_1 = 40$$

整理代入得

$$I_1 = 0.1(A) \quad u_{oc} = 60(V)$$

(2) 求图 3.26 端口等效电阻。

开路短路法:将端口短路,如图 3.27,求短路电流。

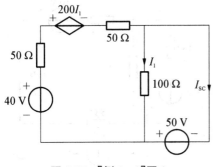

图 3.27 [例 3-8]图 3

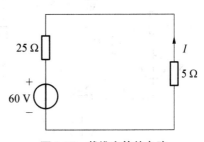

图 3.28 戴维宁等效电路

此时 100 Ω 电阻与 50 V 电压源并联,I_1 为 -0.5 A,故受控电压源两端电压为 -100 V,由 KVL 短路电流 I_{sc} 为

$$I_{sc} = \frac{40 + 50 + 100}{50 + 50} + 0.5 = 2.4(A)$$

等效电阻为

$$R_{eq} = \frac{U_{oc}}{I_{sc}} = 25(\Omega)$$

(3) 画出戴维宁等效电路如图 3.28 所示,可得

$$U = \frac{60}{25 + 5} \times 5 = 10(V)$$

思考题

对于[例3-8]尝试用除源法求输入电阻。

3.4 诺顿定理

诺顿定理定义：任何一个线性含源一端口电路，对外电路来说，可以用一个电流源和电导（电阻）的并联组合来等效置换；电流源的电流等于该端口的短路电流，而电导（电阻）等于把该一端口的全部独立电源置零后的输入电导（电阻）。

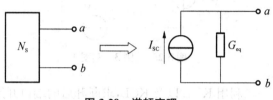

图 3.29 诺顿定理

在前面一章学习的等效变换中介绍过，电压源与电阻串联组合电路和电流源与电阻并联组合电路等效，可以相互替代。故诺顿等效电路可由戴维宁等效电路经电源等效变换得到。诺顿等效电路中的电流源电流与戴维宁等效电路中的电压源电压关系为 $I_{sc} = \dfrac{u_{oc}}{R_{eq}}$，因而电流源电流为端口短路电流，如图 3.29 所示。

【例 3-9】 利用诺顿定理求图 3.30 中 R_L 消耗的功率。

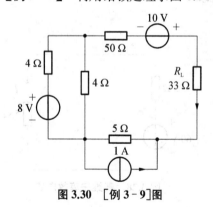

图 3.30 [例 3-9]图

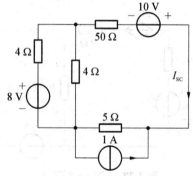

图 3.31 [例 3-9]求短路电流

解 与戴维宁定理相同，应用诺顿定理求解时分三个步骤进行：

（1）求短路电流。将需求的 R_L 视为外电路，将其短路，如图 3.31，求短路电流 I_{sc}。

对该电路做等效变形，如图 3.32。

$$I_{sc} = \frac{4-5+10}{57} = \frac{9}{57}(\text{A})$$

（2）求等效电阻。该电路为纯电阻电路，可采用除源法，求等效电阻得

$$R_{eq} = 2 + 50 + 5 = 57(\Omega)$$

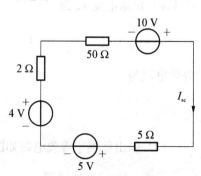

图 3.32 等效电路

（3）画出诺顿等效电路如图 3.33 所示,可得

$$I_L = \frac{9}{57} \cdot \frac{57}{90} = 0.1(\text{A})$$

$$P_L = 0.1^2 \cdot 33 = 0.33(\text{W})$$

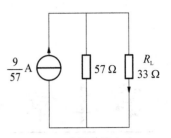

图 3.33　诺顿等效电路

使用戴维宁定理或者诺顿定理需要注意以下几点:

（1）戴维宁定理或者诺顿定理对于只需求解某一条支路的电压和电流时,是非常有效的。使用时,必须是含源的线性网络。而外电路可以是线性或非线性的,可以是单个元件,也可以是一个子网络。

（2）用戴维宁定理或者诺顿定理求含有受控源的电路时,在求开路电压（短路电流）和输入电阻时,受控源不能当独立源处理,一定要保留在电路中,另外,外电路不能是耦合的或受控元件。戴维宁定理和诺顿定理的等效电路都是对外等效,对内不等效。只保证流过外电路的电流以及两端的电压是不变的,若要求其他参量时必须回到原网络。

习　题

一、分析计算题

1. 利用叠加定理求图 3.34 电路中的电压 U。

2. 求图 3.35 中单端口网络的等效电阻。

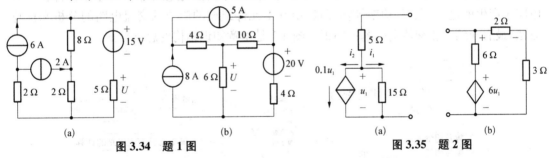

（a）　　　　　　　　　（b）　　　　　　　　　（a）　　　　　　　　　（b）

图 3.34　题 1 图　　　　　　　　　　图 3.35　题 2 图

3. 利用戴维宁定理或者诺顿定理求图 3.34 中的电压 U。

4. 利用戴维宁定理或者诺顿定理求图 3.36 的电流 I。

5. 利用戴维宁定理或者诺顿定理求图 3.37 中电流 I。

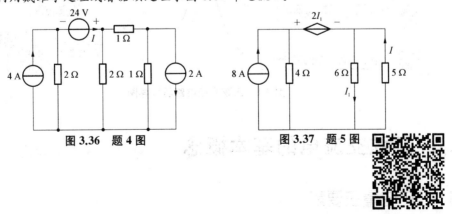

图 3.36　题 4 图　　　　　　　　　图 3.37　题 5 图

第4章

正弦交流电路分析基础

交流电路是生产和生活中应用最为广泛的电路之一。交流电压和电流有多种类型,最主要的就是正弦交流电,日常生活中的 220 V 民用电即为正弦交流电。在模拟放大电路中,待放大的电压或电流信号通常被处理成正弦交流小信号。在自动控制系统中,常常用不同频率的正弦交流信号来测试系统的各种性能。因此学习正弦交流电路分析的相关基础知识是十分必要的。

本章将介绍正弦交流电的基本概念及其相量表示,电阻、电感和电容等基本元件在交流电路中产生的电压、电流、功率等物理量,由基本元件组成的简单的交流电路的分析和计算方法,最后介绍三相交流电的基本知识。图 4.1 是本章知识结构的思维导图。

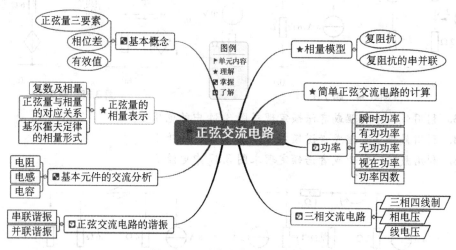

图 4.1　正弦交流电路思维导图

4.1　正弦交流电的基本概念

4.1.1　正弦量三要素

大小和方向随时间做周期性变化的电压、电流被称为交流电。图 4.2 所示为几种常见的交流电波形图。

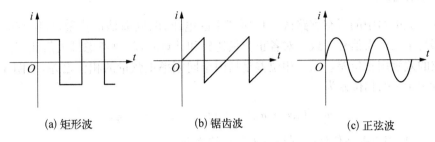

(a) 矩形波　　　　　(b) 锯齿波　　　　　(c) 正弦波

图 4.2　常见的交流电波形

随时间按正弦规律变化的电压、电流称为正弦交流电。正弦交流电压、电流的表达式分别如式(4.1)和(4.2)所示：

$$u = U_m \sin(wt + \varphi_u) \tag{4.1}$$

$$i = I_m \sin(wt + \varphi_i) \tag{4.2}$$

图 4.2(c)所示即为正弦交流电的波形图。

正弦量有三要素：幅值(U_m 或 I_m)，角频率(w)和初相位(φ_u 或 φ_i)，如图 4.3 所示为正弦交流电流的三要素。

1. 幅值

正弦量瞬时值中的最大值也称为幅值，电压和电流的最大值分别表示为 U_m 和 I_m。

2. 角频率

正弦交流电在时间上每经过一个周期 T，正弦函数的角度就变化 2π 弧度(rad)。单位时间内变化的角度就叫作角频率，因此有

$$w = \frac{2\pi}{T} = 2\pi f$$

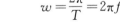

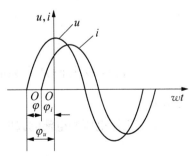

图 4.3　正弦量三要素

3. 初相位

正弦量在每一时刻的角度是由表达式中的 $wt + \varphi_i$ 表示的，称为相位角，简称相位。时间 $t=0$ 时的相位即初相位或初相角，简称初相，其值与计时起点有关。

幅值、角频率和初相位三者可以唯一确定一个正弦量，三要素确定了，正弦量在任一时刻的瞬时值也就被确定了。

注意：正弦交流量的瞬时值符号用小写字母表示，例如电压 u 或 $u(t)$、电流 i 或 $i(t)$，区别于直流电的大写字母，如 U,I。

图 4.4　电压与电流的相位差

4.1.2　相位差

正弦交流电路中的所有支路或元件所产生的电压、电流都是正弦量,且所有电压、电流的频率都与正弦输入信号一致。对各正弦量比较和计算时,就要考虑最大值和相位的变化,其中相位的差别用相位差表示。相位差是指两个同频率正弦量的相位之差,如图4.4所示,电压 u 和电流 i 的相位差为

$$\varphi = (wt + \varphi_u) - (wt + \varphi_i) = \varphi_u - \varphi_i \tag{4.3}$$

也就是说,相位差在任何时刻都等于初相位之差。

图4.4中,电压 u 与电流 i 的相位差 φ 是正的,表示 u 的相位超前 i,或 i 的相位滞后 u,超前或滞后的角度是 φ。若 φ 是负的,表示 u 的相位滞后 i,或 i 的相位超前 u。当 $\varphi=0$ 时,u 与 i 相位相同,叫作同相,此时 u 和 i 同时到达最大值或最小值。$\varphi=\pm\pi$ 时,u 与 i 则为反相。

思考题

正弦交流的电压与电压、电压与电流、电流与电流是否都可以比较相位差? 不同频率的正弦量可以比较相位差吗?

4.1.3　有效值

交流电的瞬时值随时间不断变化,三要素不同的正弦量很难直观地进行比较。为此引入有效值的概念。若交流电流 i 通过电阻 R,在一个周期内产生的热量,等于某一直流电流 I 通过相同电阻 R 在相同时间内产生的热量,则该交流 i 的有效值就等于该直流 I。若正弦交流电流为 $i = I_m \sin(wt + \varphi_i)$,根据

$$\int_0^T i^2 R\, dt = I^2 RT$$

我们得到 i 的有效值 I 为

$$\begin{aligned}
I &= \sqrt{\frac{1}{T}\int_0^T i^2\, dt} \\
&= \sqrt{\frac{1}{T}\int_0^T [I_m \sin(wt + \varphi_i)]^2\, dt} \\
&= \frac{I_m}{\sqrt{2}} \approx 0.707 I_m
\end{aligned}$$

可以看出,最大值是有效值的 $\sqrt{2}$ 倍。同理,正弦交流电压的有效值 $U = \dfrac{U_m}{\sqrt{2}} \approx 0.707 U_m$。

正弦交流电压和电流的瞬时表达式经常写成有效值的形式,即

$$u = \sqrt{2}\, U \sin(wt + \varphi_u) \tag{4.4}$$

$$i = \sqrt{2}\, I \sin(wt + \varphi_i) \tag{4.5}$$

【例 4-1】　某正弦交流电流 $i = 5\sqrt{2}\sin(314t + 50°)\text{A}$，其最大值、角频率、初相位分别是多少？有效值是多少？

　　解　根据正弦量三要素，其最大值为 $5\sqrt{2}$ A，角频率为 314 rad/s，初相位为 50°，有效值为 5 A。

4.2　正弦量的相量表示

如果直接用三角函数分析和计算交流电路，将非常复杂且不直观，因此需要将三角函数转化为相量形式再进行运算。

4.2.1　复数及相量

在数学上，复数可以表示为复平面上的一个点，如图 4.5 所示。复数 $A = a + jb$，实部为 a，虚部为 b。A 点到原点的距离 $|A| = \sqrt{a^2 + b^2}$，为复数 A 的模。$\varphi = \arctan\dfrac{b}{a}$ 则为复数 A 的辐角。已知 A 的实部和虚部，可由上两式求得模和辐角，同理，若已知模和辐角，可由 $a = |A|\cos\varphi, b = |A|\sin\varphi$ 求得实部和虚部。

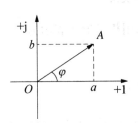

图 4.5　复数及相量图

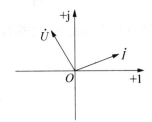

图 4.6　电压、电流相量示意图

从原点指向 A 点的有向线段为复数 A 对应的矢量，分析正弦电路时一般称为相量。符号用大写字母上面加点表示，例如 $\dot{U}, \dot{I}$。图 4.6 为相量 $\dot{U}$ 和 $\dot{I}$ 示意图。

复数既可以用实部加虚部的形式表示（$A = a + jb$，代数型），也可以用模和辐角表示（$A = |A|\angle\varphi$，极坐标型），两种表示法可以相互转换。要判断两个复数是否相等，须实部和虚部分别相等，或者模和辐角分别相等。

复数支持四则运算，加减运算时采用代数型更加方便，只需实部和虚部分别相加或相减。乘除运算时采用极坐标型更加方便，只需模相乘或相除，角度相加或相减。

【例 4-2】　$A_1 = 2 + j4, A_2 = 3 + j5$，求 $A_1 + A_2, A_1 - A_2, A_1 A_2, \dfrac{A_1}{A_2}$。

　　解
$$A_1 + A_2 = (2 + 3) + j(4 + 5) = 5 + j9$$
$$A_1 - A_2 = (2 - 3) + j(4 - 5) = -1 + j(-1) = -1 - j$$
$$A_1 = 2 + j4 = 4.47\angle 63.43°$$
$$A_2 = 3 + j5 = 5.83\angle 59.09°$$
$$A_1 A_2 = 26.06\angle 122.52°$$
$$\frac{A_1}{A_2} = 0.77\angle 4.34°$$

4.2.2　正弦量的相量表示

正弦量是由幅值、角频率和初相位三要素确定的,而同一电路中产生的所有电压和电流的角频率都和正弦电源一致,因此分析和求解电路只要将幅值和初相位进行运算即可。这是相量可以代替正弦量进行运算的基础。

事实上,复数 A 的模和辐角恰好可以表示正弦量的幅值和初相位。如果相量 A 以 w 的角速度在复平面上绕原点逆时针旋转,它在虚轴上的投影就等于正弦量的瞬时值,如图 4.7 所示。相量的模和辐角与正弦量的幅值和初相有一一对应关系。

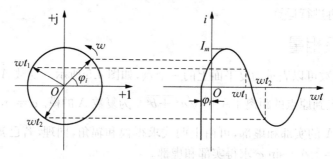

图 4.7　正弦量与相量对应关系

正弦电压和正弦电流在电路中进行运算时,一般都用相量形式表示为

$$\dot{U}_{\mathrm{m}} = U_{\mathrm{m}} \angle \varphi_{\mathrm{u}} \tag{4.6}$$

$$\dot{I}_{\mathrm{m}} = I_{\mathrm{m}} \angle \varphi_{\mathrm{i}} \tag{4.7}$$

$\dot{U}_{\mathrm{m}}$ 称为电压的最大值相量,$\dot{I}_{\mathrm{m}}$ 称为电流的最大值相量。有效值相量也较为常用,它和最大值相量只在幅值上差了 $\sqrt{2}$ 倍。

$$\dot{U} = U \angle \varphi_{\mathrm{u}}$$

$$\dot{I} = I \angle \varphi_{\mathrm{i}}$$

$$\dot{U}_{\mathrm{m}} = \sqrt{2}\dot{U}$$

$$\dot{I}_{\mathrm{m}} = \sqrt{2}\dot{I}$$

必须指出,相量可以表示正弦量,但不等于正弦量。它们是完全不同的概念,意义也不一样。只是在分析电路时,用相量代替正弦量进行运算。

4.2.3　基尔霍夫定律的相量形式

在正弦交流电路中,虽然电压和电流是时刻变化的,但是在任意时刻,各支路或元件的电压、电流也满足基尔霍夫定律,即在任意时刻,流入或流出任一节点的电流之和为零(KCL);沿任一回路的电压降之和为零(KVL)。因此有

$$\sum i(t) = 0$$

$$\sum u(t) = 0$$

用相量表示为

$$\sum \dot{U} = 0$$

$$\sum \dot{I} = 0$$

4.3　基本元件的交流分析

交流电路与直流电路不同,除了电路中各部分电压和电流的大小需要求解外,各交流量的相位也必须求解。而电压、电流的大小和相位的变化与电路中元器件的性质有关。下面介绍电阻、电感和电容三种基本元件外加正弦电压时其电压和电流的关系。

4.3.1　电阻元件

如图 4.8 所示,电阻两端加正弦交流电压 $u = U_m \sin(wt + \varphi_u)$,则电阻上产生的电流

$$i = \frac{u}{R} = \frac{U_m \sin(wt + \varphi_u)}{R} = \frac{U_m}{R} \sin(wt + \varphi_u) = I_m \sin(wt + \varphi_i)$$

即

$$I_m = \frac{U_m}{R}, \varphi_i = \varphi_u$$

由此可知,电阻上的电压 u 和电流 i 在任意时刻的瞬时值大小相差 R 倍,相位相同。写成相量形式,如下所示

$$\dot{U}_m = R\dot{I}_m \tag{4.8}$$

或

$$\dot{U} = R\dot{I} \tag{4.9}$$

不考虑相位,只看数值的关系如下

$$U_m = RI_m \text{ 或 } U = RI$$

电压和电流的波形及相量图如图 4.9 所示。

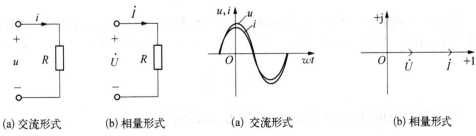

(a) 交流形式　　(b) 相量形式　　　　　(a) 交流形式　　　　(b) 相量形式

图 4.8　电阻电路　　　　　　**图 4.9　电阻电路的电压、电流波形及相量**

4.3.2 电感元件

电感电路如图 4.10 所示。电感中的电流大小和方向发生变化时,会产生感应电压以阻碍电流的变化。电感的大小用 L 表示,单位是亨利(H),感应电压的大小可根据电磁感应定律计算得出:

$$u = L\frac{\mathrm{d}i}{\mathrm{d}t}$$

若流经电感的正弦电流为 $I_\mathrm{m}\sin wt$,则感应电压大小为

$$u = L\frac{\mathrm{d}i}{\mathrm{d}t} = wLI_\mathrm{m}\cos wt = wLI_\mathrm{m}\sin(wt + 90°) = U_\mathrm{m}\sin(wt + 90°)$$

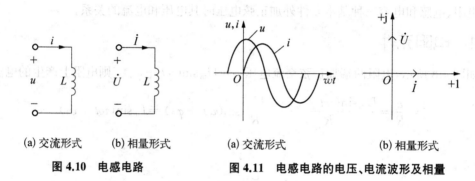

| (a) 交流形式 | (b) 相量形式 | (a) 交流形式 | (b) 相量形式 |

图 4.10 电感电路　　　　　**图 4.11 电感电路的电压、电流波形及相量**

可知,电感中的交流电压和电流瞬时值大小差 wL 倍,电压相位比电流超前 90°,如图 4.11所示。

相量形式的表达式如下

$$\dot{U}_\mathrm{m} = wL\dot{I}_\mathrm{m}\angle 90° = \mathrm{j}wL\dot{I}_\mathrm{m} \tag{4.10}$$

或
$$\dot{U} = wL\dot{I}\angle 90° = \mathrm{j}wL\dot{I} \tag{4.11}$$

不考虑相位,只看数值的关系如下

$$U_\mathrm{m} = wLI_\mathrm{m} \text{ 或 } U = wLI$$

4.3.3 电容元件

电容电路如图 4.12 所示。电容两端的电压大小和方向变化时,电路中会产生相应电流以阻碍电压的变化。电容的大小用 C 表示,单位为法拉(F),电流与电压有如下关系:

$$i = C\frac{\mathrm{d}u}{\mathrm{d}t}$$

若电容两端的电压为 $u = U_\mathrm{m}\sin wt$,则电流的大小为

$$i = C\frac{\mathrm{d}u}{\mathrm{d}t} = wCU_\mathrm{m}\cos wt = wCU_\mathrm{m}\sin(wt + 90°) = I_\mathrm{m}\sin(wt + 90°)$$

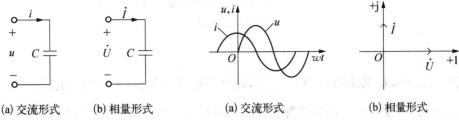

(a) 交流形式	(b) 相量形式	
图 4.12　电容电路		

(a) 交流形式	(b) 相量形式
图 4.13　电容电路的电压、电流波形及相量	

由此可知,电容两端的交流电压和电流瞬时值大小上有 $I_{\mathrm{m}}=wCU_{\mathrm{m}}$,电流相位比电压超前 90°,如图 4.13 所示。

习惯上,且为了与电阻、电感相统一,相量表达式将电压写成电流的关系式,如下

$$\dot{U}_{\mathrm{m}}=\frac{1}{wC}\dot{I}_{\mathrm{m}}\angle-90°=-\mathrm{j}\frac{1}{wC}\dot{I}_{\mathrm{m}} \tag{4.12}$$

或

$$\dot{U}=\frac{1}{wC}\dot{I}\angle-90°=-\mathrm{j}\frac{1}{wC}\dot{I} \tag{4.13}$$

不考虑相位,只看数值的关系如下

$$U_{\mathrm{m}}=\frac{1}{wC}I_{\mathrm{m}}\ 或\ U=\frac{1}{wC}I$$

4.4　相量模型

在含有电阻、电感、电容等元件的交流电路中,各部分电压和电流的计算较为复杂,各元件两端加同样的电压,产生的电流的相位有的与电压一致,有的超前、有的滞后。电路中总的电流的大小和相位是各元件产生的电流相运算的结果。为了方便计算和统一,引入了复阻抗的概念。

4.4.1　复阻抗

复阻抗简称阻抗,用大写字母 Z 表示,它反映了电路中电压与电流的关系。

$$Z=\frac{\dot{U}_{\mathrm{m}}}{\dot{I}_{\mathrm{m}}}=\frac{\dot{U}}{\dot{I}} \tag{4.14}$$

如图 4.14 所示的 RLC 串联电路中,$\dot{U}_{\mathrm{R}}=R\dot{I}$,$\dot{U}_{\mathrm{L}}=\mathrm{j}wL\dot{I}$,$\dot{U}_{\mathrm{C}}=-\mathrm{j}\frac{1}{wC}\dot{I}$, 则

$$
\begin{aligned}
\dot{U} &= \dot{U}_{\mathrm{R}}+\dot{U}_{\mathrm{L}}+\dot{U}_{\mathrm{C}} \\
&= R\dot{I}+\mathrm{j}wL\dot{I}-\mathrm{j}\frac{1}{wC}\dot{I} \\
&= \left(R+\mathrm{j}wL-\mathrm{j}\frac{1}{wC}\right)\dot{I}
\end{aligned}
$$

$$= [R + j(X_L - X_C)]\dot{I}$$
$$= (R + jX)\dot{I}$$
$$= Z\dot{I}$$

式中，$X_L = wL$，称为感抗，$X_C = \dfrac{1}{wC}$，称为容抗，$X = X_L - X_C$，称为电抗。

由上式可知，复阻抗 Z 的实部为电阻，虚部为电抗。电抗又是感抗与容抗之差。由于 Z 是复数，其实部、虚部、模和辐角的关系构成直角三角形，如图 4.15 所示，称为阻抗三角形。容抗、感抗、复阻抗的单位都是欧姆（Ω）。

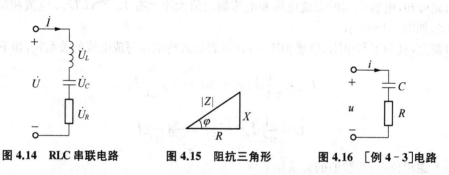

图 4.14 RLC 串联电路　　　　图 4.15 阻抗三角形　　　　图 4.16 ［例 4-3］电路

【例 4-3】 图 4.16 所示为一 RC 串联电路，$R = 50\ \Omega$，$C = 100\ \mu F$，$u = 5\sqrt{2}\sin(314t + 30°)$ V，求电流 i。

解　$Z = R + jX = 50 - j\dfrac{1}{314 \times 100 \times 10^{-6}} = 50 - j31.85 = 59.29\angle -32.5°$

$$\dot{U} = 5\angle 30°$$

$$\dot{I} = \frac{\dot{U}}{Z} = \frac{5\angle 30°}{59.29\angle -32.5°} = 0.08\angle 62.5°$$

$$i = 0.08\sqrt{2}\sin(314t + 62.5°)$$

注意：复阻抗 Z 的符号上面不加点，它只表示复数，表征各元件在正弦电路中的性质，并不表示正弦量。

根据定义 $Z = \dfrac{\dot{U}}{\dot{I}}$，复阻抗的辐角 φ 就是电压与电流的相位之差。而辐角的正负是由虚部的正负决定的，即感抗和容抗之差。根据辐角的正负，电路有以下三种情况：

（1）$\varphi = 0$。感抗和容抗相互抵消，虚部为零，电压与电流同相位。此时电路呈电阻性质。

（2）$\varphi > 0$。感抗作用大于容抗，电压相位超前电流相位。此时电路呈电感性质，称为感性电路。

（3）$\varphi < 0$。感抗作用小于容抗，电压相位滞后电流相位。此时电路呈电容性质，称为容性电路。

4.4.2　复阻抗的串并联

引入复阻抗的概念后，交流电路中电压电流的关系表达式与欧姆定律是一致的，阻抗的串并联和电阻的串并联也是一致的。

如图 4.17 所示，(a)图为两阻抗串联，串联后的等效阻抗 $Z = Z_1 + Z_2$。(b)图为两阻抗并联，并联后的等效阻抗 $Z = \dfrac{Z_1 Z_2}{Z_1 + Z_2}$。

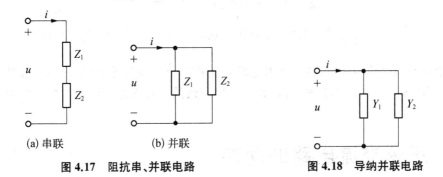

图 4.17 阻抗串、并联电路 图 4.18 导纳并联电路

电阻的倒数是电导，类似地，阻抗的倒数称为导纳 Y，即 $Y = \dfrac{1}{Z}$。阻抗并联时采用导纳计算非常方便，如图 4.18 所示，$Y = Y_1 + Y_2$。

4.5 简单正弦交流电路的计算

本小节介绍简单正弦交流电路的计算。此种电路一般仅包含一个电源，各支路阻抗可通过串并联进行等效。

【例 4-4】 如图 4.19 所示电路，$\dot{U} = 10\angle 60°$，求 $\dot{I}$。

解 $Z_1 = 8 - j5, Z_2 = j10$，

$$Z = \frac{Z_1 Z_2}{Z_1 + Z_2} = \frac{50 + j80}{8 + j5} = \frac{94.34\angle 57.99°}{9.43\angle 32.01°} = 10\angle 25.98°,$$

$$\dot{I} = \frac{\dot{U}}{Z} = \frac{10\angle 60°}{10\angle 25.98°} = 1\angle 34.02°$$

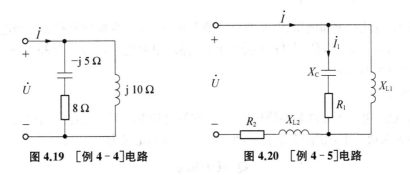

图 4.19 ［例 4-4］电路 图 4.20 ［例 4-5］电路

【例 4-5】 如图 4.20 所示电路，$\dot{U} = 8\angle 20°$，$R_1 = 5\ \Omega$，$R_2 = 4\ \Omega$，$X_{L1} = 6\ \Omega$，$X_{L2} = 8\ \Omega$，$X_C = 5\ \Omega$，求 $\dot{I}_1$。

解
$$Z_1 = 5 - j5, Z_2 = j6, Z_3 = 4 + j8,$$

$$Z = \frac{Z_1 Z_2}{Z_1 + Z_2} + Z_3 = 6.92 + j4.62 + 4 + j8 = 10.92 + j12.62 = 16.69\angle 49.24°$$

$$\dot{I} = \frac{\dot{U}}{Z} = \frac{8\angle 20°}{16.69\angle 49.24°} = 0.48\angle -29.24°$$

$$\dot{I}_1 = \frac{Z_2}{Z_1 + Z_2}\dot{I} = 1.18\angle 78.69° \times 0.48\angle -29.24° = 0.57\angle 49.45°$$

在求解复杂电路时,可将各元件用复阻抗表示后,运用支路电流法、节点电位法、叠加原理、戴维宁定理等多种方法求解,与直流电路是一致的。有兴趣的读者可自行学习,本书不做讨论。

4.6 正弦交流电路的功率

正弦交流电路的功率与直流电路有很大不同,尤其是电感和电容元件在通过交流电时不仅功率大小时刻变化,还有发出和吸收功率的变化。根据指代意义不同,交流电路的功率分为瞬时功率、有功功率(平均功率)和无功功率等。

4.6.1 功率的定义

1. 瞬时功率

正弦交流电压和电流的瞬时值的乘积就是瞬时功率。瞬时功率与电压、电流一样,是时刻变化的。

$$p = ui = U_m\sin(wt + \varphi_u)\,I_m\sin(wt + \varphi_i) \tag{4.15}$$

2. 有功功率

交流电路的瞬时功率也按正弦规律变化,不利于比较不同的电路或元件,实际应用通常采用平均功率。平均功率能够反映一个周期内平均消耗的功率,也称为有功功率。

$$P = \frac{1}{T}\int_0^T ui\,dt = \frac{1}{T}\int_0^T U_m\sin(wt + \varphi_u)I_m\sin(wt + \varphi_i)dt = UI\cos\varphi \tag{4.16}$$

可以看出,有功功率和电压、电流的有效值及电压、电流的相位差有关。当电路为纯电阻电路时,$\varphi = 0, \cos\varphi = 1, P = UI$;当电路为纯电感或电容电路时,$\varphi = \pm 90°, \cos\varphi = 0, P = 0$,即电感、电容不消耗能量。

3. 无功功率

理想的电感、电容等元件是不消耗能量的,它们仅和电源间进行能量的交换。电路中这部分功率称为无功功率,用字母 Q 表示,单位为乏(var),定义为

$$Q = UI\sin\varphi \tag{4.17}$$

4. 视在功率

电压有效值 U 与电流有效值 I 的乘积称为视在功率,用字母 S 表示,单位为伏安

（VA），定义为

$$S = UI \tag{4.18}$$

生产中使用的电路元器件，都规定了额定电压和额定电流，也就规定了额定视在功率。与阻抗三角形类似，视在功率、有功功率和无功功率组成了功率三角形，如图 4.21 所示。

图 4.21 功率三角形

4.6.2 基本元件的功率

1. 电阻的功率

若 $u = U_m \sin wt$，$i = I_m \sin wt$，$\varphi = 0°$，

则瞬时功率

$$p = U_m \sin wt \cdot I_m \sin wt = 2UI \sin^2 wt = UI - UI \cos 2wt$$

电阻的瞬时功率如图 4.22 所示。

有功功率

$$P = UI \cos \varphi = UI$$

无功功率

$$Q = UI \sin \varphi = 0$$

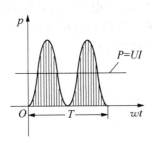

图 4.22 电阻电路的功率

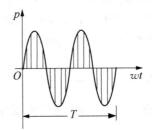

图 4.23 电感、电容电路的功率

2. 电感的功率

若 $u = U_m \sin(wt + 90°)$，$i = I_m \sin wt$，$\varphi = 90°$，

瞬时功率

$$p = U_m \sin(wt + 90°) \cdot I_m \sin wt = U_m I_m \sin wt \cos wt = UI \sin 2wt$$

电感的瞬时功率如图 4.23 所示。

有功功率

$$P = UI \cos \varphi = 0$$

无功功率

$$Q = UI \sin \varphi = UI$$

3. 电容的功率

若 $u = U_m \sin wt, i = I_m \sin (wt + 90°), \varphi = -90°,$

瞬时功率

$$p = U_m \sin wt \cdot I_m \sin (wt + 90°) = UI \sin 2wt$$

有功功率

$$P = UI \cos \varphi = 0$$

无功功率

$$Q = UI \sin \varphi = UI$$

电容与电感的功率表达式是一样的,如图 4.23 所示。

通过以上分析可知,电阻在任意时刻的功率都是大于零的,表示无论在正弦交流电源的正半周还是负半周,电阻都在消耗功率。其有功功率大小为 UI,无功功率为零。电容或电感的功率半周期为正,发出功率;半周期为负,吸收功率。有功功率为零,无功功率大小为 UI。表明电容和电感不消耗能量,只和电源之间进行能量的交换。

4.6.3 功率因数

有功功率的定义 $P = UI \cos \varphi$ 中,$\cos \varphi$ 被称为功率因数。有功功率是实际消耗的功率,电源提供的功率应当尽可能地转换为有功功率,提高利用率。电路器件的额定视在功率确定后,若为纯电阻电路,$\cos \varphi = 1$,视在功率等于有功功率。若电路中含有电感或电容,例如应用广泛的变压器电路,$\cos \varphi < 1$,则变压器能够提供给负载的有功功率就要小于视在功率。$\cos \varphi$ 越小,有功功率越低,因此应当尽量提高电路的功率因数。

思考题

设计正弦交流电路时,通过哪些方法可以提高功率因数?

4.7 正弦交流电路的谐振

正弦交流电路有时会出现谐振现象。谐振是指含有电感和电容的电路呈现了纯电阻性质,电压与电流同相位。谐振的特点被广泛应用于无线电工程、信号测量等多种电路中。另一方面,谐振又可能对电路造成破坏。因此应当掌握谐振的原理和技术,控制谐振的发生和消除。应用较多的谐振电路包括串联谐振和并联谐振。

1. 串联谐振

串联谐振是指在 RLC 串联电路中发生的谐振,如图 4.24 所示。由图中电路可知,其阻抗为

$$Z = R + j(X_L - X_C)$$

若要出现谐振,则 $X_L = X_C$,即

$$wL = \frac{1}{wC}$$

可得谐振角频率为

$$w_0 = \frac{1}{\sqrt{LC}}$$

相应地，谐振频率为

$$f_0 = \frac{1}{2\pi\sqrt{LC}}$$

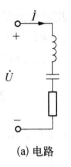
(a) 电路

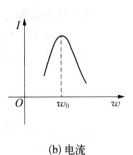
(b) 电流

图 4.24　串联谐振电路及电流值

若电路的参数 L、C 为固定值，则可调节输入电压的频率实现谐振，若电压的频率固定，则可调节参数 L、C 来实现谐振。

串联谐振的特点有：

(1) 串联谐振时阻抗最小，电流最大。如图 4.24(b)所示。

(2) 电感电压与电容电压大小相等，方向相反，相互抵消。电阻电压等于电源电压。

(3) 电感或电容电压与电源电压之比称为电路的品质因数，用字母 Q 表示。有

$$Q = \frac{U_L}{U} = \frac{wL}{R}$$

$Q \gg 1$ 时，电感或电容电压远远大于电源电压。因此串联谐振又称为电压谐振。当输入信号较小时，可利用串联谐振增大信号电压。同理，当电源电压很高时，不要使用串联谐振以免器件被击穿。

2. 并联谐振

并联谐振是 RLC 并联电路中发生的谐振。如图 4.25 所示。由图可得

$$\frac{1}{Z} = \frac{1}{R} + j\left(wC - \frac{1}{wL}\right)$$

发生谐振时，有

$$wC = \frac{1}{wL}$$

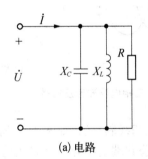
(a) 电路

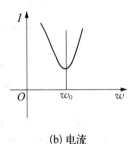
(b) 电流

图 4.25　并联谐振电路及电流值

谐振角频率和谐振频率分别为

$$w_0 = \frac{1}{\sqrt{LC}}$$

$$f_0 = \frac{1}{2\pi\sqrt{LC}}$$

可以看出，并联谐振频率与串联谐振频率是一致的。

同样，也可通过调整电路参数 L、C 或电源频率的方法来实现谐振。

并联谐振的特点有：

（1）并联谐振时阻抗最大，此时电流最小，如图 4.25(b)所示。

（2）电感电流与电容电流大小相等，方向相反，相互抵消。电路总电流等于电阻电流。

（3）电感或电容电流与总电流之比称为电路的品质因数，用字母 Q 表示。有

$$Q = \frac{R}{wL}$$

$Q \gg 1$ 时，电感或电容电流远远大于总电流。因此并联谐振又称为电流谐振。

4.8 三相交流电路

日常的家庭用电属于三相交流电路，三相交流电在生产和生活中应用广泛。本节简单介绍三相交流电源及其电路接法。

三相交流电源包括三个幅值相等、频率相同、相位互差 120°的正弦交流电源。它们是由三相发电机生成并输出的。三个电源的波形及相量如图 4.26 所示。图中：

$$\dot{U}_A = U \angle 0°,$$

$$\dot{U}_B = U \angle -120°,$$

$$\dot{U}_C = U \angle -240° = U \angle 120°。$$

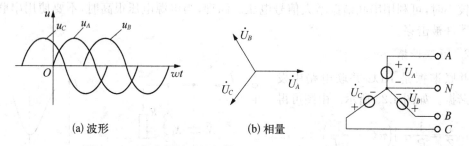

(a) 波形	(b) 相量	
图 4.26　三相电源波形及相量		图 4.27　三相四线制交流电源

三相电源大多采用三相四线制接法，如图 4.27 所示。此种接法将三个电源的其中一端接在一起作为公共端，并从公共端引出导线，称为中线或零线。各电源的另外一端分别引出导线，称为相线，也称作火线。

三相四线制接法可对外提供两种电压。

（1）相电压。火线和零线之间的电压。这也是每相电源独自的电压。

（2）线电压。火线和火线之间的电压。根据相量运算法则，线电压和相电压存在以下关系：

$$\dot{U}_{AB} = \dot{U}_A - \dot{U}_B = \sqrt{3}\dot{U}_A \angle 30°$$

$$\dot{U}_{BC} = \dot{U}_B - \dot{U}_C = \sqrt{3}\dot{U}_B \angle 30°$$

$$\dot{U}_{CA} = \dot{U}_C - \dot{U}_A = \sqrt{3}\dot{U}_C \angle 30°$$

家庭用电的电压为 220 V,为相电压,而生产上的用电大多数为 380 V,为线电压,是相电压的 $\sqrt{3}$ 倍。

三相四线制电源接负载时,负载可接在任一相电压或任一线电压下。使用时每一相所带负载力求均衡。

习　题

一、填空题

1. 某一正弦交流电流 $i=2\sin(10t+14°)$ A,其周期为_____。

2. 正弦量的三要素是指_____、_____、_____。

3. 某一正弦交流电流 $i=2\sin\left(10t+\dfrac{\pi}{6}\right)$ A,$t=0$ 时其瞬时值为_____。

4. 某一正弦交流电压 $u=22\sin(wt+74°)$ V,其有效值为_____。

5. 某一电路中,正弦交流电压 $u=22\sin(wt+74°)$ V,其相量表达式为_____。

6. 某一正弦电流相量 $\dot{I}=5\angle30°$ A,其频率 $f=50$ Hz,其瞬时值表达式为_____。

7. 已知相量 $A_1=6+7\text{j}$,$A_2=12+5\text{j}$,则 $A_1+A_2=$_____,$A_1A_2=$_____。

8. 正弦交流电路的谐振电路包括_____和_____。

9. 三相交流电路中,线电压和相电压之间差_____倍,角度相差_____。

10. 三相交流电路中,每个相电压之间的相位互差_____度,每个线电压之间的相位互差_____度。

二、分析计算题

1. 有一电容,流经的正弦交流电流 $\dot{I}=10\angle60°$ A,电容 $C=10^{-6}$ F,频率 $f=1\,000$ Hz,求电压 $\dot{U}$。

2. RLC 正弦交流电路如图 4.28 所示,其中,$X_{L1}=10\ \Omega$,$X_{L2}=8\ \Omega$,$X_C=6\ \Omega$,$R_1=R_2=4\ \Omega$,$R_3=10\ \Omega$,电压 $\dot{U}=200\angle0°$ V,求 R_1 流经的电流 $\dot{I}$。

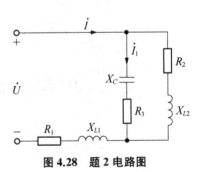

图 4.28　题 2 电路图

3. 有一 RL 串联电路,其中 $R=20\ \Omega$,电感 $L=0.3$ H,电路两端加电压 $u=30\sqrt{2}\sin(50t+40°)$ V,求该电路的有功功率、无功功率及功率因数。

第5章

半导体器件基础

本章开始学习模拟电子电路知识。模拟电子电路的基础是半导体器件。大多数现代电子器件都是由半导体材料制成的。本章首先介绍半导体导电机理,然后介绍基本的半导体器件:二极管和晶体管(三极管)。二极管有开关、整流、稳压、限幅等作用,还有一些特殊二极管。晶体管主要起放大作用。图 5.1 是本章知识结构的思维导图。

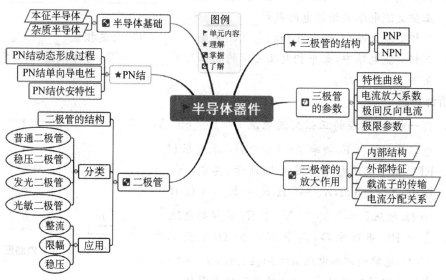

图 5.1　半导体器件基础知识点思维导图

5.1　半导体

5.1.1　本征半导体

物质的导电性能是由原子结构决定的。金属等导体的原子最外层电子较少,它们很容易摆脱原子核的束缚成为自由电子,在外加电压时做定向移动,形成电流。橡胶等绝缘体的最外层电子则很难挣脱原子核的束缚,很少成为自由电子,不能形成电流。半导体的导电性能介于导体和绝缘体之间。半导体材料通过掺杂、光照等,可以人为控制其导电性能,因此半导体材料广泛用于制作各种功能的电子器件和电路,产生符合要求的电压、电流及电功率等物理量。

电子器件中常用的半导体材料为硅(Si)和锗(Ge),它们都是四价元素,原子结构简化模型如图 5.2 所示。纯净的硅和锗材料被称为本征半导体。

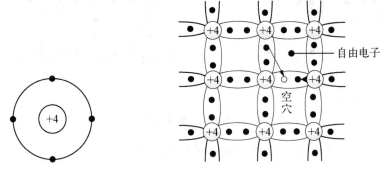

图 5.2　原子简化模型　　　　　　　图 5.3　电子空穴对示意图

如图 5.3 所示,相邻原子的最外层价电子相互作用,形成共价键,电子受共价键束缚,不能移动,不能形成电流。但是受温度的影响,某些价电子获得一定的能量就可以挣脱共价键的束缚,成为自由电子,这就是本征激发。室温下本征半导体中有少量自由电子,它们做杂乱无章的运动。自由电子离开后,共价键中留有一个空位,叫作空穴,其他共价键上的电子很容易填补这个空位而在原来的位置上又留下一个空穴,因此空穴也被认为是可以移动的。能够移动的自由电子和空穴都是导电的载体,称为载流子。自由电子带一个负电荷,空穴带一个正电荷,自由电子形成的电流和空穴形成的电流方向相反。在本征半导体中,自由电子和空穴总是成对出现的。

自由电子在运动过程中,也可能失去一些能量,又被拉回到共价键的束缚中,另一些价电子又可能挣脱共价键形成新的自由电子。在一定的温度下,自由电子和空穴对的数量是固定的,即处于动态平衡状态。温度对载流子的浓度变化有很大影响,温度每升高 10 度,载流子浓度就可增大约 1 倍,因此温度对半导体元器件二极管、三极管等的性能有很大影响。本征半导体中,通过本征激发形成的自由电子和空穴对数量有限,因此其导电能力很弱。

5.1.2　杂质半导体

在本征半导体中掺入少量杂质,其导电性能就会发生显著变化。根据掺入杂质的不同,杂质半导体可分为 P(空穴)型半导体和 N(电子)型半导体。

1. P 型半导体

在本征半导体中掺加少量的三价元素杂质,如硼、铟等,就形成 P 型半导体。如图 5.4(a)所示,三价元素由于最外层只有三个价电子,在与周围的硅原子组成共价键时,就会形成一个空位,相邻共价键上的电子就有可能填补这个空位,这样三价原子就得到一个电子,形成不能移动的负离子。失去电子的硅原子处就产生了一个空穴。负离子虽然带电,但不能移动,不能形成电流。P 型半导体仍呈电中性。

掺入三价元素后,产生了数量较多的空穴,并没有产生新的自由电子。在这种情况下,仍然存在因本征激发而导致的自由电子和空穴对,因此可参与导电的元素有多数的空穴和

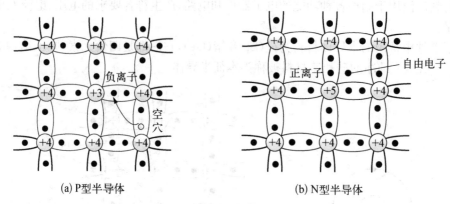

(a) P 型半导体　　　　　　　　　　(b) N 型半导体

图 5.4　杂质半导体原子结构示意图

少数的自由电子,空穴被称为多子,自由电子被称为少子。

2. N 型半导体

在本征半导体中掺加少量的五价元素杂质,如磷、砷等,就形成 N 型半导体。如图 5.4(b)所示,五价元素掺入后,与周围的硅原子组成共价键时,天然的多一个自由电子。自由电子游离五价元素后,五价原子就变成一个不能移动的正离子。正离子与负离子一样,也不能移动,不能形成电流。N 型半导体仍呈电中性。

掺入五价元素后,产生了数量较多的自由电子,但并没有产生新的空穴。此时也存在因本征激发而导致的自由电子和空穴对,参与导电的元素有多数的自由电子和少数空穴,自由电子为多子,空穴为少子。

思考题

空穴是电子离开后留下的位置,本质上还是电子移动形成的,为什么说空穴是移动的?它和自由电子的移动所形成的电流有什么区别?

5.2 ▶ PN 结

5.2.1　PN 结的形成过程

P 型半导体中含有多子空穴和少子自由电子,以及得到一个电子形成的负离子。N 型半导体中含有多子自由电子和少子空穴,以及失去一个电子形成的正离子。P 型和 N 型半导体结合后,其交界处就会产生一些变化。

由于两边空穴和自由电子浓度的差别,它们都将从浓度高的地方向浓度低的地方扩散。如图 5.5 所示,P 区的空穴向 N 区扩散,留下负离子,N 区的自由电子向 P 区扩散,留下正离子。多数空穴和自由电子在扩散的过程中会复合掉,留下负离子和正离子集中在交界处附近,形成一个很薄的空间电荷区,也就是形成了一个微弱的电场。电场是内部载流子扩散形成的,与外部电压没有关系,因而被称为内电场。电场方向从带正电荷的 N 区指向带负电荷的 P 区。扩散作用越强,空间电荷区越宽。

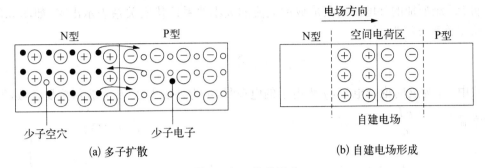

(a) 多子扩散   (b) 自建电场形成

图 5.5　PN 结的形成

同时,内电场形成后,由于内电场方向和多子扩散的方向相反,扩散运动就会变弱。在内电场的作用下,少子又会沿着电场的方向移动,这种运动叫作漂移。在无外电场和其他激发条件下,少子的漂移和多子的扩散运动达到动态平衡。平衡后,空间电荷区的宽度就稳定了,这个空间电荷区叫作 PN 结。无外电场时,空间电荷区有一定的电位差,区载流子很少,电流几乎为零,因此也被称为耗尽层。空间电荷区电位差大小与材料有关,硅大约为 $0.5\sim0.7$ V,锗大约为 $0.2\sim0.3$ V。

5.2.2　PN 结的单向导电特性

PN 结最大的特性就是单向导电,即外加电压时具有"正向导通,反向截止"特性。

1. PN 结外加正向电压

PN 结外加正向电压时,如图 5.6 所示。P 区接电源正极,N 区接电源负极。外加的电压方向和内电场方向相反。在外电压大于内电场的情况下,P 区的多子空穴和 N 区的多子自由电子都沿着外电场方向移动,整个回路中就形成了较大的电流。一部分多子在移动过程中会中和掉正离子和负离子,PN 结就变窄了,内电场作用减弱。此时多子的扩散作用增强,少子的漂移作用减弱,电流较大,PN 结处于正向偏置状态。

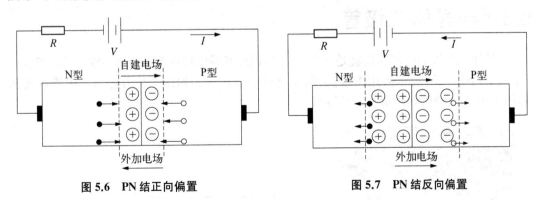

图 5.6　PN 结正向偏置   **图 5.7　PN 结反向偏置**

2. PN 结外加反向电压

当 N 区接电源正极,P 区接电源负极时,PN 结反向偏置。此时外电场与内电场方向一致,不利于多子扩散而利于少子漂移。如图 5.7 所示,PN 结也随之变宽。但少子的数量非常少,因此回路中只有很少的反向电流流过,通常情况下可以忽略。因此可认为 PN 结具有单向导电性质。

将 PN 结所加的外电压和其形成的电流的大小关系即伏安关系表示出来,如图 5.8 所示。伏安关系方程为

$$i = I_s(e^{\frac{qu}{kT}} - 1) \tag{5.1}$$

式中,I_s 为反向饱和电流,q 为电子的电荷量,u 为外加电压,k 为玻尔兹曼常数,T 为热力学温度。令 $\dfrac{kT}{q} = U_T$,有

$$i = I_s(e^{\frac{u}{U_T}} - 1) \tag{5.2}$$

常温下,即当 $T = 300$ 度时,$U_T \approx 26$ mV。

图 5.8 显示了 PN 结正向导通时,外加电压需先克服 PN 结自建电场才能产生电流。大于内电场电压后,一点点的电压增加就会引起很大的电流。反向导通电流一般很小,可以忽略。当所加的反向电压继续增大到阈值时,PN 结就会被击穿,产生很大的反向击穿电流。

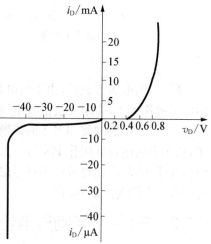

图 5.8 PN 结伏安特性

反向击穿包括雪崩击穿和齐纳击穿两种类型。雪崩击穿是指反向电压达到某一值时,在内外电压的共同作用下,做漂移运动的少子获得足够大的能量,把共价键中的价电子撞击出来,形成新的电子空穴对。新的载流子在内电场中漂移又去撞击其他共价键,造成少子数量雪崩式的激增,反向电流迅速增大。齐纳击穿是指高掺杂情况下,空间电荷区很薄,较小的反向电压就形成很强的电场,把价电子从共价键中拉出来,增大反向电流。雪崩击穿和齐纳击穿都是可逆的,电压降低时即可恢复较小的反向电流,但是一旦产生的电流过大,PN 结的功率过大,就会将 PN 结永久性损坏。

5.3 半导体二极管

半导体二极管的内部结构就是一个 PN 结,因此其导电特性和 PN 结一致。二极管在电子电路中用途广泛,通常被用来限流、限压、整流、稳压等。如图 5.9 为常用二极管的外形图,图 5.10 为二极管结构示意图及符号。

图 5.9 二极管外形图

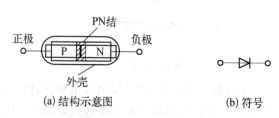

(a) 结构示意图   (b) 符号

图 5.10 二极管结构示意图及符号

5.3.1 二极管的特性

二极管的本质是 PN 结,其伏安特性与 PN 结一致,如图 5.11 所示。

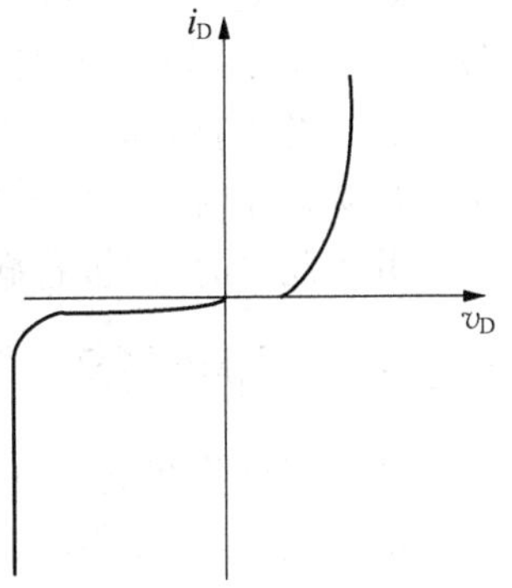

1. 正向特性

二极管外加正向电压必须大于 PN 结自建电场时,才有明显的正向电流。外加电压的阈值被称为死区电压。外电压大于死区电压后,随着电压增大,电流呈指数级增加。

2. 反向特性

二极管外加反向电压时,反向电流很小,在一般的电路分析中,可近似认为反向电流为零。

图 5.11 二极管伏安特性

3. 反向击穿特性

当二极管的反向电压大到一定值时,二极管就会被击穿,反向电流急剧增大。普通的二极管一般不允许反向击穿,以免管子烧坏。但有一种特殊工艺制造的二极管主要工作在反向击穿区,这种二极管叫作稳压二极管,下一节将详细介绍。

不同材质的二极管在伏安特性上略有不同。例如硅二极管的死区电压约为 0.5～0.7 V,锗二极管的死区电压约为 0.2～0.3 V。

4. 二极管的等效模型

由二极管的伏安特性曲线可知,二极管的电压和电流之间存在非线性关系,若要精确分析计算二极管应用电路极为困难。因此在误差允许范围内,通常将二极管的伏安特性简化为线性关系进行分析,简化后的元件称为二极管的等效模型。较为常用的两种模型有理想二极管模型和恒压降模型。如图 5.12(a)、(b)所示。

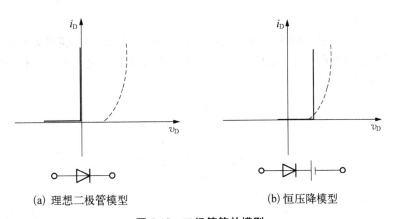

(a) 理想二极管模型　　　　　　　　(b) 恒压降模型

图 5.12 二极管等效模型

理想二极管模型是指二极管正向导通后可认为其电压降为零,此时其作用类似于开关闭合,反向截止时电流为零,类似于开关断开。恒压降模型则考虑死区电压的作用,二极管正向导通后,其两端的电压降等于死区电压,此时二极管相当于理想二极管串联一个电压源 U_D。硅管的 U_D 一般取 0.7 V,锗管取 0.2 V。理想二极管模型误差较大,恒压降模型应用更为普遍。

【例 5 - 1】 电路如图 5.13 所示。当开关打开和闭合时,分别计算二极管为理想二极管和采用恒压降模型时输出电压 U_o 的值。

解 开关打开时,二极管导通,为理想二极管时 $U_o = 5$ V,为恒压降模型时 $U_o = 4.3$ V。

开关闭合时,二极管截止,两种情况下都有 $U_o = 8$ V。

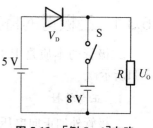

图 5.13 [例 5 - 1]电路

5.3.2 二极管的分类

普通二极管在电路中主要起"正向导通、反向截止"作用,另外也有一些特殊工艺和材料制成的二极管,例如稳压二极管、光敏二极管和发光二极管等。

1. 稳压二极管

稳压二极管简称稳压管,符号如图 5.14(a)所示。其特性曲线和普通二极管一致,但稳压管主要工作在反向击穿状态。如图 5.14(b)所示,加在稳压管两端的反向电压超过击穿电压的阈值时,反向电压稍一变化,反向电流的变化就非常大。反过来,稳压管一旦处于击穿状态,反向电流不管怎么变化,其两端电压值的变化几乎可以忽略,这就是稳压二极管的稳压原理。

稳压管的稳压参数主要有稳定电压 U_z 和稳定电流 I_z。U_z 是稳压管在反向击穿状态时的稳定工作电压,U_z 一般是在稳定电流 I_z 时测得的。稳定电流不能超过上限值,否则会造成稳压管永久性击穿。

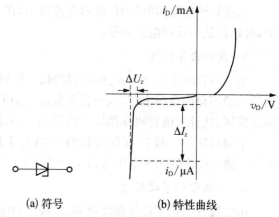

(a) 符号 (b) 特性曲线

图 5.14 稳压二极管符号及特性曲线

2. 光敏二极管

光敏二极管由对光敏感的半导体材料制成,其中的少数载流子随着光照强度的增加而显著增加。反映在特性曲线上,就是反向电流随光照强度而变化。光敏二极管符号和特性曲线如图 5.15 所示。

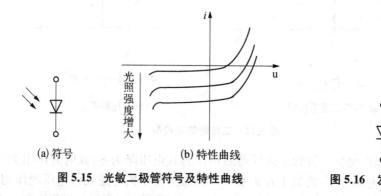

(a) 符号 (b) 特性曲线

图 5.15 光敏二极管符号及特性曲线

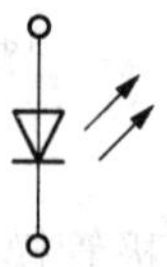

图 5.16 发光二极管符号

3. 发光二极管

发光二极管的发光颜色取决于所用材料,目前有红、绿、黄、橙、蓝等颜色。发光二极管的特性和普通二极管差不多,但是开启电压比普通二极管大,一般在 $1.6\sim2$ V。正向电流越大,发光越强。其符号如图 5.16 所示。

5.3.3　二极管的典型应用

二极管在电路中应用范围很广,利用单向导电性和一些特殊二极管,可以起到开关、限幅、钳位、整流、滤波、稳压等多种作用。

1. 整流电路

利用二极管的单向导电性将交流电转换为直流电的电路,称为整流电路。在整流电路中,由于电源电压远大于二极管的正向压降,因此可以将二极管视为开关,加正向电压时开关闭合,加反向电压则电路断开。如图 5.17 所示为半波整流电路,u_i 为正半周时二极管导通,$u_o=u_i$;u_i 为负半周时二极管截止,u_o 为零。图 5.18 为桥式全波整流电路,u_i 为正半周时,D_1、D_3 导通,D_2、D_4 截止,$u_o=u_i$;u_i 为负半周时,D_2、D_4 导通,D_1、D_3 截止,$u_o=-u_i$。无论是正半周还是负半周,电阻 R 上的电压都是上正下负,实现了全波整流。

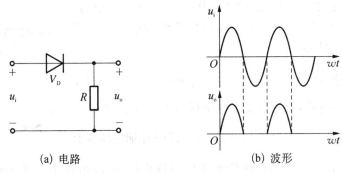

(a) 电路　　　　　　　　(b) 波形

图 5.17　半波整流电路及电压波形

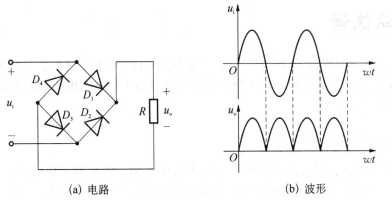

(a) 电路　　　　　　　　(b) 波形

图 5.18　桥式全波整流电路及电压波形

2. 限幅电路

图 5.19 为限幅电路。在电子电路中,常用限幅电路对各种信号进行处理,它是用来让信号在预置的电平范围内,有选择地传输信号波形的一部分。

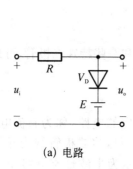 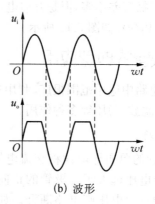

(a) 电路　　　　　　　　(b) 波形

图 5.19　限幅电路及电压波形

3．稳压电路

稳压电路在输入电压波动或负载发生改变时仍能保持输出电压基本不变。稳压作用一般是在需要稳压的负载两端并联稳压二极管实现的。

【例 5-2】 如图 5.20 所示，输入电压 $U_i=15$ V，稳压管的稳定电压 $U_z=8$ V，$R=5$ Ω，$R_L=10$ Ω，求负载电压 U_L；当 $R_L=5$ Ω 时，U_L 又是多少？

解 加在稳压管两端的电压 $U=\dfrac{10}{5+10}\times15=10(\text{V})$，高于稳压管的反向击穿电压，稳压管处于稳压状态，$U_L=U_z=8$ V。

当 $R_L=5$ Ω 时，$U=\dfrac{5}{5+5}\times15=7.5(\text{V})$，此时外加电压没有

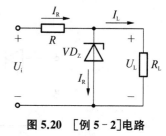

图 5.20　[例 5-2]电路

达到稳压管的反向击穿电压，稳压管处于反向截止状态，在电路中相当于开路，此时 $U_L=U=7.5$ V。

5.4　晶体管

晶体管又称为三极管，从材料上区分，主要有硅晶体管和锗晶体管。晶体管由于其结构组成，在电路中属于三端元件。晶体管的主要作用是放大，电流、电压和功率等物理量都可以通过晶体管进行放大。

5.4.1　晶体管的结构

晶体管根据制造工艺、使用用途等可分为很多类型。常见的晶体管外形如图 5.21 所示。晶体管是由两个背靠背的 PN 结组成的，有 NPN 和 PNP 两种类型。由于 NPN 型使用更为广泛，本章主要介绍此类晶体管。如图 5.22 所示为 NPN 型晶体管结构示意图。

组成两个 PN 结的三个区包括集电区、基区和发射区，基区是两个 PN 结的公用区，相应形成的两个 PN 结是集电结和发射结。从三个区分别引出连接外电路的引线，就形成了三个电极：集电极 c、基极 b 和发射极 e。NPN 型和 PNP 型晶体管在电路中的符号如图 5.23 所示。发射极的箭头表示流经发射极的电流的方向，是区分两种类型晶体管的关键。

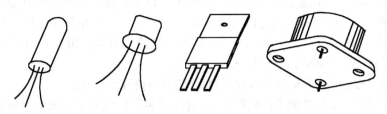

图 5.21　常见晶体管外形

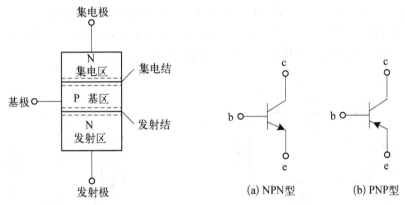

图 5.22　NPN 型晶体管结构图　　**图 5.23　NPN、PNP 型晶体管符号**

并不是两个普通的 PN 结靠在一起就可以形成晶体管,而是要满足如下条件:

① 发射区掺杂浓度远大于集电区掺杂浓度,集电区掺杂浓度大于基区掺杂浓度。

② 基区很薄,一般只有几微米。

5.4.2　晶体管的放大作用

晶体管要实现放大作用,除了满足结构上各区的面积和浓度的要求外,还要有满足条件的外部电压。外电压的接法如图 5.24(a)所示。发射结加正向电压,即基极(P 区)接电压正极,发射极(N 区)接电压负极;集电结加反向电压,即集电极接电压正极,基极接电压负极。此种接法中,基极为两个电压的公共端,因此被称为共基接法。

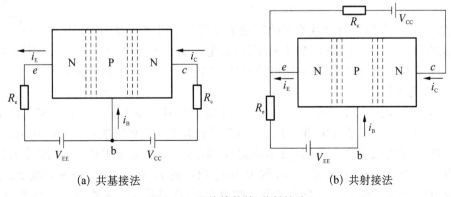

(a) 共基接法　　　　　　　　　(b) 共射接法

图 5.24　晶体管共基、共射接法

更常用的接法是共射接法,如图 5.24(b)所示。以发射极为公共的电压负极,基极和集电极分别接两个电压的正极。从电位的角度分析,只要 c、e 间的电压 u_{CE} 大于 b、e 间的电压 u_{BE},c 点的电位就高于 b 点的电位,$u_{BC}<0$,则 b、c 间的集电结就相当于加了反向电压。共射接法和共基接法对晶体管内部的作用是一致的。

下面以共射接法的 NPN 型晶体管为例,介绍其电流放大原理。

如图 5.25 所示,发射结加正向电压后,发射区的多子自由电子就要向基区扩散,基区的多子空穴也向发射区扩散,但发射区的面积和浓度都远远大于基区,因此基区的多子扩散作用可以忽略,主要由发射区的自由电子扩散而形成较大的发射极电流 i_E。自由电子扩散到基区后,由于基区很薄,只有一小部分电子会沿着基极和发射极间的回路运动,形成基极电流 i_B,更多的自由电子扩散到集电结附近。而集电结加的是反向电压,扩散过来的自由电子被该电场强烈吸引而漂移至集电极,形成较大的集电极电流 i_C。

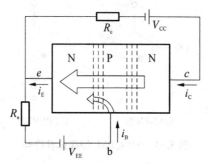

图 5.25　晶体管内部电流关系

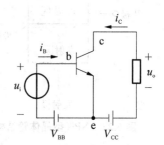

图 5.26　共射极放大电路

这样,射极电流 i_E 就分成了较小的 i_B 和较大的 i_C 两部分。而在晶体管参数一定的情况下,i_B 和 i_C 的大小关系是固定的,即 $i_C=\beta i_B$。因此晶体管内部电流关系可由以下两式表示:

$$i_E=i_B+i_C \tag{5.3}$$

$$i_C=\beta i_B \tag{5.4}$$

由此可得出晶体管的电流放大原理。把需要放大的电压或电流信号接在基极,形成一个较小的基极电流 i_B,只要晶体管导通,集电极和发射极就会产生较大的电流 i_C 和 i_E。若将负载接在 c、e 两极中间,则负载上的电流或电压就会较大,就得到一个比原信号大得多的输出信号。

注意:实际的晶体管内部载流子的运动情况要复杂得多。除了发射区的多子向基区扩散和向集电区漂移外,三个区的少子和基区、集电区的多子都参与导电形成一定的电流,为了突出主要作用,这些载流子形成的电流此处忽略不计。即上述的各级电流 i_E、i_B、i_C 都为近似值,β 也为近似值。

典型的放大电路接法如图 5.26 所示。由于输入信号和输出信号都有一端接在发射极,因此此接法称为共射极放大电路。另外还有共基极和共集电极接法,下一章将详细介绍。

晶体管对于电流的放大作用,其本质是控制,即较小的基极电流 i_B 控制较大的 i_C 或 i_E。产生一个微弱的 i_B 电流,改变 i_B 的大小,输出端的 i_C 和 i_E 就会相应的改变。这种通过一个量的变化来控制另外一个或多个量的思想,是设计许多控制电路和其他控制系统的重要思想。

PNP 型晶体管对于电流的放大作用和 NPN 型是相同的。要使发射结正偏和集电结反偏，外加电压应怎样接？电流的方向如何？

5.4.3 晶体管的特性曲线

晶体管是三端元件，且 PN 结的电阻值是非线性的，三个极所接的电压和电流之间的关系，比二端元件复杂很多。分析和设计晶体管电路，必须正确地了解晶体管的输入特性、输出特性。

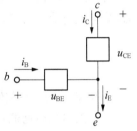

以共射接法为例，输入信号接在 b、e 两端，这两端被称为输入端，输入端的电压 u_{BE} 和电流 i_B 的关系称为输入特性。输出端的 u_{CE} 和 i_C 的关系称为输出特性。分析时，可将晶体管输入端 b、e 之间，输出端 c、e 之间分别等效为非线性元件，如图 5.27 所示。u_{BE} 和 i_B、u_{CE} 和 i_C 存在非线性关系。

在晶体管内部，b、e 两端就是一个正偏的 PN 结，因此其输入特性和 PN 结特性相同。正向电压克服内电场的门槛电压后，只要 u_{BE} 增加一点点，电流就会增大很多。

图 5.27 晶体管等效示意图

要注意的是 u_{CE} 的大小也会影响 i_B 的大小。当 u_{CE} 从 0 V 慢慢增加到 1 V 时，集电结将由正偏变为反偏。集电极就能收集发射极扩散过来的大部分电子，此时基极电流将会减小，如图 5.28 所示，曲线右移。当 u_{CE} 从 1 V 再增大时，其收集电子的能力基本饱和，电流变化就不大了。

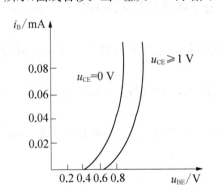

图 5.28 晶体管输入特性曲线

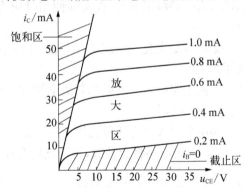

图 5.29 晶体管输出特性曲线

晶体管的输出特性曲线如图 5.29 所示。由于 i_C 的大小不仅和 u_{CE} 相关，也和 i_B 的大小相关，因此输出特性必须将 i_B 固定。

从图中可以看出，在 i_B 一定的情况下，随着反向偏置的 u_{CE} 从 0 开始变大，i_C 的增大并不明显。而 i_B 的值变大后，i_C 就有显著的变化。这说明了 i_C 的大小主要是受 i_B 控制的，和 u_{CE} 关系不大。

晶体管只有加上正向偏置的 u_{BE} 和反向偏置的 u_{CE}，才能发挥放大作用，即工作在图 5.29 中的放大区。除此之外，晶体管还有饱和状态和截止状态，分别对应了图中的饱和区和截止区。

当 u_{BE} 和 u_{CE} 都是正向且 u_{CE} 不大时，u_{CE} 增大一点点，即 u_{CE} 由正偏向反偏转变，此时 u_{CE} 略

微增大，收集的集电结边界的电子就可大大增加，i_C 迅速增大。此时 i_C 的输出不受 i_B 的控制，虽然晶体管有电流流通，但 i_C 和 i_B 的放大关系不再满足 $i_C = \beta i_B$，晶体管处于饱和状态。

当 u_{BE} 很小或为反偏时，i_B 为 0 或为负值，i_C 几乎为 0，此时可认为晶体管并没有导通，属于截止状态。

5.4.4 晶体管的主要参数

晶体管的参数是指晶体管的各种性能指标，是选用和评价晶体管优劣的依据。在设计晶体管电路时必须清楚各种参数。

1. 电流放大系数

按照上述分析，忽略少数载流子等因素，电流放大系数即 β，就是在集电极电压 u_{CE} 一定时，集电极电流 i_C 和基极电流 i_B 的比值。

$$\beta = \frac{i_c}{i_B} \tag{5.5}$$

如图 5.29，β 可以从输出特性曲线上找到相应的点对应的 i_C 和 i_B 来求出。

2. 极间反向电流

极间反向电流包括两个参数：集电极-基极反向饱和电流 I_{CBO} 及穿透电流 I_{CEO}。I_{CBO} 是指发射极开路时，集电极与基极之间加反向电压时产生的电流。I_{CEO} 是指基极开路时，集电极与发射极间加反向电压时的集电极电流。

3. 极限参数

晶体管有一些极限参数，在实际使用时应当注意不能超过其允许的限度。主要的极限参数有：

（1）集电极最大允许电流 I_{CM}。集电极电流超过 I_{CM}，电流放大倍数会显著下降，且管子有烧坏的风险。

（2）反向击穿电压。发射结和集电结加反向电压时，如果超过反向击穿电压，PN 结将被反向击穿，管子损坏。

（3）集电极最大允许耗散功率 P_{CM}。集电极电流 i_C 和电压 u_{CE} 的乘积称为集电极耗散功率，P_{CM} 过大，集电结将会升温，管子性能变坏。

5.4.5 晶体管的主要应用

1. 放大电路

晶体管主要用于放大，根据不同的电路接法，晶体管可做到电压放大、电流放大和功率放大。多个晶体管以及 NPN、PNP 型晶体管组合连接，还可以构成互补功率放大电路、克服温漂的差分放大电路、增强放大倍数的多级放大电路等，后续章节将会详细一一介绍。

2. 开关电路

晶体管发挥开关作用时工作在饱和区和截止区。当发射结正偏、集电结也正偏时，晶体管的基极电流大到一定程度，集电极电流不再随基极电流的增大而按倍数放大，而是稳定在某一固定值，此时集电极和发射极之间就像是开关导通状态。当发射结外加反向电压或无电压时,基极电流为零,晶体管不导通,处于截止状态,相当于开关断开。

3. 驱动电路

晶体管可用于功率驱动电路,图 5.30 为单片机驱动蜂鸣器电路。晶体管复合为达林顿管时,还可以驱动 LED 智能显示屏、小型继电器、电机调速等。

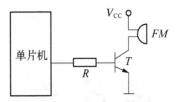

图 5.30　蜂鸣器驱动电路

习　题

一、分析计算题

1. 判断图 5.31 中二极管是导通还是截止,并求各电阻上的电压。

2. 图 5.32 中稳压管的稳定电压为 5 V,当电压 U 为 3 V 时,求电阻 R 上的电压 U_R。当 U 为 10 V 时,U_R 为多少?

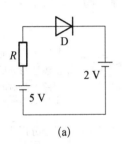
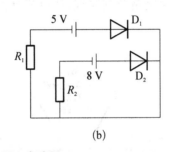
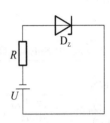

(a)　　　　　　　　　(b)

图 5.31　题 1 电路图　　　　　图 5.32　题 2 电路图

3. 如图 5.33 所示二极管电路,输入电压 u_i 是幅值 12 V 的正弦交流电,试画出输出电压 u_o 的波形。

4. 判断图 5.34 中,各晶体管是工作在放大区,饱和区还是截止区?

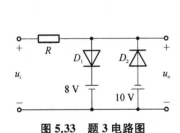
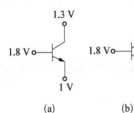
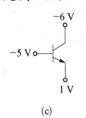
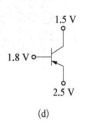

(a)　　　　(b)　　　　(c)　　　　(d)

图 5.33　题 3 电路图　　　　图 5.34　题 4 电路图

5. 晶体管要发挥放大作用,必须满足哪些内部和外部条件?

6. 放大电路中有一 NPN 型晶体管,测得其三个极对地电位分别是 $U_1 = 6$ V,$U_2 = 8$ V,$U_3 = 6.7$ V,试确定 1,2,3 三个极各是晶体管的什么极?

第6章

晶体管基本放大电路

放大器是现代电子设备极其重要的组成部分,放大器主要由晶体管、电阻、电容、电源等组成。本章将介绍基本的放大电路及其原理、特点和分析方法等。图 6.1 是本章知识结构的思维导图。

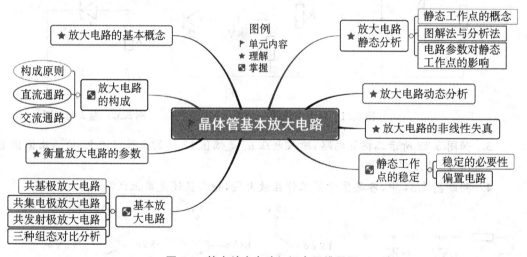

图 6.1 基本放大电路知识点思维导图

6.1 放大电路概述

放大电路的主要作用就是放大较小的电信号,包括电压、电流、电功率。放大倍数由电路中各元件的参数和连接结构决定。放大电路的输出端可连接负载,即终端执行元件,如扬声器、继电器等。放大电路功能框图如图 6.2 所示。

图中,U_S 为需要放大的电压信号。R_S 表示电压信号的内电阻,即实际被放大器放大的电压信号并不是 U_S,而是去掉其内阻分得的电压后再被放大。U_S 连接到放大器的输入端,产生微弱的基极电流信号流经放大器后,输出端的电压或电流将被放大一定的倍数。

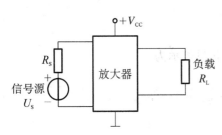

图 6.2 放大电路功能框图

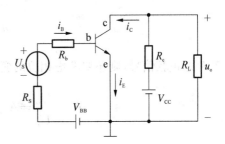

图 6.3 共射极放大电路

根据能量守恒定律,输入端的小信号电压、电流到输出端被放大后的电压和电流,能量放大了很多倍,而放大器本身并不提供能量,因而需要外接直流电源 V_{CC} 提供能量。换言之,放大器就是在输入信号的控制下,把直流电源的能量转换为输出信号能量的装置。直流电源的另一个作用是为晶体管提供偏置电压,取得合适的静态工作点。

实际应用中的小信号是多种多样的,负载类型也很多。本章将选择具有典型意义的正弦电压作为输入小信号,用电阻来表示负载,以此来讨论基本放大电路。

6.1.1 放大电路的组成原则

放大电路的核心部件是晶体管。根据晶体管的导通原理和输入输出特性,放大电路的组成必须满足如下原则:

(1) 晶体管必须工作在放大区,即发射结正向偏置,集电结反向偏置。

(2) 电路中各元器件的连接必须保证输入信号得到足够的放大和顺利的传送。

图 6.3 为基本放大电路的一种接法,电路中各元件及其作用如下。

(1) NPN 型晶体管是起放大作用的关键元件,输入信号在基极产生一个极小的电流 i_B,根据晶体管的电流放大关系 $i_C = \beta i_B$,输出端将产生放大数十或数百倍的 i_C 和 i_E。

(2) 直流电源 V_{BB} 通过电阻 R_b 连接在晶体管的输入端,提供发射结的正向偏置电压。R_b 被称为基极偏置电阻,调节 R_b 可调节发射结的正向偏置电压 U_{BE} 和基极电流 i_B 的大小。

(3) 直流电源 V_{CC} 通过电阻 R_c 接在晶体管的输出端,为集电结提供反向偏置电压。同时,流经 V_{CC} 的电流较大,将使得 V_{CC} 产生较大的能量提供给外部电路。R_c 被称为集电极偏置电阻。

(4) R_L 为外接的负载。负载和放大电路的输出电阻共同决定了输出电压的大小。

此放大电路的输入端是接在基极 b 和发射极 e 之间,输出端是接在集电极 c 和发射极之间,发射极为输入和输出回路的公共端,因此该电路被称为共射极放大电路,简称射极放大电路。

注意: 由于放大电路包含直流分量和交流分量两部分,在此对相关的电压、电流等物理量的大小写做一下说明。以基极电流为例,i_B 表示包含直流分量和交流分量的总电流瞬时值;I_B 表示只包含直流分量,i_b 表示只包含交流分量瞬时值,$i_B = I_B + i_b$。$\dot{I}_b$ 表示交流分量的相量形式。

6.1.2 放大电路的主要参数

1. 电压放大倍数 A_u

电压放大倍数也称为增益,表征放大电路放大电压信号的能力,其定义为输出电压 U_o 与输入电压 U_i 之比。

$$A_u = \frac{U_o}{U_i} \tag{6.1}$$

若考虑正弦信号,则还要考虑相位的变化,用相量表示为

$$\dot{A}_u = \frac{\dot{U}_o}{\dot{U}_i} = A_u \angle \varphi_o - \varphi_i = A_u \angle \varphi \tag{6.2}$$

2. 源电压放大倍数 A_{us}

考虑信号源的内阻时,加在放大电路输入端的输入电压 U_i 和信号源 U_s 是不相等的,信号源内阻会分掉一部分电压,此时输出电压与信号源电压之比被称为源电压放大倍数。

$$A_{us} = \frac{U_o}{U_s} \tag{6.3}$$

3. 电流放大倍数 A_i

电流放大倍数定义为输出电流 I_o 与输入电流 I_i 之比。考虑正弦量相位的变化,同样有

$$\dot{A}_i = \frac{\dot{I}_o}{\dot{I}_i} \tag{6.4}$$

4. 输入电阻 R_i

输入电阻 R_i 定义为输入电压 U_i 与输入电流 I_i 之比。R_i 表征放大电路对信号源的影响程度。放大器相当于信号源的负载电阻,与信号源内阻属于串联,因此 R_i 越大,内阻分得的电压越小,加在输入端的电压 U_i 就越大,放大效果越好。一般放大器都要求有较大的输入电阻。

5. 输出电阻 R_o

从放大电路的输出端看进去,其等效电阻就是 R_o,R_o 表征放大电路带负载的能力。R_o 和负载 R_L 是并联关系,R_o 越小,并联负载后的等效电阻就越接近 R_o,基本不随负载大小变化。一般放大器都要求有较小的输出电阻。

6. 通频带 f_{bw}

通频带表征放大电路对不同频率的输入信号的放大能力。由于放大电路中电容、电感、晶体管的 PN 结电容等因素的影响,在输入信号的频率过大或过小时,放大倍数会降低,相位也会产生一定的位移,如图 6.4 所示,因此放大电路只适用于一定频率范围的输入信号。放大倍数不低于 70% 的频率范围,被称为通频带。放大倍数降低到 70% 以下,一般就认为信号放大性能很差了。

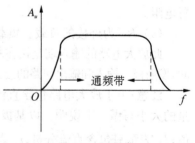

图 6.4 通频带

6.2 共射极放大电路

1. 电路组成

本章主要以共射极放大电路为例,分析放大电路的组成、原理及性能指标。图 6.3 为一

种共射极放大电路,另一种常用的共射放大电路是在输入和输出端串联耦合电容,如图 6.5 所示。放大电路中既有直流分量又有交流分量,电容可起到"通交隔直"作用,使得直流量和交流量流经不同的通路,达到放大相应信号的目的,亦可保证直流分量不受其他电路影响。另外,图 6.5 中采用了输入端与输出端采用同一偏置电源及惯用的电位标示法。

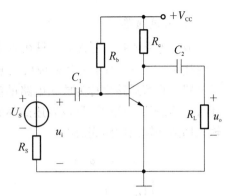

图 6.5　共射极耦合电容放大电路

2．工作原理及波形分析

放大电路必须首先接通直流偏置电源,使晶体管导通为放大交流小信号做好准备。无交流输入信号时,放大电路中各部分电压和电流都是直流电,且符合晶体管的电流分配关系,如图 6.6 所示为 I_B,I_C 和 U_{CE}/U_o 波形图。接入交流输入信号后,放大电路中的各部分电压和电流就包含直流分量和交流分量两部分,是交流分量在直流分量上的叠加,如图 6.7 所示。U_{CE}/U_o 波形与 I_C 波形反相,可由 6.5 节输出回路 KVL 方程得出。放大电路直流和交流量的具体分析由后续章节详细介绍。

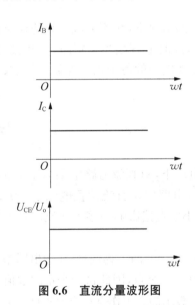

图 6.6　直流分量波形图

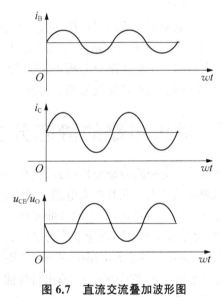

图 6.7　直流交流叠加波形图

思考题

直流分量和交流分量叠加后,发射结偏置电压 u_{BE} 的波形变化是怎样的?

6.3　放大电路的直流通路与交流通路

由于直流电和交流电特性不同,放大电路中的直流分量和交流分量所流经的具体电路是不同的,分别被称为直流通路和交流通路。

1. 直流通路

放大电路不接信号源 U_s，只在直流偏置电压的作用下，所产生的电流流经的通路称为直流通路。图 6.5 所示的共射极放大电路的直流通路如图 6.8 所示，电容对于直流分量相当于开路。直流通路也称为放大电路的静态通路，此时主要用 I_B, U_{BE}, I_C, U_{CE} 四个物理量描述直流静态值。这四个量也表述晶体管输入特性和输出特性，求解静态电路也是通过分析输入回路和输出回路完成的。

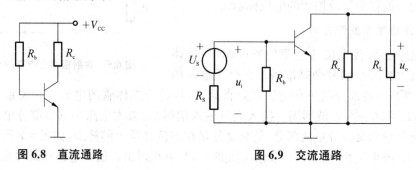

图 6.8　直流通路　　　　　　　　　　　图 6.9　交流通路

2. 交流通路

将放大电路的直流偏置电压短接，只接交流小信号的情况下，交流电流流经的通路称为交流通路。图 6.5 所示电路的交流通路如图 6.9 所示，此时电容相当于短路。交流通路也称为动态通路。交流通路只分析正弦输入信号，因此放大电路的各项指标如放大倍数、输入电阻、输出电阻等，都在交流通路上分析。

6.4　放大电路的静态分析

所谓放大电路的静态分析，指的是在一定的偏置电压下，对直流通路中 I_B, U_{BE}, I_C, U_{CE} 四个物理量的分析。此时放大电路并没有接输入信号，电路中接直流偏置电源是放大电路能够导通和放大的基础，产生的各部分电压、电流的大小也直接影响到接入交流信号后的各个参数，因此对放大电路的静态分析是极其重要的。

如图 6.8 所示的静态电路中，在输入回路 b、e 两端有 I_B, U_{BE} 两个物理量，在输出回路上有 I_C, U_{CE} 两个物理量，它们在输入、输出特性曲线上分别对应一个点，因此这四个量的取值也叫作静态工作点 Q，如图 6.10 所示。用 $I_{BQ}、U_{BEQ}、I_{CQ}、U_{CEQ}$ 表示静态工作点对应的各直流量。

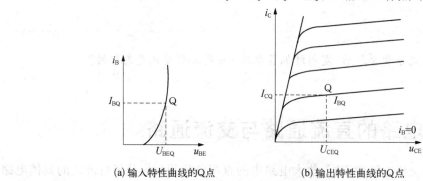

(a) 输入特性曲线的Q点　　　　　　　(b) 输出特性曲线的Q点

图 6.10　静态工作点

静态工作点必须取得合适,叠加交流小信号后才能保证晶体管一直工作在放大状态。静态工作点过高或过低,则会进入饱和或截止状态,相应出现饱和失真和截止失真。失真问题将在 6.6 节详细分析。

输入回路中,晶体管的输入特性可等效于 PN 结的特性,因此 U_{BE} 就是发射结的导通电压。PN 结正向导通后,U_{BE} 变化很小,可视为常数,一般硅管取 0.7 V,锗管取 0.2 V,另外三个量的求取有计算法和图解法两种。

1. 计算法

从直流通路的输入回路和输出回路分析,两个回路满足 KVL 方程。将晶体管的输入端和输出端分别等效为非线性元件,如图 6.11 所示。按逆时针方向,输入回路电压降依次为 $-V_{CC}$、$I_{BQ}R_b$、U_{BEQ},KVL 方程为

$$-V_{CC} + I_{BQ}R_b + U_{BEQ} = 0 \tag{6.5}$$

输出回路电压降依次为 $-V_{CC}$、$I_{CQ}R_c$、U_{CEQ},KVL 方程为

$$-V_{CC} + I_{CQ}R_c + U_{CEQ} = 0 \tag{6.6}$$

可求得静态工作点 Q 的取值为

$$I_{BQ} = \frac{V_{CC} - U_{BEQ}}{R_b} \tag{6.7}$$

$$I_{CQ} = \beta I_{BQ} \tag{6.8}$$

$$U_{CEQ} = V_{CC} - I_{CQ}R_c \tag{6.9}$$

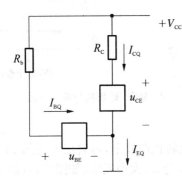

图 6.11 直流通路等效图

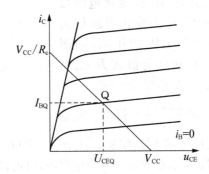

图 6.12 静态工作点的图解法

2. 图解法

需要求取的三个量都反映在输出特性曲线上,因此可在输出特性曲线图上进行求解,如图 6.12 所示。首先根据输出回路的 KVL 可得 I_C 和 U_{CE} 的关系式 $U_{CE} = V_{CC} - I_{CQ}R_c$,根据该式可在图中做一条直流负载线,与横轴交于点 V_{CC},与竖轴交于 V_{CC}/R_c。而 I_C 和 U_{CE} 的关系也必然满足晶体管输出特性曲线,因此输出特性曲线和直流负载线的交点,就是相应的 I_{CQ}、U_{CEQ}、I_{BQ} 的取值。具体是哪条特性曲线,可由 I_{BQ} 的值确认。I_{BQ} 则根据输入回路的方程 $I_{BQ} = \frac{V_{CC} - U_{BEQ}}{R_b}$ 求得。

思考题

如果没有直流偏置电源,放大电路会出现什么情况? 是否在正弦交流小信号的整个周期都不导通?

6.5 放大电路的动态分析

放大电路的动态分析,就是在交流通路上计算交流信号的放大倍数、输入电阻、输出电阻等性能指标。

晶体管是非线性元件,PN 结的端电压和电流呈曲线关系,在计算输入电压、输出电压时比较复杂,在误差允许的条件下,我们将晶体管做合理的线性化处理,简化计算过程,因此将图 6.9 所示的交流通路简化为微变等效电路,如图 6.13 所示。

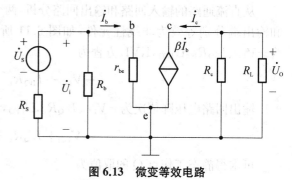

图 6.13　微变等效电路

图 6.13 中,将晶体管的输入回路用等效电阻 r_{be} 代替,输出回路用受控电流源代替。从输入特性上看,输入回路涉及结电压 u_{be} 和基极电流 i_b,在 u_{be} 变化范围极小的情况下,i_b 的变化可近似为直线,等效于电阻的作用,如图 6.14(a)。因此可近似认为 $u_{be} = i_b r_{be}$。r_{be} 的大小根据公式 $r_{be} = 300 + (1+\beta)\dfrac{26\text{ mV}}{I_{EQ}}$ Ω得出。从输

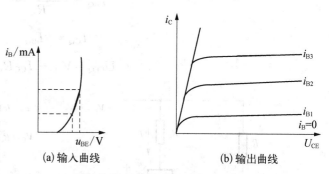

(a)输入曲线　　　　　(b)输出曲线

图 6.14　输入、输出特性等效曲线

出特性上看,输出回路涉及 i_b,i_c,u_{ce} 三个量。在输出特性曲线上,可看出 i_c 主要由 i_b 决定,与 u_{ce} 关系不大,在放大区的小范围内,可近似认为 i_c 与 u_{ce} 大小无关,如图 6.14(b)所示。因此输出特性主要体现 $i_c = \beta i_b$,具有受控源的特性,可等效为电流控制电流源。

图 6.13 中,输出电压 $\dot{U}_o = -\dot{I}_c(R_c /\!/ R_L)$,输入电压 $\dot{U}_i = \dot{I}_b r_{be}$,电压放大倍数

$$\dot{A}_u = \frac{\dot{U}_o}{\dot{U}_i} = -\frac{\dot{I}_c(R_c /\!/ R_L)}{\dot{I}_b r_{be}} = -\frac{\beta(R_c /\!/ R_L)}{r_{be}} \tag{6.10}$$

输入电阻

$$R_i = R_b /\!/ r_{be} \tag{6.11}$$

输出电阻

$$R_o = R_c \tag{6.12}$$

6.6　非线性失真

如前所述,放大电路的输出信号是正弦交流小信号叠加静态工作点后的放大值,而晶体管要发挥放大作用必须工作在放大区。若输出信号过大或过小,就会进入饱和区或截止区,产生饱和失真或截止失真。

1. 饱和失真

若静态工作点偏高,即直流分量较大,当叠加正弦信号后,部分信号就可能进入饱和区。i_B 增大后,i_C 几乎不再增加,这样 i_C 的波形被削顶,u_{CE} 的波形被削底,这种现象就是饱和失真,如图 6.15 所示。

避免饱和失真就要降低静态工作点,即减小 i_B 或 i_C 的值。根据输入回路和输出回路的 KVL 方程,可通过增大 R_b 或者减小 R_c 来调节。

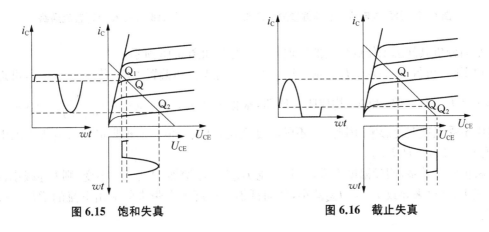

图 6.15　饱和失真　　　　　　　**图 6.16　截止失真**

2. 截止失真

相反,若静态工作点偏低,叠加正弦信号后就可能进入截止区。此时晶体管处于不导通状态,电流 i_C 波形被削底,电压 u_{CE} 波形被削顶,这种现象就是截止失真,如图 6.16 所示。

避免截止失真,就要提高静态工作点,可通过减小 R_b 的阻值来调节。

6.7　放大电路静态工作点的稳定

通过前面章节的分析,我们知道静态工作点必须取的合适,否则叠加交流小信号后容易出现饱和失真和截止失真。但静态工作点所对应的电压和电流值非常容易受温度的影响,因为晶体管的本质是 PN 结,温度的变化对于多子和少子的数量有显著的影响,从而影响电流和电压,静态工作点就会产生偏移。因此,设计能够克服温度变化使得静态工作点稳定的放大电路是十分必要的。

温度升高对晶体管各个参数的影响主要体现在三个方面:

(1) 使反向饱和电流 I_{CBO} 增加。

(2) 使放大倍数 β 值变大。

（3）发射结电压 U_{BE} 减小，在外电压和偏置电阻不变的情况下，基极电流 i_B 增大。

以上三个因素都会使晶体管的输出电流 i_C 变大，设计放大电路时应当克服这种变化。图 6.17 所示的分压式电流负反馈偏置电路是一种典型的克服温度影响的放大电路。

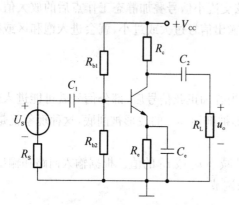

图 6.17 分压式电流负反馈偏置放大电路

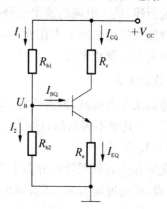

图 6.18 ［图 6-17］直流通路

下面分析其静态工作点稳定的原理。直流通路如图 6.18 所示。

由 KCL 可得，$I_1 = I_2 + I_{BQ}$，选择适当的外电源 V_{CC} 和偏置电阻，使得 $I_{BQ} \ll I_1$，可近似认为 $I_1 = I_2$。V_{CC}、R_{b1} 和 R_{b2} 构成闭合回路，根据分压公式，电位 $U_B = \dfrac{R_{b2}}{R_{b1} + R_{b2}} \times V_{CC}$。由于电阻不受温度变化影响，因此 U_B 不随温度变化，是固定值。而根据晶体管输入端的电压降，有 $U_B = U_{BE} + R_e I_{EQ}$。

根据以上关系，假设温度上升，引起电流 I_{CQ} 和 I_{EQ} 增加，由于 U_B 不变，则 U_{BE} 减小，I_{BQ} 相应减小，反过来导致 I_{CQ} 和 I_{EQ} 减小，从而抵消了温度上升带来的输出电流的增加。过程如下：

$$\text{温度 } t \uparrow \rightarrow I_C \uparrow \rightarrow I_E \uparrow \rightarrow I_E R_E \uparrow \rightarrow U_{BE} \downarrow \rightarrow I_B \downarrow \rightarrow I_C \downarrow$$

【例 6-1】 如图 6.17 所示电路，$R_{b1} = 3\ \text{k}\Omega$，$R_{b2} = 2\ \text{k}\Omega$，$R_c = 3\ \text{k}\Omega$，$R_e = 2\ \text{k}\Omega$，$R_L = 1\ \text{k}\Omega$，$V_{CC} = 10\ \text{V}$，$\beta = 80$。求：（1）静态工作点；（2）电压放大倍数，输入电阻，输出电阻。

解 （1）静态工作点：$U_B = \dfrac{R_{b2}}{R_{b1} + R_{b2}} \times V_{CC} = \dfrac{2}{3+2} \times 10 = 4\ \text{V}$

$$U_E = R_e I_{EQ} = U_B - U_{BE} = 4 - 0.7 = 3.3\ \text{V}$$

$$I_{EQ} \approx I_{CQ} = \frac{U_E}{R_e} = 1.65\ \text{mA}$$

$$I_{BQ} = \frac{I_{CQ}}{\beta} = 20.6\ \mu\text{A}$$

$$U_{CE} = V_{CC} - R_c I_{CQ} - R_e I_{EQ} = 1.75\ \text{V}$$

（2）电压放大倍数：

交流通路微变等效电路如图 6.19 所示。

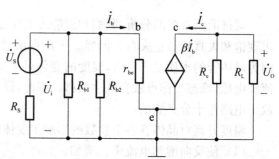

图 6.19 ［例 6-1］微变等效电路

$$\dot{U}_i = \dot{I}_b r_{be},$$

$$\dot{U}_o = -\dot{I}_c (R_c /\!/ R_L),$$

$$r_{be} = 300 + (1+\beta) \frac{26 \text{ mV}}{I_{EQ}} = 1.58 \text{ k}\Omega$$

$$\dot{A}_u = \frac{\dot{U}_o}{\dot{U}_i} = -\frac{\dot{I}_c (R_c /\!/ R_L)}{\dot{I}_b r_{be}} = -\frac{\beta (R_c /\!/ R_L)}{r_{be}} = -37.97$$

$$R_i = R_{b1} /\!/ R_{b2} /\!/ r_{be} = 0.68 \text{ k}\Omega$$

$$R_o = R_c = 3 \text{ k}\Omega$$

6.8　三种基本组态放大电路分析

以上章节都是针对共射极放大电路来分析的,放大电路还有共集电极和共基极接法,三种放大电路性能各不相同。

1. 共集电极放大电路

共集电极放大电路如图 6.20(a)所示,其交流微变等效电路如图 6.20(b)所示。集电极为输入回路和输出回路的公共端。静态工作点计算如下:

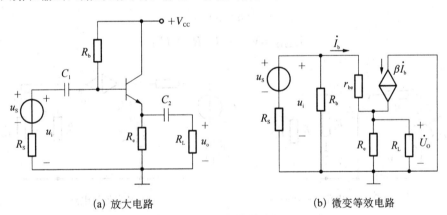

(a) 放大电路　　　　　　　　　　(b) 微变等效电路

图 6.20　共集电极放大电路

$$-V_{CC} + I_{BQ}R_b + U_{BEQ} + I_{EQ}R_e = 0 \tag{6.13}$$

$$I_{BQ} = \frac{V_{CC} - U_{BEQ}}{R_b + (1+\beta)R_e} \tag{6.14}$$

$$I_{CQ} = \beta I_{BQ}$$

$$U_{CEQ} = V_{CC} - I_{EQ}R_e \tag{6.15}$$

电压放大倍数

$$\dot{A}_u = \frac{\dot{U}_o}{\dot{U}_i} = \frac{\dot{I}_E (R_e /\!/ R_L)}{\dot{I}_b r_{be} + \dot{I}_E (R_e /\!/ R_L)} = \frac{(1+\beta)(R_e /\!/ R_L)}{r_{be} + (1+\beta)(R_e /\!/ R_L)} \tag{6.16}$$

由上式可知,共集电极的电压放大倍数 $\dot{A}_u$ 为正,输出电压与输入电压同相,且分母中 r_{be} 与后一项相比非常小,因此 $\dot{A}_u$ 小于 1 且约等于 1。共集电极放大电路也被称为射极跟随器。

输入电阻

$$R_i = [r_{be} + (1+\beta)(R_e \mathbin{/\!/} R_L)] \mathbin{/\!/} R_b \tag{6.17}$$

输出电阻

$$R_o = R_e \mathbin{/\!/} \frac{r_{be} + R_b}{1+\beta} \tag{6.18}$$

可以看出,共集电极放大电路具有输入电阻大、输出电阻小的特点。

2. 共基极放大电路

共基极放大电路如图 6.21(a)所示,交流微变等效电路如图 6.21(b)所示,基极为输入回路和输出回路的公共端。静态工作点计算如下

$$I_{EQ} = \frac{V_{EE} - U_{BEQ}}{R_e} \tag{6.19}$$

$$I_{BQ} = \frac{I_{EQ}}{1+\beta} \tag{6.20}$$

$$I_{CQ} = \beta I_{BQ}$$

$$U_{CEQ} = V_{CC} - I_{RC}R_c + U_{BE} \tag{6.21}$$

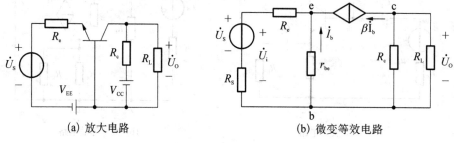

(a) 放大电路 　　　　　　　　(b) 微变等效电路

图 6.21　共基极放大电路及微变等效电路

电压放大倍数

$$\dot{A}_u = \frac{\dot{U}_o}{\dot{U}_i} = \frac{\dot{I}_c(R_c \mathbin{/\!/} R_L)}{\dot{I}_b r_{be} + \dot{I}_E R_e} = \frac{\beta(R_c \mathbin{/\!/} R_L)}{r_{be} + (1+\beta)R_e} \tag{6.22}$$

输入电阻

$$R_i = R_e + \frac{r_{be}}{1+\beta} \tag{6.23}$$

输出电阻

$$R_o = R_c \tag{6.24}$$

3. 三种基本放大电路对比

根据上述分析,共射极、共集电极、共基极放大电路在放大倍数、输入电阻、输出电阻等参数上各有特点。总结如下:

(1) 共射极放大电路既放大电压又放大电流,输出电压与输入电压反相。输入电阻和输出电阻大小都适中,频带较窄。可应用于对输入、输出电阻无要求、低频多级放大电路的输入级、中间级或输出级。

(2) 共集电极放大电路只能放大电流,不能放大电压,且有电压跟随的特点,输出电压与输入电压同相。输入电阻较大,输出电阻较小。常用于多级放大电路的输入级和输出级。

(3) 共基极放大电路只能放大电压,不能放大电流,输出电压与输入电压同相。输入电阻小,输出电阻适中,但是它的频带特性好,常用于宽频带和高频带放大器。

习　题

一、分析计算题

1. 有一共射极放大电路如图 6.22,输出电压波形如图 6.23 所示,试分析这是饱和失真还是截止失真? 应如何调节?

2. 共射极放大电路如图 6.22 所示,$V_{CC}=12$ V,$R_b=200$ kΩ,$R_c=2$ kΩ,$R_L=3$ kΩ,$\beta=80$,在输出特性曲线上,画直流负载线,确定静态工作点。

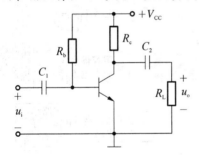

图 6.22　题 1/2/3 电路图

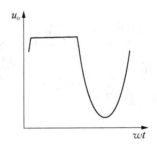

图 6.23　题 1 电压失真波形图

3. 共射极放大电路如图 6.22 所示,各元件参数同题 2,运用计算法求:(1) 静态工作点;(2) $\dot{A}_u$,R_i,R_o。

4. 射极输出器如图 6.24 所示,$V_{CC}=10$ V,$R_b=300$ kΩ,$R_e=4$ kΩ,$R_L=3$ kΩ,$\beta=60$,求:(1) 静态工作点;(2) 计算 $\dot{A}_u$,R_i,R_o。

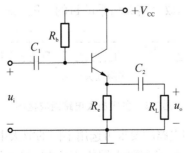

图 6.24　题 4 电路图

【微信扫码】
在线练习 & 相关资源

第7章

多级放大电路

单个晶体管的放大倍数是有限的,一般在几十到几百倍之间。实际应用中很多电子设备需要放大几千甚至几万倍,这时常常将多个晶体管及其周围电路前后连接起来,组成多级放大电路。本章主要介绍多级放大电路的组成方式及简单的分析方法。图7.1是本章知识结构的思维导图。

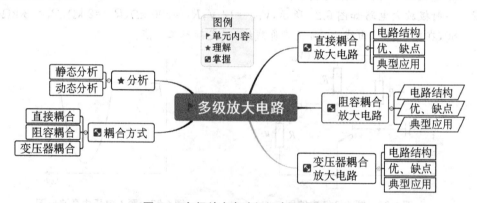

图7.1 多级放大电路知识点思维导图

7.1 ▶ 多级放大电路的耦合方式

多级放大电路是根据需要将两个或多个晶体管组成的放大电路进行级联,前一级的输出端接到后一级的输入端,达到放大倍数倍乘的目的。图7.2为多级放大电路的组成框图。

图7.2 多级放大电路组成框图

第一级为输入级,根据应用电路的要求可选用不同的放大电路。例如,若需要高的输入电阻,则可选用共集电极放大电路;若需要克服零点漂移、温度漂移等问题,可选用差分放大电路。

中间级可由很多级组成,作用是提供足够大的电压放大倍数。

最后一级为输出级,与负载相连。如需要较强的带负载能力,应选用输出电阻较小的放大电路。为了得到尽可能大的不失真输出电压,也可选用互补输出级放大电路。

前、后两级放大电路可以直接连接、通过电容连接,还可以通过变压器连接。级间的连接方式称为耦合方式,相应的耦合方式就称为直接耦合、阻容耦合和变压器耦合。不同的耦合方式,放大电路的性能有很大不同。

7.2 直接耦合

图 7.3 所示为前、后两级的直接耦合放大电路。此电路中 R_{c1} 既作为第一级的集电极偏置电阻,又作为第二极的基极偏置电阻。R_{c1} 只要取值合适,就可兼顾前、后两级的电流要求。

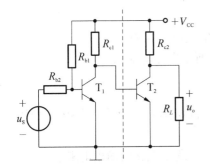

图 7.3 直接耦合放大电路

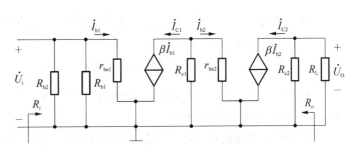

图 7.4 [图 7-3]微变等效电路

1. 静态分析

直接耦合电路前一级的直流分量会传递到下一级,因此静态工作点相互影响。分析时需将各级静态工作点的方程联立求解。图 7.3 所示两级放大电路的静态工作点可通过下列方程组求出

$$I_{B1Q} = \frac{V_{CC} - U_{BE1}}{R_{b1}} - \frac{U_{BE1}}{R_{b2}}$$

$$I_{C1Q} = \beta_1 I_{B1Q}$$

$$U_{CE1Q} = V_{CC} - (I_{C1Q} + I_{B2Q})R_{c1} = U_{BE2Q}$$

$$I_{C2Q} = \beta_2 I_{B2Q}$$

$$U_{CE2Q} = V_{CC} - \left(I_{C2Q} + \frac{U_{CE2}}{R_L}\right)R_{c2}$$

放大电路级数较多时,一般需要借助计算机软件进行运算。另外,如能确保前一级的集电极电流远远大于后一级的基极电流,例如 $I_{C1} \gg I_{B2}$,则各级的静态工作点可单独计算。

2. 动态分析

图 7.3 中直接耦合放大电路的微变等效电路如图 7.4 所示。

计算电压放大倍数 $\dot{A}_u$ 时,将各级放大电路的 $\dot{A}_u$ 分别计算出来,然后相乘即可。但要

注意,后一级作为前一级的负载,计算前一级的输出电压时要考虑后一级的输入电阻。

图 7.4 中,第一级的放大倍数

$$\dot{A}_{u1} = \frac{\dot{U}_{o1}}{\dot{U}_i} = -\frac{\beta_1(R_{c1} /\!/ r_{be2})}{r_{be1}}$$

第二级的放大倍数

$$\dot{A}_{u2} = \frac{\dot{U}_o}{\dot{U}_{o1}} = -\frac{\beta_2(R_{c2} /\!/ R_L)}{r_{be2}}$$

总的放大倍数

$$\dot{A}_u = \dot{A}_{u1}\dot{A}_{u2} = \frac{\beta_1\beta_2(R_{c2} /\!/ R_L)(R_{c1} /\!/ r_{be2})}{r_{be1}r_{be2}}$$

可以看出,两级共射极放大电路级联,总的输出电压与输入电压同相。

多级放大电路的输入电阻为第一级的输入电阻,图 7.4 所示电路的输入电阻

$$R_i = R_{i1} = R_{b1} /\!/ R_{b2} /\!/ r_{be1}$$

有些放大电路的后一级电路会影响前一级的输入电阻,例如第一级为共集电极放大电路,分析微变等效电路时应当注意。

多级放大电路的输出电阻为最后一级的输出电阻。图 7.4 所示电路的输出电阻

$$R_o = R_{c2}$$

同样,也存在一些放大电路的前一级电路会影响后一级的输出电阻。前一级为共集电极放大电路即属于此种情况。

3. 直接耦合放大电路的改进

通过图 7.3 及其静态分析可知,第一级的 U_{CE1} 等于第二级的 U_{BE2},而 U_{BE2} 若为硅管时约为 0.7 V,在晶体管的输出特性曲线中,U_{CE} 为 0.7 V 时晶体管的静态工作点靠近饱和区,叠加交流信号后,容易引起饱和失真。为克服这个问题,对直接耦合放大电路的改进型电路如图 7.5(a),(b),(c),(d)所示。

图 7.5(a)中的电路在第二个晶体管的发射极加电阻 R_{e2},这时 $U_{CE1} = I_{E2}R_{e2} + U_{BE2}$,$U_{CE1}$ 增大。但是 R_{e2} 的加入将降低电压放大倍数,于是又有用二极管或稳压二极管代替 R_{e2} 的方法,分别如图 7.5(b),7.5(c)所示。当二极管正向导通或稳压管反向击穿时,$U_{CE1} = U_D + U_{BE2}$ 或 $U_{CE1} = U_Z + U_{BE2}$,U_{CE1} 增大,而二极管和稳压管的等效电阻都很小,不会显著降低电压放大倍数。当放大电路级数较多时,U_{CE} 逐级抬高将会影响较后级晶体管的静态工作点,因此直接耦合放大电路经常选用 NPN 管和 PNP 管混合使用的电路接法,如图 7.5(d)所示。

 思考题

你能画出图 7.5 所示各电路的微变等效电路吗?

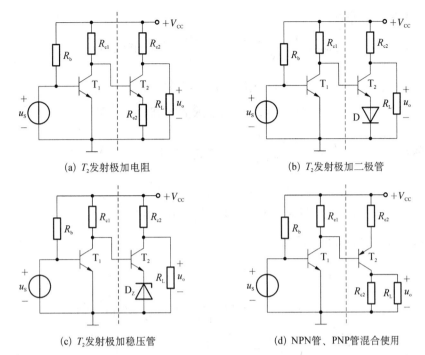

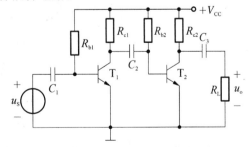

(a) T_2发射极加电阻

(b) T_2发射极加二极管

(c) T_2发射极加稳压管

(d) NPN管、PNP管混合使用

图 7.5 直接耦合放大电路的改进电路

直接耦合放大电路可以放大直流信号也可以放大交流信号。对变化缓慢的信号放大效果较好,即低频特性好,且没有大电容,适合将所有电路集成到一片硅片上,做成集成电路。集成电路是当前电子元器件发展的主流方向,因此直接耦合放大电路的分析和研究越来越受重视。

直接耦合放大电路在放大直流信号的同时,也带来了各级放大电路的静态工作点相互影响的缺点。如果前一级存在温漂或零漂,误差将会被逐级放大。为了克服此问题,第一级一般采用差分放大电路,差分放大电路将在本书 10.3 节详细分析。

7.3 阻容耦合

阻容耦合的电路如图 7.6 所示。前一级放大电路的输出信号通过电容再连接后一级的输入端。该电容与后一级电路的输入电阻构成阻容耦合电路。

1. 静态分析

阻容耦合的多级放大电路,由于电容的"通交隔直"作用,每一级的静态工作点可独立计算。

2. 动态分析

图 7.6 中阻容耦合放大电路的微变等效电路如图 7.7 所示。电压放大倍数 $\dot{A}_u$、输入电阻和输出电阻的分析方法与直接耦合放大电路是一致的。

图 7.6 阻容耦合放大电路

【例 7-1】 如图 7.6 所示阻容耦合放大电路,$V_{CC}=12\text{ V}$,$R_{b1}=300\text{ k}\Omega$,$R_{b2}=200\text{ k}\Omega$,$R_{c1}=5\text{ k}\Omega$,$R_{c2}=2\text{ k}\Omega$,$R_L=5\text{ k}\Omega$,$\beta_1=\beta_2=50$,求:(1) 各级静态工作点;(2) 计算 $\dot{A}_u$,R_i,R_o。

解 （1）静态工作点：

第一级：
$$I_{\text{B1Q}} = \frac{V_{\text{CC}} - U_{\text{BE}}}{R_{\text{b1}}} = \frac{12 - 0.7}{300} = 0.038(\text{mA})$$

$$I_{\text{C1Q}} = \beta_1 I_{\text{B1Q}} = 1.88(\text{mA})$$

$$U_{\text{CE1}} = V_{\text{CC}} - I_{\text{C1Q}} R_{\text{c1}} = 2.6(\text{V})$$

第二级：
$$I_{\text{B2Q}} = \frac{V_{\text{CC}} - U_{\text{BE}}}{R_{\text{b2}}} = \frac{12 - 0.7}{200} = 0.057(\text{mA})$$

$$I_{\text{C2Q}} = \beta_2 I_{\text{B2Q}} = 2.83(\text{mA})$$

$$U_{\text{CE2}} = V_{\text{CC}} - I_{\text{C2Q}} R_{\text{c2}} = 6.34(\text{V})$$

（2）微变等效电路如图 7.7 所示。

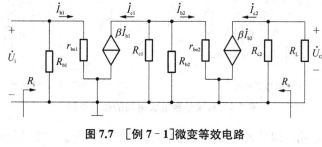

图 7.7 ［例 7-1］微变等效电路

$$r_{\text{be1}} = 300 + (1 + \beta) \frac{26 \text{ mV}}{I_{\text{E1Q}}} = 0.99 \text{ k}\Omega$$

$$r_{\text{be2}} = 300 + (1 + \beta) \frac{26 \text{ mV}}{I_{\text{E2Q}}} = 0.76 \text{ k}\Omega$$

$$R_{\text{i1}} = R_{\text{b1}} \mathbin{/\mkern-5mu/} r_{\text{be1}} = 0.99 \text{ k}\Omega$$

$$R_{\text{i2}} = R_{\text{b2}} \mathbin{/\mkern-5mu/} r_{\text{be2}} = 0.76 \text{ k}\Omega$$

$$\dot{A}_{\text{u1}} = -\frac{\dot{I}_{\text{c1}}(R_{\text{c1}} \mathbin{/\mkern-5mu/} R_{\text{i2}})}{\dot{I}_{\text{b1}} r_{\text{be1}}} = -\frac{\beta(R_{\text{c1}} \mathbin{/\mkern-5mu/} R_{\text{i2}})}{r_{\text{be1}}} = -33.3$$

$$\dot{A}_{\text{u2}} = -\frac{\dot{I}_{\text{c2}}(R_{\text{c2}} \mathbin{/\mkern-5mu/} R_{\text{L}})}{\dot{I}_{\text{b2}} r_{\text{be2}}} = -\frac{\beta(R_{\text{c2}} \mathbin{/\mkern-5mu/} R_{\text{L}})}{r_{\text{be2}}} = -95.3$$

$$\dot{A}_{\text{u1}} = \dot{A}_{\text{u1}} \dot{A}_{\text{u2}} = 3\ 173.5$$

$$R_{\text{i}} = R_{\text{i1}} = 0.99 \text{ k}\Omega$$

$$R_{\text{o}} = R_{\text{c2}} = 2 \text{ k}\Omega$$

阻容耦合放大电路仅能放大交流信号,低频特性差,不能放大直流和变化缓慢的信号,且大电容很难集成,因此在集成电路中的使用受限制。其优点是前后级的静态工作点相互独立,不能传递直流信号,可以克服温漂被逐级放大的问题。阻容耦合放大电路一般被用在信号频率高、放大功率高的分立元件放大电路中。

7.4 变压器耦合

变压器耦合,是指前一级放大电路的输出信号通过变压器再连接后一级的输入端,如图 7.8 所示。动态微变等效电路如图 7.9 所示。

变压器只要选择合适的匝数比,就可使负载获得足够大的电压或功率。变压器耦合放大电路的突出优点是可以实现阻抗匹配,可应用于功率输出级。在集成功率放大电路广泛应用之前,功率放大电路都采用变压器耦合放大电路。

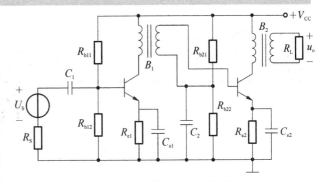

图 7.8 变压器耦合放大电路

变压器耦合放大电路的前后级之间具有电感效应,因此也仅能放大频率较高的信号,不能放大缓慢变化的信号,低频特性差。且变压器十分笨重,目前只有在集成功率放大电路不能满足需求的情况下,才会选择变压器耦合放大电路。

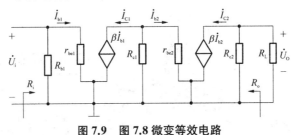

图 7.9 图 7.8 微变等效电路

习 题

一、分析计算题

1. 如图 7.10 所示的直接耦合放大电路,$V_{CC}=10$ V,$R_{b1}=200$ kΩ,$R_{b2}=250$ kΩ,$R_{c1}=4$ kΩ,$R_{c2}=200$ Ω,$R_L=5$ kΩ,$\beta_1=\beta_2=60$,求:(1)各级静态工作点;(2)计算 $\dot{A}_u$,R_i,R_o。

2. 如图 7.11 所示阻容耦合放大电路,画出其微变等效电路,并求 $\dot{A}_u$,R_i,R_o 的表达式。

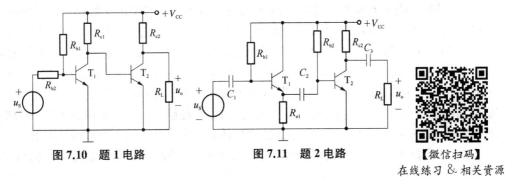

图 7.10 题 1 电路　　　图 7.11 题 2 电路

【微信扫码】
在线练习 & 相关资源

第8章

负反馈放大电路

前两章介绍了放大电路的基础知识,在一些电路中需要将放大后的信号通过适当的方式引入到输入端来改善电路的性能,这就是反馈。本章将介绍反馈的概念,重点讨论负反馈放大电路的基本原理以及负反馈对放大电路性能的影响。图 8.1 是本章知识结构的思维导图。

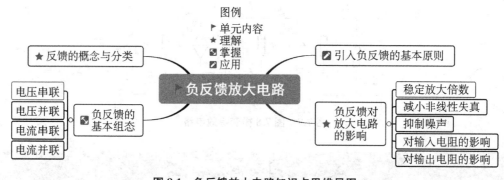

图 8.1　负反馈放大电路知识点思维导图

8.1　反馈的基本概念

8.1.1　反馈的定义

反馈是控制论的基本概念,是指将系统的输出返回到输入端并以某种方式改变输入,它们之间存在因果关系的回路,进而影响系统功能的过程。在电子电路中到处都能看到反馈的应用实例。以传统的晶体管调幅收音机为例,收音机的高频放大电路的输入电阻要高,以适应微弱天线信号的放大需求;在功率放大环节,又要求有较低的输出电阻以提高带负载的能力。此外,收音机电路中有一个名为 AGC(Automatic Gain Control)的自动增益控制电路,其功能是自动适应电台信号强度的变化,使得信号能够在一定的幅度范围内较为平稳地进行放大。所有这些功能需求往往是通过在具体的放大电路中引入反馈来实现的。

在电子电路中,将放大电路输出量(电压或电流量)的部分或全部通过一定的方式送回

到放大电路的输入端从而影响输入输出的
过程称为反馈。图 8.2 是反馈电路的原理
框图。

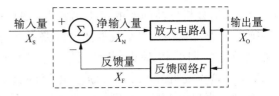

图 8.2　反馈放大电路原理框图

引入了反馈的放大电路称为反馈放大
电路，又称为闭环放大电路。而未引入反馈
的放大电路称为开环放大电路。在图 8.2
中，反馈放大电路是由放大电路和反馈网络构成的一个闭合环路。其中，X_S 是输入信号，
X_O 是输出信号，输出信号的部分或全部通过反馈网络得到反馈信号 X_F，该反馈信号与输入
信号进行叠加得到净输入信号 X_N。由于输入信号、输出信号和反馈信号可能是电压也可能
是电流，故在上述电路变量中，用字母"X"来表示相关信号[①]，其实际的物理意义和量纲与反
馈组态有关。

8.1.2　反馈的一般表达式

为了深入研究放大电路中反馈的一般规律，针对图 8.2 所示电路给出引入反馈后放大
电路中各变量之间的关系，即给出反馈的一般表达式。

图 8.2 所示电路，在没有反馈时（$X_F=0$），放大电路的开环放大倍数为

$$A = \frac{X_O}{X_S} \tag{8.1}$$

在有反馈时，净输入量的计算公式为

$$X_N = X_S - X_F \tag{8.2}$$

称

$$F = \frac{X_F}{X_O} \tag{8.3}$$

为反馈网络的反馈系数。

在有反馈时，放大电路的输出为

$$X_O = A(X_S - X_F) = A(X_S - FX_O) = AX_S - AFX_O \tag{8.4}$$

整理公式（8.4），我们有

$$X_O = \frac{A}{1 + AF} X_S \tag{8.5}$$

从而引入反馈后电路的放大倍数（即闭环放大倍数）为

$$A_F = \frac{A}{1 + AF} \tag{8.6}$$

公式（8.5）和（8.6）是反馈的一般表达式，表明引入反馈后放大电路的输出与输入的基本

---

① 实际上，字母"X"所描述的相关电路变量是向量，即所描述的电压或者电流可能取正也可能取负。
为了简化问题，便于后续内容的理解，本文中字母"X"并没有采用向量形式的符号来表示。

关系,这是分析反馈问题的基本出发点。AF 称为回路增益,表示在反馈放大电路中,信号在放大电路和反馈网络组成的闭合回路中所得到的放大倍数。"$1+AF$"称为反馈深度,是描述反馈强弱的物理量,也是反馈电路定量分析的基础。具体地,当$|1+AF|>1$,则$|A_F|<|A|$,说明引入反馈后,放大电路的放大倍数比没有引入反馈时减小,称这种反馈为负反馈。当$|1+AF|<1$,则$|A_F|>|A|$,说明引入反馈后,放大电路的放大倍数比没有引入反馈时增大,称这种反馈为正反馈。

之所以要给基本放大电路中引入反馈是因为在一些特定的应用场景,基本放大电路无法满足实际的需求,例如前面所举的收音机的例子。通过引入反馈,特别是负反馈,可以减小元器件参数变化对电路性能的影响、稳定输出电流、减小输出电压受负载变化的影响以及改变输入和输出电阻。总之,加入反馈的目的是为了改善放大电路的性能。

8.1.3 反馈的分类

1. 正反馈与负反馈

按照反馈的极性来划分,反馈可分为正反馈和负反馈。如果引入的反馈信号使净输入信号增加,从而使放大电路的放大倍数增大,则称这样的反馈为正反馈。正反馈往往用于振荡电路中。如果引入的反馈信号使净输入信号减小,从而使放大电路的放大倍数减小,则称这样的反馈为负反馈。负反馈往往用于改善放大电路的性能。

判断所引入的反馈是正反馈还是负反馈,可以采用瞬时极性法,其具体步骤如下:

① 首先假定输入信号在某一时刻的瞬时对地极性,用符号"⊕"和"⊖"来分别表示瞬时对地极性为正和负;

② 其次沿着信号传输的路径,逐级判断各级放大电路中各相关节点信号的极性,从而得到输出信号的瞬时极性;

③ 接下来根据输出信号的极性来判断反馈信号的瞬时极性;

④ 最后根据反馈信号的瞬时极性来判断净输入信号的变化情况:若反馈信号使电路的净输入信号增大,则引入的反馈是正反馈;若反馈信号使电路的净输入信号减小,则引入的反馈是负反馈。

【例 8 - 1】 判断图 8.3 所示电路的反馈是正反馈还是负反馈。

解 图 8.3 所示电路为两级共发射极放大电路,反馈网络由电阻 R_f 构成。假设输入电压 u_S 的瞬时对地极性为正,则三极管 T_1 集电极的瞬时对地极性为负,T_1 集电极的输出信号经过三极管 T_2 放大后,输出电压 u_O 的瞬时对地极性为正。因此,反馈信号 u_F 的瞬时对地极性也为正。此时,输入信号和反馈信号的瞬时对地极性均为正,净输入信号 $u_N = u_S + u_F$,即净输入信号增加,故图 8.3 所示电路为正反馈放大电路。

【例 8 - 2】 判断图 8.4 所示电路的反馈是正反

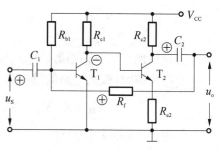

图 8.3 [例 8 - 1]的电路图

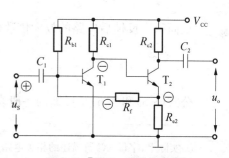

图 8.4 [例 8 - 2]的电路图

馈还是负反馈。

解　图 8.4 所示电路为两级共发射极放大电路,反馈网络由电阻 R_f 构成,该电阻连接在三极管 T_2 的发射极和三极管 T_1 的基极。假设输入电压 u_S 的瞬时对地极性为正,则三极管 T_1 集电极的瞬时对地极性为负,T_1 集电极的输出信号经过三极管 T_2 放大后,输出电压 u_O 的瞬时对地极性也为正。但要注意,反馈网络的输入信号取自于三极管 T_2 的发射极,其瞬时对地极性为负。因此,反馈信号 u_F 的瞬时对地极性也为负。最终,输入信号和反馈信号的瞬时对地极性正好相反,净输入信号 $u_N = u_S - u_F$,即净输入信号减小,故图 8.4 所示电路为负反馈放大电路。

2. 直流反馈与交流反馈

按照反馈信号的交、直流性质来划分,反馈可分为直流反馈和交流反馈。如果反馈信号中只含有直流成分,则称为直流反馈;直流反馈主要用于稳定放大电路的静态工作点。如果反馈信号中只含有交流成分,则称为交流反馈;交流反馈主要用于改善放大电路的性能。图 8.3 中,反馈信号 u_F 中的直流成分被耦合电容 C_2 阻断,因此,图 8.3 所示电路的反馈属于交流反馈。然而,在大多数电路中,反馈信号中既有直流成分又有交流成分。例如图 8.4 中,反馈信号 u_F 中既有直流成分又有交流成分。为了使图 8.4 所示电路的反馈信号只有直流成分,我们对其进行改进,具体见图 8.5。

将图 8.4 的发射极电阻 R_{e2} 两端并联一个大容量的电解电容 C_3 就得到了图 8.5。利用电解电容 C_3 的"旁路"作用,三极管 T_2 发射极信号中的交流成分通过 C_3 入地,使得通过反馈电阻 R_f 的反馈信号只含有直流成分,从而图 8.5 所示电路为直流反馈电路。

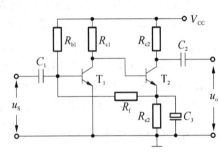

图 8.5　直流反馈电路图

3. 电压反馈与电流反馈

按照反馈信号在放大电路输出端采样的方式来划分,反馈可分为电压反馈和电流反馈。如果反馈信号的取样对象是输出电压,则称为电压反馈,此时反馈信号 u_F 和输出电压 u_O 成正比:$u_F = Fu_O$。如果反馈信号的取样对象是输出电流,则称为电流反馈,判断电路所引入的反馈是电压反馈还是电流反馈,可以采用输出短路法,即将输出端对地短路,如果此时反馈消失,则所引入的反馈是电压反馈;如果反馈仍然存在,则是电流反馈。图 8.3 所示电路的反馈属于电压反馈。图 8.4 和图 8.5 所示电路的反馈属于电流反馈。

另外,从电路结构上来看,可根据反馈取样端与放大电路输出端的连接状态来判断反馈类型。若反馈网络的取样端并联接在放大电路的输出端,即反馈取样端与放大电路输出端连接在三极管同一极上的反馈是电压反馈。在图 8.3 中,反馈网络(即电阻 R_f)与放大电路输出端均接在三极管的集电极,图 8.3 所示电路的反馈属于电压反馈。若反馈网络的取样端串联接在放大电路的输出端,即反馈取样端与放大电路输出端连接在三极管不同极上的反馈是电流反馈。在图 8.4 中,反馈网络接在三极管的发射极,而放大电路的输出是三极管的集电极,即取样端与放大电路输出端连接在三极管的不同极上,因此图 8.4 所示电路的反馈属于电流反馈。

4. 串联反馈与并联反馈

按照反馈信号与输入信号在放大电路输入回路中求和的形式来划分,反馈可分为串

联反馈和并联反馈。若反馈信号以电压形式串联接
在输入回路中(即反馈信号与输入信号串联),则称
为串联反馈。若反馈信号以电流形式并联接在输入
回路中(即反馈信号与输入信号并联),则称为并联
反馈。

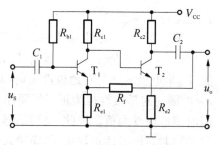

图 8.6　串联反馈电路图

　　从电路结构上来看,若反馈输出端与输入信号端
为三极管的不同极,则是串联反馈。如图 8.6 所示,反
馈输出端接在三极管 T_1 的发射极,而输入信号接在
T_1 的基极,因此该图所示电路的反馈属于串联反馈。如果反馈输出端与输入信号端接在三
极管的同一极,则是并联反馈,如图 8.4 所示,反馈输出端和信号输入端均接在三极管 T_1 的
基极。

8.2　负反馈放大电路的四种基本组态

　　根据以上内容可知,在实际的放大电路中,反馈的形式是多种多样的。例如图 8.5 所示
电路中的反馈形式包括:负反馈、直流反馈、并联反馈和电流反馈。对于大多数电路,为了改
善电路的性能,我们主要使用负反馈。根据反馈信号在输出端的采样方式以及在输入回路
中求和的形式来划分,负反馈的基本组态有:电压串联负反馈、电压并联负反馈、电流串联负
反馈和电流并联负反馈。通过选择不同的反馈组态可以提高放大倍数的稳定性,改变输入
和输出电阻的大小,减小非线性失真和抑制干扰噪声。

8.2.1　电压串联负反馈

　　在图 8.7(a)所示放大电路中,反馈电阻 R_f 从放大电路的输出端引入反馈信号,而该反
馈信号加载到三极管 T_1 的发射极,因此该电路是电压串联负反馈。电压串联负反馈组态可
以用图 8.7(b)所示的原理框图表示。要注意,该图中电压源"u_S"是有内阻的,为了分析方便
起见,并没有在框图中将其画出,在本章后续的框图中均采用类似的处理方式。

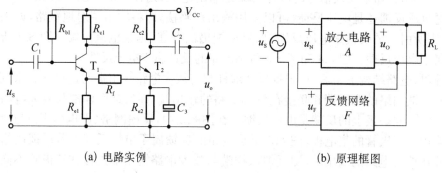

(a) 电路实例　　　　　　　　　　　(b) 原理框图

图 8.7　电压串联负反馈放大电路

　　结合公式(8.4),电压串联负反馈放大电路的输出为

$$u_O = A(u_S - u_F) = A(u_S - Fu_O) = Au_S - AFu_O \qquad (8.7)$$

整理公式(8.7),有

$$u_O = \frac{A}{1+AF}u_S \tag{8.8}$$

则电压串联负反馈放大电路的放大倍数为

$$A_F = \frac{A}{1+AF} \tag{8.9}$$

公式(8.9)表明,引入电压串联负反馈后,电路的放大倍数降为原来的$1/(1+AF)$。实际上,电压负反馈对输出电压具有稳定功能。例如,假设输入信号电压不变,当负载电阻阻值降低时,输出电压也随之降低,从而反馈电压也降低。根据公式(8.2),净输入电压会增加,经过放大电路放大后,输出电压会提升。因此,由于电压负反馈的作用使得输出电压基本保持不变。需要注意的是,稳定输出电压是以牺牲放大电路的放大性能为代价实现的。

接下来分析串联反馈对放大电路性能的影响,这一影响主要体现在输入电阻上。输入电阻是从放大电路的输入端看进去的等效内阻,因此反馈对输入电阻的影响是受放大电路与反馈网络在输入端的连接方式决定的,而与输出端的连接方式无关,即由所引入的反馈是串联反馈还是并联反馈决定。假设引入串联反馈后的输入电阻(闭环输入电阻)为r_{if},输入回路电流为i,根据图8.7(b)及公式(8.3)有

$$r_{if} = \frac{u_S}{i} = \frac{u_N + u_F}{i} = \frac{u_N + Fu_O}{i} = \frac{u_N + AFu_N}{i} \tag{8.10}$$

公式(8.10)中,u_N/i 表示没有引入反馈时的输入电阻(即开环输入电阻),用 r_i 来表示。从而公式(8.10)可化简为

$$r_{if} = (1+AF)r_i \tag{8.11}$$

公式(8.11)表明,串联负反馈使输入电阻提高,变为原来的$(1+AF)$倍。

前面已经分析了,引入电压负反馈后,放大电路能够在负载电阻发生变化时保持输出电压的稳定性,因此其效果相当于减小了输出电阻。输出电阻是从放大电路的输出端看进去的等效内阻,因此反馈对输出电阻的影响是由放大电路与反馈网络在输出端的连接方式决定的,而与输入端的连接方式无关,即由所引入的反馈是电压反馈还是电流反馈决定。接下来,定量地分析引入电压负反馈后,输出电阻的变化情况。

假设 r_o 为无反馈时放大电路的输出电阻(开环输出电阻),r_{of} 为有反馈时放大电路的输出电阻(闭环输出电阻),采用"外加电源法"来求输出电阻。令 $u_S=0$,在反馈放大电路的输出端加载一个电压u_O,并假设此时的输出电流为i_O。根据戴维南定理,将反馈放大电路的输出端用电压源和电阻(即输出电阻)串联的形式进行等效替换,具体参见图8.8。

为了简化分析,假设反馈网络的输入电阻为无穷大,从而反馈网络对放大电路的输出端没有负载效应。根据图8.8并结合公式(8.2)我们有:

$$u_N = -u_F = -Fu_O \tag{8.12}$$

从而 $Au_N = -AFu_O$。对于不考虑反馈网络的输出回路,利用基尔霍夫电压定律有

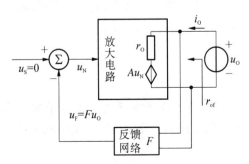

图8.8 求电压负反馈放大电路输出电阻的框图

$$u_O = r_\circ i_O + Au_N = r_\circ i_O - AFu_O \tag{8.13}$$

整理公式(8.13),有

$$i_O = \frac{(1+AF)u_O}{r_\circ} \tag{8.14}$$

将公式(8.14)带入到闭环输出电阻的计算公式,有

$$r_{of} = \frac{u_O}{i_O} = \frac{r_\circ}{1+AF} \tag{8.15}$$

公式(8.15)表明引入电压负反馈后输出电阻减小到原来的 $1/(1+AF)$。

8.2.2 电压并联负反馈

在图 8.9(a)所示放大电路中,反馈电阻 R_f 从放大电路的输出端引入反馈信号,而该反馈信号加载到三极管 T_1 的基极,因此该电路是电压并联负反馈。电压并联负反馈组态可以用图 8.9(b)所示的原理框图表示。

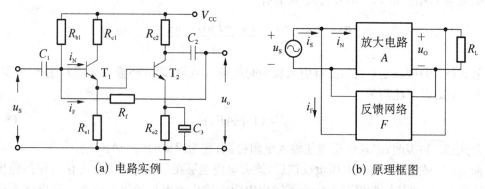

(a) 电路实例　　　　　　　　　　　(b) 原理框图

图 8.9　电压并联负反馈放大电路

接下来结合图 8.9(b)分析并联反馈对输入电阻的影响。假设没有引入反馈时的输入电阻是 r_i,引入并联负反馈后的输入电阻为 r_{if},输入回路的净输入电流为 i_N,反馈电流为 i_F。结合公式(8.3),我们有 $i_F = Fi_O$。而 $i_O = Ai_N$,从而

$$i_F = AFi_N \tag{8.16}$$

引入并联负反馈后,放大电路的输入电压 u_S、净输入电压 u_N 和反馈网络的输入电压 u_F 均相等,则闭环输入电阻 r_{if} 为

$$r_{if} = \frac{u_S}{i_S} = \frac{u_N}{i_N + i_F} = \frac{u_N}{i_N + AFi_N} \tag{8.17}$$

公式(8.17)最右侧等式的分子和分母同时除以 i_N,我们可以得到引入并联负反馈后输入电阻与没引入反馈的输入电阻间关系:

$$r_{if} = \frac{r_i}{1+AF} \tag{8.18}$$

公式(8.18)表明,并联负反馈使输入电阻变为原来的 $1/(1+AF)$。和前面的分析一样,图 8.9 所示的电压(并联)负反馈使输出电阻减小到原来的 $1/(1+AF)$。

8.2.3 电流串联负反馈

在图 8.10(a)所示放大电路中,反馈电阻 R_f 接在三极管 T_1 的发射极上,将输出回路的电流又"送回"到输入回路中,是典型的电流串联负反馈电路,主要用于放大电路静态工作点的稳定。电流串联负反馈组态可以用图 8.10(b)所示的原理框图表示。

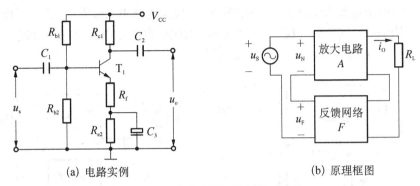

(a) 电路实例   (b) 原理框图

图 8.10 电流串联负反馈放大电路

引入电流负反馈后,放大电路能够在负载电阻发生变化时保持输出电流的稳定性,因此其效果相当于增加了输出电阻。接下来,定量地分析引入电流负反馈后,输出电阻的变化情况。假设 r_o 为无反馈时放大电路的输出电阻,r_{of} 为有反馈时放大电路的输出电阻,采用"外加电源法"来求输出电阻。令 $u_S=0$,在反馈放大电路的输出端加载一个电压 u_O,并假设此时的输出电流为 i_O。根据诺顿定理,将反馈放大电

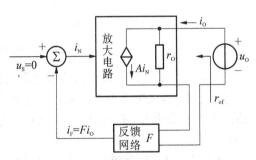

图 8.11 求电流负反馈放大电路输出电阻的框图

路的输出端用电流源和电阻(即输出电阻)并联的形式进行等效替换,具体参见图 8.11。

为了简化分析,假设反馈网络的输入电阻为零,从而反馈网络对放大电路的输出端没有负载效应。根据图 8.11 并结合公式(8.2)有:

$$i_N = -i_F = -Fi_O \tag{8.19}$$

从而 $Ai_N = -AFi_O$。根据基尔霍夫电流定律有

$$i_O = \frac{u_O}{r_o} + Ai_N = \frac{u_O}{r_o} - AFi_O \tag{8.20}$$

整理公式(8.20),有

$$i_O = \frac{u_O}{(1+AF)r_o} \tag{8.21}$$

将公式(8.21)带入到闭环输出电阻的计算公式,有

$$r_{of} = \frac{u_O}{i_O} = (1+AF)r_o \tag{8.22}$$

公式(8.22)表明引入电流负反馈后的闭环输出电阻是开环输出电阻的$(1+AF)$倍。当$(1+AF)$趋于无穷大时,闭环输出电阻也趋于无穷大,电路的输出等效于恒流源。

8.2.4 电流并联负反馈

在图8.12(a)所示放大电路中,反馈电阻R_f从放大电路中三极管T_2的发射极引入反馈信号,而该反馈信号又加载到三极管T_1的基极,因此该电路是电流并联负反馈。电流并联负反馈组态可以用图8.12(b)所示的原理框图表示。

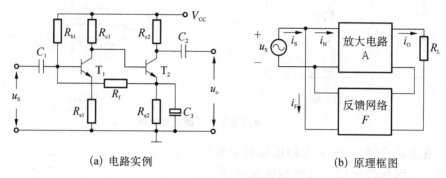

(a) 电路实例   (b) 原理框图

图8.12 电流并联负反馈放大电路

电流并联负反馈对输入和输出电阻的影响均在前面的几种组态中涉及,这里不再一一叙述。正确判断负反馈放大电路的组态十分重要,不同的组态,其对信号放大的性能均不相同。

【例8-3】 判断图8.13所示电路引入了哪种组态的负反馈。

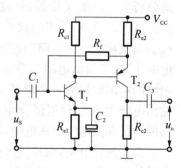

图8.13 [例8-3]的电路图

解 图8.13所示电路的反馈网络是由电阻R_f构成。假设输入电压u_S的瞬时对地极性为正,则三极管T_1集电极的瞬时对地极性为负,T_1集电极的输出信号经过三极管T_2放大后,T_2发射极的瞬时对地极性为负。因此,反馈信号u_F的瞬时对地极性也为负,从而净输入信号减小。即图8.13所示电路为负反馈放大电路。反馈信号取样端口接到T_2发射极,而第二级放大电路集电极输出放大信号,因此是电流负反馈。反馈输出信号与输入信号u_S一并接入到三极管的基极,因此是并联负反馈。综上所述,图8.13所示电路为电流并联负反馈放大电路。

【例8-4】 某放大电路的开环放大倍数$A=-100$,开环输入电阻$r_i=10$ kΩ,开环输出电阻$r_o=1$ kΩ。若该电路引入电压串联负反馈后,计算在反馈系数$F=-0.1$和$F=-0.5$时,反馈电路的闭环放大倍数A_F、闭环输入电阻r_{if}和闭环输出电阻为r_{of}。

解 根据公式(8.9)、(8.11)和(8.15),当$F=-0.1$时,我们有

$$A_F = \frac{A}{1+AF} = \frac{-100}{1+(-100)\times(-0.1)} = -9.09$$

$$r_{if} = (1+AF)r_i = (1+10)\times 10 = 110 \text{ k}\Omega$$

$$r_{of} = \frac{r_o}{1+AF} = \frac{1\,000}{1+10} = 90.9 \ \Omega$$

当 $F=-0.5$ 时,我们有

$$A_F = \frac{A}{1+AF} = \frac{-100}{1+(-100)\times(-0.5)} = -1.96$$

$$r_{if} = (1+AF)r_i = (1+50)\times 10 = 510 \text{ k}\Omega$$

$$r_{of} = \frac{r_o}{1+AF} = \frac{1\,000}{1+50} = 19.6 \ \Omega$$

 思考题

对于【例 8-4】,在相关参数不变的条件下,若引入的反馈分别是电压并联负反馈、电流串联负反馈和电流并联负反馈,计算相应的闭环放大倍数、闭环输入电阻和输出电阻。

8.3 负反馈对放大电路性能的影响

前面介绍的几种类型负反馈可以改变放大电路的输入、输出电阻,稳定输出电压、电流。此外,负反馈可以对放大电路其他方面的性能进行改善。例如,可以稳定放大倍数,减小非线性失真。

8.3.1 提高放大倍数的稳定性

对于一个放大电路,其放大倍数会受到环境温度变化、元件老化、电源电压波动以及负载大小变化等因素的影响,特别是受 20 世纪半导体工艺的制约,20 世纪早期所生产的三极管温度稳定性比较差,温度的变化会导致放大倍数有明显的波动。一个有效的解决方案是引入负反馈,可以稳定放大倍数。

当对电路进行深度负反馈时,即 $(1+AF)\gg 1$,则公式(8.6)可近似等效为

$$A_F = \frac{A}{1+AF} \approx \frac{1}{F} \tag{8.23}$$

公式(8.23)表明,当放大电路引入深度负反馈后,其放大倍数基本由反馈网络决定,而与放大电路本身几乎没有关系。这样一来,放大电路将不受上述因素的影响,稳定了放大倍数。

对于一般的负反馈,我们用放大倍数的相对变化量来衡量放大倍数的稳定性。对公式(8.6)进行关于 A 的求导运算,我有

$$\frac{\mathrm{d}A_F}{\mathrm{d}A}=\frac{1}{(1+AF)^2} \tag{8.24}$$

将公式(8.24)进行适当地变形处理,等式两边分别除以公式(8.6),我们有

$$\frac{\mathrm{d}A_F}{A_F}=\frac{1}{1+AF}\frac{\mathrm{d}A}{A} \tag{8.25}$$

公式(8.25)表明,负反馈放大电路放大倍数(闭环放大倍数)的相对变化量 $\mathrm{d}A_F/A_F$ 仅为开环放大倍数相对变化量 $\mathrm{d}A/A$ 的 $1/(1+AF)$,即 A_F 的稳定性是 A 的$(1+AF)$倍。电压负反馈和电流负反馈能够分别稳定输出电压和电流,因此在输入信号一定的情况下,放大电路的输出受电路参数变化的影响较小,也就是提高了放大倍数的稳定性。负反馈越深,闭环放大倍数的稳定性越好。但从[例8-4]可以看出,反馈越深,闭环放大倍数也越低,即 A_F 的稳定性是以牺牲放大电路放大倍数为代价得到的。

8.3.2　减小非线性失真

对于理想放大电路,其输出与输入之间是线性关系。然而,实际的三极管放大电路在信号放大时会受到各种因素的影响而出现非线性失真。特别是在输入信号幅度较大时这种非线性失真会更为明显。图8.14是三极管放大电路的非线性失真实例,放大电路的输入端加载一个标准的正弦波信号,由于受到非线性失真的影响,输出信号并不是标准的正弦波信号,其输出信号的正半周幅度大于负半周幅度。

图8.14　三极管放大电路的非线性失真实例

为了消除这种非线性失真,一个直观的思路是减小输入的正弦波信号的正半周幅度,同时增大负半周的幅度,这样一来,这种"修正"后的正弦波再通过放大电路就可以得到较为标准的正弦波输出。这一"修正"过程可以通过负反馈来加以解决,具体原理参考图8.15。在图8.15中,输入信号 u_S 是一个标准的正弦波信号,由于非线性失真的因素,其输出信号 u_O 会发生失真,从而反馈信号 u_F 也会发生等比例的失真,即 u_F 的正半周信号幅度大于负半周幅度。该失真的反馈信号与输入信号进行叠加,净输入信号 u_N 不再是标准的正弦波信号,会发生失真现象。需要注意的是净输入信号 u_N 的正半周信号幅度小于负半周幅度,我们称其为"预失真"。将这一"预失真"的净输入信号进行放大就会得到较为标准的正弦波信号输出。根据前面的分析,在非线性失真不严重时,图8.15所示方案可以将输出波形中的非线性失真减小到原来的 $1/(1+AF)$。

类似的,对于环内放大电路中三极管载流子热运动所导致的电子噪声也有较好的抑制效果。如果噪声干扰来自反馈环外,引入负反馈也无济于事。实际上,引入负反馈后输入信号也按同样的规律减少,反馈的结果对输出端的信噪比并没有提高。

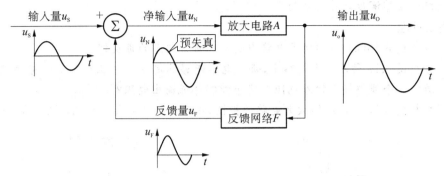

图 8.15 负反馈减小非线性失真的原理图

8.3.3 引入负反馈的一般原则

通过以上几节内容的分析,我们得出负反馈对放大电路性能的影响均与反馈深度 $(1+AF)$ 有关,且均是以牺牲放大电路的放大倍数为代价换取的。负反馈的程度越深,对放大电路的性能改善越好,但也要注意防止负反馈在一定的条件下转变为正反馈从而形成自激振荡,使放大电路失去放大能力。在具体的电路设计中,引入负反馈应遵循如下基本原则。

1. 如果想稳定电路的静态工作点,可以选择直流负反馈;如果想改善放大电路的动态性能,可以选择交流负反馈。

2. 如果想增加放大电路的输入电阻来适应内阻较小的信号源,可以选择串联负反馈;反之,如果想减小放大电路的输入电阻,可以选择并联负反馈。

3. 如果想降低放大电路的输出电阻来提升电路带负载的能力,可以选择电压负反馈,同时,电压负反馈对输出电压具有稳定作用;如果想使负载获得稳定的电流输出,可以选择电流负反馈。

4. 如果想将电流信号转换为电压信号,可以选择电压并联负反馈;反之,如果想将电压信号转换为电流信号,可以选择电流串联负反馈。

习 题

一、填空题

1. 为了稳定放大电路的输出电压,应引入_____负反馈。

2. 为了稳定静态工作点,应引入_____负反馈。

3. 为了稳定放大倍数,应引入_____负反馈。

4. 为了抑制温漂,应引入_____负反馈。

5. 为了稳定放大电路的输出电流,应引入_____负反馈。

6. 为了增大放大电路的输入电阻,应引入_____负反馈。

7. 为了减小放大电路的输入电阻,应引入_____负反馈。

8. 为了增大放大电路的输出电阻,应引入_____负反馈。

9. 为了减小放大电路的输出电阻,应引入_____负反馈。

10. 某反馈放大电路中,基本放大电路的增益为 A,反馈网络的反馈系数为 F,则该电路的反馈深度计算公式为_____。

二、分析设计题

1. 分析图 8.16(a)～(c)所示电路中引入了哪种组态的负反馈。

2. 分析图 8.16 所示三个电路中,哪个电路能够稳定输出电压? 哪个能够稳定输出电流? 哪个能够提高输入电阻? 哪个能够降低输出电阻?

3. 分析图 8.17 所示反馈放大电路的框图,推导其闭环放大倍数 X_O/X_S 的表达式。

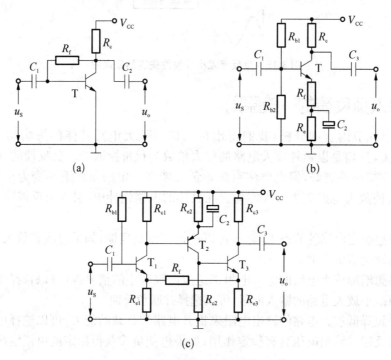

图 8.16　题 1 的电路图

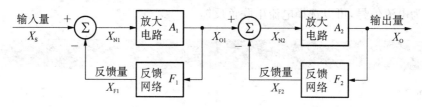

图 8.17　题 3 的框图

第9章

功率放大电路

在典型的多级放大电路中,往往要求末级放大电路要有较大的输出功率,便于驱动如扬声器之类的功率装置。前几章所学习的放大电路往往只考虑电压放大或者电流放大,并没有讨论输出功率的问题。本章将详细介绍功率放大电路的基本概念和特点,学习几款典型的功率放大电路,例如:变压器耦合功率放大电路和互补推挽功率放大电路。此外,在本章的最后将介绍几款典型的音频功率放大芯片:LM386 和 TDA2822。图 9.1 是本章知识结构的思维导图。

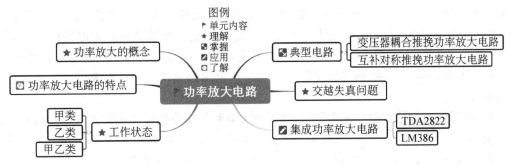

图 9.1　功率放大电路知识点思维导图

9.1 ▶ 功率放大电路概述

典型实用的放大电路由输入级、中间级和输出级构成。对于放大电路的输入级而言,要求其输入电阻大,共模抑制能力强,并且能够自适应不同的信号源,也就是输入级电路具有阻抗匹配功能。对于放大电路的中间级,其主要功能是进行电压放大,使得该级电路有足够大的电压来推动输出级。输出级放大电路的功能是进行功率放大,为负载提供足够大的输出功率。在第六章我们介绍了放大电路的本质是能量的控制和转换,即用一个能量较小的输入信号来控制直流电源,将直流电源的能量转换为与输入信号频率相同但幅值却大幅度增加的交流能量输出,使负载从电源所获取的能量远大于信号源所提供的能量。功率放大电路和前几章所学习的放大电路的出发点是相同的,即都是进行能量控制和转换,实现微弱信号的放大,但落脚点不同。功率放大电路不是单纯地追求输出高电压或者输出大电流,而是追求在额定的电源电压下,如何输出更大的功率。因此,在设计功率放大电路时要注意如下两个要求。

1. 最大不失真输出功率

功率放大电路常作为多级放大电路的输出级,是一种以输出较大不失真功率为目的的放大电路。因此,如果放大的输出信号发生失真①问题,功率输出也就没有意义。我们用最大不失真输出功率来量化功率放大电路的输出。具体而言,在输入正弦波信号且输出波形不超过规定的非线性失真指标时,最大输出电压有效值与最大输出电流有效值的乘积,即为最大输出功率。注意,最大输出功率是在电路参数固定的情况下负载所获取的最大交流功率。

2. 转换效率

功率放大电路的设计还需要考虑电源的利用效率,即负载所获取的最大功率与电源为功率放大电路所提供的功率之比。用公式(9.1)来表示

$$\eta = \frac{P_{\mathrm{O}}}{P_{\mathrm{V}}} \tag{9.1}$$

其中,P_{O} 为负载所获取的最大功率,P_{V} 为电源所提供的功率。通常,η 的值越大,功率放大电路的效率越高。

此外,功率放大电路的设计还要考虑输出电阻与负载的匹配问题,只有这样负载才能获得最大的功率。在功率放大电路中,为了使输出的功率足够地大,相应的三极管均处于高电压、大电流工作状态,因此散热也是一个需要考虑的问题。如果功率放大电路的输出端短路,会损坏功放管,这就涉及短路保护问题。因此,功放管的损坏与保护问题也不容忽视。

接下来从信号的频率、信号的工作状态以及输出端的形式三个角度来对功率放大电路进行划分。

1. 按照所放大信号的频率来划分,功率放大电路可分为低频功率放大电路和高频功率放大电路。低频功率放大电路主要用于放大音频信号,信号频率范围 20 Hz~20 kHz,其负载往往是扬声器或者耳机。高频功率放大电路主要用于放大射频信号,往往用于广播电台信号的发射、通信基站手机信号发射等,以调频广播为例,其射频信号频率范围 88 MHz~108 MHz,其负载往往是天线。本章所研究的对象是低频功率放大电路。

2. 按照输出电路的形式来划分,功率放大电路可分为变压器耦合功率放大电路、OTL功率放大电路、OCL 功率放大电路和 BTL 功率放大电路等。变压器耦合功率放大电路主要应用于早期的电子管收音机和部分晶体管收音机中,用于推动扬声器发声。OTL 和 OCL功率放大电路是互补推挽功率放大器的两种常见的形式,主要用于小功率输出的放大场合。利用 NPN 晶体管和 PNP 晶体管的互补作用组成的 OTL 和 OCL 电路,是目前分立元件和集成电路广泛采用的功率放大电路形式。OTL 和 OCL 电路的区别在于前者采用单电源供电,有输出电容;后者采用双电源供电,无输出电容。而 BTL 是桥式推挽功率放大电路的简称,解决了 OTL 和 OCL 电路电源利用效率不高的问题,主要应用于一些输出功率要求较大

---

① 以音频信号为例,如果输出频率响应变化或者相位偏移称为线性失真;若输出信号中产生了新的频率称为非线性失真。此外,还有谐波失真、互调失真和交叉调制失真等。

且对音质要求较高的功率放大器中。

3. 按照三极管在放大信号时的工作状态来划分，功率放大电路可分甲类、乙类和甲乙类功率放大电路。对于一个功率放大电路，当输入的正弦波信号在整个周期内均能被正常地放大，即在一个信号周期内均有电流流过三极管，如图 9.2(a) 所示，三极管的导通角 $\theta = 2\pi$，我们称其为甲类功率放大电路。甲类功率放大电路的静态工作点适中，静态电流大于 0，存在管耗大，效率低的问题。而乙类功率放大电路，如图 9.2(b) 所示，对于输入的正弦波信号，三极管只有半个周期内导通，三极管的导通角 $\theta = \pi$。在实际的乙类功率放大电路中，采用两只三极管分别放大正弦波信号的正半周和负半周，也就是推挽功率放大。乙类功率放大电路的静态工作点为零，静态电流等于 0，转换效率高。但是，乙类功率放大电路存在交越失真现象，究其原因是三极管有开启电

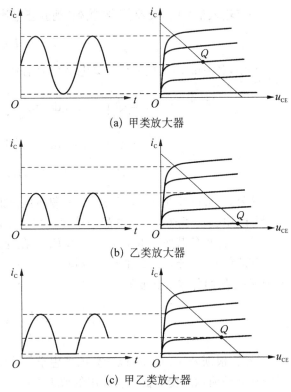

(a) 甲类放大器

(b) 乙类放大器

(c) 甲乙类放大器

图 9.2 三种功率放大电路导通角示意图

压。为了克服这一问题，我们适当调整三极管的静态工作点，使三极管处于微导通状态，静态电流约等于 0，如图 9.2(c) 所示，三极管的导通时间大于半个周期但是小于一个周期，即三极管的导通角取值范围是 $\pi < \theta < 2\pi$。一般功率放大电路常采用此种工作状态。

一个典型的工作在甲类状态的功率放大电路是共发射极放大电路，如图 9.3 所示。图 9.3(a) 所示电路的输出端通过电容连接负载，而图 9.3(b) 所示电路的输出端通过变压器连接负载。接下来，以图 9.3(a) 所示电路为例，分析甲类功率放大电路的转换效率。

首先，计算电源为电路所提供的功率 P_V。假设 I_{CQ} 为三极管 T 的集电极静态电流，当没有输入信号时，P_V 的值为：

$$P_V = V_{CC} I_{CQ} \tag{9.2}$$

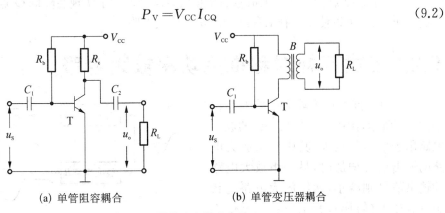

(a) 单管阻容耦合

(b) 单管变压器耦合

图 9.3 甲类功率放大电路

当有输入信号时,交流信号"驮载"到静态电流上,此时假设集电极电流为 i_C,则

$$i_C = I_{CQ} + I_{CM}\sin(t)\tag{9.3}$$

其中,$I_{CM}\sin(t)$ 为放大后的集电极交流信号,其周期为 T。从而 P_V 的值为:

$$\begin{aligned}P_V &= \frac{1}{2\pi}\int_0^{2\pi} V_{CC} i_C \mathrm{d}t = \frac{1}{2\pi}\int_0^{2\pi} V_{CC}(I_{CQ} + I_{CM}\sin(t))\mathrm{d}t\\ &= \frac{1}{2\pi}\int_0^{2\pi} V_{CC} I_{CQ}\mathrm{d}t + \frac{1}{T}\int_0^{2\pi} V_{CC} I_{CM}\sin(t)\mathrm{d}t\\ &= V_{CC} I_{CQ} + 0 = V_{CC} I_{CQ}\end{aligned}\tag{9.4}$$

从公式(9.4)可以看出,有信号时电源所提供的功率和没有信号时电源所提供的功率相同,因此,甲类功率放大电路的静态功耗很大,而这些功耗均被三极管消耗掉。

其次,计算负载所获取的最大功率 P_O。在理想条件下,假设三极管的管压降为零,当输入正弦波信号时,流过负载的交流分量的最大幅值为 I_{CQ},负载上所获取的最大交流电压幅值为 V_{CC},从而负载所获取的最大功率为

$$P_O = \frac{V_{CC}}{\sqrt{2}}\frac{I_{CQ}}{\sqrt{2}} = \frac{V_{CC} I_{CQ}}{2}\tag{9.5}$$

最后,根据公式(9.1)可以计算出理想条件下甲类功率放大电路的转换效率为 50%。对于图 9.3(b)所示的变压器耦合输出的放大电路,其理想状态下的转换效率也为 50%。用电源提供的功率减去放大电路的输出功率就得到三极管的耗散功率 P_T(简称管耗)

$$P_T = P_V - P_O\tag{9.6}$$

P_T 的存在会导致功率放大电路中的三极管发热。需要注意的是,上述转换效率是理想条件下计算得到的,对于实际的电路,其转换效率大约在 20%～30% 之间,有的电路的转换效率甚至会更低。那么,该如何解决甲类功率放大电路转换效率低的问题呢?

实际上,从公式(9.6)不难看出,在电源为电路所提供的功率 P_V 为定值的前提下,减小管耗是提高转换效率的主要途径。可以采用减小静态电流的方式来降低管耗,也就是将 Q 点下移,使输入信号为零时的静态功耗为零,也就是使功率放大电路工作在乙类状态。这样一来,信号增大时电源所提供的功率也增加,可以改变甲类功率放大电路转换效率低的问题。但是,降低 Q 点会带来放大信号的截止失真问题。为了实现在降低 Q 点的同时又不会引起截止失真,可以使用互补对称结构的功率放大电路。

9.2　乙类互补对称推挽功率放大电路

互补对称推挽功率放大电路的结构如图 9.4 所示,图中两组参数一致的放大电路用于信号的放大,其中一组放大电路的输出信号增加时,另一组放大电路的输出信号则减小,两组放大电路的状态轮流放大(转换),其工作状态类似于

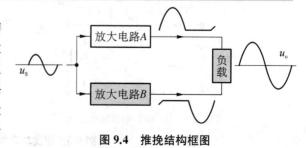

图 9.4　推挽结构框图

"此消彼长",体现出轮流工作的推挽(Push-Pull)结构。两路放大后的信号作用于负载上来共同完成电流输出任务。具体而言,工作在乙类状态下的互补对称推挽功率放大电路采用特性参数一致的两只三极管,在输入正弦波信号时,一只三极管负责正半周信号的导通(即信号的放大),另一只三极管负责负半周信号的导通,即实现两个三极管轮流导通的推挽结构。在一只三极管处于导通状态时,另一只三极管处于截止状态。

接下来定量计算乙类推挽结构功率放大电路的转换效率。假设对称结构的两个放大电路均为理想条件下的放大电路,放大电路的电源电压为 V_{CC},放大电路输出电流为 $I_{CM}\sin(t)$,其中 I_{CM} 为输出交流信号的幅值。

首先,计算电源为电路所提供的功率 P_V。由于推挽电路在输入信号的正半周和负半周时,两组放大电路的状态正好相反,即一组放大电路导通另外一组截止。因此,只需考虑输入信号的半个周期内电源为电路所提供的功率。

$$P_V = \frac{1}{\pi}\int_0^\pi V_{CC}(I_{CM}\sin(t))\mathrm{d}t = \frac{V_{CC}I_{CM}}{\pi}\int_0^\pi \sin(t)\mathrm{d}t = \frac{2V_{CC}I_{CM}}{\pi} \tag{9.7}$$

公式(9.7)的计算过程中,所带入积分运算中的电流为 $I_{CM}\sin(t)$,并不是公式(9.3)的电流表达式,是因为推挽结构的功率放大电路工作在乙类状态,即静态电流 $I_{CQ}=0$。

其次,计算负载所获取的最大功率 P_O。在理想条件下,流过负载的交流分量的最大幅值为 I_{CM},负载上所获取的最大交流电压幅值为 V_{CC},从而负载所获取的最大功率为

$$P_O = \frac{V_{CC}}{\sqrt{2}}\frac{I_{CQ}}{\sqrt{2}} = \frac{V_{CC}I_{CM}}{2} \tag{9.8}$$

最后,计算理想条件下乙类推挽结构功率放大电路的转换效率:

$$\eta = \frac{P_O}{P_V} = \frac{\dfrac{V_{CC}I_{CM}}{2}}{\dfrac{2V_{CC}I_{CM}}{\pi}} = \frac{\pi}{4} = 78.5\% \tag{9.9}$$

即在理想条件下,乙类推挽结构功率放大电路的转换效率可以达到 78.5%,可以看出其转换效率远高于甲类功率放大电路。

在具体的电路构成上,根据所采用的信号耦合器件的不同,可分为变压器耦合互补推挽功率放大电路、无输出变压器形式(OTL)的互补对称推挽功率放大电路和无输出电容形式(OCL)的互补对称推挽功率放大电路[①]。

9.2.1 变压器耦合互补推挽功率放大电路

变压器耦合互补推挽功率放大器的输入输出均采用变压器进行信号的耦合,图 9.5 是它的电路原理图。图 9.5 中,信号的放大是采用两只 NPN 型三极管 T_1 和 T_2,这两只三极管工作在乙类状态下。为了实现推挽操作,即在输入信号的正半周时,三极管 T_1 进行信号放大,三极管 T_2 截止;在信号的负半周时,三极管 T_2 进行信号放大,三极管 T_1 截止。采用次级线圈具有中间抽头的输入变压器 B_1 将正弦波信号进行倒相处理,使得加载到三极管

---

① OTL:Output Transformerless 的缩写;OCL:Output Capacitorless 的缩写。

T_1 和 T_2 上的信号相位正好相反,从而实现一个三极管导通,另一个三极管截止。使用变压器获取倒相信号的示意图可参考图 9.6。

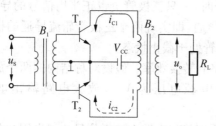

图 9.5   变压器耦合互补推挽功率放大电路

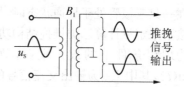

图 9.6   基于变压器的倒相信号获取示意图

图 9.5 中,B_2 为输出变压器,其作用是将两路放大后的信号整合为一个完整的正弦波信号输出。当输入信号 u_S 为正半周时,三极管 T_1 导通,T_2 截止,电流如图 9.5 中的实线所示,i_{C1} 从电源 V_{CC} 流出,经过输出变压器 B_2 的初级线圈和三极管 T_1 后接入公共端(即入地)。当输入信号 u_S 为负半周时,三极管 T_2 导通,T_1 截止,电流如图 9.5 中的虚线所示,i_{C2} 从电源 V_{CC} 流出,经过输出变压器 B_2 的初级线圈和三极管 T_2 后入地。最后,三极管 T_1 和 T_2 放大后的信号通过输出变压器 B_2 合成为一个完整的正弦波信号并加载到负载 R_L 上。

变压器耦合互补推挽功率放大电路的优点是:在输入信号电压为零时,两只三极管均截止,静态功耗为零;通过输出变压器可以很好地进行阻抗匹配,使得负载可以获得最大功率;在输入正弦波信号时,两只三极管 T_1 和 T_2 轮流导通,三极管的管耗较小。

变压器耦合互补推挽功率放大电路的缺点是:变压器的体积和重量均非常大,成本高,并且无法集成化;低频特性差,对于缓慢变化的信号,其放大能力有限;高频特性差,对于高频信号,变压器中的电感的等效模型为电感串接电阻再并联电容(绕组的分布电容),会产生信号的移相,容易出现自激振荡等信号失真问题。

9.2.2   OTL 互补推挽功率放大电路

为了解决变压器耦合互补推挽功率放大电路的缺点,我们将图 9.5 所示电路中的输入和输出变压器去掉,输出端采用大容量的电解电容来进行信号的输出,这样一来,我们就得到了无输出变压器形式(OTL)的互补对称推挽功率放大电路,其电路如图 9.7 所示。

为了使 OTL 电路中两只三极管 T_1 和 T_2 轮流导通,T_1 和 T_2 不能采用同种类型的三极管。如图 9.7 所示,T_1 是 NPN 型三极管,T_2 是 PNP 型三极管。在接下来的电路分析中,假设 T_1 和 T_2 均为理想三极管,忽略发射结开启电压,即开启电压

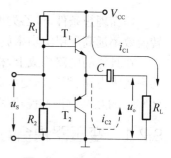

图 9.7   OTL 电路原理图

为零。电阻 R_1 和 R_2 的作用是确定放大电路的静态工作点。为了使输出端能够得到最大输出功率,OTL 电路要求发射极静态工作点电位为 $V_{CC}/2$。即当输入信号 u_S 为零时,通过选择合适的阻值来使三极管 T_1 和 T_2 的发射极电位为 $V_{CC}/2$,此时,耦合输出电容 C 两端的电位也为 $V_{CC}/2$。通常,电容 C 是容量为几百微法至几千微法的大容量电解电容,当输入正弦波信号电压时,电容 C 两端的电位基本能够保持 $V_{CC}/2$ 不变。

当输入信号 u_S 为正半周时,NPN 型三极管 T_1 导通,PNP 型三极管 T_2 截止。电流如

图 9.7 中的实线所示，i_{C1} 从电源 V_{CC} 流出，经过三极管 T_1 和电容 C 后流向负载 R_L 并入地。当输入信号 u_S 为负半周时，三极管 T_1 截止，T_2 导通。电流如图 9.7 中的虚线所示，i_{C2} 从电容 C 的正极流出，经过三极管 T_2 流向公共端，在经过负载 R_L 后流入电容 C 的负极。

实际上，当三极管 T_1 导通，T_2 截止时，电路为电容 C 进行充电；当三极管 T_1 截止，T_2 导通时，电容 C 的作用相当于电源，通过电路进行放电。图 9.7 所示电路的单电源供电系统等效成电压分别为 "$V_{CC}/2$" 和 "$-V_{CC}/2$" 的双电源供电电路。此外，无论是三极管 T_1 导通还是 T_2 导通，图 9.7 所示电路均工作在射极输出形式，具有输出电阻低，带负载能力强的优点。

9.2.3　OCL 互补推挽功率放大电路

图 9.7 所示电路中有大容量的耦合电容，其低频特性差，即对于缓慢变化的信号，OTL电路的放大能力是有限的。此外，大容量的电容是无法集成化的。为了解决这些问题，我们有如图 9.8 所示的无输出电容形式（OCL）的互补对称推挽功率放大电路。

在图 9.8 所示的 OCL 电路采用正负双电源进行供电，这是与图 9.7 中 OTL 电路的最大区别。在没有输入信号时，三极管 T_1 和 T_2 均截止，输出电压为零。输入信号为正弦波电压，并且忽略发射结开启电压。当输入信号 u_S 为正半周时，三极管 T_1 导通，T_2 截止。电流如图 9.8 中的实线所示，i_{C1} 从正向电源 "$+V_{CC}$" 流出，经过三极管 T_1 流向负载 R_L 并入地。当输入信号 u_S 为负半周时，三极管 T_1 截止，T_2 导通。电流如图 9.8 中的虚线所示，i_{C2} 从 "地" 流出，经过负载 R_L 和三极管 T_2 流向负向电源 "$-V_{CC}$"。

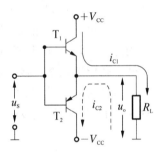

图 9.8　OCL 电路原理图

图 9.8 所示 OCL 电路中两只三极管 T_1 和 T_2 轮流导通，双向电源交替供电，并且整个电路工作在射极输出形式，具有和 OTL 电路一样的优点，由于没有输出端口的大容量耦合电容，其低频特性很好，适合集成化。图 9.8 所示的 OCL 电路也存在一个缺点，即采用正负双电源供电。尽管双电源供电可以获得良好的信号对称性，从电源层面降低了发生失真现象的可能性。但是，对于采用电池供电的便携式电子设备而言，双电源系统不容易制作，而且成本高，双电源供电的 OCL 电路并不是首选功率放大器。当然，也有一种功率放大电路，同时具有 OTL 电路和 OCL 电路的优点，即不需要大容量的输出电容，还采用单电源供电，这就是桥式推挽功率放大电路，简称 BTL[①] 电路。有关 BTL 电路的详细内容可参考相关教材，这里不再进一步阐述。

9.3　甲乙类互补推挽功率放大电路

在 9.2 节所介绍的各种类型的乙类互补推挽功率放大电路中，均假设三极管发射结的开启电压为零。但在实际的电路设计中，绝对不能忽略这个开启电压。如果直接采用图 9.7 所示的 OTL 电路或图 9.8 所示的 OCL 电路进行信号放大，会发现所放大的信号存在严重

---

① BTL 是 Balanced Transformerless 的缩写。

的失真,具体如图 9.9 所示。

假设三极管发射结开启电压为 0.7 V,当输入的信号电压 u_S 的幅度低于 0.7 V 时,前面所介绍的几款推挽功率放大电路的两个三极管 T_1 和 T_2 均截止。也就是说,在两个三极管交替导通的区域出现了截止失真,我们称这种失真为交越失真。为了减小交越失真,改善输出波形,需要通过适当的电路设定,使互补推挽功率放大电路中的两个三极管 T_1 和 T_2 处于微导通状态,即提升两个三极管的 Q 点,从而适应微弱信号的放大能力。这样一来,原来工作在乙类状态下的两个三极管 T_1 和 T_2 的导通角就大于 π 而小于 2π,称这种类型的功率放大电路称为甲乙类功率放大电路。图 9.10 给出了基于二极管偏置的 OCL 电路原理图。

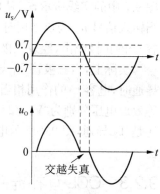

图 9.9 交越失真波形图

图 9.10(a)所示电路是在基本 OCL 电路的基础上增加了偏置电路实现的,其核心是增加了两个二极管 D_1 和 D_2。由于二极管的交流结电阻很小,可以近似认为二极管对交流信号相当于短路。当输入信号电压 u_S 为零时,由于二极管的电压钳位作用,使得 T_1 的基极电位约为 0.7 V,T_2 的基极电位约为 -0.7 V,从而 T_1 和 T_2 在静态时并不是处于截止状态,而是处于微导通状态。接下来通过定量计算来分析图 9.10(a)所示电路克服交越失真的原理。

假设在静态时,T_1 的发射结开启电压是 u_{BE1},二极管 D_1 的导通管压降为 u_{D1},那么三极管 T_1 的基极电位 u_{B1} 为

$$u_{B1} = u_S + u_{D1} \tag{9.10}$$

将公式(9.10)带入到输出电压 u_O 的计算公式,我们有

$$u_O = u_{B1} - u_{BE1} = u_S + u_{D1} - u_{BE1} \tag{9.11}$$

这里假设二极管 D_1 的导通管压降 u_{D1} 和三极管 T_1 的发射结开启电压 u_{BE1} 均近似为 0.7 V,并且忽略二者间的差别,那么公式(9.11)可化简为

$$u_O = u_S + u_{D1} - u_{BE1} \approx u_S \tag{9.12}$$

公式(9.12)表明输出与输入近似相等,故不存在交越失真现象。

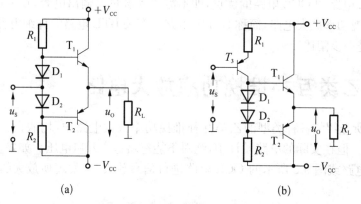

(a)   (b)

图 9.10 基于二极管偏置的 OCL 电路

不难分析出图9.10(a)所示电路的两个三极管 T_1 和 T_2 均工作在射极输出形式,也就是说该电路只有电流放大能力而没有电压放大能力。为了进一步增加电路的输出功率,需要将输入信号 u_S 进行一次电压放大,使得接入三极管 T_1 和 T_2 的输入信号的电压幅度接近于电源电压[①]。为此,需要增加一级共发射极放大电路来提升信号电压,具体电路如图9.10(b)所示。

思考题

图 9.10(b)所示电路的输入级放大电路的三极管 T_3 采用 PNP 类型的,分析一下这么做的好处是什么?思考一下,如果三极管 T_3 采用 NPN 型三极管,请重新画出对应的电路图。

在图 9.10(b)中,T_3 为前置放大级,并假设 T_3 已经有了合适的静态工作点。所增加的前置放大级给功率放大级提供足够大的输入电压,从而进一步提升整个电路的输出功率。此外,当温度升高时,二极管 D_1 和 D_2 的正向压降减小,阻止了三极管集电极电流增加的可能性。因此,二极管在图 9.10 所示电路中的另外一个作用是进行温度补偿。然而,图 9.10 所示电路还存在一个缺点,即三极管 T_1 和 T_2 的基极偏置电压不易调整。为了解决这一问题,可采用三极管倍增偏置电路来替代二极管 D_1 和 D_2,具体电路如图 9.11 所示。

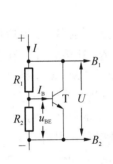

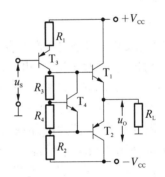

(a) 三极管倍增偏置电路　　(b) 具体的OCL电路图

图 9.11　基于三极管倍增偏置的 OCL 电路

在图 9.11(a)中,B_1 和 B_2 分别接三极管 T_1 和 T_2 的基极。将图 9.10(b)中的二极管 D_1 和 D_2 所构成的偏置电路用图 9.11(a)所示的三极管倍增偏置电路进行替代,得到如图 9.11(b)所示电路。假设前置放大三极管 T_3 的集电极输出电流为 I,倍增偏置电路中三极管基极电流为 I_B,并且 $I \gg I_B$,则三极管 T_1 和 T_2 基极间的电压 U 为

$$U = u_{BE} \frac{R_1 + R_2}{R_2} \tag{9.13}$$

其中,u_{BE} 为倍增偏置电路中三极管发射结电压。公式(9.13)表明,电压 U 完全由倍增偏置三极管的基极上、下偏置电阻 R_1 和 R_2 决定,合理地选择 R_1 和 R_2 的大小,可使 B_1 和 B_2 间的电压为 u_{BE} 的任意倍数,从而满足不同电路克服交越失真的需要。

---

① 若是 OTL 电路(即单电源供电的互补推挽功率放大电路),该电压幅度接近于电源电压的一半。

此外,在图 9.11(a) 中,电阻 R_1 作为反馈电阻实现了电压并联负反馈。因此三极管倍增偏置电路的输出电阻小,不会影响交流输入信号传递给功率放大三极管 T_1 和 T_2。而且,当温度发生变化时,由于电压负反馈可以稳定三极管的基极电位,起到了温度补偿的作用。

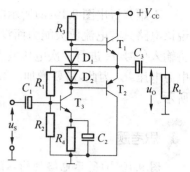

类似地,我们还可以得到基于二极管偏置的甲乙类单电源供电的互补对称功率放大电路,如图 9.12 所示,该电路的基本原理和前面所介绍的电路大体一致,这里不再赘述。

图 9.12　基于二极管偏置的 OTL 电路

9.4　集成音频功率放大电路

20 世纪六十年代,变压器耦合功率放大器被大量地应用于晶体管收音机以及其他电池供电的设备中,其典型的输出功率为 500 mW。随着半导体工艺的发展,集成音频功率放大器芯片逐步应用于消费电子等各个领域。集成功率放大器具有可靠性高、性能好、体积小、成本低、寿命长等优点,便于大规模生产。本节将介绍两款典型的音频功率放大器芯片:LM386 和 TDA2822。

1. LM386 芯片

LM386 是美国国家半导体公司生产的音频功率放大器芯片,主要应用于低电压消费类产品。该芯片具有功耗低、增益可调整、电源电压范围宽、外接元件少和总谐波失真小等优点。在 6 V 电源电压下,它的静态功耗仅为 24 mW,使得 LM386 特别适用于电池供电的场合。因此,在 20 世纪该芯片被广泛应用于录音机和收音机之中。该芯片主要特性如下:

外围引脚少。图 9.13 是该芯片的外围引脚图,有直插和贴片两种封装形式。LM386 芯片共计 8 个引脚。芯片的 1 引脚和 8 引脚是增益控制端口,通过对这两个端口的设定实现输出增益为 20～200。芯片的 2 引脚和 3 引脚分别是反向输入端口和同向输入端口,用于输入音频信号。芯片的 4 引脚接地,6 引脚接电源。芯片的 5 引脚是放大信号输出端口,需要通过大容量的电解电容接电动扬声器。芯片的 7 引脚是旁路端口,通常接 10 μF 的去耦电容来滤除噪声,也可以接地。

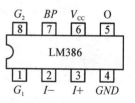

图 9.13　LM386 引脚图

电源电压范围宽。LM386 的输入电源电压范围是 4～12 V,电压适用范围较宽。需要注意的是,当负载不变的时候,电源电压越高输出功率越大。

功耗低。LM386 芯片在 6 V 电压供电的条件下,其静态电流为 4 mA,静态功耗只有 24 mW,适合于电池供电的应用场景。

失真度低。在 6 V 电压供电,温度为 25 摄氏度,输入信号频率为 1 kHz,负载为 8 Ω,电压增益为 20 的条件下,LM386 芯片的总谐波失真只有 0.2%。

输出电压增益可调。LM386 芯片的默认电压增益为 20,即芯片的 2 引脚和 7 引脚接地,增益控制端口(1 脚和 8 脚)悬空。如果在 1 脚和 8 脚之间增加一只外接电阻和电容,便可以实现电压增益连续可调,其范围是:20～200。

　　图 9.14 是 LM386 芯片内部的电路原理图。该芯片内部是一个典型的直耦合三级放大电路,分别由输入级、中间级和输出级构成。输入级由差分放大电路构成,三极管 T_4 和 T_3 的基极分别是同向输入端口和反向输入端口。在输入级中,三极管 T_1 和 T_3、T_2 和 T_4 分别构成复合管,三极管 T_5 和 T_6 构成镜像电流源,作为 T_1 和 T_2 的有源负载。差分放大电路的输入电阻大,共模抑制能力强,并且能够自适应不同的信号源,具有阻抗匹配能力。

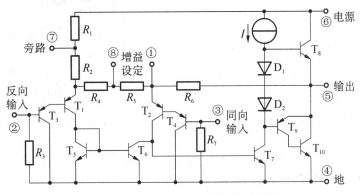

图 9.14　LM386 芯片内部电路原理图

　　三极管 T_2 的集电极输出接入到中间级放大电路的输入端。中间级放大电路是由三极管 T_7 所构成的一个共发射极放大电路,其主要功能是进行电压放大,能够有足够的电压来推动输出级。

　　输出级放大电路则是进行功率放大,为负载提供足够大的输出功率。其中 T_9 和 T_{10} 构成 PNP 型复合管,与 T_8 一起形成推挽功率放大电路。实际上,图 9.14 右半部分中的三极管 $T_7 \sim T_{10}$、二极管 D_1 和 D_2 和电流源所构成的子电路与图 9.10 的电路功能一样,电流源和两个二极管的作用是为了消除交越失真。

　　有关 LM386 芯片更多详细的信息,可以参考该芯片的器件手册。接下来给出几款典型的芯片使用电路原理图,具体参见图 9.15～图 9.17。

　　图 9.15 是 LM386 芯片的外接元件最少的电路原理图,该电路的增益为 20。图中,芯片的增益控制端口(1 引脚和 8 引脚)悬空,输出端通过一个 330 μF 的电解电容[①]接电动扬声器。由于电动扬声器为感性负载,容易使电路产生自激振荡,因此在 5 引脚上要并联一个电容 C_1 和电阻 R_1 所构成的串联回路,用于进行相位补偿,使负载接近于纯电阻。

　　图 9.16 所示电路是增益为 200 的外接元件电路原理图,芯片的 7 引脚通过一个 10 μF 的电解电容接地,工作稳定后,该管脚电压值约等于电源电压的一半,增加该电容可减缓直流基准电压的上升、下降速度,有效抑制噪声。芯片的 1 引脚和 8 引脚间通过一个 10 μF 的电解电容相连,相当于交流短路,此时的电压增益为 200。若

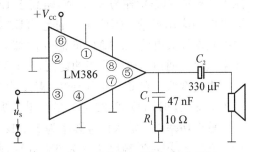

图 9.15　增益为 20 的电路原理图

---

　　① 在 LM386 的器件手册中,电容 C_2 的建议容量为 250 μF,但国内生产的电解电容通常为 220 μF、270 μF 和 330 μF,在本电路图中选择 330 μF。

要实现电压增益在 20～200 之间连续可调,可在它的 1 引脚和 8 引脚间接一个 4.7 kΩ 左右的可变电阻 R_V 和一个 10 μF 的电容 C_1,改变 R_V 的阻值可使电压增益在 20～200 间可调,具体电路可参考图 9.17。

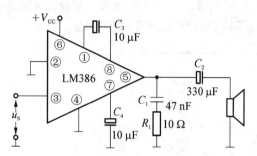

图 9.16　增益为 200 的电路原理图

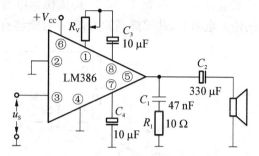

图 9.17　增益可调的电路原理图

有关 LM386 芯片的更多应用,例如构成功率文氏桥振荡器、方波振荡器和调幅收音机功率放大器等电路连接可参考该芯片的器件手册。

2. TDA2822 芯片

TDA2822 是意法半导体公司设计开发的一款双通道音频功率放大芯片,通常在便携式电子设备中作为音频功率放大器使用。该芯片具有静态电流小,交越失真小、电压范围宽等特点,可工作于立体声模式或者桥式放大模式(BTL 电路)。该芯片主要特性如下:

外围引脚少。图 9.18 是该芯片的外围引脚图,有直插和贴片两种封装形式。其外围引脚数目与 LM386 芯片一样,共有 8 个引脚。芯片的 7 引脚、8 引脚和 1 引脚分别是第一组功率放大电路的音频信号输入端口、反馈输入端口和音频信号输出端口。类似地,芯片的 6 引脚、5 引脚和 3 引脚分别是第二组功率放大电路的输入输出端口。芯片的 4 引脚接地,2 引脚接电源。

电源电压范围宽。TDA2822 的输入电源电压范围是 1.8～15 V,电压适用范围较宽。即使在电源电压低于 1.8 V 时,仍可正常工作。其低压供电性能优于 LM386 芯片。

功耗低。TDA2822 芯片在 6 V 电压供电的条件下的静态电流为 6 mV,静态功耗为 36 mW,略高于 LM386 芯片,仍适合于电池供电的应用场景。需要注意的是,TDA2822 芯片内部有两组独立的功率放大电路,而 LM386 芯片内部只有一组功率放大电路,

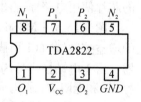

图 9.18　TDA2822 引脚图

如果从单一通道功放的静态功耗而言,TDA2822 芯片的静态功耗要低于 LM386 芯片。

失真度低。在 6 V 电压供电,温度为 25 摄氏度,输入信号频率为 1 kHz,负载为 8 Ω、16 Ω 和 32 Ω 时,TDA2822 芯片的总谐波失真均为 0.2%。

输出功率高。输入信号频率为 1 kHz,在立体声输出模式下,6 V 电压供电、负载阻抗为 4 Ω 条件下,单声道输出功率为 650 mW,两个声道的总输出功率为 1.3 W;在 9 V 电压供电、负载阻抗为 8 Ω 条件下,单声道输出功率为 1 W,两个声道的总输出功率为 2 W。在 BTL 输出模式下,4.5 V 电压供电、负载阻抗为 4 Ω 条件下,总输出功率为 1 W;在 6 V 电压供电、负载阻抗为 8 Ω 条件下,总输出功率为 1.35 W;在 9 V 电压供电、负载阻抗为 16 Ω 条件下,总输出功率为 2 W。从上述输出功率参数可以看出,该芯片的输出功率远高于

LM386，并且输出模式多样，便于进行电路设计。

图 9.19 是 TDA2822 芯片内部的电路原理图。该芯片内部是一个典型的直耦合多级放大电路，有关其基本原理以及更多功能可参考该芯片的器件手册。

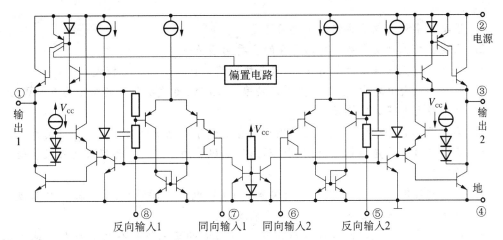

图 9.19　TDA2822 芯片内部电路原理图

接下来给出 TDA2822 芯片典型的电路连接，一个是工作于立体声模式的电路图，另外一个是工作于 BTL 模式的电路图，具体参见图 9.20 和图 9.21。

图 9.20 中，R_1 和 R_2 是输入偏置电阻，C_1 和 C_2 是负反馈端的接地电容，C_3 和 C_4 是输出耦合电容，C_5、R_3 和 C_6、R_4 的作用与 LM386 芯片的输出端使用形式一样，用于进行相位补偿，防止电路产生自激振荡。该电路常用于双声道的便携式音频放大设备，如早期的磁带随身听、耳机放大器等小功率设备中。

图 9.21 所示电路将 TDA2822 芯片的两个功率放大电路连接成为 BTL 模式，芯片的 1 引脚和 3 引脚直接与电动扬声器相连，输入端采用单端输入的方式输入音频信号，也可以采用双端输入的形式，具体可参考该芯片的器件手册。BTL 工作模式的功率放大电路具有输出功率大，低噪音等优点，在具体的电路中，建议选择阻抗在 8 Ω 以上的电动扬声器。有关 TDA2822 芯片的更多应用，例如耳机放大器和磁带收音机的功率放大器等电路连接可参考该芯片的器件手册。

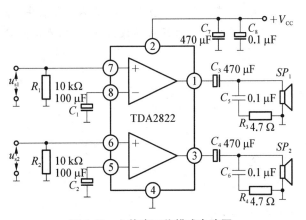

图 9.20　立体声工作模式电路图

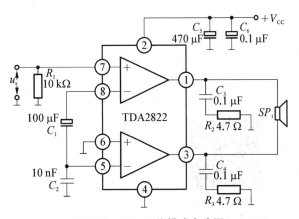

图 9.21　BTL 工作模式电路图

习　题

一、填空题

1. 甲类功率放大电路存在的主要问题是_____。

2. 乙类互补推挽功率放大电路存在的主要问题是_____。

3. 在互补推挽功率放大电路中,两只三极管均工作在_____模式。

4. 某功率放大电路中,电源所提供的功率为 10 W,负载所获取的功率为 6.5 W,则该功率放大电路的转换效率为_____。

5. 单电源 OTL 电路中,大容量的输出电容起到了双电源电路中_____的作用。

6. 基于二极管偏置的 OCL 电路中,利用了二极管的_____作用来使三极管处于微导通状态。

7. 在理想条件下,对于三极管倍增偏置的 OCL 电路,三极管的集电极和发射极间的电位完全由基极上下偏置_____来决定。

8. 甲类功率放大电路的电源电压为 V_{CC},三极管的集电极静态电流为 I_{CQ},输入正弦波信号 $I_{CM}\sin(t)$ 时,电源为功率放大电路所提供的功率 $P_V =$ _____。

9. 在变压器耦合互补推挽功率放大器中,输入变压器的作用是_____。

10. 互补对称推挽功率放大电路中,要求两只三极管的特性_____。

【微信扫码】
在线练习 & 相关资源

第10章

集成运算放大器

前面介绍的放大电路都是由各个独立元件连接而成的,称之为分立元件电路。如果利用半导体工艺将整个电路中的元器件和连接导线等全部整合在一块半导体硅基片上,那么我们称这个具有特定功能的集合整体为集成电路芯片。本章所讲述的集成运算放大器(简称集成运放)就是一种内部采用多级直接耦合放大电路、具备高增益特点的集成电路芯片。

图10.1为本章知识点的思维导图,章节首先介绍集成运放的组成结构,然后介绍集成运放中差分放大电路的几种典型结构及其工作原理,最后重点讲述理想集成运放的特性及其在信号运算和处理中的应用。

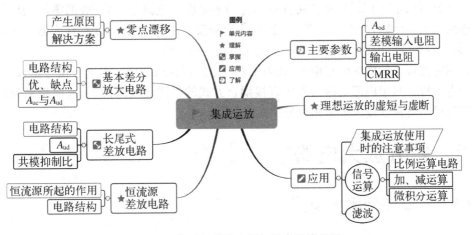

图 10.1　集成运算放大器知识点思维导图

10.1　集成运放的结构及特点

集成运算放大器最初是应对各种模拟信号的比例、求和、微积分等运算需求而设计的电路,故得名集成运算放大器,简称集成运放。目前,集成运放的应用已超出模拟运算的范围,但仍习惯称之为集成运放。集成运放的类型很多,虽然不同型号的集成运放的外围引脚和适用场合都不一样,但其内部结构却基本相同,均包含了输入级、中间级、输出级和偏置电路等四个组成部分。如图10.2所示。

输入级要求其输入阻抗高,抑制共模信号效果好,通常采用差分输入电路。

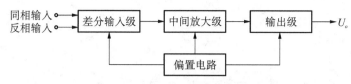

图 10.2　集成运放的内部结构组成

中间级主要作用是进行电压放大,一般由多级共射放大电路构成,且受到集成工艺条件的限制,级间均采用了直接耦合方式。

输出级要求输出电阻小,能够输出足够大的电压和电流,多采用互补对称放大电路或由射极输出器组成。

偏置电路的作用是为各级电路提供稳定、合适的偏置电流,决定各级的静态工作点,一般由恒流源电路构成。

10.2　零点漂移

对于一个理想放大电路,其输入信号为零时,输出信号应该也为零。但在实际电路中,输入信号为零时,输出信号往往是缓慢变化的无规则信号,我们称这种现象为"零点漂移"现象,简称"零漂"。产生零漂现象的主要原因是放大电路的静态工作点发生了变化以及半导体内部的电子噪声,从而使得电路输出端电压偏离原固定值而上下漂动。

造成零点漂移现象的外界原因有很多,如环境温度的变化、电源电压的波动、元器件参数的变化都可能造成零点漂移现象。其中温度变化引起的零点漂移现象最为普遍,在放大电路中常分析的是"温漂"现象。在直接耦合的多级放大电路中,第一级的零漂(温漂)现象会被逐级放大和传输,严重时零漂(温漂)输出会淹没有用输出信号,使得放大器无法正常工作。因此抑制零漂(温漂)现象的关键在放大电路的第一级。

抑制零漂现象的措施也有很多,如采用差分电路、负反馈电路、温度补偿电路、选用稳定性高的电源等。对于内部电路为多级直接耦合方式的集成运放来说,目前应用最为广泛的抑制零漂措施就是在输入级采用差分放大电路。

10.3　差分放大电路

10.3.1　基本差分放大电路

1. 电路结构

差分放大电路的结构有多种形式,基本的差分放大电路结构如图 10.3 所示,由两个结构对称、参数一致的共射放大电路组成,由于电路集成在同一晶片上,温度对它们的影响效果几乎相同。

差分放大电路有两个对地输入信号 u_{i1} 和 u_{i2}。当两个输入信号均为零时,由于电路完全对称,此时 T_1 和 T_2 的集电极电位相等,所以输出电压 u_o 为零。当温度升高时,两个三极管的集电极电流增

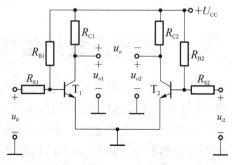

图 10.3　基本差分放大电路结构

加量相同,集电极电阻的电压变化量也相同,此时输出电压 u_o 仍然为零,不受温度变化影响,从而抑制了温漂(零漂)现象。差分放大电路的对称性越好,对温漂(零漂)的抑制作用就越显著。

2. 输入信号

(1) 共模输入信号

在图 10.3 中,若两个输入信号大小相等、方向相同,则称这两个输入为共模信号,用 u_{ic} 表示,即 $u_{ic1}=u_{ic2}=u_{ic}$,这里用下标"c"表示共模。在共模信号作用下,两三极管的集电极电流同时增大或减小,由于电路的对称性,双端输出电压 $u_o=u_{o1}-u_{o2}=0$。此时输出端的共模电压放大倍数为

$$A_{uc}=\frac{u_{oc}}{u_{ic}}=\frac{u_{o1}-u_{o2}}{u_{ic}}=0 \tag{10.1}$$

上节所讲述的温度变化所引起的三极管的集电极电流变化,相当于在差分放大电路的两个输入端加入了共模信号。因此,差分放大电路对零漂的抑制可以归纳为对共模信号的抑制。

(2) 差模输入信号

在图 10.3 中,若两个输入信号大小相等、方向相反,则称这两个输入为差模信号,用 u_{id} 表示,下标"d"表示差模,定义此时 $u_{id1}=-u_{id2}=\frac{1}{2}u_{id}$。在差模信号作用下,流过两个三极管的集电极电流一个增大,另一个减少,由于电路完全对称,T_1 集电极电流增加量与 T_2 集电极电流减少量相等,所以此时从两管集电极间取输出电压时,差模电压放大倍数表示为

$$A_{ud}=\frac{u_{od}}{u_{id}}=\frac{u_{o1}-u_{o2}}{u_{id1}-u_{id2}}=\frac{2u_{o1}}{2u_{id1}}=-\beta\frac{R_{C1}}{r_{be}} \tag{10.2}$$

可见,差分放大电路的差模电压放大倍数与单管共射放大电路的电压放大倍数相等,差分放大电路是以增加电路复杂度为代价来换取对零漂的抑制能力。

(3) 差分输入信号

若差分电路的两个输入信号的大小和相位任意,分别加在两个输入端和地之间,我们称这样的信号为差分输入信号。实际上任意差分输入信号都可以分解为差模分量和共模分量的叠加。

$$u_{i1}=u_{ic}+u_{id}=\frac{1}{2}(u_{i1}+u_{i2})+\frac{1}{2}(u_{i1}-u_{i2})$$

$$u_{i2}=u_{ic}-u_{id}=\frac{1}{2}(u_{i1}+u_{i2})-\frac{1}{2}(u_{i1}-u_{i2}) \tag{10.3}$$

3. 工作形式

如图 10.4 所示,根据差分放大电路的输入信号和输出信号的对地连接方式不同,可以把差分放大电路分为双端输入双端输出、双端输入单端输出、单端输入双端输出、单端输入单端输出这四种工作形式。单端输入时,信号可以从左侧输入也可以从右侧输入,另一输入端接地。单端输出时,信号可以从左侧集电极输出也可以从右侧集电极输出。

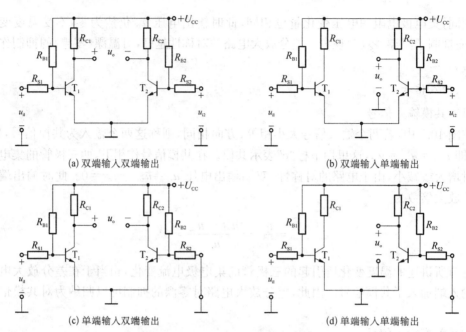

(a) 双端输入双端输出　　　　　　　　　　(b) 双端输入单端输出

(c) 单端输入双端输出　　　　　　　　　　(d) 单端输入单端输出

图 10.4　差分放大电路的工作状态

　　基本差分放大电路在选用单端输出时,输出只与输出侧对应的输入信号有关,相当于基本的单管放大电路,将会失去共模信号的抑制作用。只有在采取双端输出的情况下才能抑制共模输入信号,对于差分电路左右完全对称的工艺要求,在实际情况下很难完全满足,因此需要对基本的差分放大电路进行改进。常见的改进式差分电路有长尾式差分放大电路和恒流源差分放大电路。

10.3.2　长尾式差分放大电路

1. 电路结构

　　长尾式差分放大电路提高了差分放大电路的共模信号抑制能力,电路结构如图 10.5 所示。与基本的差分放大电路相比,除了一对完全对称的单管共射放大电路以外,长尾式差分放大电路还采用了正负双电源工作方式,一般取 $U_{CC}=U_{EE}$,在两个三极管的发射极共同连接了电阻 R_E,去掉了基极偏置电阻。

2. 静态分析

　　当长尾式差分放大电路的两输入端为零时,电路的各静态电流参考方向如图 10.6 所示,此时可列出基极到发射极回路的 KVL 方程式如下

$$0-(-U_{EE})=I_{B1}R_{B1}+U_{BE1}+2I_{E1}R_E$$

$$U_{EE}=\frac{I_{E1}}{1+\beta}R_B+U_{BE1}+2I_{E1}R_E$$

$$I_{E1}=\frac{U_{EE}-U_{BE}}{2R_E+\dfrac{R_B}{1+\beta}}\approx\frac{U_{EE}}{2R_E} \tag{10.4}$$

$$I_{C1}=I_{C2}\approx I_{E1}$$

$$U_{CE1}=U_{CE2}=U_{C1}-U_{E1}=U_{CC}-I_{C1}R_{C1}+U_{BE1}$$

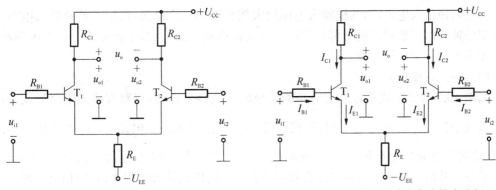

图 10.5　长尾式差分放大电路结构　　　　**图 10.6　长尾式差分放大电路静态分析**

由公式(10.4)可知,静态时射极电流只与负电源 U_{EE} 和电阻 R_E 有关,而与三极管的参数无关,因此该电路抑制温漂能力更强。

3. 动态分析

(1) 输入共模信号

当输入共模信号时,三极管 T_1 和 T_2 的集电极电流 i_{C1}、i_{C2} 变化趋势相同,集电极电阻 R_{C1} 和 R_{C2} 两端电压变化相同,因而两个集电极电位变化量也相等,即

$$\Delta i_{C1} = \Delta i_{C2}, \Delta V_{C1} = \Delta V_{C2}$$

若采用双端输出形式,此时输出电压 u_{oc} 为零,即

$$u_{oc} = (V_{C1} + \Delta V_{C1}) - (V_{C2} + \Delta V_{C2}) = 0$$

电路对共模信号的电压放大倍数为 0。

若采用单端输出形式,射极电阻 R_E 接收两个同样变化量的射极电流,从一侧的放大电路看,三极管的射极等效为接入了一个 $2R_E$ 的电阻。图 10.7 为共模输入,单端输出时的动态等效分析电路。由图 10.7(b) 可得,此时共模信号的电压放大倍数为

$$A_{uc1} = \frac{u_{oc1}}{u_{ic1}} = -\beta \frac{R_{C1}}{R_{B1} + r_{be} + (1+\beta)2R_E} \tag{10.5}$$

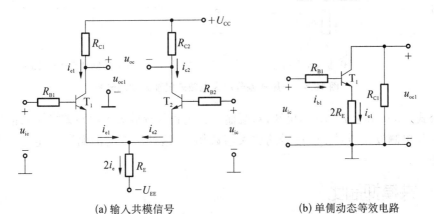

(a) 输入共模信号　　　　　　　　　　　(b) 单侧动态等效电路

图 10.7　长尾式差分放大电路共模输入动态分析

可见射极接入电阻后,共模输入电压放大倍数很小。这说明,长尾式差分放大电路,无论采用单独输出还是双端输出都具有较高的共模抑制能力,克服了基本差分放大电路单端输出无法抑制共模信号的缺点。

（2）输入差模信号

如图 10.8 为长尾式差分放大电路的差模输入电路分析图,以双端输入电路形式为例。当输入差模信号 $\frac{1}{2}u_{id}$ 和 $-\frac{1}{2}u_{id}$ 时,三极管 T_1 和 T_2 的射极动态电流 i_{e1}、i_{e2} 大小相等,方向相反,这两个电流对电阻 R_E 的影响互相抵消,也就是说 R_E 对差模信号来说,电压降为 0,相当于短路。此时三极管集电极电流引起的动态电压同样也是大小相等、方向相反的两个量,分析时,可以认为负载的中间点为动态信号的零点。以三极管 T_1 对应的一侧为例画出单侧动态等效电路如图 10.8(b)所示。

此时单侧放大电路对差模输入信号的电压放大倍数为

$$A_{ud1} = \frac{u_{od1}}{\frac{1}{2}u_{id}} = -\beta\frac{\left(R_{C1} \mathbin{/\mkern-5mu/} \frac{1}{2}R_L\right)}{R_{B1} + r_{be}} \tag{10.6}$$

由对称性可知,$A_{ud1} = A_{ud2}$,$u_{od1} = -u_{od2}$,则双端输出的差模电压放大倍数为：

$$A_{ud1} = \frac{u_{od}}{u_{id}} = \frac{u_{od1} - u_{od2}}{u_{id}} = -\beta\frac{\left(R_{C1} \mathbin{/\mkern-5mu/} \frac{1}{2}R_L\right)}{R_{B1} + r_{be}} \tag{10.7}$$

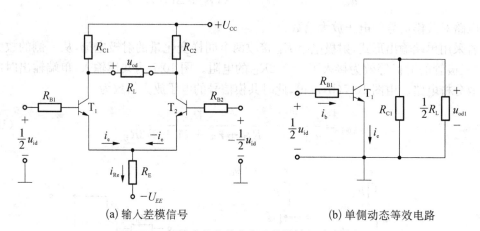

(a) 输入差模信号　　　　　　　　　(b) 单侧动态等效电路

图 10.8　长尾式差分放大电路差模输入动态分析

由公式(10.6)和公式(10.7)可知,双端输出长尾式差分放大电路对差模输入信号的电压放大倍数与单侧放大器对差模信号的放大倍数相同,这种形式与前面所讲述的基本差分放大电路类似。

10.3.3　共模抑制比

实际电路中各元件参数不可能做到完全对称,所以共模放大倍数不可能完全为零,差分电路对共模信号仍有一定的放大作用,$A_c \approx 0$。将差模电压放大倍数 A_d 与共模电压放大倍

数 A_c 的比值定义为共模抑制比 K_{CMRR}，即

$$K_{CMR} = \left| \frac{A_{ud}}{A_{uc}} \right| \tag{10.8}$$

或用对数表示：

$$K_{CMR} = 20\lg \left| \frac{A_{ud}}{A_{uc}} \right| \tag{10.9}$$

单位：分贝(dB)。

共模抑制比越大，电路放大差模信号、抑制共模信号(零点漂移)的能力越强，电路性能越好。在长尾式差分放大电路中，通过增大射极电阻 R_E 的方法提高了共模抑制能力，但这种方式会使得静态时 R_E 上压降过大，两个三极管的管压降降低，从而使得信号输入动态范围变小。

？思考题

长尾式差分放大电路中的电阻 R_E 增大时，对共模电压放大倍数和差模电压放大倍数有何影响？

10.3.4　恒流源差分放大电路

在恒流源差分放大电路中，使用恒流源替代了长尾式差分电路中射极电阻 R_E，电路结构如图 10.9 所示，三极管 T_3 和 R_1、R_2、R_E 共同组成了恒流源电路。

恒流源差分放大电路抑制共模信号的过程可以通过下面的例子来分析。当温度升高时，两个三极管 T_1 和 T_2 的集电极电流 I_{C1}、I_{C2} 增大，T_1 和 T_2 的发射极电流 I_{E1}、I_{E2} 也增大，T_3 管的集电极电流 I 增大，T_3 管的发射极电流 I_E 也随之增大，T_3 管的发射极电位升高，由于 T_3 管的基极电位由 R_1、R_2 分压控制(为 $\frac{R_2}{R_1+R_2}(U_{CC}+U_{EE})-U_{EE}$)，保持恒定，故 U_{BE} 减小，从而集电极电流 I 减小，保持输出稳定。具体的抑制过程为：

温度升高 $\rightarrow I_{C1} \uparrow, I_{C2} \uparrow \rightarrow I \approx I_E \uparrow \rightarrow V_E \uparrow$

$\xrightarrow{V_B 恒定} U_{BE} \downarrow \rightarrow I \downarrow$

共模信号输入时，由于恒流源可等效为非常高的动态电阻，从而大大提高了共模信号抑制能力。当差模信号输入时，流经恒流源的动态电流为零，恒流源不影响差模信号的放大，因此，恒流源差分放大电路在取得共模信号抑制能力的同时，保证了差模信号的放大倍数。此外，恒流源具有较低的电压占有率，从而保障了较宽的动态输入范围，改善了长尾式差分放大电路的缺点。

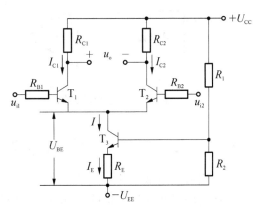

图 10.9　恒流源差分放大电路结构

10.4   集成运放及其分析方法

在了解集成运放电路的内部结构后,本节将进一步介绍集成运放电路的特点以及运放电路分析的依据。

10.4.1   理想集成运放的主要参数

理想集成运放的主要性能参数有以下几个:

(1) 开环电压放大倍数(开环增益)$A_{od} = \infty$;

(2) 输入电阻 $r_{id} = \infty$;

(3) 输出电阻 $r_{od} = 0$;

(4) 共模抑制比 $K_{CMR} = \infty$。

虽然理想集成运放在现实中并不存在,但在目前工艺条件下,实际集成运放参数已经非常接近理想集成运放,如开环差模电压放大倍数可高达 $10^5 \sim 10^7$;共模抑制比可达 100 dB或以上;输入电阻一般大于 1 MΩ,有的甚至可达 100 MΩ 以上;输出电阻可以小到几欧~几十欧。实际的集成运放具有高增益、高输入电阻、低输出电阻、高共模抑制比的特性,使其在工程应用中的实际分析结果与理想运放电路的理论分析结果差别不大,为了简化分析过程,通常将实际电路中的集成运放看成理想元件。

如图 10.10 为理想集成运放的国标符号,图 10.10(a)中"▷"表示信号的传输方向,"∞"表示电压放大倍数为无限大,左侧的"+"表示同相输入端,"−"表示反相输入端,右侧表示输出端。而国外以及一些 EDA 仿真软件则使用如图 10.10(b)所示的符号。

当信号从同相端输入时,输出信号和输入信号相位相同;当信号从反相端输入时,输出信号和输入信号相位相反;当信号分别从两个输入端输入时,称为差分输入。这里所说的两个输入端其实就是前面所讲述的内部差分放大电路的两个输入端的对外引脚。

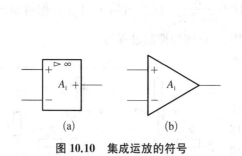

图 10.10   集成运放的符号   图 10.11   集成运放的电压传输特性

10.4.2   集成运放的电压传输特性

集成运放的输出电压 u_o 与差模输入电压 $u_d (u_d = u_+ - u_-)$ 之间的关系,称为集成运放的电压传输特性,如图 10.11 所示,包括线性区和饱和区两部分。

在线性区内,u_o 与 u_d 成正比关系,$u_o = A_{ud} u_d$,线性区的斜率为开环电压放大倍数 A_{ud},实际上由于 A_{ud} 非常大,所以线性区很陡,即使输入电压很小,也很容易就进入饱和工作区。

所以为了保证集成运放能够稳定工作在线性区,通常要在电路中引入深度负反馈。

由于电源电压的限制,输出电压不可能按照 $u_o = A_{ud}u_d$ 的规律无限增大,当 u_o 增大到一定值后,将进入正负饱和区,此时输出电压值将保持为 $+U_{om}$ 或 $-U_{om}$。

10.4.3 集成运放电路分析的重要依据

在分析含集成运放的电路时,必须先判定运放工作在线性区还是饱和区,因为工作区域不同,运放电路的特点也不同,而这些特点也是分析运放电路的重要依据。

1. **工作在线性区的特点**

(1) 虚短

运放工作在线性区时输出电压与输入电压的关系是

$$u_o = A_{ud}u_d = A_{ud}(u_+ - u_-)$$

由于 $A_{ud} = \infty$,而 u_o 是一个有限值,所以 $u_+ - u_- = 0$,也即

$$u_+ = u_-$$

这个结果表明:集成运放同相输入端和反相输入端的电位相等,效果上好像两个输入端之间用短路线短接一样,但电路实际上并没有真正的短路,这个特点我们称之为"虚短"。

(2) 虚断

因为理想集成运放的输入电阻 $r_{id} = \infty$,所以两个输入端中的电流为 0,即

$$i_+ = i_- = 0$$

这个结果表明:集成运放同相输入端和反相输入端不从外部电路分流,两个输入端和外部电路之间好像是断开一样,但电路实际上并没有真正的断开,这个特点我们称之为"虚断"。

2. **工作在饱和区的特点**

(1) 正负饱和

集成运放的线性工作区的输入电压范围很窄,如果集成运放处于开环状态或者电路引入了正反馈,那么集成运放就很容易进入饱和状态,即

$$当 u_+ - u_- > 0, u_o = +U_{om}$$

$$当 u_+ - u_- < 0, u_o = -U_{om}$$

(2) 虚断

因为理想集成运放的输入电阻仍然保持 $r_{id} = \infty$,所以两个输入端中的电流也仍然为 0,即

$$i_+ = i_- = 0$$

可见"虚断"特点在饱和区仍然成立。

以上特点是分析理想集成运放电路时的重要依据。接下来将要介绍的信号运算电路和滤波电路中的集成运放均工作在线性区,而电压比较器电路中的集成运放则是工作在饱和区,请注意区分。

10.5 集成运放构成的信号运算电路

集成运放目前被广泛应用于信号运算、信号变换调理、信号 ADC 转换等电路。本节主要讲述集成运放实现比例运算、加法、减法、积分、微分等信号运算电路的工作原理和特点。在使用过程中要注意接入集成运放的电源电压不能过高，极性不能接反；运放输入信号必须在最大允许范围内，否则可能损坏器件；运放在使用前要注意先调零操作，用以减少零点漂移现象等等。

信号运算电路中，集成运放都是工作在线性区的，为了保证有较大的输入范围，所有的运算电路都需要引入深度负反馈。

10.5.1 比例运算电路

1. 反相比例运算电路

反相比例运算电路中引入了深度电压并联负反馈，其基本结构如图 10.12 所示。集成运放工作在线性区。可应用"虚短"和"虚断"两个依据进行分析。

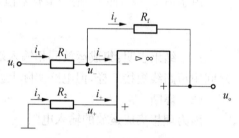

图 10.12　反相比例运算电路

根据虚断可得：$i_+ = 0$，故 $u_+ = 0$（也称虚地）

根据虚短可得：$u_+ = u_- = 0$（虚地）

再根据虚断可得：$i_- = 0$，$i_1 - i_- = i_f$，即

$$\frac{u_i - u_-}{R_1} = \frac{u_- - u_o}{R_f}$$

整理可得：

$$u_o = -\frac{R_f}{R_1} u_i \tag{10.10}$$

电压放大倍数为：

$$A_{uf} = \frac{u_o}{u_i} = -\frac{R_f}{R_1} \tag{10.11}$$

可见，电路的输出与输入之间为比例运算关系，式中的负号表示输出与输入相位相反，故此电路称为反相比例运算电路。

特殊的，当 $R_f = R_1$ 时，$A_{uf} = -1$，$u_o = -u_i$，此时电路称为反相器。

图中电阻 R_2 称为平衡电阻，其值 $R_2 = R_1 /\!/ R_f$ 虽然在分析计算过程并没有影响分析结果，但在实际电路中是必须接入的，其作用是使集成运放的两个输入端外接电阻相等，以保证运算放大器处于平衡对称的工作状态，从而保证差分输入级的静态基极偏置电流 I_B 的平衡。

2. 同相比例运算电路

同相比例运算电路的基本结构如图 10.13 所示，该电路引入了深度电压串联负反馈。集成运放工作在线性区。可采用"虚短"和"虚断"两个依据来分析。

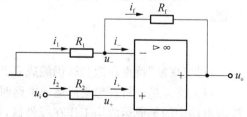

图 10.13　同相比例运算电路

根据虚断可得：$i_+=0$，故 $u_+=u_i$

根据虚短可得：$u_+=u_-=u_i$

再根据虚断可得：$i_-=0$，$i_1-i_-=i_f$，即

$$\frac{0-u_-}{R_1}=\frac{u_--u_0}{R_f}，\frac{0-u_i}{R_1}=\frac{u_i-u_o}{R_f}$$

整理可得： $$u_o=\left(1+\frac{R_f}{R_1}\right)u_i \tag{10.12}$$

电压放大倍数为： $$A_{uf}=\frac{u_o}{u_i}=1+\frac{R_f}{R_1} \tag{10.13}$$

可见，电路的输出与输入为正比且同相关系，故此电路称为同相比例运算电路。

特殊的，当 $R_f=0$ 或 $R_1=\infty$ 时，$A_{uf}=1$，$u_o=u_i$，电路称为电压跟随器，如图 10.14(a) 与 (b) 所示。

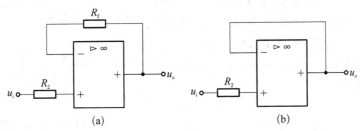

图 10.14　电压跟随器

图中电阻 R_2 为平衡电阻，其值 $R_2=R_1/\!/R_f$。

 思考题

观察上述两个比例运算电路的结构，请从反馈的角度指出两种电路的异同点。

10.5.2　加法运算电路

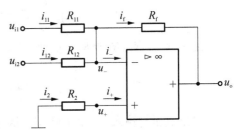

如图 10.15 所示的反相加法运算电路，能够实现两个模拟信号的求和运算。

根据虚断可得：$i_+=0$，故 $u_+=0$

根据虚短可得：$u_+=u_-=0$

再根据虚断可得：$i_-=0$，$i_{11}+i_{12}+i_-=i_f$，即

图 10.15　反相加法运算电路

$$\frac{u_{i1}-u_-}{R_{11}}+\frac{u_{i2}-u_-}{R_{12}}=\frac{u_--u_o}{R_f}，\frac{u_{i1}-0}{R_{11}}+\frac{u_{i2}-0}{R_{12}}=\frac{0-u_o}{R_f}$$

整理可得： $$u_o=-\left(\frac{R_f}{R_{11}}u_{i1}+\frac{R_f}{R_{12}}u_{i2}\right) \tag{10.14}$$

可见，电路的输出与输入反相，且实现了各输入电压按不同比例相加的关系，故此电路称为反相加法运算电路。

特殊的，当 $R_{11} = R_{12} = R_1$ 时，$u_o = -\dfrac{R_f}{R_1}(u_{i1} + u_{i2})$ （10.15）

当 $R_{11} = R_{12} = R_1 = R_f$ 时，$u_o = -(u_{i1} + u_{i2})$ （10.16）

图中电阻 R_2 称为平衡电阻，其值 $R_2 = R_{11} /\!/ R_{12} /\!/ R_f$。

图 10.15 中只有两个输入端，实际上可以根据需要增加输入端的数目，实现多个信号的加法运算电路。

除了反相加法运算电路以外，还有一种同相加法运算电路，该电路是将多个输入信号从同相端加入，但由于同相输入端引入共模信号，且其运算关系和平衡电阻的选取都比较复杂，所以一般很少采用。

10.5.3 减法运算电路

如图 10.16 所示为减法运算电路，输入信号分别从两个输入端加入，该电路能够实现两个模拟信号的减法运算。为了使集成运放的两个输入端平衡以减少共模输入，一般取 $R_1 = R_2$，$R_f = R_3$。

根据虚断可得：$i_+ = 0$，故 $i_2 = i_3$，R_2 与 R_3 可以看成是串联电路，则

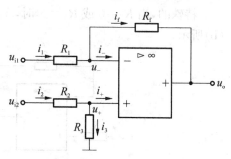

图 10.16 减法运算电路

$$u_+ = \frac{R_3}{R_2 + R_3} u_{i2}$$

再根据虚断可得：$i_- = 0$，故 $i_1 = i_f$，R_1 与 R_f 可以看成是串联电路，则

$$u_- = \frac{u_{i1} - u_o}{R_1 + R_f} \times R_f + u_o$$

根据虚短可得：$u_+ = u_-$，则

$$\frac{R_3}{R_2 + R_3} u_{i2} = \frac{u_{i1} - u_o}{R_1 + R_f} \times R_f + u_o$$

因为 $R_1 = R_2$，$R_f = R_3$，整理可得：

$$u_o = \frac{R_f}{R_1}(u_{i2} - u_{i1})$$ （10.17）

输出电压与输入电压之间是比例减法运算关系。特殊的，当 $R_1 = R_2 = R_3 = R_f$ 时，实现了减法运算关系，此时

$$u_o = u_{i2} - u_{i1}$$ （10.18）

10.5.4 积分运算电路

如图 10.17 所示为反相积分运算电路，用电容 C 代替了反相比例运算电路中的反馈电阻 R_f，该电路能够实现对输入信号的积分运算。

根据虚断可得：$i_+ = 0$，故 $u_+ = 0$

根据虚短可得：$u_+=u_-=0$（也称虚地）

再根据虚断可得：$i_-=0$，$i_1+i_-=i_f$，设电容初始电压为零，则

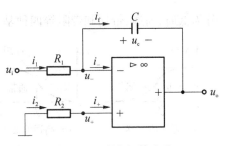

图 10.17　积分运算电路

$$\frac{u_i-u_-}{R_1}=C\frac{du_c}{dt}=-C\frac{du_o}{dt}$$

两边同时积分，并将常数项移出积分号，整理后可得：

$$u_o=-\frac{1}{R_1C}\int u_i dt \tag{10.19}$$

可见，电路的输出与输入之间为积分运算关系，式中的负号表示输出与输入相位相反。如果 u_i 为某直流电压，输出将反相积分，但由于工作电源的限制，经过一定的时间后输出将会饱和。积分电路主要应用于波形变换电路中，譬如方波电压输入经过积分电路可以转换为三角波电压输出。

10.5.5　微分运算电路

如图 10.18 所示为反相微分运算电路，电路的结构和积分电路类似，只是将积分运算电路中的电容 C 和 R_1 互换了位置，该电路能够实现对输入信号的微分运算。

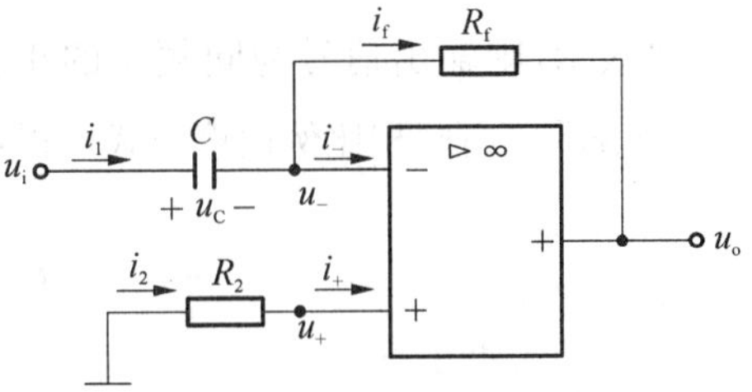

据虚断可得：$i_+=0$，故 $u_+=0$

据虚短可得：$u_+=u_-=0$

图 10.18　微分运算电路

再据虚断可得：$i_-=0$，$i_1+i_-=i_f$，设电容初始电压为零，则

$$C\frac{du_c}{dt}=C\frac{du_i}{dt}=\frac{u_--u_o}{R_f}=-\frac{u_o}{R_f}$$

整理后可得：

$$u_o=-R_fC\frac{du_i}{dt} \tag{10.20}$$

可见，电路的输出与输入之间为微分运算关系，式中的负号表示输出与输入相位相反。微分电路的抗干扰能力较差，输出信号的信噪比较低，实用的微分电路是在输入端串接一个小电阻，以抑制高频干扰。

10.6　集成运放构成的信号处理电路

除了对信号进行运算，集成运放还在信号通信和信号波形变换等模拟信号的处理电路中广泛应用。本节将讲述集成运放构成的滤波器电路和波形变换电路的基本工作原理。

滤波器是信号通信中的一个基本环节，本质上是一种选频电路，能顺利通过选定频率范围内的信号，同时"滤除"超出频率范围的信号。根据允许通过信号的频率范围，滤波器可以

分为低通、高通、带通和带阻等四种基本类型,其幅频特性如图 10.19 所示。

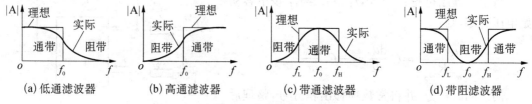

(a) 低通滤波器   (b) 高通滤波器   (c) 带通滤波器   (d) 带阻滤波器

图 10.19   滤波器幅频特性

10.6.1   低通滤波器

低通滤波器只允许通过低频率的信号,其电路结构如图 10.20 所示。电路引入了深度负反馈,此时运放工作在线性区,可以用线性区的特点去分析其特性。

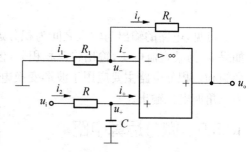

图 10.20   低通滤波器

设输入信号 u_i 是频率为 ω 的正弦电压,可用 $\dot{U}_i$ 来表示,则输出信号为同频率的正弦电压,用 $\dot{U}_o$ 来表示。由同相比例运算公式可得:

$$\dot{U}_o = \left(1 + \frac{R_f}{R_1}\right)\dot{U}_+$$

其中

$$\dot{U}_+ = \frac{\frac{1}{j\omega C}\dot{U}_i}{R + \frac{1}{j\omega C}} = \frac{1}{1 + j\omega RC}\dot{U}_i$$

则此时的放大倍数为

$$A = \frac{\dot{U}_o}{\dot{U}_i} = \frac{1 + \frac{R_f}{R_1}}{1 + j\omega RC} \tag{10.21}$$

若令 $A_{uf} = 1 + \frac{R_f}{R_1}$,$\omega_0 = \frac{1}{RC}$,则公式(10.21)可以写成

$$A = \frac{\dot{U}_o}{\dot{U}_i} = \frac{A_{uf}}{1 + j\frac{\omega}{\omega_0}} \tag{10.22}$$

其中的 ω_0 称为截止角频率,A_{uf} 为通频带电压放大倍数。电路放大倍数的幅频特性可以表示为

$$|A| = \frac{A_{uf}}{\sqrt{1 + \left(\frac{\omega}{\omega_0}\right)^2}} \tag{10.23}$$

由公式(10.23)可知,当输入信号角频率 ω 远小于截止角频率 ω_0 时,$|A| \approx A_{uf}$,输入信号无衰减通过;当输入信号角频率 ω 远大于截止角频率 ω_0 时,$|A| \approx 0$,输入信号被抑制,从而实现了低频通过,高频被抑制的低通效果。调节 R、C 的参数即可改变截止角频率。

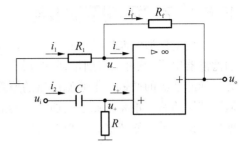

图 10.21　高通滤波器

10.6.2　高通滤波器

高通滤波器电路结构如图 10.21 所示,只是对调了低通滤波器中的元件 R 和 C 的位置。此时运放同样工作在线性区,应该用线性区的特点去分析其特性。

图 10.21 中

$$\dot{U}_+ = \frac{R}{R + \dfrac{1}{j\omega C}}\dot{U}_i = \frac{1}{1 + \dfrac{1}{j\omega RC}}\dot{U}_i$$

由同相比例运算公式可得:

$$\dot{U}_o = \left(1 + \frac{R_f}{R_1}\right)\dot{U}_+ = \left(1 + \frac{R_f}{R_1}\right)\frac{1}{1 + \dfrac{1}{j\omega RC}}\dot{U}_i$$

则放大倍数为

$$A = \frac{\dot{U}_o}{\dot{U}_i} = \frac{1 + \dfrac{R_f}{R_1}}{1 + \dfrac{1}{j\omega RC}} \tag{10.24}$$

若令 $A_{uf} = 1 + \dfrac{R_f}{R_1}$,$\omega_0 = \dfrac{1}{RC}$,上式可以写成

$$A = \frac{\dot{U}_o}{\dot{U}_i} = \frac{A_{uf}}{1 + \dfrac{\omega_0}{j\omega}} = \frac{A_{uf}}{1 - j\dfrac{\omega_0}{\omega}} \tag{10.25}$$

式中的 ω_0 称为截止角频率,A_{uf} 为通频带电压放大倍数。电路放大倍数的幅频特性可以表示为

$$|A| = \frac{A_{uf}}{\sqrt{1 + \left(\dfrac{\omega_0}{\omega}\right)^2}} \tag{10.26}$$

由式(10.26)可以看出,当输入信号角频率 ω 远小于截止角频率 ω_0 时,$|A| \approx 0$,输入信号被抑制;当输入信号角频率 ω 远大于截止角频率 ω_0 时,$|A| \approx A_{uf}$,输入信号无衰减通过,从而实现了低频信号被抑制,高频信号允许通过的高通效果。同样,调节 R、C 的参数可改变截止角频率。

10.6.3　带通和带阻滤波器

若设定低通滤波器的截止角频率高于高通滤波器的截止角频率,并将低通滤波器和高通滤波器串联,就可以得到带通滤波器。低通滤波器和高通滤波器频率特性覆盖的通带即为带通滤波器的通带。带通滤波器的原理框图和理想幅频特性如图 10.22 所示。若设定低通滤波器的截止角频率低于高通滤波器的截止角频率,并将低通滤波器和高通滤波器并联,就可以得到带阻滤波器。带阻滤波器的原理框图和理想幅频特性如图 10.23 所示。

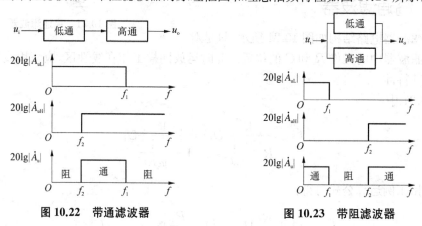

图 10.22　带通滤波器　　　　图 10.23　带阻滤波器

10.6.4　电压比较器

电压比较器是一种模拟信号处理电路,通常应用于信号的波形变换。电路中集成运放采用开环形式或加入正反馈,工作于饱和区(非线性区)。

1. 基本电压比较器

将集成运放的两个输入端分别接输入电压 u_i 和参考电压 u_R,就构成了基本电压比较器,如图 10.24 所示。集成运放处于开环工作状态,由集成运放的特点可知:

$$当\ u_i > u_R\ 时,u_o = -U_{om}$$

$$当\ u_i < u_R\ 时,u_o = +U_{om}$$

基本电压比较器的电压传输特性曲线如图 10.25 所示,当参考电压 u_R 为零时,称为过零比较器。

图 10.24　基本电压比较器　　　图 10.25　电压传输特性

2. 限幅电压比较器

有些场合需要电压比较器的输出电压在某特定值,这时候就需要将输出电压进行限幅处理,常采用的方法就是在比较器的输出端与"地"之间接稳压管。电路如图 10.26 所示。

设稳压管的稳压值为U_Z,忽略稳压管的正向导通压降,则

$$当\ u_i > u_R\ 时, u_o = -U_Z$$

$$当\ u_i < u_R\ 时, u_o = +U_Z$$

电压传输特性如图 10.27 所示,可见输出电压被限制在$\pm U_Z$之间。

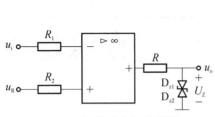

图 10.26　限幅电压比较器

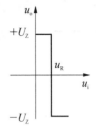

图 10.27　电压传输特性

习　题

一、分析计算题

1. 如图 10.28 所示运放组成的电路,请说出第一级运放构成的是什么类型的电路? 第一级运放的输出u_{o1}为多少? 试推导u_o与u_i的运算关系。

2. 已知如图 10.29 所示运算放大器组成的电路,要求放大倍数为$A_{ud} = -200$,取反馈电阻$R_f = 100\ \text{k}\Omega$。试确定其他电阻值。

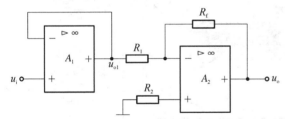

图 10.28　题 1 的电路图

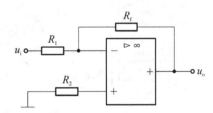

图 10.29　题 2 的电路图

3. 长尾式差分放大电路如图 10.30 所示,三极管的$\beta = 150$, $r_{be} = 2\ \text{k}\Omega$, $u_{BE} = 0.7\ \text{V}$, $U_{CC} = U_{EE} = 12\ \text{V}$, $R_{C1} = R_{C2} = R_E = R_L = 10\ \text{k}\Omega$,求(1) 电路的静态工作点;(2) 若$u_{i1} = 7\ \text{mV}$, $u_{i2} = -1\ \text{mV}$,双端输出时输出电压u_o为多少?

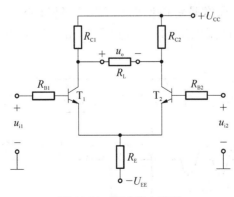

图 10.30　题 3 的电路图

【微信扫码】
在线练习 & 相关资源

第11章

直流稳压电源

电子电路正常工作必须具备稳定的直流稳压电源,直流稳压电源是一种将 220 V 工频交流电转换成直流稳压输出的装置,本章将对直流稳压电源各个环节的电路组成及其工作原理进行讲解,并介绍常见的三端集成稳压芯片的工作原理及应用。图 11.1 是本章知识结构的思维导图。

图 11.1　直流稳压电源知识点思维导图

11.1　直流稳压电源的组成

小功率直流稳压电源通常是将电网电压 220 V 经过变压、整流、滤波、稳压等四个环节后,变为所需的稳定直流电压,其组成原理框图及各个环节的电压波形如图 11.2 所示。

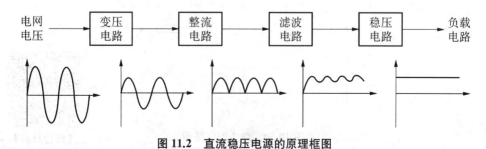

图 11.2　直流稳压电源的原理框图

变压电路的作用是将 220 V 工频交流电网电压变换为大小符合要求的电压,在电子设备中通常采用的都是降压功能;变压后的电压仍然是交流电压,需要通过整流电路将交流电压变换为脉动的直流电压;整流后的电压脉动大,滤波电路的作用就是滤除脉动电压中的交流成分,减少整流后电压的脉动,从而获得较平滑的直流电;但这种直流电并不稳定,容易受电网电压波动以及负载电流变化的影响,稳压电路的作用就是保持在上述几种情况下输出电压的稳定。

11.2 整流电路

整流电路是直流电源的一个重要环节,主要功能是利用二极管的单向导电性将交流电变换为单方向脉动的直流电。按照电路结构的不同,可以分为单相半波整流、单相全波整流和单相桥式整流电路等三种整流电路。下面分别介绍这几种整流电路的相关内容。

11.2.1 单相半波整流电路

单相半波整流电路如图 11.3(a) 所示,图中变压器通常采用降压工作方式,将交流电网电压 u_1 变换为幅值较低的交流电压 u_2,副边交流电压 u_2 经整流二极管 D 整流后再给负载 R_L 供电。在副边电压 u_2 正半周内,二极管 D 承受正向电压导通,副边形成了串联闭合回路,通过二极管的电流也流经负载,即 $i_o = i_D$,若忽略二极管的导通压降,此时负载 R_L 两端的输出电压 $u_o = u_2$。在副边电压 u_2 负半周内,二极管 D 承受反向电压截止,负载上无电流通过,输出电压

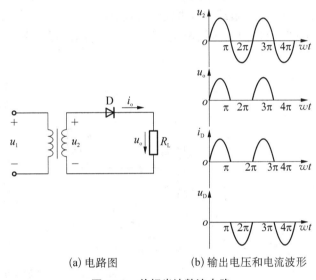

(a) 电路图　　　(b) 输出电压和电流波形

图 11.3　单相半波整流电路

$u_o = 0$,此时 u_2 全部加在二极管 D 两端。图 11.3(b)显示了输出电压、电流以及二极管两端电压的波形。

从图中可以看出,在交流电压一个变化周期内,输出电压只有半个周期有输出波形,故称为半波整流电路。设 $u_2 = \sqrt{2} U_2 \sin \omega t$ (V),其中 U_2 为变压器副边电压有效值,则输出电压的平均值为:

$$U_o = \frac{1}{2\pi} \int_0^{2\pi} u_o \mathrm{d}(\omega t) = \frac{1}{2\pi} \int_0^{\pi} \sqrt{2} U_2 \sin \omega t \, \mathrm{d}(\omega t) = \frac{\sqrt{2}}{\pi} U_2 = 0.45 U_2 \qquad (11.1)$$

流经二极管的电流等于负载电流为:

$$I_D = I_o = \frac{U_o}{R_L} = 0.45 \frac{U_2}{R_L} \qquad (11.2)$$

二极管承受的最大反向电压为:

$$U_{RM} = \sqrt{2}U_2 \tag{11.3}$$

由于半波整流电路只有半个周期有电流流过负载,另外半个周期电路处于截止状态,使得电源的利用效率很低。同时,半波整流电路中电流的脉动成分很大,对滤波电路的要求较高,通常这种类型的整流电路用于高电压、小电流整流电路中。为了提高电源利用效率,充分利用另外半个周期的交流电,可以采用全波整流电路。

11.2.2 单相全波整流电路

单相全波整流电路如图 11.4(a) 所示,变压器副边中心抽头接地后,就可以得到两个大小相等相位相反的交流电压。变压器的两端分别接整流二极管 D_1,D_2。在副边电压 u_2 正半周内,D_1 导通,D_2 截止,此时电流从变压器上端流出经过 D_1,然后从上到下流经负载 R_L 后,再经中心抽头,流回变压器,此时负载 R_L 两端得到了与 u_2 上半周相同的半波电压。在副边电压 u_2 负半周内,D_2 导通,D_1 截止,此时电流从变压器下端流出经过 D_2,然后仍然从上到下流经负载 R_L,再经中心抽头,流回变压器,此时负载 R_L 两端也得到了与 u_2 上半周相同的半波电压,全波整流电路的输出电压波形如图 11.4(b) 所示。

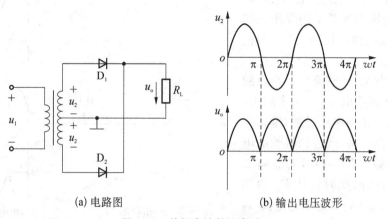

(a) 电路图　　　　　　(b) 输出电压波形

图 11.4　单相全波整流电路

从图中可以看出,在交流电压变化一个周期内,输出端电压都有输出,且为两个同方向的半波电压脉冲。此时输出电压的平均值为:

$$U_o = \frac{1}{\pi}\int_0^\pi u_2 \, d(\omega t) = \frac{1}{\pi}\int_0^\pi \sqrt{2}U_2 \sin \omega t \, d(\omega t) = \frac{2\sqrt{2}}{\pi}U_2 = 0.9U_2 \tag{11.4}$$

可见,输出平均电压为半波整流时输出平均电压的 2 倍。

单相全波整流电路流过负载 R_L 上的平均电流也为半波整流电路的 2 倍,即:

$$I_o = \frac{U_o}{R_L} = 0.9\frac{U_2}{R_L} \tag{11.5}$$

因为每半个周期只有其中一个二极管导通,所以流过单个二极管的平均电流为输出电流的一半,即:

$$I_D = \frac{I_o}{2} = 0.45\frac{U_2}{R_L} \tag{11.6}$$

当一个二极管正向导通的时候，另一个二极管就处于反向截止状态，承受反向电压 u_2，所以二极管承受的最大反向电压为：

$$U_{RM} = \sqrt{2} U_2 \tag{11.7}$$

全波整流使用两个二极管，可以实现将交流电压的正、负半周波形全部转换成单一方向的电压，故称为全波整流电路。该电路的缺点是需要次级线圈中间带抽头的电源变压器，这会使整个电源的体积、重量以及成本增加。此外，全波整流电路中，整流二极管所承受的反向电压较高，这对二极管的耐压有较高的要求。

11.2.3　单相桥式整流电路

为了使整流电路具有全波整流电路的优点，并且对电源变压器无特殊要求，我们采用如图 11.5 所示的桥式整流电路。在图 11.5(a)中，电路由变压器、四只整流二极管 $D_1 \sim D_4$ 和负载 R_L 组成，其中整流二极管构成了 H 型电桥形式，故称为桥式整流电路。D_1、D_4 首尾相串联构成一个半桥，D_2、D_3 首尾相串联构成另一个半桥，两个半桥的中点连接变压器副边，输入交流电。

在副边电压 u_2 正半周内，D_1、D_3 导通，D_2、D_4 截止，此时电流从变压器上端流出经过 D_1，然后从上到下流经负载 R_L 后，再经 D_3 流回变压器，此时负载 R_L 两端得到了与 u_2 上半周相同的电压。在副边电压 u_2 负半周内，D_2、D_4 导通，D_1、D_3 截止，此时电流从变压器下端流出经过 D_2，然后仍然从上到下流经负载 R_L 后，再经 D_4 流回变压器，此时负载 R_L 两端同样得到了与 u_2 上半周相同的电压。各元件上的电压、电流输出波形如图 11.5(b)所示，可见输出电压波形和全波整流电路一样。

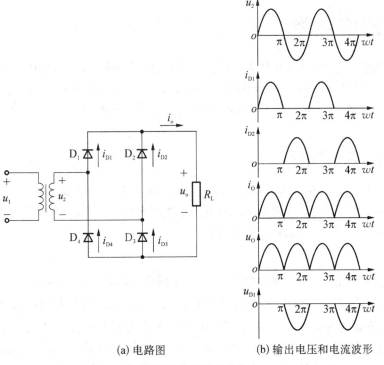

(a) 电路图　　　　　(b) 输出电压和电流波形

图 **11.5**　单相桥式整流电路

此时输出电压的平均值为：

$$U_\text{o} = \frac{1}{\pi}\int_0^\pi u_2 \mathrm{d}(\omega t) = \frac{1}{\pi}\int_0^\pi \sqrt{2}U_2 \sin\omega t\,\mathrm{d}(\omega t) = \frac{2\sqrt{2}}{\pi}U_2 = 0.9U_2 \qquad (11.8)$$

流过负载 R_L 上的平均电流为：

$$I_\text{o} = \frac{U_\text{o}}{R_\text{L}} = 0.9\frac{U_2}{R_\text{L}} \qquad (11.9)$$

因为每个二极管在一个交流电压变化周期内，只有半个周期是导通的，所以流过单个二极管的电流为输出电流的一半，即：

$$I_\text{D} = \frac{I_\text{o}}{2} = 0.45\frac{U_2}{R_\text{L}} \qquad (11.10)$$

因为当 D_1、D_3 导通时，D_2、D_4 就承受反向电压 u_2，而 D_2、D_4 导通时，D_1、D_3 就承受反向电压 u_2，所以二极管承受的最大反向电压为：

$$U_\text{RM} = \sqrt{2}U_2 \qquad (11.11)$$

思考题

在单相桥式整流电路中，若其中一个二极管断开，则输出波形会发生怎样的变化？若其中一个二极管短路时，又会有怎样的结果呢？

11.3 滤波电路

整流后的输出电压，脉动比较大，含有较大的交流谐波成分，不能直接用于电子设备，需要用滤波电路来滤除脉动直流电中的交流成分。滤波电路主要采用电容、电感等储能元件的电抗特性对交流信号削峰平谷，从而减少交流脉动，将脉动直流电转换为较平滑的直流电。

11.3.1 电容滤波电路

如图 11.6(a)所示，在整流电路输出端与负载两端并联一个足够大的电容器 C 就构成了电容滤波电路，工作时利用电容元件两端电压不能跃变的特性，来达到滤除整流电路输出电压中的交流成分的效果，该电容称为滤波电容。

1. 工作原理

设电容器初始电压为零，在副边电压 u_2 正半周内，D_1、D_3 导通，由于二极管正向电阻和变压器二次绕组的直流电阻很小，电容迅速充电至整流后电压的最大值，若忽略二极管的正向压降，此时负载电压 $u_\text{o} = u_\text{C} = u_2$，图 11.6(b)中 A 点为充电峰值点，此时峰值为 $\sqrt{2}U_2$。

当 u_2 达到峰值后开始按正弦规律下降，而此时电容 C 两端电压 $u_\text{C} = u_\text{2max} > u_2$，二极管整流电路反向截止，电容器通过负载 R_L 以指数规律放电，u_C 逐渐下降。由于电容器电容量较大,且负载 R_L 的阻值也远大于二极管的正向电阻,电容器两端的电压下降得很缓慢。

在副边电压 u_2 负半周内,D_2、D_4 导通,整流后的电压 u_2 又开始上升,当到达图11.6(b)中 B 点所示位置时,当 $u_2 > u_C$ 时,电容再次充电直至到达 u_2 的峰值,接着 u_2 再次按正弦规律下降,电容也再次经负载 R_L 以指数规律放电。

通过这种周期性的充放电过程,达到了滤波效果。图 11.6(b)为滤波后电压波形,图中虚线部分是整流后的直流脉动电压,实线是电容两端电压,也就是滤波电路的输出电压。

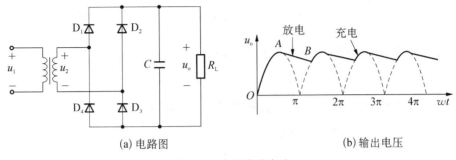

(a) 电路图 (b) 输出电压

图 11.6 电容滤波电路

2. 电容滤波电路特点

电容滤波电路结构简单,滤波效果好。但放电时间常数与电容器 C 和负载 R_L 关系紧密,电容器 C 或负载 R_L 值越大,电容放电越缓慢,滤波效果越明显,输出直流电压值越大;当负载电阻 R_L 值减小时,放电时间常数 $\tau = R_L C$ 变小,电容放电变快,输出电压值 U_o 下降较多,电路的脉动加大,滤波效果变得较差。所以电容滤波电路易受负载变化影响,外特性较差,只适合输出电压较高、负载变动不大、电流较小的场合。

工程上,滤波电路输出电压平均值 U_o 通常按公式(11.12)估值

$$U_o = U_2 \text{(半波整流电路)}$$

$$U_o = 1.2 U_2 \text{(桥式整流电路)} \tag{11.12}$$

为了获得良好的滤波效果,一般取电容量

$$C \geqslant (2 \sim 3) T / R_L (T \text{ 为交流电压的周期}) \tag{11.13}$$

单相半波整流电容滤波电路中,二极管承受的最大反向电压,除了要考虑变压器副边电压,还要考虑电容的充电电压,所以此时二极管的最大反向电压为 $U_{RM} = 2\sqrt{2} U_2$。而在单相桥式整流电容滤波电路中,两个反向截止的二极管分担了反向电压,所以单个二极管承受的最大反向电压为 $U_{RM} = \sqrt{2} U_2$,即

$$U_{RM} = 2\sqrt{2} U_2 \text{(半波整流电路)}$$

$$U_{RM} = \sqrt{2} U_2 \text{(桥式整流电路)} \tag{11.14}$$

需要注意的是,当电容量达到一定值以后,再加大电容量对提高滤波效果已无明显作用。通常应根据负载的阻值和交流电的频率来选择最佳电容量。此外,电容滤波会使二极管的导通角变小,也就是瞬间有较大的电流流过二极管。在大电流条件下,整流二极管容易

损坏。因此,电容滤波适合于输出电流不大的应用场景。

【例 11 - 1】 如图 11.6 所示单相桥式整流电容滤波电路,已知交流电流频率为 $f=50$ Hz,$U_2=12$ V,负载 $R_L=100$ Ω。试确定滤波电容的大小,并求出输出电压 U_o 和流过二极管的平均电流以及各管承受的最高反向电压。

解 根据公式(11.13),可以取电容为

$$C \geqslant \frac{(2 \sim 3)T}{R_L} = \frac{(2 \sim 3) \times \frac{1}{50}}{100} = (0.000\ 4 \sim 0.000\ 6)\text{F} = (400 \sim 600)\mu\text{F}$$

根据公式(11.12),可以求出输出电压平均值为

$$U_o = 1.2U_2 = 1.2 \times 12 = 14.4 \text{ V}$$

每个二极管只有半个周期是导通的,所以流过二极管的平均电流为

$$I_D = \frac{1}{2}I_o = \frac{U_o}{2R_L} = \frac{14.4}{2 \times 100} = 0.072 \text{ A} = 72 \text{ mA}$$

根据公式(11.14),可以求得每个二极管承受的最高反向电压为

$$U_{RM} = \sqrt{2}U_2 = \sqrt{2} \times 12 = 16.8 \text{ V}$$

11.3.2　电感滤波电路

为了解决电容滤波的缺点,可采用电感进行滤波。电感滤波电路就是在整流电路和负载 R_L 之间串联一个电感器 L 而构成的回路,如图 11.7 所示。电感滤波电路是利用电感元件中电流不能跃变这个特性进行滤波的。

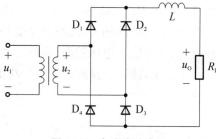

图 11.7　电感滤波电路

1. 工作原理

电路中电流增大时,由于电感器存在感应电动势,阻碍了电流的增大,能够将一部分电能转换为磁场能储存于电感中;而当电路中电流减小时,感应电动势又阻碍了电流的减小,将储存的磁场能转换为电能释放出来,用以补偿电流的减小,从而在负载上获得较平滑的电流。

2. 电感滤波电路特点

电感滤波电路对整流二极管没有电流冲击,峰值电流很小,带载能力强。L 越大,滤波效果越好。但 L 越大,电感器的体积就越大,易引起电磁干扰,成本也就越高,输出电压的平均值同时也会降低,故电感滤波电路适用于大电流或负载变化大的场合,在小型电子设备中很少应用。

11.3.3　复合滤波电路

上述的电容滤波电路和电感滤波电路,因为只含有一个电抗元件,故统称为单节滤波电路,多用于滤波效果要求不高的场合,如果需要进一步提高滤波效果,可以将电容和电感组

成复合式滤波电路(也称为多节滤波电路),图 11.8 给出了常见的复合滤波电路,其中(a)为 LC 型滤波电路、(b)为 LC-π 型滤波电路、(c)为 RC-π 型滤波电路。

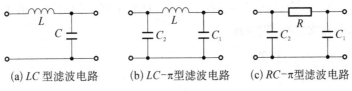

(a) LC 型滤波电路　　(b) LC-π型滤波电路　　(c) RC-π型滤波电路

图 11.8　复合滤波电路

11.4　稳压电路

　　整流滤波后得到的输出电压会随交流电压的波动和负载的变化而变化。为了得到更加稳定的直流电压,需要在整流滤波之后,接入稳压电路,即稳压电路的作用是稳定输出电压。在小功率电子产品中,常见的稳压电路有并联型稳压电路、串联型稳压电路和集成稳压电路。下面将分别进行介绍。

11.4.1　并联型稳压电路

　　1. 电路组成

　　如图 11.9 所示是用稳压二极管组成的最简单的稳压电路,由于电路中稳压管 D_Z 和负载 R_L 是并联连接,所以称为并联型稳压电路。图中电阻 R 是稳压管的限流电阻,当电源电压波动时,稳压电路通过自动调节 R 上的压降来保持输出电压的基本不变。

　　2. 工作原理

　　稳压二极管的稳压是利用其工作在反向击穿区间时,电流可在很大范围内变化而电压基本不变这一现象实现的。因此,负载应该与稳压二极管并联。

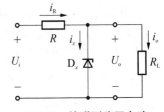

图 11.9　并联型稳压电路

　　若负载 R_L 不变,电源电压升高导致整流滤波后的电压 U_i 升高,输出电压 U_o 也随之升高,U_o 同时也是稳压管两端电压,该电压升高导致稳压管中的电流 I_Z 增大,R 中流过的电流 I_R 增大,R 两端电压 U_R 增大,输出电压 $U_o = U_i - U_R$ 减小,抵消了 U_i 升高,从而保持输出电压稳定不变。稳压过程可以表示如下:

$$U_i \uparrow \longrightarrow U_o \uparrow \longrightarrow I_Z \uparrow \longrightarrow I_R \uparrow \longrightarrow U_R \uparrow$$
$$U_o \downarrow \longleftarrow$$

　　当输入电压 U_i 不变,负载 R_L 减小时,输出电流 I_o 增大,R 中流过的电流 I_R 也增大,R 两端电压 U_R 增大,输出电压 $U_o = U_i - U_R$ 减小,抵消了 U_i 升高,从而保持输出电压稳定不变。稳压过程可以表示如下:

$$R_L \downarrow \rightarrow I_o \uparrow \rightarrow I_R \uparrow \rightarrow U_O \uparrow \rightarrow I_Z \uparrow \longrightarrow U_R \uparrow$$
$$U_o \downarrow \longleftarrow$$

3. 并联型稳压电路特点

并联型稳压电路的优点是结构简单,稳压效果较好,一般用作基准电压,在小型电子设备中经常使用,但缺点是输出电压不能调节,其值只能由稳压管的稳压值来决定,不适用于电网电压和负载电流变化较大的场合。

11.4.2　串联型稳压电路

1. 电路组成

为了克服并联稳压电路的缺点,可以采用串联型稳压电路。如图 11.10 为串联型晶体管稳压电路,整个电路由取样、基准电压、比较放大和调整电路等四个部分组成。其中取样电路由 R_1、R_P、R_2 组成的分压电路构成,取出部分输出电压,送到比较放大元件 T_2 的基极用以比较;基准电压电路由稳压二极管 D_Z 和限流电阻 R_3 构成,连接比较放大元件 T_2 的发射极,基准电压为稳压管的稳压值 U_Z;比较放大电路由晶体管 T_2 和电阻 R_4 构

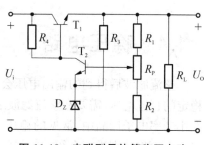

图 11.10　串联型晶体管稳压电路

成,R_4 同时作为 T_2 的集电极电阻和 T_1 的基极偏置电阻。比较放大电路的作用是将取样电压和基准电压相比较,将两者的差值信号放大后去控制调整电路;调整电路由晶体管 T_1 组成,T_1 基极接收比较放大电路送来的控制信号,T_1 管的集-射极之间电压随控制信号而改变,从而自动调整输出电压。由于调整晶体管 T_1 与负载 R_L 是串联的,故称这种电路为串联型稳压电路。

2. 工作原理

当电网电压 U_i(或负载电流 I_o)发生变化,使输出电压 U_o 增大时,取样电压增大,使 T_2 基极电位升高,因 U_Z 不变,所以 T_2 的净输入 U_{BE2} 增大,T_2 的基极电流 I_{B2} 和集电极电流 I_{C2} 随之增大,这样通过电阻 R_4 的电流增大,电阻两端电压 U_{R4} 增大,导致 T_2 的集电极电位下降,则 T_1 的基极电位也下降,T_1 的净输入 U_{BE1} 减小,使得 I_{B1} 减小,I_{E1} 减小,从而输出电流 I_o 减小,输出电压 U_o 下降,实现了电压的自动调整。稳压过程可以表示如下:

$$U_o \uparrow \rightarrow U_f \uparrow \rightarrow U_{B2} \uparrow \rightarrow I_{B2} \uparrow \rightarrow I_{C2} \uparrow \rightarrow U_{R4} \uparrow \rightarrow U_{C2} = U_{B1} \downarrow$$

$$U_o \downarrow \leftarrow I_o \downarrow \leftarrow I_{E1} \downarrow \leftarrow I_{B1} \downarrow \leftarrow U_{BE1} \downarrow$$

若某因素导致输出电压 U_o 减少,则通过上述取样、比较放大,调整过程刚好相反,使 U_o 增大,同样可实现稳压效果。

3. 串联型稳压电路特点

串联型稳压电路是通过调节调整晶体管的动态电阻来调整输出电压的,电路优点是反应速度快、输出纹波小、电路比较简单,但输入输出压差大的情况下转换效率低,发热严重,仅适合应用于小功率的场合。

11.4.3　集成稳压芯片及其使用

用分立元件组成的稳压电路体积大,装调和维修都比较麻烦,随着集成电路工艺的发展,稳压电路也实现了集成化。集成稳压电路具有体积小、成本低、可靠性高、使用方便等优

点,已被广泛地应用于各类电子设备。集成稳压器的种类繁多,在小功率的稳压电源中应用较多的是三端集成稳压器。三端集成稳压器有固定式和可调式两种形式,每种形式又有正压输出系列和负压输出系列之分。

1. 三端固定式集成稳压器

(1) 型号说明

国内外各厂家生产的普通三端固定式集成稳压器,基本上都被命名为 78XX 系列和 79XX 系列。虽然不同生产厂家对三端集成稳压器型号前后缀所用字母的含义和定义均有所不同,但对我们实际使用影响不大。

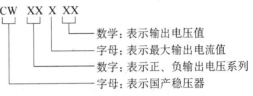

图 11.11 三端固定集成稳压器型号说明

如图 11.11 三端固定式集成稳压器型号说明所示,CW 表示国产。第 3、4 位两个"XX"表示输出电压的正、负系列,若是 78 表示为正电压输出系列,若是 79 则表示为负电压输出系列。第 5 位"X"用字母表示最大输出电流,具体对应关系见表 11.1 三端固定式集成稳压器最大输出电流字母对应表。最后两位"XX"用数字直接表示三端固定式集成稳压器的输出电压数值,单位为 V,输出电压有 ±5 V、±6 V、±9 V、±12 V、±15 V、±18 V、±24 V等。

表 11.1 三端固定集成稳压器最大输出电流字母对应表

L	M	A	S	H	S
0.1 A	0.5 A	1.5 A	2 A	5 A	10 A

如:某三端固定式集成稳压器:CW78L05 表示稳压器为国产系列,输出电压为 +5 V,最大输出电流为 0.1 A;CW79M09 表示稳压器为国产系列,输出电压为 −9 V,最大输出电流为 0.5 A。

(2) 引脚排列及基本应用电路

CW78XX 系列和 CW79XX 系列的引脚排列如图 11.12 所示,对于 CW78XX 系列,其 1 脚为输入端,2 脚为公共端,3 脚为输出端;对于 CW79XX 系列,其 1 脚为公共端,2 脚为输入端,3 脚为输出端。

在实际使用时,除了要注意引脚和输出电压、电流以外,还要注意输入电压的大小,输入电压至少应高于输出电压 2 V～3 V,但也不能超过其最大输入电压(78 系列一般为 30 V～40 V,79 系列为 −30 V～−40 V)。

(3) 基本应用电路

CW78XX 系列的基本应用电路如图 11.13(a)所示。其中 C_2 作用是防止产生高频自激振荡,C_3 作用是改善负载的瞬态响应。C_2 和 C_3 通常取小于 1 μF 的电容。在实际使用中,常在 C_3 两端并联 10 μF 左右的电解电容,用以减少低频干扰。为防止输入端短路时,输出端电容存储的电荷通过稳压器放电而损坏器件,常在输入输出端之间接入一个二极管。

CW79XX 系列的基本应用电路和 CW78XX 系列相似,只是引脚排列方式不同,如图 11.13(b)所示。

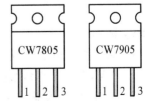

图 11.12 三端固定式稳压器引脚排列

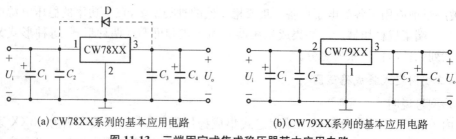

(a) CW78XX系列的基本应用电路　　(b) CW79XX系列的基本应用电路

图 11.13　三端固定式集成稳压器基本应用电路

2. 三端可调式集成稳压器

三端可调式集成稳压器的国产型号为 CW317、CW337,进口型号有 LM317、LM337 等。型号后两位数字若是 17,表示正电压输出;若是 37,则表示负电压输出。CW317 的 1 脚为调整端、2 脚为输入端、3 脚为输出端;CW337 的 1 脚为调整端,2 脚为输出端,3 脚为输入端。CW317 基本应用电路的连接方式如图 11.14 所示:

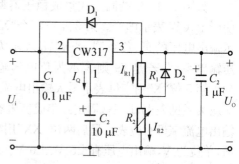

图 11.14　CW317 基本应用电路

CW317 工作时,内部基准电压也就是输出端和调整端之间的电压,恒定为 1.25 V,用 U_{REF} 表示。从调整端输出的电流为 I_Q,基准电压在 R_1 上产生的电流为 I_{R1},则流过 R_2 的电流为 $I_{R2} = I_Q + I_{R1}$,输出电压为 R_1 和 R_2 电压之和,即

$$U_o = U_{REF} + I_{R2}R_2 = U_{REF} + \left(\frac{U_{REF}}{R_1} + I_Q\right)R_2 = \left(1 + \frac{R_2}{R_1}\right)U_{REF} + I_Q R_2 \quad (11.15)$$

由于调整端输出电流很小,$I_Q R_2$ 可以忽略。这样输出电压可以用公式(11.16)来估算。

$$U_o \approx 1.25\left(1 + \frac{R_2}{R_1}\right) \quad (11.16)$$

CW337 输入电压和输出电压均为负电压,工作时输出端和调整端的电压为 -1.25 V,也称为基准电压。输出电压可以用公式(11.17)表示。

$$U_o \approx -1.25\left(1 + \frac{R_2}{R_1}\right) \quad (11.17)$$

其中 R_1 为输出端和调整端所接电阻,R_2 为调整端和地之间所接电阻。

习　题

一、填空题

1. 由理想二极管组成的单相桥式整流电路(无滤波电路),其输出电压的平均值为 9 V,则输入正弦电压有效值应为 _____ V。

2. 在单相桥式整流电路中,若电源变压器副边电压为 100 V,则负载电压将是 _____ V。

3. 在单相半波整流电路中,若输出电流平均值为 25 mA,则流过每只二极管的电流平均值为 _____ mA。

4. _____ 滤波电路适用于负载变动不大、电流较小的场合。

5. _____ 滤波电路适用于大电流或负载变化大的场合。

6. 滤波电路的电感应该与负载 _____ 联。

7. 将交流电变换为大小随时间变化而方向不变的直流电的过程叫作 _____。

8. 把脉动直流电变换为平滑直流电的过程称为 _____。

9. 在三端固定式稳压电路中,78 系列输出 _____ 电压,79 系列输出 _____ 电压。

10. 对于集成稳压器 W78M15,其输出端与接"地"端之间的电压为 _____ V,输出电流等级为 _____ A。

二、分析计算题

1. 桥式整流、电容滤波电路中,$U_2 = 20$ V,$R_L = 40$ Ω,$C = 1\ 000$ μF,试求:

   (1) 正常时,直流输出电压 U_o。

   (2) 若 $U_o = 18$ V,可能出现什么故障?

2. 设计一个桥式整流滤波电路,交流输入电压为 220 V、50 Hz,要求输出电压 $U_o = 20$ V,输出电流 $I_o = 600$ mA。

3. 在图 11.15 中,已知 $U_{DZ1} = 6.2$ V,$U_{DZ2} = 6.8$ V,二极管导通压降为 0.7 V 问此时电路输出电压为多少? 要想获得 13 V 和 7.5 V 稳定输出电压,请画出相应的并联型稳压电路。

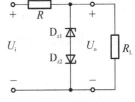

图 11.15 题 3 图

4. 串联型稳压电路如图 11.16 所示,设稳压管稳压值为 $U_Z = 5.4$ V,$U_{BE2} = 0.6$ V,$R_1 = 2$ kΩ,$R_2 = 1$ kΩ,$R_p = 2$ kΩ,T_1 管最低管压降 $U_{CE1} = 3$ V,求:输出电压 U_o 的范围。

5. 由 LM317 构成的输出电压可调的稳压电路如图 11.17 所示,若 $R_1 = 210$ Ω,$R_2 = 6.2$ kΩ,试求输出电压 U_o 的调节范围。

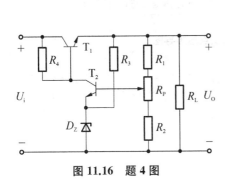

图 11.16 题 4 图

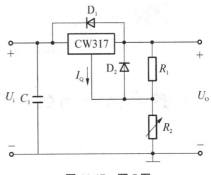

图 11.17 题 5 图

第12章

数字逻辑基础

通过前面章节的学习,我们了解了模拟信号和模拟电路。实际上,随着现代电子信息技术的迅猛发展,以数字信号为特征的数字电路,因其可靠性和易于集成等优势,在计算机、电子电气、遥控遥测和医疗等领域有着广泛的应用,现在大部分电子系统在信息存储、分析和传输过程中,常将模拟信号转换为数字信号,利用数字逻辑来分析和处理。

图 12.1 是本章知识结构的思维导图。主要介绍了数制和码制以及逻辑函数的规则及基本运算,最后介绍逻辑函数的几种表示方法及其化简方法。

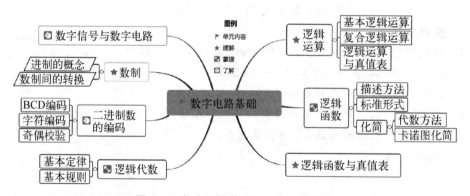

图 12.1 数字逻辑基础知识点思维导图

12.1 数字信号与数字电路

12.1.1 模拟信号与数字信号

1. 模拟信号

电子系统中的处理信号按其变化规律可以分为两大类:模拟信号和数字信号。模拟信号是指在时间和数值上均连续变化的物理量,它的表达式比较复杂,如本书前面章节所讲述的正弦函数和指数函数等。人们在自然界中所感知的如温度、压力、声音等许多量均属于模拟信号。在电子系统中我们通过传感器将这些模拟信号转换为电流或电压等电学量进行处理分析,处理模拟信号的电路,我们称之为模拟电路,如本书前面讲述的三极管放大电路,集成运算放大电路等均属于模拟信号处理电路。

2. 数字信号

数字信号是在信号的存储、分析和传输领域发展起来的，数字信号指的在时间和数值上均是离散的物理量。用以传递、加工和处理数字信号的电路称为数字电路。模拟信号可以通过采集、量化、编码等过程后用数字信号形式来表示，这个过程统称为数字抽象。数字抽象的基础是数据分割，其思想就是将某一区间内的模拟量值集合成某单一数字量值。譬如图 12.2 中上图为某采集到的模拟电压信号，若把 0～2.5 V 之间的电压定义为逻辑"0"，把 2.5～5 V 之间的电压定义为逻辑"1"，则对应的数字信号波形如图 12.2 所示，模拟信号抽象为"0""1""0""1"这一串数字信号。这里的数字信号"0"（逻辑低电平）和"1"（逻辑高电平）只是代表了电路中两种对立的状态，不是数值，没有单位，逻辑低电平和逻辑高电平都对应着一定的电压范围。不同系列的数字集成电路，其输入、输出为高、低电平对应的电压范围是不同的。

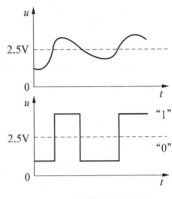

图 12.2　模拟信号和数字信号波形图

12.1.2　数字电路的特点

数字电路的研究对象是对立的二值逻辑状态：逻辑 0 和逻辑 1。数字电路稳态工作时，半导体器件一般工作在开关状态，用以实现"开"、"关"；"电路接通"、"电路切断"；"电平高"、"电平低"等二值逻辑。

数字电路研究的主要问题是输入、输出信号之间的逻辑关系，对组成电路元器件的精度要求并不高，只要满足工作时能够可靠区分 0 和 1 两种状态即可。

数字电路的分析方法和模拟电路分析方法不同，主要应用逻辑代数工具，通过真值表、逻辑表达式、波形图、卡诺图等方法来分析设计电路。

数字电路抗干扰能力强，集成芯片产品系列多，通用性强、成本低。

12.1.3　数字电路的分类

按照不同的分类标准可以将数字电路分为不同的种类。

如果按集成晶体管个数分，数字电路可以分为小规模（SSI，数十个/片）、中规模（MSI，数百个/片）、大规模（LSI，数千个/片）和超大规模（VLSI，$\geqslant 10^5$ 个/片）数字集成电路。如果按制造工艺分，数字电路可以分为双极型（TTL 型）和单极型（MOS 型）两类。如果按电路结构和工作原理分，数字电路又可以分为组合逻辑电路和时序逻辑电路两类。如果按使用场合分，数字电路还可以分为专用型和通用型等等。

12.2　数制与码制

用一组固定的符号和统一的规则来表示数值大小的方法，称为计数制，简称数制。数制是数字电路分析的基础。在日常生活中，人们习惯用十进制数，但在数字系统中，还采用二进制数和十六进制数，有时也采用八进制数。以典型的数字系统——计算机应用系统为例，十进制主要用于运算人机交互的输入和输出,二进制主要用于机器内部数据的运算和处理,十六进制主要用于计算机指令代码和寄存器数据的程序书写中。下面介绍常用的数制及其相互转换的方法。

12.2.1 常用数制

1. 十进制(Decimal)

任何一个数制都包含两个基本要素:基数和位权。十进制数的基数是 10,计数规律是"逢十进一,借一当十";有 0,1,2,3,4,5,6,7,8,9 等十个数码;数码在不同的位置代表不同的数值,称之为"位权",简称"权"。如十进制数$(234.14)_{10}$可表示为:

$$(234.14)_{10} = 2 \times 10^2 + 3 \times 10^1 + 4 \times 10^0 + 1 \times 10^{-1} + 4 \times 10^{-2}$$

式中,10^2、10^1、10^0、10^{-1}、10^{-2}是根据每一个数码所在的位置而定的,为各位数的"权"。在十进制中,各位的权都是 10 的幂。

任何一个十进制数$(N)_{10}$都可以表示为:

$$(N)_{10} = \sum_{i=-\infty}^{\infty} K_i \times 10^i, K_i \in [0 \sim 9] \tag{12.1}$$

在数字电路中,计数的基本思想是用不同的电路状态区分数码。让电路能严格区分十种不同状态是比较困难的,这也是数字电路运算不用十进制而采用二进制的原因。

2. 二进制(Binary)

二进制数的基数是 2,计数规律是"逢二进一,借一当二";有 0,1 两个数码;在二进制中,各位的权都是 2 的幂。如二进制数$(1001.11)_2$可表示为:

$$(1001.11)_2 = 1 \times 2^3 + 0 \times 2^2 + 0 \times 2^1 + 1 \times 2^0 + 1 \times 2^{-1} + 1 \times 2^{-2}$$

任何一个二进制数$(N)_2$都可以表示为:

$$(N)_2 = \sum_{i=-\infty}^{\infty} K_i \times 2^i, K_i \in [0,1] \tag{12.2}$$

二进制可以通过管子的导通或截止,灯泡的亮或灭、继电器触点的闭合或断开很容易地实现,所以在实际数字电路中广泛使用。但二进制数码的书写过程过于烦琐,因此在实际编程过程中,普遍使用的是八进制和十六进制。

3. 八进制(Octal)

八进制数的基数是 8,计数规律是"逢八进一,借一当八";有 0,1,2,3,4,5,6,7 等八个数码;在八进制中,各位的权都是 8 的幂。如八进制数$(35.47)_8$可表示为:

$$(35.47)_8 = 3 \times 8^1 + 5 \times 8^0 + 4 \times 8^{-1} + 7 \times 8^{-2}$$

任何一个八进制数$(N)_8$都可以表示为:

$$(N)_8 = \sum_{i=-\infty}^{\infty} K_i \times 8^i, K_i \in [0 \sim 7] \tag{12.3}$$

4. 十六进制（Hexadecimal）

十六进制数的基数是 16，计数规律是"逢十六进一，借一当十六"；有 0，1，2，3，4，5，6，7，8，9，A，B，C，D，E，F 等十六个数码；在十六进制中，各位的权都是 16 的幂。如十六进制数 $(C2A.3F)_{16}$ 可表示为：

$$(C2A.3F)_{16} = 12 \times 16^2 + 2 \times 16^1 + 10 \times 16^0 + 3 \times 16^{-1} + 15 \times 16^{-2}$$

任何一个十六进制数 $(N)_{16}$ 都可以表示为：

$$(N)_{16} = \sum_{i=-\infty}^{\infty} K_i \times 16^i, K_i \in [0 \sim F] \tag{12.4}$$

表 12.1 给出这几种常用数制的对照表。

表 12.1　几种常用数制对照表

十进制	二进制	八进制	十六进制	十进制	二进制	八进制	十六进制
0	0000	0	0	8	1000	10	8
1	0001	1	1	9	1001	11	9
2	0010	2	2	10	1010	12	A
3	0011	3	3	11	1011	13	B
4	0100	4	4	12	1100	14	C
5	0101	5	5	13	1101	15	D
6	0110	6	6	14	1110	16	E
7	0111	7	7	15	1111	17	F

12.2.2　不同数制之间的转换

1. 二进制（八进制、十六进制）转换为十进制

非十进制数转换为十进制数，采用按权展开求和即可。

【例 12-1】　请将 $(101.1)_2$、$(723)_8$、$(35C)_{16}$ 转换为十进制数。

解　二进制数 $(101.1)_2 = 1 \times 2^2 + 0 \times 2^1 + 1 \times 2^0 + 1 \times 2^{-1} = (3.5)_{10}$

八进制数 $(723)_8 = 7 \times 8^2 + 2 \times 8^1 + 3 \times 8^0 = (467)_{10}$

十六进制数 $(35C)_{16} = 3 \times 16^2 + 5 \times 16^1 + 12 \times 16^0 = (860)_{10}$

2. 十进制转换为二进制（八进制、十六进制）

将十进制数转换为非十进制数时，对十进制整数部分和小数部分分别采用不同的方法。整数部分采用"除基取余"法，将十进制数不断地去除"基数"，不断地取余数，直至商为 0 为止，先得到的余数为转换后进制数的低位，后得到的余数为高位。小数部分采用"乘基取整"法，将十进制小数不断地去乘"基数"，不断地取乘积的整数，直至乘积的小数部分为 0，或达到规定的精度要求为止，先得到的整数为高位，后得到的整数为低位。

【例 12-2】　请将十进制数 25.125 转换为二进制数。

解　将整数部分 25 和小数部分 0.125 分别采用除 2 取余和乘 2 取整法。

$$
\begin{array}{r}
2\,|\,25 \\
2\,|\,12 \quad \cdots\cdots \text{余1} \\
2\,|\,6 \quad \cdots\cdots \text{余0} \\
2\,|\,3 \quad \cdots\cdots \text{余0} \\
2\,|\,1 \quad \cdots\cdots \text{余1} \\
0 \quad \cdots\cdots \text{余1}
\end{array}
$$

低 高

$$
\begin{array}{r}
0.125 \\
\times \quad 2 \\
\hline
0.25 \quad \cdots\cdots \text{整0} \\
0.25 \\
\times \quad 2 \\
\hline
0.5 \quad \cdots\cdots \text{整0} \\
0.5 \\
\times \quad 2 \\
\hline
1 \quad \cdots\cdots \text{整1}
\end{array}
$$

高 低

$$(25.125)_{10}=(11001.001)_2$$

【例 12-3】 请将十进制数 3902 转换为八进制和十六进制数。

解 将 3902 分别采用除 8 取余和除 16 取余法。

$$
\begin{array}{r}
8\,|\,3902 \\
8\,|\,487 \quad \cdots\cdots \text{余6} \\
8\,|\,60 \quad \cdots\cdots \text{余7} \\
8\,|\,7 \quad \cdots\cdots \text{余4} \\
0 \quad \cdots\cdots \text{余7}
\end{array}
\qquad
\begin{array}{r}
16\,|\,3902 \\
16\,|\,243 \quad \cdots\cdots \text{余14} \\
16\,|\,15 \quad \cdots\cdots \text{余3} \\
0 \quad \cdots\cdots \text{余15}
\end{array}
$$

低 高 低 高

$$(3902)_{10}=(7476)_8=(F3E)_{16}$$

3. 二进制与八进制(十六进制)之间转换

3 位二进制数共有八种组合,刚好可以表示八进制数的 8 个数码,如果将 3 位二进制数按从小到大的顺序分别和 8 个数码一一对应,就可以实现二进制数与八进制数之间的互换。同理,将 4 位二进制数按从小到大的顺序分别和十六进制数的 16 个数码一一对应,就实现二进制数与十六进制数之间的互换。具体转换的方法为:将二进制数转换为八(十六)进制数时,以小数点为界,分别向左、向右按 3 位(4 位)分组,不足 3 位(4 位)的首、尾补 0,然后将每组对应转换为八进制(十六进制)数,就可得到相应的八进制或十六进制数。反之,将八进制或十六进制转换为二进制数时,只需要将 1 位八进制(十六进制)数用 3 位(4 位)二进制数一一转换即可。而八进制与十六进制之间的转换通常是将八进制(十六进制)数先转换为二进制数,然后再进行二—十六(二—八)进制转换的。

【例 12-4】 请完成如下不同数制之间的转换。

(1) $(11010111.0100111)_2=(\quad)_8$

(2) $(111011.10101)_2=(\quad)_{16}$

(3) $(7B.3)_{16}=(\quad)_2=(\quad)_8$

解 (1) $(11010111.0100111)_2=(327.234)_8$

$$
\underbrace{(011\ 010\ 111.\ 010\ 011\ 100)_2}_{3\quad2\quad7\quad2\quad3\quad4}=(327.234)_8
$$

(2) $(111011.10101)_2=(3B.A8)_{16}$

$$
\underbrace{(0011\ 1011.\ 1010\ 1000)_2}_{3\quad B\quad A\quad8}=(3B.A8)_{16}
$$

(3) $(7B.3)_{16}=(011110110011)_2=(173.14)_8$

$$
\underbrace{(7\quad\quad B\quad\quad 3)_{16}}_{0111\quad1011\quad0011}=(01111011.0011)_2=(173.14)_8
$$

12.2.3　常用码制

数字电路在处理诸如数值、字符、音视频和图像等信息时,需要将这些信息用二进制数码来表示,这些数码没有大小的含义,仅仅表示不同的事物。以一定的规则编写二进制码,用以表示数值、文字、符号等信息的过程称为编码,这个规则就称之为码制,所编写的二进制码称为代码。若所需编码的信息有 N 项,则代码位数 n 必须满足如下关系才可以完全描述信息。

$$2^{n-1} < N \leqslant 2^n$$

在计算机输入/输出系统中,为了满足人们使用十进制数的习惯,同时满足系统二进制数处理的需求,产生了用 4 位二进制代码表示 1 位十进制数的编码方法,我们称这种码制为BCD 码(Binary-Coded-Decimal)。4 位二进制数有 16 种不同的组合方式,也即有 16 种不同的代码,根据不同的规则选择其中 10 种来表示十进制的 10 个数码,就形成了不同的 BCD码。常见的有 8421BCD 码、2421BCD 码、5421BCD 码、余 3 码、格雷码等。

1. BCD 编码(二—十进制码)

(1) 8421BCD 码

8421BCD 码是 4 位自然二进制数 0000(0)~1111(15)组合中的前 10 种组合,如表 12.2所示,其编码中每位都有固定的权值。从左到右各位的权值分别为 $8(2^3)$、$4(2^2)$、$2(2^1)$、$1(2^0)$。十进制数与二进制码之间的关系可以用公式 12.5 来表示:

$$(N)_{10} = 8B_3 + 4B_2 + 2B_1 + 1B_0 \tag{12.5}$$

例如:$(0110)_{8421BCD}$ 表示的十进数为:

$$(0110)_{8421BCD} = 8 \times 0 + 4 \times 1 + 2 \times 1 + 1 \times 0 = (6)_{10}$$

除了 8421BCD 码以外,表 12.2 中的 5421BCD 码、2421BCD 码也为有权码,它们的权值从高到低分别为 5、4、2、1 和 2、4、2、1。这两种码中,有的数码可以有两种表示形式,譬如 5421BCD 码,既可以表示为 1000,也可以表示为 0101,这说明 5421BCD 码的编码方法不唯一。表 12.2 中列出的是 5421BCD 和 242BCD 码其中的一种编码方案。在各种BCD 码中,8421BCD 码应用最普遍,本教材若不加以特别说明,BCD 码就特指8421BCD 码。

在用 BCD 代码表示十进制数时,对于一个多位的十进制数,需要有与十进制位数相同的几组 4 位 BCD 代码来表示。

【例 12－5】　请用 BCD 码表示下列各数。

$(453.7)_{10} = ($　　　$)_{8421BCD}$

$(853.2)_{10} = ($　　　$)_{5421BCD}$

解　将每一位十进制数,按照表 12.2 中 8421BCD 和 5421BCD 的编码规则,用对应的 4位二进制数表示,可以得到:

$$(453.7)_{10} = (0100\ 0101\ 0011.\ 0111)_{8421BCD}$$
$$(853.2)_{10} = (1011\ 1000\ 0011.\ 0010)_{5421BCD}$$

在这里强调的是，8421BCD 码的首位 0 和 5421BCD 码的末位 0 是不可以省略的。

(2) 余 3 码

余 3 码是由 8421 码加 3(0011)而得，故称为余 3 码。具有对 9 互补的特点，常用于 BCD 码运算电路中。因不能用类似公式(12.5)表示其编码关系，所以是一种无权码。

(3) 格雷码

典型格雷码也属于无权码，它相邻的两组代码之间仅有 1 位数码不同。当逻辑状态按格雷码规律转换时，新状态相对于旧状态仅有 1 位代码变化，减少了出错概率。格雷码常用于数字量和模拟量的信息转换中。常见的 BCD 码见表 12.2。

表 12.2　常见的 BCD 码

十进制数	有权码			无权码	
	8421 码	2421 码	5421 码	余 3 码	格雷码
0	0000	0000	0000	0011	0000
1	0001	0001	0001	0100	0001
2	0010	0010	0010	0101	0011
3	0011	0011	0011	0110	0010
4	0100	0100	0100	111	0110
5	0101	1011	1000	1000	0111
6	0110	1100	1001	1001	0101
7	0111	1101	1010	1010	0100
8	1000	1110	1011	1011	1100
9	1001	1111	1100	1100	1101

2. 字符编码

字符编码就是将各种字符用一串二进制代码表示的一种编码规则。以计算机系统为例，人们是通过 ASCII 码(American Standard Code for Information Interchange)对键盘上的字母、符号和数值进行编码的。标准的 ASCII 码使用 7 位二进制数来表示所有的大写和小写字母、数字 0 到 9、标点符号以及在美式英语中使用的特殊控制字符，共 128 个，其中图形字符 96 个，控制字符 32 个。其编码表如表 12.3 所示。

3. 奇偶校验码

在数据的存取、运算和传送过程中，有时候会出现代码中某一位误传的现象，将 0 错传为 1 或 1 错传为 0，奇偶校验码是一种能检验这种错误的代码。它由信息位和奇偶校验位两部分组成。信息位的位数由数字处理系统规定，校验位只有 1 位，可以放在信息位的前面也可以放在信息位的后面。奇偶校验码分奇校验和偶校验两种：使代码中"1"的个数和为奇数的，就称为奇校验；使代码中"1"的个数和为偶数的，就称为偶校验。表 12.4 给出了带校验位的 8421BCD 码，如表格中信息位为 0001 时，信息代码中 1 的个数为 1 个，已经是奇数，所以奇校验位为 0；而当信息位为 0011 时，信息代码中 1 的个数为 2 个，是偶数，只有在奇校验位为 1 时才能保证代码中 1 的个数之和为奇数，所以此时奇校验位为 1。

表 12.3　标准 ASCII 码

$W_3W_2W_1W_0$ \ $W_6W_5W_4$				0	0	0	0	1	1	1	1
				0	0	1	1	0	0	1	1
				0	1	0	1	0	1	0	1
0	0	0	0	控制符	SP	0	@	P	`	p
0	0	0	1		!	1	A	Q	a	q
0	0	1	0		″	2	B	R	b	r
0	0	1	1		#	3	C	S	c	s
0	1	0	0		$	4	D	T	d	t
0	1	0	1		%	5	E	U	e	u
0	1	1	0		&	6	F	V	f	v
0	1	1	1		′	7	G	W	g	w
1	0	0	0		(	8	H	X	h	x
1	0	0	1		)	9	I	Y	i	y
1	0	1	0		*	:	J	Z	j	z
1	0	1	1		+	;	K	[	k	{
1	1	0	0		,	<	L	\	l	|
1	1	0	1		—	=	M	]	m	}
1	1	1	0		.	>	N	^	n	~
1	1	1	1		/	?	O	_	o	DEL

表 12.4　带奇偶校验的 8421BCD 码

十进制数	8421BCD 奇校验		8421BCD 偶校验	
	信息位	校验位	信息位	校验位
0	0000	1	0000	0
1	0001	0	0001	1
2	0010	0	0010	1
3	0011	1	0011	0
4	0100	0	0100	1
5	0101	1	0101	0
6	0110	1	0110	0
7	0111	0	0111	1
8	1000	1	1000	1
9	1001	1	1001	0

思考题

　　8421BCD 作为一种数字编码,可以进行加、减、乘、除等算术运算,其中加法运算是其他运算的基础。请说明两 BCD 码求和结果小于 9、大于 9 这两种情况下,如何用 8421BCD 码正确显示"和结果"呢?

12.3 逻辑代数基础

　　日常生活中,我们经常遇到许多相互依存的二值状态的因果关系,如开关"接通",灯才"亮";开关"切断",灯才"灭"。控制信号为"高电平",继电器就"吸合";控制信号为"低电平",继电器就"断开"等。若用逻辑"1"和"0"表示数字系统中条件和结果中的二值对立状态,则事件产生的条件和结果之间的二值因果关系,称为逻辑关系。在逻辑关系中,最基本的逻辑关系是与逻辑(AND)、或逻辑(OR)、非逻辑(NOT)。其他复杂的逻辑关系都可以演变成这三种基本逻辑运算关系。逻辑关系通常可以用逻辑表达式、逻辑符号和真值表等来表示。

12.3.1 基本逻辑运算

1. 与逻辑(AND)

　　与逻辑描述的逻辑关系是:当条件全部满足时,结果才发生。如图 12.3(a)所示开关电路就实现了"与逻辑"关系。

　　电路中,只有当开关 A 和 B 都闭合时(以开关闭合为条件,条件均满足),灯 Y 才亮(以灯亮为结果,结果才发生);A 和 B 只要有一个断开,灯 Y 就灭,它的功能如表 12.5 所示。若用"0"表示开关打开,用"1"表示开关闭合;用"0"表示灯不亮,用"1"表示灯亮;则其功能可以改写为表

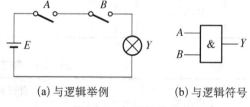

(a) 与逻辑举例　　　　　　(b) 与逻辑符号

图 12.3　与逻辑关系

12.6 所示,该表罗列了输入变量 A 和 B 所有可能组合与输出 Y 的逻辑对应关系,称之为真值表,该表同时也体现了"有 0 出 0,全 1 出 1"的"与逻辑"的运算规则。

表 12.5　功能表

A	B	Y
打开	打开	不亮
打开	闭合	不亮
闭合	打开	不亮
闭合	闭合	亮

表 12.6　与逻辑真值表

A	B	Y
0	0	0
0	1	0
1	0	0
1	1	1

　　与逻辑可以用逻辑表达式表示为:

$$Y = A \cdot B$$

(12.6)

式中"·"表示"与逻辑"、"与运算"或"逻辑乘",可以省略不写。"与逻辑"的逻辑符号如图12.3(b)所示,常称之为"与门"。

2. 或逻辑(OR)

或逻辑描述的逻辑关系是:当决定结果的所有条件中,一个或一个以上具备时,结果就发生。如图12.4(a)所示开关电路就实现了"或逻辑"关系。

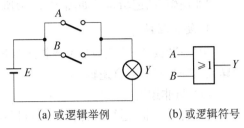

(a) 或逻辑举例　　(b) 或逻辑符号

图 12.4 或逻辑关系

电路中,当开关 A 和 B 中一个或两个闭合时(以开关闭合为条件,条件满足一个或以上),灯 Y 就亮(以灯亮为结果,结果就发生);它的功能表和真值表如表12.7和表12.8所示。表12.8同时也体现了"有 1 出 1,全 0 出 0"的"或逻辑"的运算规则。

<table>
<tr><td colspan="3">表 12.7 功能表</td></tr>
<tr><td>A</td><td>B</td><td>Y</td></tr>
<tr><td>打开</td><td>打开</td><td>不亮</td></tr>
<tr><td>打开</td><td>闭合</td><td>亮</td></tr>
<tr><td>闭合</td><td>打开</td><td>亮</td></tr>
<tr><td>闭合</td><td>闭合</td><td>亮</td></tr>
</table>

<table>
<tr><td colspan="3">表 12.8 或逻辑真值表</td></tr>
<tr><td>A</td><td>B</td><td>Y</td></tr>
<tr><td>0</td><td>0</td><td>0</td></tr>
<tr><td>0</td><td>1</td><td>1</td></tr>
<tr><td>1</td><td>0</td><td>1</td></tr>
<tr><td>1</td><td>1</td><td>1</td></tr>
</table>

"或逻辑"逻辑表达式表示为:

$$Y = A + B \tag{12.7}$$

"或逻辑"的逻辑符号如图12.4(b)所示,常称之为"或门"。

3. 非逻辑(NOT)

非逻辑描述的逻辑关系是:当条件不具备时,结果才会发生,条件具备,结果不发生。如图12.5(a)所示开关电路实现了"非逻辑"关系。

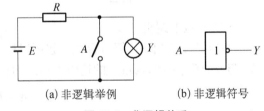

(a) 非逻辑举例　　(b) 非逻辑符号

图 12.5 非逻辑关系

当开关 A 打开时(以开关闭合为条件,条件不具备),灯 Y 就亮(以灯亮为结果,结果发生);当开关 A 闭合时(条件具备),灯 Y 就灭(结果不发生);它的功能表和真值表如表12.9和表12.10所示。

<table>
<tr><td colspan="2">表 12.9 功能表</td></tr>
<tr><td>A</td><td>Y</td></tr>
<tr><td>打开</td><td>亮</td></tr>
<tr><td>闭合</td><td>不亮</td></tr>
</table>

<table>
<tr><td colspan="2">表 12.10 非逻辑真值表</td></tr>
<tr><td>A</td><td>Y</td></tr>
<tr><td>0</td><td>1</td></tr>
<tr><td>1</td><td>0</td></tr>
</table>

非逻辑可以用逻辑表达式表示为:

$$Y = \overline{A} \tag{12.8}$$

"非逻辑"的逻辑符号如图 12.5(b)所示,常称之为"非门"。

4. 复合逻辑

用"与""或""非"三种基本逻辑运算进行不同组合,可以构成"与非"、"或非"、"与或非"、"异或"、"同或"等复合逻辑。

(1) 与非逻辑

将"与"和"非"运算组合在一起可以构成"与非逻辑",能实现与非逻辑的电路,称为"与非门"电路,与非逻辑真值表如表 12.11 所示。

与非的逻辑表达式为:

$$Y = \overline{A \cdot B} \qquad (12.9)$$

其逻辑符号为:

表 12.11　与非逻辑真值表

A	B	Y
0	0	1
0	1	1
1	0	1
1	1	0

(2) 或非逻辑

将"或"和"非"运算组合在一起可以构成"或非逻辑",能实现或非逻辑的电路,称为"或非门"电路,或非逻辑真值表如表 12.12 所示。

或非的逻辑表达式为:

$$Y = \overline{A + B} \qquad (12.10)$$

其逻辑符号为:

表 12.12　或非逻辑真值表

A	B	Y
0	0	1
0	1	0
1	0	0
1	1	0

(3) 与或非逻辑

将"与""或""非"运算组合在一起可以构成"与或非逻辑",能实现与或非逻辑的电路,称为"与或非门"电路,与或非的逻辑表达式为:

$$Y = \overline{A \cdot B + C \cdot D} \qquad (12.11)$$

其逻辑符号为:

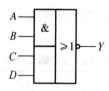

(4) "异或"逻辑

"异或"逻辑也称"异或运算",能实现异或逻辑的电路,称为"异或门"电路,异或逻辑真值表如表 12.13 所示。它的逻辑关系是:当输入不同时,输出为 1;当输入相同时,输出为 0。

表 12.13　异或逻辑真值表

A	B	Y
0	0	0
0	1	1
1	0	1
1	1	0

异或运算的逻辑表达式为：

$$Y = A\overline{B} + \overline{A}B = A \oplus B \tag{12.12}$$

其逻辑符号为：

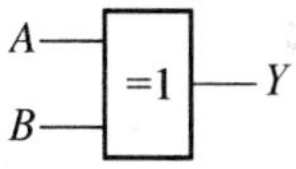

（5）"同或"逻辑

"同或"逻辑也称"同或运算"，能实现同或逻辑的电路，称为"同或门"电路，同或逻辑的真值表见表 12.14。它的逻辑关系是：当输入相同时，输出为 1；当输入不同时，输出为 0。

同或运算的逻辑表达式为：

$$Y = \overline{A}\overline{B} + AB = A \odot B \tag{12.13}$$

表 12.14 同或逻辑真值表

A	B	Y
0	0	1
0	1	0
1	0	0
1	1	1

比较表 12.13 和表 12.14，可以看出对应于每组输入组合，输出结果刚好是相反的，可见两个变量的异或逻辑和同或逻辑互为反函数。同或逻辑符号为：

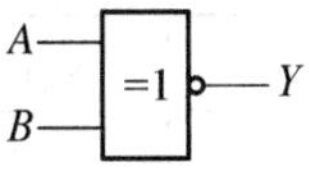

12.3.2 逻辑代数的基本定律

逻辑代数是分析逻辑关系和设计数字电路的数学基础，由英国数学家布尔于 1854 年提出，故又称为布尔代数，和算术运算一样，逻辑代数也具有一定的公式、定律和规则。基本的公式和定律共有 11 个，如表 12.15 所示。

表 12.15 逻辑代数的基本定律

公理	$0 \cdot 0 = 0$ $0 \cdot 1 = 1 \cdot 0 = 0$ $1 \cdot 1 = 1$ $0 + 0 = 0$ $0 + 1 = 1 + 0 = 1$ $1 + 1 = 1$	结合律	$(A \cdot B) \cdot C = A \cdot (B \cdot C)$ $(A + B) + C = A + (B + C)$
0—1 律	$A \cdot 0 = 0$ $A + 1 = 1$	分配律	$A \cdot (B + C) = A \cdot B + A \cdot C$ $A + (B \cdot C) = (A + B) \cdot (A + C)$
互补律	$A \cdot \overline{A} = 0$ $A + \overline{A} = 1$	吸收律	$A + AB = A$ $A \cdot (A + B) = A$
自补律	$\overline{\overline{A}} = A$		$A + \overline{A}B = A + B$ $A \cdot (\overline{A} + B) = A \cdot B$
自等律	$A + 0 = A$ $A \cdot A = A$ $A \cdot 1 = A$ $A + A = A$	冗余律	$AB + \overline{A}C + BC = AB + \overline{A}C$ $(A + B)(\overline{A} + C)(B + C) = (A + B)(\overline{A} + C)$
交换律	$A \cdot B = B \cdot A$ $A + B = B + A$	摩根定律	$\overline{A \cdot B} = \overline{A} + \overline{B}$ $\overline{A + B} = \overline{A} \cdot \overline{B}$

对于逻辑代数的公式，一般可以采用与、或、非运算的定义去证明，对于复杂的公式或定律，也可以采用其他公式或真值表列举法去证明。

【例 12-6】 请证明公式 $A+AB=A$。

[证] $A+AB=A\cdot 1+AB=A(1+B)$ 【分配律】

$\qquad\qquad=A\cdot 1$ 【0-1律】

$\qquad\qquad=A$ 【自等律】

【例 12-7】 请证明公式 $A+\overline{A}B=A+B$。

[证] $A+\overline{A}B=(A+AB)+\overline{A}B$ 【吸收律】

$\qquad\qquad=(AA+AB)+\overline{A}B$ 【自等律】

$\qquad\qquad=(AA+AB+A\overline{A})+\overline{A}B$ 【互补律】

$\qquad\qquad=(A+B)(A+\overline{A})$ 【提取公因式】

$\qquad\qquad=(A+B)\cdot 1$ 【互补律】

$\qquad\qquad=A+B$ 【自等律】

【例 12-8】 请证明摩根定律 $\overline{A\cdot B}=\overline{A}+\overline{B}$；$\overline{A+B}=\overline{A}\cdot\overline{B}$。

[证] 可以采用真值表的方法来证明摩根定律，将 A、B 的取值组合分别代入等式两端，观察其函数值是否一一对应相等。

A	B	$\overline{A\cdot B}$	$\overline{A}+\overline{B}$	$\overline{A+B}$	$\overline{A}\cdot\overline{B}$
0	0	1	1	1	1
0	1	1	1	0	0
1	0	1	1	0	0
1	1	0	0	0	0

以上这些逻辑公式、定律主要研究的是变量与常量、变量与变量之间进行与、或、非等基本运算时的基本规律，需要大家熟练掌握，利用这些公式和定律可以实现逻辑函数的化简。

12.3.3 逻辑代数的基本规则

逻辑代数有三个基本规则，利用这些规则可以实现逻辑函数形式的变化或公式的变化。

1. 代入规则

在任何一个逻辑等式中，如果等式两边出现的某变量都用一个函数替代，则等式仍然成立。这一规则称为代入规则。

利用代入规则可以扩展公式和证明恒等式，从而扩大了等式的应用范围。

【例 12-9】 试证明 $\overline{A\cdot B\cdot C}=\overline{A}+\overline{B}+\overline{C}$。

[证] 用 Y 替代变量 $B\cdot C$，应用代入规则，则 $\overline{A\cdot B\cdot C}=\overline{A\cdot Y}$

根据摩根定律可知：$\overline{A\cdot B\cdot C}=\overline{A\cdot Y}=\overline{A}+\overline{Y}=\overline{A}+\overline{B\cdot C}=\overline{A}+\overline{B}+\overline{C}$

所以：$\overline{A\cdot B\cdot C}=\overline{A}+\overline{B}+\overline{C}$

由例 12-9 可见代入规则没有改变恒等式的表现形式,但扩展了公式中应用变量的数目。

2. 反演规则

将任意一个逻辑函数式 Y 中所有的"·"换成"+","+"换成"·",0 换成 1,1 换成 0,原变量换为反变量,反变量换为原变量,就可以得到该逻辑函数的反函数 $\bar{Y}$,这一规则称为反演规则。在利用反演规则求反函数的时候,不是同一个变量上的"非号"要保留不变;同时要保持原来的运算优先顺序,必要的时候可以加括号;若函数式中有"⊕"和"⊙"运算符时,要将运算符"⊕"换成"⊙","⊙"换成"⊕"。

【例 12-10】　求函数 $Y=A\bar{B}+BC$ 的反函数。

解　方法一:根据反演规则:

$$
\begin{array}{ccccccc}
Y= & A & \cdot & \bar{B} & + & B & \cdot & C \\
\downarrow & \downarrow & \downarrow & \downarrow & \downarrow & \downarrow & \downarrow \\
\bar{Y}= & (\bar{A} & + & B) & \cdot & (\bar{B} & + & \bar{C})
\end{array}
$$

所以 $\bar{Y}=(\bar{A}+B)\cdot(\bar{B}+\bar{C})=\bar{A}\bar{B}+\bar{A}\bar{C}+B\bar{C}=\bar{A}\bar{B}+B\bar{C}$

方法二:根据摩根定律:

$$\bar{Y}=\overline{A\bar{B}+BC}=\overline{A\bar{B}}\cdot\overline{BC}=(\bar{A}+B)\cdot(\bar{B}+\bar{C})=\bar{A}\bar{B}+\bar{A}\bar{C}+B\bar{C}=\bar{A}\bar{B}+B\bar{C}$$

可以发现,反演规则和摩根定律实际上是求反函数的同一方法的不同体现形式而已。

【例 12-11】　求函数 $Y=\overline{(\bar{A}+B)}+CD$ 的反函数。

解　利用反演规则,可以得到

$$\bar{Y}=\overline{(A\cdot\bar{B})}\cdot(\bar{C}+\bar{D})$$

在本例中,要注意的是,括号上方的"非号"不是同一个变量的"非号",在应用反演规则求反函数的时候要保留。

3. 对偶规则

将任意一个逻辑函数式 Y 中所有的"·"换成"+","+"换成"·",0 换成 1,1 换成 0,就得到逻辑函数的对偶式 Y',这一规则称为对偶规则。如果两个逻辑式相等,那么他们的对偶式也一定相等,即若 $Y1=Y2$,则 $Y1'=Y2'$。要注意的是,在利用对偶规则时,若函数式中有"⊕"和"⊙"运算符,求对偶函数时,也要将运算符"⊕"换成"⊙","⊙"换成"⊕"。

【例 12-12】　利用对偶规则对 $A\cdot(B+C)=AB+AC$ 进行转换。

解　根据对偶规则,只对逻辑符号进行变换,则得到如下等式:

$$A+(B\cdot C)=(A+B)\cdot(A+C)$$

这两个等式刚好是表 12.15 中分配律对应的两个公式。可见利用对偶规则,虽然改变了逻辑函数的表示形式,但等式仍然成立,可见利用这种方法可以使公式的数目增加一倍。使用对偶规则也可以证明恒等式。

12.4 逻辑函数的化简

12.4.1 逻辑函数及其描述方法

逻辑函数的常见表描述方法有真值表、逻辑表达式、逻辑图、波形图和卡诺图等五种,各种表示方法之间可以相互转换。下面以一个三变量的表决器为例来介绍逻辑函数的不同表示方法及其相互转换。

1. 真值表

在介绍基本逻辑运算时已经提及真值表的概念,即将 n 个逻辑变量共 2^n 种有限的可能取值组合和其对应函数值记录在表格中,这样的表格称为真值表,真值表一般是按照输入的二进制数码顺序给出。因为真值表利用穷举法描述了逻辑函数,所以是唯一的。

接下来列出三变量表决器的真值表。表决器的表决结果遵循"少数服从多数"的原则,每一个评委对决议只有"赞成"和"反对"两个意见(规定不允许弃权),表决结果只有"通过"和"不通过"两种可能。将每个评委的意见作为表决器的输入变量,用 A,B,C 来表示,且"1"表示"赞成","0"表示"反对"。表决的结果用 Y 来表示,且"1"表示决议获得"通过","0"表示决议"不通过"。可得真值表如表 12.16 所示。

表 12.16 表决器真值表

A	B	C	Y
0	0	0	0
0	0	1	0
0	1	0	0
0	1	1	1
1	0	0	0
1	0	1	1
1	1	0	1
1	1	1	1

2. 逻辑表达式

逻辑表达式是由逻辑变量及各种运算关系表示输入变量和输出函数之间因果关系的逻辑函数式。由真值表很容易得到一个逻辑函数的与或表达式。在表 12.16 中找出函数值为 1 的组合项进行"加组合"("或组合"),将每个组合项对应的输入变量进行"乘组合"("与组合"),其中原变量 A、B、C 用"1"表示;反变量 $\overline{A}$、$\overline{B}$、$\overline{C}$ 用"0"表示。

如表 12.16 中,输出变量结果为"1"的组合项共有 4 项,这 4 项输出对应的输入变量组合分别是 $\overline{A}BC$(011)、$A\overline{B}C$(101)、$AB\overline{C}$(110)、ABC(111),将这些"乘组合"(与项)相加(或),即可得到表决器函数的逻辑表达式。

$$Y = \overline{A}BC + A\overline{B}C + AB\overline{C} + ABC$$

3. 逻辑图

将逻辑表达式中逻辑运算用对应的逻辑门符号画出的电路图称为逻辑图,如图 12.6 便是表决器电路的逻辑图,用到了非逻辑、三输入与逻辑和四输入或逻辑等逻辑门符号。

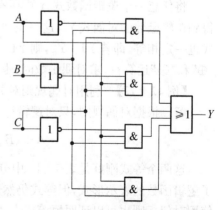

图 12.6 表决器逻辑图

4. 波形图

逻辑函数的关系还可以用输入-输出波形图来描述。如表决器电路的波形图如下图 12.7 所示,从图中可见当 A、B、C 取值为 011、101、110、111 这四种情况时,输出为高电平 1,其余情况下,输出均为 0,和真值表对应逻辑关系一致。

5. 卡诺图

卡诺图是真值表的另一种表示形式,我们会在 12.4.3 节逻辑函数的化简部分详细介绍,在此不再叙述。

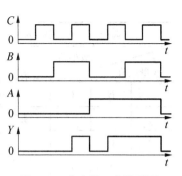

图 12.7　表决器工作波形图

逻辑函数的这些描述方法各有优缺点,图表法比较直观形象,而逻辑表达式书写比较简单,在分析和设计电路时,可以根据实际需要选择、转换逻辑表达形式。

 思考题

有人说任何逻辑等式都可以用真值表来证明,这种说法对吗? 为什么?

12.4.2　逻辑函数的标准形式

实际应用中,逻辑函数关系往往比较复杂,用以描述逻辑功能的逻辑表达式的形式也多种多样,可以是"与或式"、"或与式"或"与非-与非式"等,但任何逻辑函数都可以化为一个标准形式——最小项之和的形式。接下来,我们就先来了解"最小项"的相关知识。

1. 逻辑函数的最小项

在 n 个变量组成的乘积项中,若每个变量都以原变量或反变量的形式出现且仅出现 1 次,那么该乘积项称为 n 变量的一个最小项。n 个变量的最小项就有 2^n 个。

根据最小项的定义,二变量 A,B 有 $4(2^2)$ 个最小项:$\overline{A}\,\overline{B}$、$\overline{A}B$、$A\overline{B}$、$AB$;三变量 A,B,C 有 $8(2^3)$ 个最小项:$\overline{A}\,\overline{B}\,\overline{C}$、$\overline{A}\,\overline{B}C$、$\overline{A}B\overline{C}$、$\overline{A}BC$、$A\overline{B}\,\overline{C}$、$A\overline{B}C$、$AB\overline{C}$、$ABC$。

为了便于书写,需要对最小项进行编号,用 m_i 表示,其中 i 就是最小项的序号。具体的编号方法是:当变量按一定顺序($A,B,C,\cdots$)排好后,把最小项中原变量记为 1,反变量记为 0,对应的组合当成二进制数,转换成对应的十进制数,就是该最小项的编号。

如:$\overline{A}\,\overline{B}\,\overline{C}\rightarrow(000)_2\rightarrow(0)_{10}\rightarrow m_0$;$AB\overline{C}\rightarrow(110)_2\rightarrow(6)_{10}\rightarrow m_6$

按照此编号方法,二变量的全部 4 个最小项的编号分别是 m_0,m_1,m_2,m_3;三变量的全部 8 个最小项的编号分别是 $m_0,m_1,m_2,m_3,m_4,m_5,m_6,m_7$。表 12.17 为三变量 A,B,C 不同取值组合时的全部最小项真值表。

从表 12.17 可以得到最小项的三个重要性质:

① 每一个最小项与一组变量取值相对应,只有这一组取值使该最小项的值为 1;

② 任意两个不同的最小项的乘积恒为 0;

③ 所有最小项之和恒为 1。

表 12.17　三变量最小项真值表

编号			m_0	m_1	m_2	m_3	m_4	m_5	m_6	m_7
最小项 变量取值			$\bar{A}\,\bar{B}\,\bar{C}$	$\bar{A}\,\bar{B}\,C$	$\bar{A}\,B\bar{C}$	$\bar{A}\,BC$	$A\bar{B}\,\bar{C}$	$A\bar{B}\,C$	$AB\bar{C}$	ABC
A	B	C								
0	0	0	1	0	0	0	0	0	0	0
0	0	1	0	1	0	0	0	0	0	0
0	1	0	0	0	1	0	0	0	0	0
0	1	1	0	0	0	1	0	0	0	0
1	0	0	0	0	0	0	1	0	0	0
1	0	1	0	0	0	0	0	1	0	0
1	1	0	0	0	0	0	0	0	1	0
1	1	1	0	0	0	0	0	0	0	1

2. 标准与或式

任何一个逻辑函数都可以表示为最小项之和的标准形式,也称之为"标准与或式"。真值表直接写出的逻辑函数的表达式就是"最小项之和"形式,如根据表 12.16(表决器真值表)直接写出的逻辑函数

$$Y(A,B,C)=\bar{A}BC+A\bar{B}C+AB\bar{C}+ABC$$

就是一个标准与或式,为了书写方便,上式也可以记为:

$$Y(A,B,C)=m_3+m_5+m_6+m_7=\sum m(3,5,6,7)$$

对于非标准形式的逻辑表达式可以利用公式 $A=A(B+\bar{B})=AB+A\bar{B}$ 配项,将给定函数转换为标准式。

【例 12-13】 将 $Y(A,B,C)=AB+\bar{A}C$ 化为最小项之和形式。

解　$Y(A,B,C)=AB(C+\bar{C})+\bar{A}(B+\bar{B})C$

$$=ABC+AB\bar{C}+\bar{A}BC+\bar{A}\bar{B}C$$

$$=m_7+m_6+m_3+m_1$$

$$=\sum m(1,3,6,7)$$

12.4.3　逻辑函数的化简

根据实际逻辑问题归纳出来的逻辑表达式,即便是标准与或式,通常也都不是最简的,为了在设计电路中节省元器件,从而降低成本、提高系统的可靠性,需要将表达式化简为需要的最简形式。最简形式可以有最简与或式、或与式、与非－与非式、或非－或非式和与或非式等,它们形式虽然不同,但逻辑功能是相同的,且可以相互转化。

$$Y=AB+\bar{B}C \qquad\qquad \text{【与或式】}$$

$$=AB+\bar{B}C+AC=(B+C)(\bar{B}+A) \qquad\qquad \text{【或与式】}$$

$$=\overline{\overline{AB}+\overline{BC}}=\overline{\overline{AB}\cdot\overline{\overline{BC}}}\qquad\text{【与非-与非式】}$$

$$=\overline{\overline{(B+C)(\overline{B}+A)}}=\overline{\overline{(B+C)}+\overline{\overline{B}+A}}\qquad\text{【或非-或非式】}$$

$$=\overline{\overline{B}\cdot\overline{C}+\overline{A}\cdot B}\qquad\text{【与或非式】}$$

可见有了最简与或式这个基本形式以后,其余的表达形式可以通过变换得到,所以在逻辑化简过程中,往往将逻辑函数先化成最简与或形式。最简式的标准是:表达式中的项数最少,而且每项中变量的个数最少。

1. 代数化简

逻辑函数的化简有两大类方法,一种是代数法,另一种是卡诺图法。下面我们将分别介绍。代数化简就是反复利用逻辑代数的公式和定律对函数进行化简,代数法化简没有固定的步骤,依赖于人的经验和对公式的熟悉程度。

【例 12 - 14】　用代数法将下列逻辑表达式化成最简与或式。

$$Y_1=ABC+\overline{A}BC+B\overline{C}$$

$$Y_2=A\overline{B}+B+\overline{A}B$$

$$Y_3=AC+\overline{A}D+\overline{B}D+B\overline{C}$$

解　$Y_1=ABC+\overline{A}BC+B\overline{C}$　　　　【提取公因式 BC】

$\quad=(A+\overline{A})BC+B\overline{C}$　　　　【$A+\overline{A}=1$】

$\quad=BC+B\overline{C}$　　　　【提取公因子 B】

$\quad=B(C+\overline{C})$　　　　【$A+\overline{A}=1$】

$\quad=B$

$Y_2=A\overline{B}+B+\overline{A}B$　　　　【提取公因子 B】

$\quad=A\overline{B}+(1+\overline{A})B$　　　　【$1+\overline{A}=1$】

$\quad=A\overline{B}+B$　　　　【$A+\overline{A}B=A+B$】

$\quad=A+B$

$Y_3=AC+\overline{A}D+\overline{B}D+B\overline{C}$

$\quad=AC+B\overline{C}+D(\overline{A}+\overline{B})$　　　　【$\overline{A}+\overline{B}=\overline{AB}$】

$\quad=AC+B\overline{C}+D\,\overline{AB}$　　　　【$AC+B\overline{C}=AC+B\overline{C}+AB$】

$\quad=AC+B\overline{C}+AB+D\,\overline{AB}$　　　　【$A+\overline{A}B=A+B$】

$\quad=AC+B\overline{C}+AB+D$　　　　【$AC+B\overline{C}+AB=AC+B\overline{C}$】

$\quad=AC+B\overline{C}+D$

由上例题可见,采用代数法化简时需要熟练掌握各种公式及定律,化简过程技巧性强,对代数化简后得到的逻辑表达式是否为最简的判断有一定困难。

2. 卡诺图化简

(1) 卡诺图构成

卡诺图化简实际上是一种图形化化简方法,相较于代数法,它更为直观、简便,利用卡诺图化简,可以直接写出函数的最简与或表达形式。卡诺图是由美国工程师卡诺设计的,是一种长方形或正方形的方格图,每一方格代表一个最小项,n 个变量的卡诺图有 2^n 个方格。方格的横纵标识用变量取值组合来表示,且变量取值组合均采用格雷码排列,其中 0 对应反变量,1 对应原变量。

如图 12.8 为二变量的卡诺图,变量 A、B 分别表示方格的横纵标识,0 行表示 $\overline{A}$,1 行表示 A,0 列表示 $\overline{B}$,1 列表示 B。2 个变量的卡诺图有 2^2 共 4 个方格,分别表示了 $\overline{A}\overline{B}$、$\overline{A}B$、$A\overline{B}$、AB 四个最小项,其对应关系见图 12.8。

图 12.9 和图 12.10 给出了三变量和四变量的卡诺图,可以看出卡诺图的横纵坐标($00\rightarrow01\rightarrow11\rightarrow10$)均采用了循环码排列,要特别注意第三列和第三行的方格和最小项的对应关系。随着变量的个数增多,卡诺图会迅速复杂,失去其优势,所以一般五变量以上逻辑函数,不会再采用卡诺图化简。

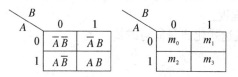

图 12.8　二变量卡诺图

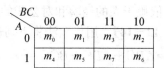

图 12.9　三变量卡诺图

卡诺图最重要的一个结构特点就是:几何位置相邻的最小项,逻辑上一定也是相邻的。在这里几何相邻包括:直接相邻、上下相邻、左右相邻、四角相邻。以四变量卡诺图为例,图 12.11 示例中,1 号圈为直接相邻,2 号圈为上下相邻,3 号圈为左右相邻,4 号圈为四角相邻。

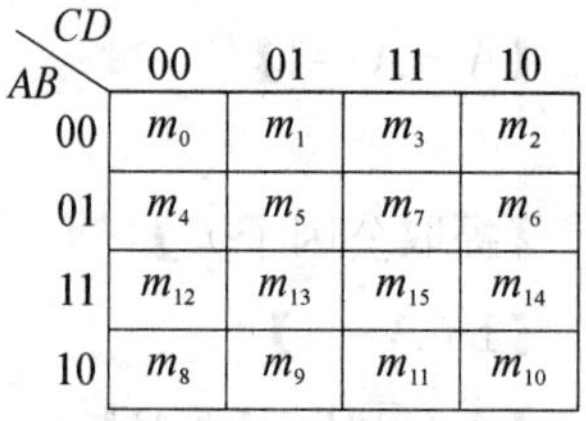

AB＼CD	00	01	11	10
00	m_0	m_1	m_3	m_2
01	m_4	m_5	m_7	m_6
11	m_{12}	m_{13}	m_{15}	m_{14}
10	m_8	m_9	m_{11}	m_{10}

图 12.10　四变量卡诺图

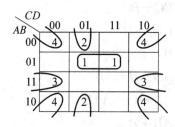

图 12.11　几何相邻、逻辑相邻示意图

所谓逻辑相邻指的是:n 个变量的 2^n 个最小项中,如果两个最小项仅有一个因子是不同的,则称这两个最小项为逻辑相邻。如 1 号圈对应的两个最小项 $\overline{A}B\overline{C}D$ 和 $\overline{A}BCD$,只有 $\overline{C}$ 和 C 是不同的;2 号圈对应的两个最小项 $\overline{A}\overline{B}\overline{C}D$ 和 $A\overline{B}\overline{C}D$,只有 $\overline{A}$ 和 A 是不同的,这两对最小项均称为逻辑相邻,同理 3 号圈和 4 号圈内的最小项也是逻辑相邻的。在卡诺图中几何相邻和逻辑相邻是统一的,对这一点的理解非常重要。

(2) 逻辑函数的卡诺图表示

根据逻辑函数给定描述方式不同,画卡诺图通常有以下三种方法:

① 由真值表直接写出:将真值表中使函数值为 1 的那些最小项对应的方格填 1,其余格均填 0 或者不填。

② 由函数表达式的标准与或式直接写出:表达式中出现的函数最小项对应的小方格中直接填 1,其余的填 0 或者不填。

③ 将非标准与或式的函数表达式先转换后再写出:将函数表达式变换成最小项之和表达式,在卡诺图中对应的最小项方格中填 1,其余的填 0 或者不填。

【例 12-15】 已知三变量逻辑函数的真值表,试填写函数的卡诺图。

解 找出真值表中函数值为 1 的那些最小项,也就是 m_2、m_3、m_4,在卡诺图对应的方格填 1,其余格均填 0(或者不填)。

A	B	C	F
0	0	0	0
0	0	1	0
0	1	0	1
0	1	1	1
1	0	0	1
1	0	1	0
1	1	0	0
1	1	1	0

A\BC	00	01	11	10
0	0	0	1	1
1	1	0	0	0

【例 12-16】 用卡诺图表示 $Y(A,B,C)=\sum(0,2,5,7)$。

解 函数表达式是最小项之和的形式,是标准与或式,只要将表达式中出现的函数最小项 m_0、m_2、m_5、m_7,在卡诺图对应的小方格中直接填 1,其余的填 0(或者不填)。

A\BC	00	01	11	10
0	1	0	0	1
1	0	1	1	0

【例 12-17】 用卡诺图表示 $Y(A,B,C,D)=\overline{A}B\overline{C}+ABC+A\overline{C}D+ABD$。

解 函数表达式不是最小项之和的形式,需先转换为最小项之和的形式后,再在卡诺图中对应的最小项方格中填 1,其余的填 0(或者不填)。

$$Y=\overline{A}B\overline{C}+ABC+A\overline{C}D+ABD$$
$$=\overline{A}B\overline{C}(D+\overline{D})+ABC(D+\overline{D})+$$
$$A(B+\overline{B})\overline{C}D+AB(C+\overline{C})D$$
$$=m_4+m_5+m_9+m_{13}+m_{14}+m_{15}$$
$$=\sum m(4,5,9,13,14,15)$$

AB\CD	00	01	11	10
00	0	0	0	0
01	1	1	0	0
11	0	1	1	1
10	0	1	0	0

(3) 卡诺图化简的依据

将卡诺图中几何位置相邻的最小项合并时,如图 12.12 中 1 号圈,相当于将两个逻辑相邻最小项 $\overline{A}B\overline{C}\overline{D}$(0100)和 $\overline{A}B\overline{C}D$(0101)的合并,利用公式 $A+\overline{A}=1$ 合并掉 1 对互补的变量,可以得到简化结果:

$$\overline{A}B\overline{C}\overline{D}+\overline{A}B\overline{C}D=\overline{A}B\overline{C}(\overline{D}+D)=\overline{A}B\overline{C}$$

从卡诺图中看,这个结果 $\overline{A}B\overline{C}$(010),刚好是两个最小项横纵坐标中对应不变的那些变量组成的乘积项。2 号圈有 4 个最小项,合并时两次应用公式 $A+\overline{A}=1$,可以消去 2 对互补变量,其结果 BC 也是这 4 个最小项横纵坐标中对应不变的那些变量

AB\CD	00	01	11	10
00				
01	1	1	2	2
11			2	2
10				

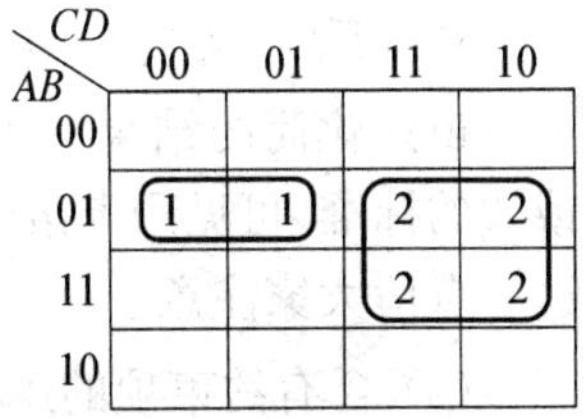

图 12.12　卡诺图化简依据

组成的乘积项。利用同样的方法,若将 8 个相邻最小项合并时,就消去了三对互补变量。可见只要将卡诺图中 2^i 个相邻最小项合并,就可以消去 i 对互补变量,从而达到化简的目的,这个圈越大,所得的化简结果越简单。

(4) 卡诺图化简的步骤

当掌握以上基本知识后,就可以应用卡诺图化简函数,卡诺图化简共有 4 个步骤。

① 画卡诺图。根据变量的个数画出卡诺图,并将逻辑函数用卡诺图表示。

② 画包围圈,合并最小项。画包围圈的原则为:包围圈内的"1"方格个数只能是 1、2、4、8…2^n 个;包围圈越大越好,包围圈个数越少越好;"1"方格可以重复画圈,但不能漏圈;每个圈中至少包含一个新的"1"方格。

③ 写乘积项。按留同去异原则为每个圈写出一个乘积项。

④ 写表达式。将全部乘积项逻辑加即可得最简与或表达式。

【例 12-18】 将 $Y(A,B,C,D)=\sum m(0,1,4,6,7,10,11,12,14,15)$ 化为最简与或式。

解 先画出函数的卡诺图,然后对相邻最小项圈圈,先画大圈,再画小圈,注意画包围圈要符合步骤 2 中的原则。对每个包围圈按留同去异原则,写出一个乘积项,再将乘积项相加,即可得到最简与或式:

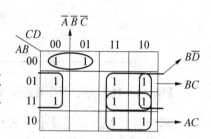

$$Y(A,B,C,D)=\overline{A}B\overline{C}+B\overline{D}+BC+AC$$

【例 12-19】 将 $Y(A,B,C,D)=\sum m(1,5,6,7,11,12,13,15)$ 化为最简与或式。

解 先画出函数的卡诺图,并圈包围圈。可以发现在卡诺图中间的包含 4 个最小项的大圈中所有的"1"都被圈过,也就是说这个大圈中并没有新的"1",所以这个圈不能保留。最简与或式的化简结果为:

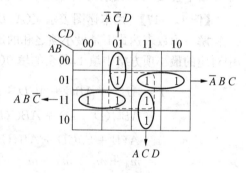

$$Y(A,B,C,D)=\overline{A}CD+\overline{A}BC+ACD+AB\overline{C}$$

【例 12-20】 将 $Y(A,B,C,D)=\sum m(1,2,5,6,7,9,13,14)$ 化为最简与或式。

解 先画出函数的卡诺图,并圈包围圈。发现对于 m_7 可以采用两种画圈的方式,可以向左画包围圈,也可以向右画包围圈,这两种卡诺图的化简结果分别为:

$$Y_1=\overline{C}D+\overline{A}C\overline{D}+\overline{A}BC+BC\overline{D}$$

$$Y_2=\overline{C}D+\overline{A}C\overline{D}+\overline{A}BD+BC\overline{D}$$

虽然化简的结果并不相同,但均满足最简与或式的标准,可见用卡诺图化简的结果并不唯一,这一点请大家注意。

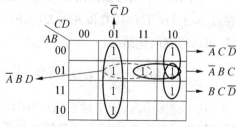

(5) 含有约束项的逻辑函数的化简

在实际的数字系统中,常常有某些输入变量取值组合不可能出现,或者取值是任意的。

如在进行 BCD 编码的时候，4 个输入变量，对应 16 种二进制组合，也即对应 16 个最小项，但我们只使用了其中的 10 种组合，其他 6 种组合和编码无关，这 6 个最小项称之为约束项或无关项。把所有约束项加起来构成的最小项表达式称为约束条件，即 $\sum d(m_i)=0$。其中"=0"的条件等式表示约束项加入不会改变原函数的逻辑功能。

含有约束项的逻辑函数在化简的时候，在卡诺图中通常用"×"表示，对应的函数值取 0 还是 1，以能够尽量消除变量个数和最小项的个数，使化简结果最简为原则。不需要的约束项，则不再单独作卡诺圈，以避免增加多余项。

【例 12 - 21】 用卡诺图化简 $Y(A,B,C,D)=\sum m(0,2,3,4,6,8,10)+\sum d(11,12,14,15)$，并写出最简与或式。

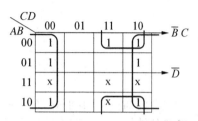

解　画出函数的卡诺图，把 m_{11}, m_{12}, m_{14} 当成"1"时，能够获得更简的结果，而 m_{15} 则不需要单独作卡诺圈。

化简的结果为：$Y(A,B,C,D)=\overline{B}C+\overline{D}$

习　题

一、化简题

1. 用代数法将下列各式化简为最简与或形式。

(1) $F(A,B,C,D)=AB+\overline{A}C+BC+BCD$

(2) $F(A,B,C,D)=A\overline{B}CD+ABD+A\overline{C}D$

(3) $F(A,B,C,D)=AC+\overline{A}D+\overline{B}D+B\overline{C}$

(4) $F(A,B,C,D)=\overline{B+CD}+\overline{\overline{B}+\overline{CD}}$

(5) $F(A,B,C,D)=AB\overline{C}D+B\overline{C}?\,\overline{D}+BD$

(6) $F(A,B,C,D)=ABCD+AB(\overline{CD})+(\overline{AB})CD$

2. 用卡诺图法将下列各式化简为最简与或形式。

(1) $F(A,B,C,D)=\sum m(2,3,6,7,8,9,10,11)$

(2) $F(A,B,C,D)=\sum m(0,2,3,5,7,8,10,11,13,15)$

(3) $F(A,B,C,D)=\sum m(8,9,10,11,12,13,14)$

(4) $F(A,B,C,D)=\sum m(0,1,2,5,6,8,9,10,13,14)$

(5) $F(A,B,C,D)=A\overline{B}\,\overline{C}+(B+C)D+AD$

(6) $F(A,B,C,D)=\overline{A}C+(A+CD)\overline{B}$

(7) $F(A,B,C,D)=\overline{A}\,\overline{C}D+AB+\overline{B}CD+\overline{A}BC+AC$

(8) $F(A,B,C,D)=\sum m(0,1,5,7,8,11,14)+\sum d(3,9,15)$

(9) $F(A,B,C,D)=\sum m(0,2,4,6,8,9)+\sum d(12,13,14,15)$

(10) $F(A,B,C,D)=\sum m(0,1,2,5,6,7,9,13,14)+\sum d(3,4,10)$

【微信扫码】
在线练习 & 相关资源

第13章

逻辑门电路

在前面一章,我们介绍了与、或、非等逻辑运算的规则和符号,但并没有涉及逻辑门组成电路的结构。门电路在数字系统中的作用就是一个开关,"门"开,信号通过,"门"关,信号阻断。这个"开关"是由半导体二极管、三极管以及场效应管等电子器件来实现的。本章我们将继续讨论各基本逻辑门的电路构成及其工作原理。图 13.1 是本章知识结构的思维导图,主要介绍了半导体元件的开关特性和分立元件逻辑门电路以及 TTL 集成门电路的工作原理。

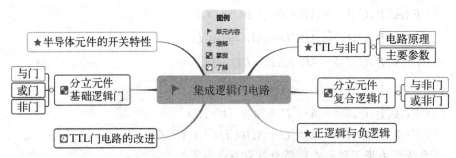

图 13.1　逻辑门电路知识点思维导图

13.1　分立元件逻辑门电路

13.1.1　半导体元件的开关特性

1. 二极管的开关特性

我们已经知道半导体二极管最基本的特性就是单向导电性。如图 13.2,当理想二极管的输入 $u_i = 0$ V时,二极管正向偏置导通,相当于一个闭合的开关,此时信号可以通过,此时 $u_o = u_i = 0$ V;当二极管的输入 $u_i = 5$ V 时,二极管反向偏置截止,相当于一个断开的开关,信号不能通过,此时 $u_o = 5$ V。

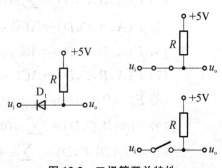

图 13.2　二极管开关特性

实际二极管电路在导通和截止转换时,电流的上升和衰减不是突变的,有一个时间过程,这个转换时间在输入信号频率低的时候,可以忽略,但在输入信号频率较高的时候,是不能被忽略的。

2. 三极管的开关特性

半导体三极管有放大、饱和和截止三个工作状态。放大状态主要功能是实现模拟信号不失真的放大,应用在模拟系统电路中;而在饱和和截止工作状态时,三极管的作用也类似于一个开关,主要应用于数字系统电路中。如图 13.3,当三极管在饱和状态时,三极管的集电极和发射极间电压差很小(图中为 0.3 V),可以看成开关闭合状态。在截止状态时,集电极电流很小(≈ 0 mA),可以看成是开关断开状态。

和二极管开关类似,实际三极管电路在饱和与截止状态转换过程中,因为其内部电场的建立和消

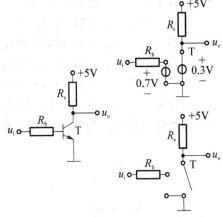

图 13.3　三极管开关特性

散都需要一个时间过程,这个转换时间在输入信号频率低的时候,可以忽略,但在输入信号频率较高的时候,不能忽略,可以采用特殊工艺的抗饱和三极管作为高速电子开关。

13.1.2　分立元件基础逻辑门

用分立元件组成的门电路称为分立元件门电路,由集成电路组成的门电路称为集成门电路。虽然现在随着电子技术的快速发展,分立元件门电路几乎被集成门电路取代,但作为门电路的基础,我们仍然应该理解其结构和工作原理。

1. 二极管与门

二极管与门电路结构如图 13.4 所示,图中 A,B 代表与门的输入,Y 代表与门的输出。设二极管是工作在理想开关状态下。

当 $U_A = 0$ V,$U_B = 0$ V 时,D_1、D_2 均导通,输出 $U_Y = 0$ V。

当 $U_A = 0$ V,$U_B = 5$ V 时,D_1 导通、D_2 截止,输出 $U_Y = 0$ V。

当 $U_A = 5$ V,$U_B = 0$ V 时,D_1 截止、D_2 导通,输出 $U_Y = 0$ V。

当 $U_A = 5$ V,$U_B = 5$ V 时,D_1、D_2 均截止,输出 $U_Y = 5$ V。

若定义 5 V 电压为逻辑 1,0 V 电压为逻辑 0,则输入、输出的关系如表 13.1 所示,可见该电路实现了逻辑与关系,为与门电路。

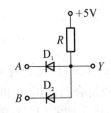

图 13.4　二极管与门电路

表 13.1　二极管与门输入、输出关系

A	B	Y
0	0	0
0	1	0
1	0	0
1	1	1

2. 二极管或门

二极管或门电路结构如图 13.5 所示,图中 A,B 代表或门的输入,Y 代表或门的输出。设二极管是工作在理想开关状态下。

当 $U_A=0\text{V},U_B=0\text{V}$ 时,D_1、D_2 均截止,输出 $U_Y=0\text{V}$。

当 $U_A=0\text{V},U_B=5\text{V}$ 时,D_1 截止、D_2 导通,输出 $U_Y=5\text{V}$。

当 $U_A=5\text{V},U_B=0\text{V}$ 时,D_1 导通、D_2 截止,输出 $U_Y=5\text{V}$。

当 $U_A=5\text{V},U_B=5\text{V}$ 时,D_1、D_2 均导通,输出 $U_Y=5\text{V}$。

若定义 5 V 电压为逻辑 1,0 V 电压为逻辑 0,则输入、输出的关系如表 13.2 所示,可见该电路实现了逻辑或关系,为或门电路。

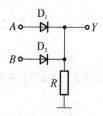

图 13.5　二极管或门电路

表 13.2　二极管或门输入、输出关系

A	B	Y
0	0	0
0	1	1
1	0	1
1	1	1

3. 三极管非门

非门也称为反相器,三极管非门电路结构如图 13.6 所示,图中 A 代表非门的输入,Y 代表非门的输出。设三极管是工作在理想状态下,忽略导通和饱和压降,合理地选择元件参数,让三极管工作在饱和状态和截止状态。

当 $U_A=0\text{V}$,三极管 T 截止,输出 $U_Y=5\text{V}$。

当 $U_A=5\text{V}$,三极管 T 饱和导通,输出 $U_Y=0\text{V}$。

若定义 5 V 电压为逻辑 1,0 V 电压为逻辑 0,则输入、输出的关系如表 13.3 所示,可见该电路实现了逻辑非关系,为非门电路。

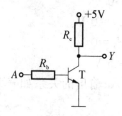

图 13.6　非门电路

表 13.3　三极管非门输入、输出关系

A	Y
0	1
1	0

13.1.3　分立元件复合逻辑门

二极管构成的基本门电路虽然结构简单,但带载能力较差,实际应用场合并不多,为了改善性能,常常将其和带载能力较好的三极管非门电路串联构成复合门使用。如图 13.7 将与门和非门串联就组成了与非门,图 13.8 将或门和非门串联组成了或非门,这类复合门电路的负载能力、可靠性等都有了较大提高。

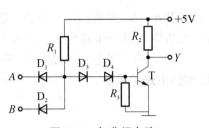

图 13.7 与非门电路

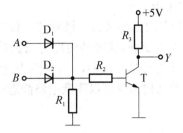

图 13.8 或非门电路

在以上的门电路工作原理讲解时,都是将高电平定义为逻辑 1,低电平定义为逻辑 0,这种定义我们称为"正逻辑";当然如果将高电平定义为逻辑 0,低电平定义为逻辑 1,也是可以的,这种定义我们称为"负逻辑",本教材如果不加说明,均采用"正逻辑"。

 思考题

图 13.7 与非门电路中,D_3、D_4 与 R_1、R_3 组成分压电路,用以控制三极管的工作状态,从而控制输出。你能否详细叙述其工作原理?

13.2 TTL 集成逻辑门电路

分立元件构成的逻辑门电路,结构虽然简单,但占用电路空间大,使用时连线和焊点质量直接影响其可靠性。在实际应用电路中,目前应用广泛的是各种数字集成门电路,相较于分立元件门电路,它的体积小、成本低、带载能力更强,且由于在使用时只需考虑引脚的外部电路连接,所以连接更加简便,可靠性更高。TTL 集成门电路是"晶体管-晶体管-逻辑门"电路的简称,其输入和输出都采用了三极管。

13.2.1 TTL 集成与非门

1. 电路结构

TTL 集成与非门电路如图 13.9 所示,结构上可以分为输入级、中间级和输出级。

(1)输入级

输入级接收输入信号,并完成"与逻辑"功能,可以有单输入型、双输入型和多输入型。图 13.9 所示的为双输入型,它由双发射极管 T_1 和电阻 R_1 组成,实现了两输入"$A \cdot B$"的功能。

(2)中间级

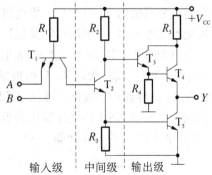

图 13.9 TTL 集成与非门电路结构

中间级由电阻 R_2、R_3 和三极管 T_2 组成,耦合前级送来的放大后的输入信号,通过 T_2 的集电极和发射极将信号分解为两个相位相反的信号,作为输出级中三极管 T_3、T_5 的驱动信号,同时控制输出级 T_4、T_5 管工作在两个相反的工作状态。三极管 T_2 还可以将前级电流放大,用以供给 T_5 足够的基极电流。

（3）输出级

TTL与非门输出级由三极管 T_3、T_4、T_5 和电阻 R_4、R_5 组成，其中 T_3、T_4 组成复合管，作为 T_5 的有源负载，这种结构称为图腾结构。该结构电路中和输出相接的两个三极管 T_4 和 T_5 工作状态总是相反的，一个饱和导通，另一个就是截止状态，也就是说实现了"非逻辑"的功能，这种结构不仅可以降低电路静态损耗、增强电路负载能力还可以提高门电路的开关速度。

2. 工作原理

设工作电平低于 0.3 V 的为低电平，高于 3.6 V 的为高电平，三极管中 PN 结导通压降为 0.7 V。

（1）当输入信号中至少有一个低电平时

若输入端 $V_A = +0.3V$，$V_B = +3.6V$，此时 A 对应的发射结正向导通，T_1 的基极电位被钳位在 $V_{T1B} = 0.3 V + 0.7 V = 1 V$ 左右。而此时 T_1 的集电极电位由 T_2 和 T_5 发射结电位决定，为 $V_{T1C} = 0.7 V + 0.7 V = 1.4 V$，$T_1$ 的集电结 N 高 P 低，处于反偏状态，无法导通，从而 T_2 基极电流为 0，T_2、T_5 截止。由于 T_2 截止，R_2 上电流也为 0，其集电极电位约为电源电压 $V_{T2C} = V_{CC} = +5 V$。这个 $+5 V$ 电位使 T_3、T_4 处于深度饱和导通状态，因流经 R_2 的电流和 I_{T3B} 都很小，均可忽略不计，所以与非门输出端 Y 点的电位：

$$V_F = V_{CC} - I_{T3B}R_2 - U_{BE3} - U_{BE4} \approx 5 - 0 - 0.7 - 0.7 \approx 3.6V（高电平）$$

当两个输入端电位均为低电平 $+0.3 V$ 或 $V_A = +3.6 V$，$V_B = +0.3$ V 时，分析过程类似，大家可以自行分析。由分析结果可见，输入端只要有一个低电平，输出就是高电平，电路实现了"有 0 出 1"的逻辑功能。

（2）当输入信号全部为高电平时

若输入端 $V_A = +3.6$ V，$V_B = +3.6$ V，此时 T_1 管的集电极电位仍为 1.4 V，T_1 管集电结正偏，此时 T_1 管集电结导通后的基极电位被钳制在 1.4 V + 0.7 V = 2.1 V，使发射结 N 高 P 低，工作于"倒置"工作状态。在倒置情况下，T_1 管的集电结作为发射结使用，T_1 管的多发射极和基极向 T_2 基极（T_1 集电极）提供较大的电流。该电流使 T_2 饱和导通，T_2 的发射极电流在电阻 R_3 两端的压降又保证了 T_5 可以饱和导通，从而使 TTL 与非门的输出电位等于 T_5 的饱和输出，约为 0.3 V，为低电平典型值。

由于 T_2 饱和导通，所以 T_2 集电极的电压为 1 V，此时 T_3 微导通，T_4 截止。可见，TTL 与非门电路在输入全为高电平的时候，输出为低电平，符合与非门"全 1 出 0"的与非功能。

3. 电压传输特性

TTL 集成与非门的电压传输特性是描述输出电压与输入电压之间对应关系的曲线。基本型TTL 与非门的电压传输特性如图 13.10 所示。图中 AB 段，T_2、T_5 两管均为截止状态，此时输入为低电平，输出为高电平 $U_{OH} = 3.6 V$；B 点后，T_2 开始导通，BC 段时，T_2 导通，T_5 截止；C 点后，T_5 开始导通，输出电压快速下降，到达 D 点时，下降至

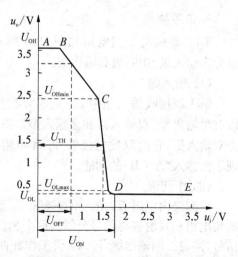

图 13.10　TTL 与非门电压传输特性

低电平 0.3 V,此时对应的输入为开门电平 U_{ON};DE 段时,T_2、T_5 管都处于深度饱和导通的区域,此时输出为低电平 $U_{OL}=0.3$ V。为确保门电路的正常工作,通常规定输出高电平的下限值 $U_{OHmin}=2.4$ V,输出低电平的上限值 $U_{OLmax}=0.4$ V。图中 CD 段的中点所对应的输入电压称为阈值电压 U_{TH}。

4. 主要参数

(1) 输出高电平 U_{OH}:指与非门一个(或几个)输入端为低电平时的输出电压值,一般 74 系列的 TTL 与非门输出高电平的典型值为 3.6 V。

(2) 输出低电平 U_{OL}:指与非门输入全部为高电平时的输出电压值,典型值为 0.3 V。

(3) 开门电平 U_{ON}:输出为标准低电平时,所允许的最小输入高电压值,典型值为 1.8 V。

(4) 关门电平 U_{OFF}:输出为标准高电平时,所允许的最大输入低电压值,典型值为 0.8 V。

(5) 阈值电压 U_{TH}:阈值电压是输出端为高、低电平的分界线,输入电压小于该值时,与非门截止,输出为高电平;输入电压大于该值时,与非门饱和导通,输出为低电平。典型值为 1.4 V。

(6) 扇出系数 N_O:门电路输出端允许驱动同类型门的个数,扇出系数反映了与非门的最大负载能力,N_O 越大,与非门电路的带载能力越强,典型值为 8。

思考题

对于多输入端的与非门,其多余输入端应该如何处理呢? 利用与非门实现逻辑功能时,常将电路设计成输出低电平有效,其原因是什么呢?

13.2.2　TTL 门电路的改进

1. 集电极开路门(OC 门)

TTL 与非门电路输出电阻较低,具有较强的带负载能力,但却不能将两个或两个以上的门电路输出端直接相并联使用,如图 13.11 所示,若输出端直接并联使用且当第一个门电路的输出为高电平,第二个门电路输出为低电平时,第二个门电路的 T_5 导通,电源 V_{CC} 经第一个门电路的 R_5、T_4 和第二个门电路的 T_5 流到地,由于回路电阻很小,将会有很大的回路电流,使得 T_5 因电流过大而烧毁,从而损坏整个门电路。

为了避免这种情况,可以把输出级 T_5 的有源负载去掉,做成集电极开路的形式。集电极开路与非门通常称为 OC 门(Open Collector Gate)。如图 13.12 (a)(b)分别是 OC 门的电路结构图和逻辑符号。

采用这种结构时,T_5 导通,输出低电平;T_5 截止

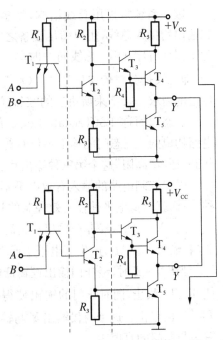

图 13.11　TTL 与非门电路输出端直接并联

时,输出实际上是悬空开路状态,为了得到高电平,必须外接负载电阻 R 和电源 V_{CC},这个电阻 R 又称为上拉电阻。

OC门因为集电极开路,所以输出端可以并联使用,如图 13.13 所示,当两个门电路输出中有一个是低电平时,其内部输出管 T_5 导通,输出信号为低电平;只有当两个门电路的输出都是高电平的时候,其内部的两输出管 T_5 均截止,此时输出信号才为高电平。可见,OC门的这种连接方式,实现了将两个门电路的输出"与逻辑"功能,这种连接方式称为"线与"。如图 13.3 输出与输入的关系为

$$Y=Y_1 \cdot Y_2 = \overline{AB} \cdot \overline{CD} = \overline{AB+CD}$$

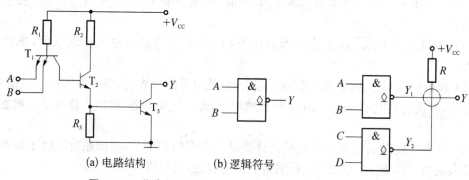

(a) 电路结构　　(b) 逻辑符号

图 13.12　集电极开路门　　　　**图 13.13　线与电路**

如表 13.4 所示,实现了两个门电路输出的"线与"功能或者说实现了四变量输入的"与或非"逻辑功能。

2. 三态门(TS门)

数字系统常采用总线结构,将多个设备的输入和输出均接入总线,用以满足设备之间的信号传递。为了保证有序工作,总线同一时刻只能传送一种信号,即总线是分时传递信息的。OC门虽然实现了线与功能,但却无法满足各路信号的分时传送的需求。接下来所讲述的"三态门"电路就解决了这个问题。

表 13.4　线与电路输入、输出关系

Y_1	Y_2	Y
0	0	0
0	1	0
1	0	0
1	1	1

三态门简称 TS(Tristate Logic)门,是在普通逻辑门的基础上,增添了使能控制端输入电路构成的。三态门的输出不仅有普通门电路高电平和低电平(逻辑 1 和逻辑 0)两种输出状态,还有"高阻"这个第三种输出状态。

根据控制电路的输入有效电平不同,三态门分为高电平使能有效和低电平使能有效两种,下面就以低电平使能有效控制的与非门电路说明三态门的工作原理(图 13.14)。

当 $\overline{EN}=0$ 时,经非门输出逻辑高电平 1,二极管 D 截止,此时三态门就是普通 TTL 与非门,输出 $Y=\overline{AB}$,产生高电平 1 或者低电平 0。

当 $\overline{EN}=1$ 时,经非门输出逻辑低电平 0,二极管 D 导通,T_3 基极电位被钳位在低电平,使 T_3、T_4 截止,同时非门的输出使得 T_1 对应发射结导通,T_1 基极被钳位在低电平,因而 T_2、T_5 也截止。这个时候输出 Y 与输入端均是"断开"状态,呈现"高阻"状态。表 13.5 为该三态与非门的真值表。

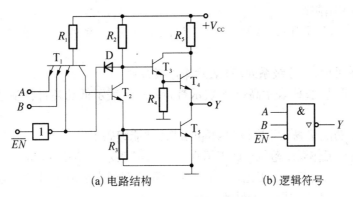

(a) 电路结构　　　　　　(b) 逻辑符号

图 13.14　低电平有效控制三态门

表 13.5　低电平控制有效的三态与非门真值表

$\overline{EN}$	Y_1	Y_2	Y
0	0	0	0
0	0	1	0
0	1	0	0
0	1	1	1
1	×	×	高阻态

当三态门结构的设备使能端有效的时候,设备向总线传送数据;当使能端无效时,三态门处于高阻悬挂状态,这个时候由其他使能端有效的三态门设备向总线传送数据,从而实现了总线分时传送信息功能,保证了系统的有序协调工作。

 思考题

对于多输入端的与非门,其多余输入端应该如何处理呢?利用与非门实现逻辑功能时,常将电路设计成输出低电平有效,其原因是什么呢?

13.2.3　TTL 集成芯片及其使用

国产数字集成电路除了本章介绍的 TTL 系列以外,还有 CMOS、DTL、HTL 等系列。下面简单介绍芯片的型号编码的含义,如图 13.15 以 CT74LS00CJ 型号为例,集成芯片型号编码说明如下:

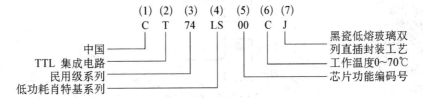

图 13.15　集成芯片型号编码说明

（1）C 表示中国制造。

（2）T 表示 TTL 系列；H 表示 HTL 系列；E 表示 ECL 系列；C 表示 CMOS 系列；M 表示存储器。

（3）74 表示民用、工业级系列；54 表示军用级系列。

（4）L 表示低功耗；H 表示高速；S 表示肖特基；LS 表示低功耗肖特基系列；AS 表示先进肖特基系列。

（5）00 表示功能编码。不同逻辑功能的芯片功能编码不同。

（6）表示芯片工作温度范围。C 表示 0～70℃；M 表示 −55℃～125℃。

（7）表示制造材料和封装工艺。D 表示多层陶瓷双列直插封装；J 表示黑瓷低熔玻璃双列直插封装；F 表示多层陶瓷扁平封装。

目前市场上主流产品除了 TTL 系列集成电路外，还有 CMOS 集成电路。CMOS 系列集成电路具备功耗低、电源适用范围宽、输入阻抗高、抗干扰性强等优点，在实际工程应用中应用越来越广泛。在使用时，同功能编码型号的功能和对应 TTL 系列相同。

习 题

一、填空题

1. 三态门可能输出状态有_____，_____，_____。

2. 输出端可以直接相连的门电路有_____和_____电路。

3. 把集电极开路门输出线连接到一起能实现_____功能。

4. 把_____连接在一起可以允许多个器件共用一条数据总线，在这种情况下，某一时刻只允许一个器件驱动总线。

5. 对于 TTL 集成电路，如果输入端悬空，则相当于输入_____。

6. 集电极开路门的英文缩写为_____门，工作时必须外加_____和_____。

7. 三极管在开关状态时，工作于_____区和_____区。

8. 在"负逻辑"电路中，电平接近 0 V 时，称为逻辑_____；电平接近电源电平 V_{CC} 时，称为逻辑_____。

9. 多发射极结构的电路中，各个发射极输入之间可以完成_____逻辑。

10. 如图 13.16，利用 OC 门"总线"结构，可以实现多变量的_____逻辑。

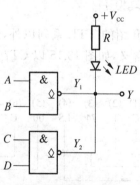

图 13.16 题 10 图

第14章

组合逻辑电路

在前一章,我们学习了集成逻辑门的相关知识,也学习了如何由基础逻辑门来搭建复合逻辑门电路的方法。前一章所讲授的内容都是最基本的组合逻辑电路,相关电路的输出完全由输入的逻辑变量所决定,它们都属于组合逻辑电路的范畴。粗略地讲,组合逻辑电路是一些逻辑门电路的组合,并且在任意时刻的输出状态仅取决于当前时刻的输入状态,而与电路以前的状态没有关系。本章将详细介绍组合逻辑电路的基本概念、组合逻辑电路分析与设计方法,同时介绍几款经典的组合逻辑电路:加法器、编码器、译码器和数值比较器,图14.1是本章知识点思维导图。

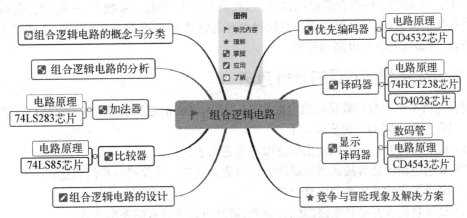

图 14.1 组合逻辑电路知识点思维导图

14.1 组合逻辑电路的分析

14.1.1 组合逻辑电路概述

前一章,我们学习了一些复合逻辑门:与非门、或非门、与或非门、同或门和异或门。实际上,这些复合逻辑门就是简单的组合逻辑电路。以与非门为例,它是由与门和非门级联构成。在数字电路系统中,有很多类似功能的单元电路。这些单元电路按照其结构、工作原理和逻辑功能的不同特点可以划分为**组合逻辑电路**和**时序逻辑电路**两大类。组合逻辑电路(Combinational Logic Circuit)在逻辑功能上的特点是任意时刻的输出仅仅取决于该时刻的输入,而与电路以前的状态无关。对于时序逻辑电路(Sequential Logic Circuit),其任意时刻的输出不仅与当前时刻的输入有关,还与电路以前的状态有关。本节主要介绍组合逻辑电路的基本概念。

图 14.2 是组合逻辑电路的结构框图,其中 I_0、I_1、$\cdots$、I_{n-1} 是输入的逻辑变量,Y_0、Y_1、$\cdots$、Y_{m-1} 是输出的逻辑变量。组合逻辑电路的特点如下:输出和输入之间没有反馈延迟通路;电路中不存在存储记忆部件(例如触发器)。

若某组合逻辑电路实现的是一个 2 输入与非门逻辑功能,根据图 14.2,其输入端逻辑变量为 I_0 和 I_1,输出端逻辑变量为 Y_0,具体电路结构如图 14.3 所示。从图 14.3 可以看到,该组合逻辑电路(2 输入与非门)的输出端 Y_0 到输入端 I_0 和 I_1 之间没有反馈延迟通路,也没有存储记忆部件(例如触发器)。输入端信号 I_0 和 I_1 经过与门 G_1 后,其输出信号再经过非门 G_2,非门的输出 Y_0 作为整个组合逻辑电路的输出。

图 14.2　组合逻辑电路的结构框图

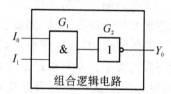

图 14.3　组合逻辑电路举例

图 14.3 是最简单的组合逻辑电路之一,在具体的数字电路系统中,一些组合逻辑电路的结构往往很复杂,通过电路图无法直接得到其逻辑功能,需要特定的分析方法来确定其逻辑功能,这就是组合逻辑电路的分析。

14.1.2　组合逻辑电路的分析方法

组合逻辑电路的分析就是找出电路输出与输入之间的逻辑关系,确定电路具体的逻辑功能。组合逻辑电路的分析步骤如下:

(1) 从电路图的输入端到输出端逐级写出逻辑表达式;

(2) 采用逻辑代数方法或者卡诺图方法对表达式进行化简得到最简表达式;

(3) 由最简表达式出发列出真值表;

(4) 根据真值表并结合电路图综合分析、研判电路所具有的逻辑功能。

【例 14 - 1】　分析图 14.4 所示电路的逻辑功能。

解　首先,根据图 14.4 写出逻辑表达式。分析该电路图我们可知:逻辑变量 A 和 B 接入到与非门 G_1 的输入端,G_1 的逻辑输出为 $\overline{A \cdot B}$,而该输出分别接到 G_2 和 G_3 的一个输入端口。此外,逻辑变量 A 接入到 G_2 的另外一个输入端,因此 G_2 的逻辑输出为 $\overline{\overline{A \cdot B} \cdot A}$。类似地,逻辑变量 B 接入到 G_3 的另外一个输入端,因此 G_3 的逻辑输出为 $\overline{\overline{A \cdot B} \cdot B}$。$G_2$ 和 G_3 的逻辑输出接入到 G_4 的输入端,而 G_4 的逻辑输出 Y 作为整个电路的输出。综上所述,我们有如下逻辑表达式

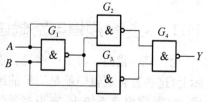

图 14.4　[例 14 - 1]图

$$Y=\overline{\overline{\overline{A \cdot B}} \cdot A \cdot \overline{\overline{A \cdot B}} \cdot B} \tag{14.1}$$

其次,采用逻辑代数方法(反演律)对表达式进行化简得到

$$\begin{aligned}
Y&=\overline{\overline{\overline{A \cdot B}} \cdot A \cdot \overline{\overline{A \cdot B}} \cdot B}\\
&=\overline{\overline{\overline{A \cdot B}} \cdot A}+\overline{\overline{\overline{A \cdot B}} \cdot B}\\
&=\overline{\overline{A \cdot B}} \cdot A+\overline{\overline{A \cdot B}} \cdot B\\
&=(\overline{A}+\overline{B}) \cdot A+(\overline{A}+\overline{B}) \cdot B\\
&=A \cdot \overline{B}+\overline{A} \cdot B
\end{aligned} \tag{14.2}$$

接下来,根据最简表达式 $Y=A \cdot \overline{B}+\overline{A} \cdot B$ 列写真值表。

最后,根据真值表并结合电路图分析该组合逻辑电路的功能。通过真值表(表 14.1)可以发现,当输入的逻辑变量 A 和 B 取相同的值时,Y 的值为 0;当输入的逻辑变量 A 和 B 取不同的值时,Y 的值为 1。该电路的逻辑功能是前一章所学习的异或逻辑。

表 14.1　真值表

A	B	Y
0	0	0
0	1	1
1	0	1
1	1	0

14.2　组合逻辑电路的设计

组合逻辑电路分析的逆过程就是组合逻辑电路的设计。所谓组合逻辑电路的设计是指从实际的逻辑功能需求出发来设计出具有该逻辑功能的"最优"电路。这里的"最优"具体有如下三方面的要求:

(1) 在所设计的电路中,使用元器件的数量最少;

(2) 在所设计的电路中,使用元器件的种类最少;

(3) 在所设计的电路中,电路的级数最少。

上述三个要求中,前两个"最少"很容易理解,元器件的数量和种类越少,整个电路的设计成本越低。但有一点需要注意,有的时候并不是越少越好。在本章最后还会介绍组合逻辑电路的竞争冒险现象,在具体的电路设计过程中会人为地添加冗余逻辑来克服这一问题。添加冗余逻辑会使元器件的数量和种类变多。需要注意的是,这里"最优"的前提条件是:在所设计电路逻辑功能正确无误的基础上的"最少"。

第三个"最少"涉及电路的级数。所谓"级数"是指从某一输入信号发生变化到引起输出端信号变化所经历的逻辑门的最大数目。由于实际所使用的逻辑门器件并不是理想的器件,信号经过逻辑门都有一个信号的延迟。组合逻辑电路之所以会产生竞争冒险现象,是因为电路中存在时间延迟。如果电路的级数越多,信号的延迟时间越长,产生竞争冒险现象的可能性也就越大。因此,在电路设计过程中,应尽可能减少电路的级数。

组合逻辑电路的设计是从具体的问题出发来设计出解决该问题的最优逻辑电路。组合逻辑电路设计的具体步骤如下:

(1) 逻辑抽象。根据实际的电路功能需求或者问题来分析其逻辑因果关系,需要确定如果要完成该逻辑功能,具体需要几个输入变量、需要几个输出变量,还需要对输入输出变量进行状态赋值,即输入输出变量取值不同时(取值为 0 或者为 1)所代表的含义是什么。

(2) 列真值表。将上一步骤中逻辑抽象的结果用真值表列写出来。

(3) 写表达式。由真值表出发,采用卡诺图化简的方式来得到最简表达式。

(4) 画电路图。根据表达式画出逻辑电路图。

在逻辑抽象环节,通常将逻辑因果关系的"起因"确定为输入变量,而将逻辑因果关系的"结果"作为输出变量。对逻辑变量进行状态赋值时,用"0"和"1"来代表变量的两种不同状态,"0"和"1"所代表的含义由电路设计者来确定。但有一点需要注意,一旦状态赋值确定后,在后续的电路设计过程中是不允许改变的,否则所设计的电路是不正确的。

列真值表的过程实际上就是根据逻辑问题的因果关系,将输入变量的所有可能取值以及相应的输出变量值一一列写出来。通常,输入变量的取值是以二进制数递增的形式排列。

根据真值表写表达式的过程中,如果真值表不复杂,例如具有 2 个输入变量的真值表,其对应的逻辑表达式可以直接写出来。如果真值表比较复杂,可以采用卡诺图化简的形式来得到逻辑表达式。

根据表达式画电路图涉及器件的选型问题,有时会根据实际器件的种类将逻辑表达式进行适当地变形处理。

【例 14 - 2】 按照少数服从多数的原则设计一款三人表决器电路。

解 这是一个典型的组合逻辑电路的设计,具体设计步骤如下。

(1) 逻辑抽象。三个评委的投票作为输入变量,分别用字母 A、B 和 C 来表示,表决的结果用字母 F 来表示。A、B 和 C 的取值为 0 时表示相应的评委投的是反对票;取值为 1 时表示投的是赞成票。F 的取值为 0 时表示表决不通过;取值为 1 时表示表决通过。

(2) 列真值表。将上一步骤中逻辑抽象的结果用真值表列写出来,具体如表 14.2 所示。

表 14.2 三人表决器电路真值表

A	B	C	F
0	0	0	0
0	0	1	0
0	1	0	0
0	1	1	1
1	0	0	0
1	0	1	1
1	1	0	1
1	1	1	1

(3) 写表达式。采用卡诺图化简来得到表达式。图 14.5 是表 14.2 所对应的卡诺图,根据该卡诺图可以得到如下表达式:

$$F = A \cdot B + B \cdot C + A \cdot C \qquad (14.3)$$

由表达式(14.3)可知,需要三个 2 输入与门和一个 3 输入的或门可以实现该电路。实际上,可以采用逻辑代数的反演定律来改写式(14.3):

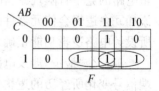

图 14.5 [例 14 - 2]的卡诺图

$$F = \overline{\overline{A \cdot B} \cdot \overline{B \cdot C} \cdot \overline{A \cdot C}} \qquad (14.4)$$

若要用逻辑门来实现式(14.3)和式(14.4),两个表达式所需要逻辑门的数量是一样的,都是 4 个,但是从逻辑门的种类来看,前一个表达式需要与门和或门两种类型的逻辑门,而后者只需要一种类型的逻辑门,即与非门。因此,按照"最优"准则,优先选择后一种方案。

（4）画电路图。根据式（14.4）可以画出相应的电路图,具体如图 14.6 所示。

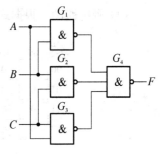

图 14.6 ［例 14 - 2］的电路图

【例 14 - 3】 设计一个组合逻辑电路,用于判断输入的四位二进制数是否大于 9。

解 （1）逻辑抽象。四个输入变量,分别用字母 A、B、C 和 D 来表示,判断的结果用字母 F 来表示。当四位二进制数 $ABCD$ 的取值范围是 0000～1001 时,F 的取值为 0,表示输入的四位二进制数小于等于 9;$ABCD$ 的取值范围是 1010～1111 时,F 的取值为 1,表示输入的四位二进制数大于 9。

（2）列真值表。将上一步骤中逻辑抽象的结果用真值表列写出来,具体如表 14.3 所示。

表 14.3 数值判断电路真值表

A	B	C	D	F
0	0	0	0	0
0	0	0	1	0
0	0	1	0	0
0	0	1	1	0
0	1	0	0	0
0	1	0	1	0
0	1	1	0	0
0	1	1	1	0
1	0	0	0	0
1	0	0	1	0
1	0	1	0	1
1	0	1	1	1
1	1	0	0	1
1	1	0	1	1
1	1	1	0	1
1	1	1	1	1

（3）写表达式。采用卡诺图化简来得到表达式。图 14.7 是表 14.3 所对应的卡诺图,根据该卡诺图可以得到如下表达式:

$$F = A \cdot B + A \cdot C \tag{14.5}$$

用反演律重新改写表达式（14.5）,我们得到:

$$F = \overline{\overline{A \cdot B} \cdot \overline{A \cdot C}} \tag{14.6}$$

（4）画电路图。根据式(14.6)可以画出相应的电路图,具体如图 14.8 所示。

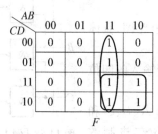

图 14.7 ［例 14‑3］的卡诺图

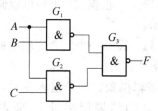

图 14.8 ［例 14‑3］的电路图

思考题

如何设计一款用于举重比赛的裁判员表决器电路? 举重比赛共有三位裁判,一位主裁判,两位副裁判。当主裁判和其中至少一位副裁判判定选手举重成功时,才算选手举重成功;否则判定举重不成功。

14.3 加法器

算术运算(加法、减法、乘法和除法)是数字逻辑系统的基本功能之一。在一些专用的数字信号处理系统中,例如 DSP 芯片,不同的算术运算都是由相应的功能单元实现的。而在通用数字计算机系统中,执行算术运算的是 CPU 的算术逻辑单元。实际上,计算机系统中的所有算术运算都是由加法运算实现的。换句话说,减法、乘法和除法运算都是采用加法运算来实现的。因此,加法器是数字逻辑系统的基本功能单元电路。需要注意的是,教材中所介绍的加法运算是二进制数的加法运算。

加法器分为半加器和全加器,它们都是完成两个 1 位二进制数相加的一种组合逻辑电路。如果只考虑加数和被加数本身,而没有考虑由低位进位的加法运算称为半加,实现半加运算的组合逻辑电路称为半加器。在半加器的基础上还要考虑由低位进位的加法运算称为全加,实现全加运算的组合逻辑电路称为全加器。接下来采用组合逻辑电路设计的方法给出半加器和全加器的电路原理图。

14.3.1 半加器

对于半加器,其输入变量为加数和被加数,分别用字母 A 和 B 来表示。半加器的输出变量有两个,一个是本位和,另外一个是向高位的进位,分别用 S 和 CO 来表示。根据半加器的运算规则可列出它的真值表,具体如表 14.4 所示。

观察真值表 14.4,很容易发现输出变量 S 和输入变量 A、B 之间是"异或"逻辑关系,输出变量 CO 和输入变量 A、B 之间是"与"逻辑关系。因此,有如下逻辑表达式:

表 14.4 半加器电路真值表

A	B	S	CO
0	0	0	0
0	1	1	0
1	0	1	0
1	1	0	1

$$\begin{cases} S = A \oplus B \\ CO = A \cdot B \end{cases} \qquad (14.7)$$

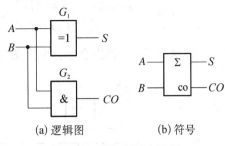

根据式(14.7)可以画出半加器电路图,如图 14.9(a) 所示。

图 14.9(b)是半加器的逻辑符号。从图 14.9 可以看到,半加器实际上是由一个异或门和一个与门构成,结构比较简单。要注意该电路没有考虑低位的进位。如果在半加器的基础上再考虑低位的进位,那么就变为全加器。

(a) 逻辑图   (b) 符号

图 14.9　半加器的电路图

14.3.2　全加器

对于全加器,其输入变量为加数、被加数和低位的进位,分别用字母 A、B 和 CI 来表示。全加器的输出变量有两个,一个是本位和,另外一个是向高位的进位,分别用 S 和 CO 来表示。根据全加器的运算规则可列出它的真值表,具体如表 14.5 所示。

表 14.5　全加器电路真值表

A	B	CI	S	CO
0	0	0	0	0
0	0	1	1	0
0	1	0	1	0
0	1	1	0	1
1	0	0	1	0
1	0	1	0	1
1	1	0	0	1
1	1	1	1	1

根据表 14.5,采用卡诺图化简来得到 S 和 CO 的表达式。图 14.10(a)和图 14.10(b)分别是本位和 S 的卡诺图和进位输出 CO 的卡诺图。

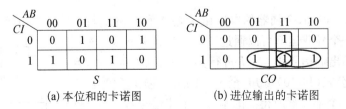

(a) 本位和的卡诺图   (b) 进位输出的卡诺图

图 14.10　全加器的卡诺图

根据图 14.10(a),图中每一个最小项都是孤立项,本位和 S 可以通过对所有的最小项求和得到。对于图 14.10(b),通过三个相邻项的合并可以得到进位输出 CO 的最简表达式。最终有

$$\begin{cases} S = \overline{A}BCI + \overline{A}B\,\overline{CI} + ABCI + A\overline{B}\,\overline{CI} \\ CO = AB + ACI + BCI \end{cases} \tag{14.8}$$

根据式(14.8)画出全加器电路图,如图 14.11(a) 所示。

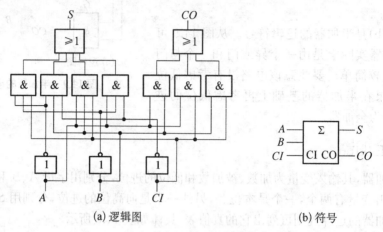

(a) 逻辑图   (b) 符号

图 14.11　全加器的电路图

图 14.11(b)是全加器的逻辑符号。以上,采用组合逻辑电路设计的方法给出了全加器的电路原理图。实际上,全加器也可以由半加器来实现。对本位和 S 进行适当地变换处理,会得到公式(14.9)

$$\begin{aligned} S &= \overline{A}\overline{B}CI + \overline{A}B\,\overline{CI} + ABCI + A\overline{B}\,\overline{CI} \\ &= (\overline{A}B + A\overline{B})\,\overline{CI} + (\overline{A}\overline{B} + AB)CI \\ &= (A \oplus B)\overline{CI} + (\overline{A \oplus B})CI \\ &= A \oplus B \oplus CI \end{aligned} \tag{14.9}$$

将进位输出 CO 的卡诺图(参见图 14.10(b))中的最小项列写出来并化简,会得到进位输出 CO 的另外一种表达式

$$\begin{aligned} CO &= AB\,\overline{CI} + \overline{A}BCI + ABCI + A\overline{B}CI \\ &= AB + \overline{A}BCI + A\overline{B}CI \\ &= AB + (A \oplus B)CI \end{aligned} \tag{14.10}$$

由公式(14.9)可知,全加器的本位和 S 是 A 和 B 先进行异或运算,其结果再与 CI 进行异或运算。第一个异或运算可以通过一个半加器来实现,该半加器的本位和输出端信号再与 CI 进行异或运算(由第二个半加器实现)。由公式(14.10)可知,全加器的进位输出 CO 是将 A 和 B 通过第一个半加器所得到的本位和输出端信号与 CI 进行与运算(该与运算使用第二个半加器实现),这两个半加器的进位输出信号经过或门便得到全加器的进位输出 CO。具体电路参见图 14.12。

以上介绍的加法器都只能实现 1 位二进制加法运算,如果

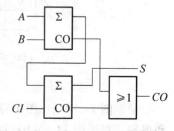

图 14.12　由半加器实现全加器电路原理图

要执行多位加法运算可以采用多个一位加法器以级联的形式实现。以 4 位加法器为例,图 14.13 给出了具体的实现方案。

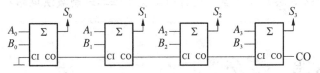

图 14.13　4 位串行进位加法器电路原理图

在图 14.13 中,低位全加器的进位输出依次接入到高位全加器的进位输入端,通过这种级联形式实现了 4 位全加器电路。从该图可以看出,只有当低位的加法运算结束后才能进行高位的加法运算,其缺点是运算速度慢。但是该电路具有结构简单的优点,适合于对运算速度要求不高的场合。

14.3.3　超前进位加法器

解决串行加法器运算速度慢的一个有效方案是超前进位加法器,该方案解决了由于进位信号逐级传递所耗费时间的问题。超前进位加法器中每一位的进位只由加数和被加数决定,而与低位的进位无关。有关超前进位的概念与原理,这里不做详细介绍,感兴趣的读者可参考相关教材。本小节主要介绍一款超前进位加法器芯片 74LS283。

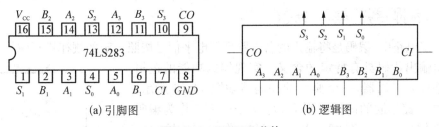

(a) 引脚图　　　　　　　　　(b) 逻辑图

图 14.14　74LS283 芯片

图 14.14(a)是 74LS283 芯片的引脚图,该芯片是具有超前进位功能的 4 位二进制加法器。$A_0 \sim A_3$ 和 $B_0 \sim B_3$ 分别是加数和被加数输入端口,A_0 和 B_0 分别为加数和被加数的最低位,A_3 和 B_3 分别为加数和被加数的最高位;$S_0 \sim S_3$ 是求和输出端口;7 引脚和 9 引脚分别是进位输入和进位输出端口,如果没有进位输入,7 引脚需要接低电平;8 引脚和 16 引脚分别接地和电源。为了讨论问题方便,在分析电路时往往使用图 14.14(b)所示的逻辑图。

【例 14 - 4】　试用 74LS283 芯片实现乘法运算 $Y = 2X$ 的逻辑功能,其中 $X = X_3 X_2 X_1 X_0$ 为 4 位二进制数。

解　乘法运算可以分解为加法运算:$Y = 2X = X + X$。X 的最大取值为 1111,乘以 2 之后的值为 $Y = 11111$。74LS283 芯片求和输出端和进位输出端一共是 5 位,能够表示 Y 的最大值。因此,只需将乘数 X 分别接到 74LS283 芯片的 $A_0 \sim A_3$ 和 $B_0 \sim B_3$ 端口即可。具体电路如图 14.15 所示。在该电路图中,乘法结果用五位二进制数描述为 $Y = Y_4 Y_3 Y_2 Y_1 Y_0$。

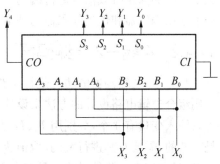

图 14.15　[例 14 - 4]电路图

思考题

如何使用 74LS283 芯片和适当的逻辑门实现 4 位二进制减法电路？画出电路图。

14.4　编码器

编码器是现代数字系统中不可或缺的逻辑单元电路。例如，某数字系统有 64 路不同的高低电平信号需要传输，如果采用并行方式进行传输，需要一个 64 位的数据总线，其硬件成本会很高，但其优点是速度快，可以将 64 位信号一次性传输到指定的单元电路。如果没有 64 位的数据总线，可以采用串行方式进行传输，其硬件成本低，但是时间成本又会很高，该传输方式适合于对时间要求不高的应用场合。是否有一种既节省时间又对硬件资源要求不高的解决方案呢？一种可行的解决方案是采用编码器来对这 64 路不同的高低电平信号进行编码，用 6 位二进制编码来代表这 64 路不同的高低电平信号，在信号传输过程中只需传输这 6 路的编码信号，在接收端再使用译码器就可以还原出原始的编码信号。该方案是一种折中方案，但是却同时具有并行传输和串行传输的优点，其核心是使用了编码器。本节将介绍编码器的原理及相应的芯片。

14.4.1　编码器的基本概念

在数字电路中，编码是将输入的若干路高低电平信号按照一定的规律进行编排并输出，使得每组输出代码具有特定的含义。实现编码功能的逻辑单元电路称为编码器，一个典型的编码器如图 14.16 所示。在该图中，n 路不同的高低电平 I_0、I_1、I_2、$\cdots$、I_{n-1} 作为编码器的输入信号，m 路信号 Y_0、Y_1、$\cdots$、Y_{m-1} 作为编码输出信号。这里，编码输出信号的位数要远小于编码输入信号的位数。通常来讲，输入和输出位数间的关系是 $n=2^m$，个别类型的编码器除外（例如 BCD 编码器）。

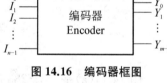

图 14.16　编码器框图

编码器可分为通用编码器和优先编码器两种类型。一般将 2^m 路高低电平编码为 m 位二进制代码的电路称为通用编码器。通用编码器要求在工作时，任意时刻只允许输入一个待编码信号，否则编码输出会出现错乱。而优先编码器则能够克服这一缺点，它只会对优先级最高的那一路有效信号进行编码。接下来以最简单的编码器：4 线—2 线编码器为例介绍一下通用编码器和优先编码器的基本原理。

14.4.2　4 线—2 线编码器

4 线—2 线编码器的功能是将 4 路高低电平用 2 位二进制信号进行编码输出。接下来采用组合逻辑电路设计的方法来设计 4 线—2 线通用编码器。

输入变量有 4 个，分别用 I_0、I_1、I_2 和 I_3 来表示，这四个变量取值为 1 时表示该路信号是有效的，需要对其进行编码；取值为 0 时表示该路信号是无效的。需要注意的是，在同一时刻，只允许有一路信号输入是高电平，而其余三路信号输入的均为低电平。

编码输出信号是 2 位二进制数,用 Y_0 和 Y_1 来表示。当 $Y_1Y_0=00$ 时,表示 I_0 端口是有效电平,其余端口是无效电平,用 $Y_1Y_0=00$ 来表示对 I_0 的编码输出。当 I_1 端口是有效电平,其余端口是无效时,用 $Y_1Y_0=01$ 来表示对 I_1 的编码输出。类似地,可以对其他两路信号进行编码。表 14.6 是 4 线—2 线通用编码器的真值表。

表 14.6　4 线—2 线通用编码器真值表

编码输入				编码输出	
I_0	I_1	I_2	I_3	Y_1	Y_0
1	0	0	0	0	0
0	1	0	0	0	1
0	0	1	0	1	0
0	0	0	1	1	1
其 他				×	×

从表 14.6 可以直接得到编码输出端 Y_1 和 Y_0 的逻辑表达式

$$Y_1 = I_2 + I_3 \qquad (14.11)$$

$$Y_0 = I_1 + I_3 \qquad (14.12)$$

图 14.17 是 4 线—2 线通用编码器的电路原理图。

从图 14.17 可以看出,输入端信号 I_0 并没有真正接入到电路中,那该电路能够对该路信号进行编码吗? 实际上,当 I_0 这一路信号是有效电平时,I_1、I_2 和 I_3 均为 0,根据公式(14.11)和(14.12)可

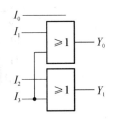

图 14.17　4 线—2 线通用编码器电路图

知,$Y_1Y_0=00$,也就是说图 14.17 所示电路能够实现对 I_0 的编码。但需要注意,公式(14.11)和(14.12)还不足以描述表 14.6。因为,在 I_0、I_1、I_2 和 I_3 均为 0 时,根据这两个公式,编码输出仍为:$Y_1Y_0=00$。这表明 I_0 是无效电平时和 I_0 是有效电平时的编码输出一样,这就产生矛盾。注意观察表 14.6 的最后一行,该行已明确说明,$I_0 \sim I_3$ 是不允许同时为 0 的。因此,我们还需要一个约束条件:$I_0+I_1+I_2+I_3=1$。

如果图 14.17 所示电路在受到干扰时,会出现多个输入端口同时为高电平的情形。那此时电路的编码输出还正确吗? 答案是否定的。例如,当 I_1 和 I_2 同时为 1 时,根据公式(14.11)和(14.12)可知,$Y_1Y_0=11$,这是一个错误编码。因为 $Y_1Y_0=11$ 表示的是对 I_3 这一路信号进行编码的结果。在实际的电路中,往往会出现输入端同时为 1 的情形,这时要想使编码不出现错乱,需要对输入端信号人为地赋予一个优先级,编码器只对优先级最高的那一路信号进行编码即可。接下来,仍以 4 线—2 线编码器为例介绍优先编码器的基本原理。

首先需要确定优先编码的原则,即输入优先级的高低次序依次是:I_3、I_2、I_1 和 I_0。优先编码器只对优先级最高的那个有效输入信号进行编码。例如,当 I_1 和 I_2 同时为 1 时,由于 I_2 的优先级高于 I_1,因此编码器只对 I_2 进行编码,其编码输出为 $Y_1Y_0=01$。类似情形不再一一举例,根据上述优先编码原则,有如表 14.7 所示 4 线—2 线优先编码器的真值表。

表 14.7 4 线—2 线优先编码器真值表

编 码 输 入				编 码 输 出	
I_0	I_1	I_2	I_3	Y_1	Y_0
1	0	0	0	0	0
×	1	0	0	0	0
×	×	1	0	1	0
×	×	×	1	1	1

在表 14.7 中,符号"×"表示相应的输入变量取值为 1 或者 0 都可以。以表 14.7 最后一行为例,当 I_3 的取值为 1 时,无论 I_2、I_1 和 I_0 的取值是 1 还是 0,编码器只会响应 I_3 端口的信号,编码输出结果为 $Y_1Y_0=11$。根据表 14.7 可以得到 Y_1 和 Y_0 的卡诺图。注意,卡诺图中的符号"×"表示的是禁止态,即不允许输入端全部为 0。

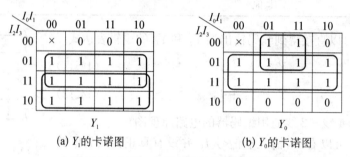

(a) Y_1 的卡诺图   (b) Y_0 的卡诺图

图 14.18 4 线—2 线优先编码器的卡诺图

根据图 14.18 所示卡诺图,可得到 4 线—2 线优先编码器的逻辑表达式

$$Y_1 = I_2 + I_3 \tag{14.13}$$

$$Y_0 = I_1 \overline{I_2} + I_3 \tag{14.14}$$

注意,编码器的输入端不允许同时为 0,因此由公式(14.13)和(14.14)所描述的优先编码器还需加一个约束条件

$$GS \triangle I_0 + I_1 + I_2 + I_3 = 1 \tag{14.15}$$

根据公式(14.13)~(14.15)得到 4 线—2 线优先编码器的电路原理图。

图 14.19 中,端口 GS 代表编码器是否处于有效编码状态,当 $GS=1$,表示当前的编码输出是有效的;当 $GS=0$,表示当前的编码输出是无效的。

实际上,公式(14.13)和(14.14)还可以直接通过真值表获得,具体如下:在表 14.7 中,使 Y_1 取值为 1 的输入是 "$I_0I_1I_2I_3=××10$" 和 "$I_0I_1I_2I_3=×××1$"(见表 14.7 的最后两行)。对于"$I_0I_1I_2I_3=××10$",使 Y_1 取值为 1 是用式子 $Y_1=I_2\overline{I_3}$ 来描述;对于"$I_0I_1I_2I_3=×××1$",使 Y_1 取值为 1 是用式子 $Y_1=I_3$ 来描述。因此,Y_1 的表达式为

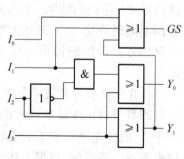

**图 14.19 4 线—2 线优先
编码器电路图**

$$Y_1 = I_2 \overline{I_3} + I_3 = I_2 + I_3 \tag{14.16}$$

公式(14.16)化简后的结果就是公式(14.13)。类似地,使 Y_0 取值为 1 的输入是 "$I_0 I_1 I_2 I_3 = \times 100$" 和 "$I_0 I_1 I_2 I_3 = \times \times \times 1$"(见表 14.7 的第 2 行和第 4 行)。对于 "$I_0 I_1 I_2 I_3 = \times 100$",使 Y_0 取值为 1 是用式子 $Y_0 = I_1 \overline{I_2}\, \overline{I_3}$ 来描述;对于 "$I_0 I_1 I_2 I_3 = \times \times \times 1$",使 Y_0 取值为 1 是用式子 $Y_0 = I_3$ 来描述。因此,Y_0 的表达式为

$$Y_0 = I_1 \overline{I_2}\, \overline{I_3} + I_3 = I_1 \overline{I_2} + I_3 \tag{14.17}$$

公式(14.16)和(14.17)的化简反复用第 12 章逻辑代数的公式"$A + \overline{A}B = A + B$"。

14.4.3　8 线—3 线编码器

　　关于 4 线—2 线编码器,市场上还没有相应的芯片产品,目前在具体的电子电路中,应用最为广泛的还是 8 线—3 线编码器。本节将讲解 8 线—3 线优先编码器的原理并介绍两款典型的 8 线—3 线编码器芯片:CD4532 和 74LS148。

　　8 线—3 线优先编码器可以对输入的 8 路高低电平信号用 3 位二进制数据进行编码输出,因此输入变量有 8 个,分别用 I_0、I_1、I_2、$\cdots$、I_7 来表示,这 8 个变量取值为 1 时表示该路信号是有效的,需要对其进行编码;取值为 0 时表示该路信号是无效的。输入优先级的高低次序依次是:I_7、I_6、$\cdots$、I_0。即优先级最高的输入端口是 I_7,优先级最低的输入端口是 I_0。优先编码器只对优先级最高的那个有效输入信号进行编码。

　　编码输出信号是 3 位二进制数,用 Y_0、Y_1 和 Y_2 来表示。当 $Y_2 Y_1 Y_0 = 000$ 时,表示 I_0 端口是有效电平,其余端口是无效电平,用 $Y_2 Y_1 Y_0 = 000$ 来表示对 I_0 的编码输出。当 I_1 端口是有效电平,其余端口是无效时,用 $Y_2 Y_1 Y_0 = 001$ 来表示对 I_1 的编码输出。类似地,可以对其他各路信号进行编码。表 14.8 是 8 线—3 线优先编码器的真值表。

表 14.8　8 线—3 线优先编码器真值表

编码 输 入								编码 输 出		
I_0	I_1	I_2	I_3	I_4	I_5	I_6	I_7	Y_2	Y_1	Y_0
1	0	0	0	0	0	0	0	0	0	0
$\times$	1	0	0	0	0	0	0	0	0	1
$\times$	$\times$	1	0	0	0	0	0	0	1	0
$\times$	$\times$	$\times$	1	0	0	0	0	0	1	1
$\times$	$\times$	$\times$	$\times$	1	0	0	0	1	0	0
$\times$	$\times$	$\times$	$\times$	$\times$	1	0	0	1	0	1
$\times$	$\times$	$\times$	$\times$	$\times$	$\times$	1	0	1	1	0
$\times$	$\times$	$\times$	$\times$	$\times$	$\times$	$\times$	1	1	1	1

　　从表 14.8 可以直接得到编码输出端 Y_0、Y_1 和 Y_2 的逻辑表达式。

$$
\begin{aligned}
Y_0 &= I_1 \overline{I_2}\, \overline{I_3}\, \overline{I_4}\, \overline{I_5}\, \overline{I_6}\, \overline{I_7} + I_3 \overline{I_4}\, \overline{I_5}\, \overline{I_6}\, \overline{I_7} + I_5 \overline{I_6}\, \overline{I_7} + I_7 \\
&= I_1 \overline{I_2}\, \overline{I_3}\, \overline{I_4}\, \overline{I_5}\, \overline{I_6} + I_3 \overline{I_4}\, \overline{I_5}\, \overline{I_6} + I_5 \overline{I_6} + I_7 \\
&= I_1 \overline{I_2}\, \overline{I_3}\, \overline{I_4}\, \overline{I_6} + I_3 \overline{I_4}\, \overline{I_6} + I_5 \overline{I_6} + I_7 \\
&= I_1 \overline{I_2}\, \overline{I_4}\, \overline{I_6} + I_3 \overline{I_4}\, \overline{I_6} + I_5 \overline{I_6} + I_7
\end{aligned} \tag{14.18}
$$

$$Y_1 = I_2 \overline{I_3} \, \overline{I_4} \, \overline{I_5} \, \overline{I_6} \, \overline{I_7} + I_3 \overline{I_4} \, \overline{I_5} \, \overline{I_6} \, \overline{I_7} + I_6 \overline{I_7} + I_7$$
$$= I_2 \overline{I_3} \, \overline{I_4} \, \overline{I_5} \, \overline{I_6} + I_3 \overline{I_4} \, \overline{I_5} \, \overline{I_6} + I_6 + I_7$$
$$= I_2 \overline{I_3} \, \overline{I_4} \, \overline{I_5} + I_3 \overline{I_4} \, \overline{I_5} + I_6 + I_7$$
$$= I_2 \overline{I_4} \, \overline{I_5} + I_3 \overline{I_4} \, \overline{I_5} + I_6 + I_7 \tag{14.19}$$
$$Y_2 = I_4 \overline{I_5} \, \overline{I_6} \, \overline{I_7} + I_5 \overline{I_6} \, \overline{I_7} + I_6 \overline{I_7} + I_7$$
$$= I_4 \overline{I_5} \, \overline{I_6} + I_5 \overline{I_6} + I_6 + I_7 \tag{14.20}$$
$$= I_4 + I_5 + I_6 + I_7$$

根据公式(14.18)~(14.20)可以画出 8 线—3 线优先编码器的电路原理图,此处略去。目前,常用的 8 线—3 线优先编码器芯片有 CD4532 和 74LS148,图 14.20 和图 14.21 分别是这两款芯片的引脚图。

如图 14.20,CD4532 芯片的"10"~"13"引脚和"1"~"4"引脚为编码输入端口,分别用字母 I_0、I_1、I_2、…、I_7 来标识。芯片的"9"、"7"和"6"引脚为编码输出端口,分

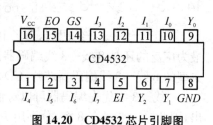

图 14.20　CD4532 芯片引脚图

别用字母 Y_0、Y_1 和 Y_2 来标识。芯片的"5"引脚为输入使能端口,用字母"EI"来标识,当该引脚接高电平时芯片才进行编码,当该引脚接低电平时芯片拒绝编码。芯片的"14"和"15"引脚是用于扩展编码的选通输出端口,分别用字母"GS"和"EO"来标识。芯片的"8"引脚为接地端口,用字母"GND"来标识;芯片的"16"引脚为电源端口,用字母"V_{CC}"来标识。有关该芯片的具体功能参考表 14.9。

表 14.9　CD4532 芯片真值表

编码输入									编码输出				
EI	I_0	I_1	I_2	I_3	I_4	I_5	I_6	I_7	Y_2	Y_1	Y_0	EO	GS
0	×	×	×	×	×	×	×	×	0	0	0	0	0
1	0	0	0	0	0	0	0	0	0	0	0	1	0
1	1	0	0	0	0	0	0	0	0	0	0	0	1
1	×	1	0	0	0	0	0	0	0	0	1	0	1
1	×	×	1	0	0	0	0	0	0	1	0	0	1
1	×	×	×	1	0	0	0	0	0	1	1	0	1
1	×	×	×	×	1	0	0	0	1	0	0	0	1
1	×	×	×	×	×	1	0	0	1	0	1	0	1
1	×	×	×	×	×	×	1	0	1	1	0	0	1
1	×	×	×	×	×	×	×	1	1	1	1	0	1

芯片 CD4532 的编码输入和输出引脚是高电平有效,而芯片 74LS148 的编码输入和输出引脚是低电平有效,具体参见图 14.21。对比图 14.20 和图 14.21,74LS148 芯片的引脚和芯片 CD4532 的对应引脚功能一致,唯一的区别是 74LS148 芯片的输入、输出以及控制端口

均为低电平有效,在使用时需要注意。关于 74LS148 芯片的具体功能在表 14.10 中列出。

图 14.21 74LS148 芯片引脚图

由真值表可以看出,当"$\overline{EI}$"端口为高电平时,禁止编码,输出全部为高电平;当该端口为低电平时,允许编码。$\overline{I_7}$ 的优先级最高,其次是 $\overline{I_6}$,…,优先级最低的是 $\overline{I_0}$。当 $\overline{I_0}$,$\overline{I_1}$…,$\overline{I_7}$ 中某一编码输入端接低电平,而比它优先级高的编码输入端口都是高电平时,才对当前接入低电平的端口编码。例如,$\overline{I_4}=0$,$\overline{I_5}$、$\overline{I_6}$ 和 $\overline{I_7}$ 都接高电平时,此时编码输出为 $\overline{Y_2}\overline{Y_1}\overline{Y_0}=011$。注意,考虑到该芯片输出为低电平有效,此编码输出相当于 $(4)_{10}=(100)_2$ 的反码。

表 14.10 74LS148 真值表

输　入								输　出				
$\overline{EI}$	$\overline{I_0}$	$\overline{I_1}$	$\overline{I_2}$	$\overline{I_3}$	$\overline{I_4}$	$\overline{I_5}$	$\overline{I_6}$	$\overline{I_7}$	$\overline{Y_2}$	$\overline{Y_1}$	$\overline{Y_0}$	$\overline{EO}$	$\overline{GS}$
1	×	×	×	×	×	×	×	×	1	1	1	1	1
0	1	1	1	1	1	1	1	1	1	1	1	0	1
0	×	×	×	×	×	×	×	0	0	0	0	1	0
0	×	×	×	×	×	×	0	1	0	0	1	1	0
0	×	×	×	×	×	0	1	1	0	1	0	1	0
0	×	×	×	×	0	1	1	1	0	1	1	1	0
0	×	×	×	0	1	1	1	1	1	0	0	1	0
0	×	×	0	1	1	1	1	1	1	0	1	1	0
0	×	0	1	1	1	1	1	1	1	1	0	1	0
0	0	1	1	1	1	1	1	1	1	1	1	1	0

有关 74LS148 芯片的逻辑功能及具体应用可以查阅该芯片的器件手册,这里唯一需要注意的是该芯片的输入输出端口是低电平有效。在实际的电路设计过程中,可以有针对性地选择高电平有效的 CD4532 芯片或者低电平有效的 74LS148 芯片。

14.5 译码器

译码器是将输入的二进制代码"翻译"成对应的高低电平输出。因此,译码是编码的逆过程。常见的译码器有 2 线—4 线译码器、3 线—8 线译码器、二—十进制译码器(又称为 4 线—10 线译码器)和显示译码器。本节将介绍这些类型译码器的基本原理。

14.5.1 2 线—4 线译码器

2 线—4 线译码器是最简单的一种译码器,本节采用组合逻辑电路设计的方法来讲解该译码器的基本原理。同时,介绍两款 2 线—4 线译码器芯片:CD4555 和 74LS139。

2 线—4 线译码器有两个输入变量,分别用 B 和 A 表示,其中 B 为输入变量的高位,A

为输入变量的低位。译码输出变量有 4 个，分别用 Y_0、Y_1、Y_2 和 Y_3 来表示，这四个变量取值为 1 时表示该路信号是有效的；取值为 0 时表示该路信号是无效的。2 线—4 线译码器的详细功能参见表 14.11。

表 14.11　2 线—4 线译码器真值表

译 码 输 入		译 码 输 出			
B	A	Y_0	Y_1	Y_2	Y_3
0	0	1	0	0	0
0	1	0	1	0	0
1	0	0	0	1	0
1	1	0	0	0	1

从表 14.11 可以看出，当 $BA=00$ 时，译码输出端 Y_0 端口是有效电平，其余端口是无效电平。当 $BA=01$ 时，译码输出端 Y_1 端口是有效电平，其余端口是无效电平。以此类推，这里不再一一阐述。通过该真值表可以很容易地得到译码输出的逻辑表达式：

$$\begin{cases} Y_0 = \overline{A}\,\overline{B} \\ Y_1 = A\overline{B} \\ Y_2 = \overline{A}B \\ Y_3 = AB \end{cases} \tag{14.21}$$

根据公式(14.21)便可得到 2 线—4 线译码器的电路原理图。

上一节所介绍的编码器芯片 CD4532 和 74LS148 均有使能端口，用于控制芯片是否对输入的信号进行编码。对于图 14.22 所示的译码器也可以加入使能端口 S，用于控制其是否进行译码(图 14.23)。具体要求是：当使能端口 S 接高电平时，译码器进行译码；如果使能端口 S 接低电平时，电路拒绝译码。根据这一要求，列出如表 14.12 所示真值表。

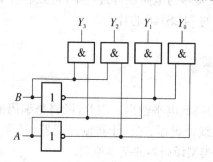

图 14.22　2 线—4 线译码器的电路原理图

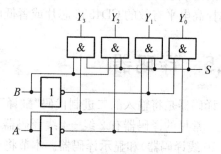

图 14.23　具有使能端口的 2 线—4 线译码器的电路原理图

在表 14.12 中，当使能端口 S 接低电平时，无论译码输入端口 B 和 A 的状态如何，译码器输出 Y_0、Y_1、Y_2 和 Y_3 全部为 0，也就是拒绝译码。当 S 接高电平时，译码电路才响应输入端口的数据，执行译码操作。具体电路如图 14.23 所示。

表 14.12 具有使能端口的 2 线—4 线译码器真值表

译 码 输 入			译 码 输 出			
S	B	A	Y_0	Y_1	Y_2	Y_3
0	×	×	0	0	0	0
1	0	0	1	0	0	0
1	0	1	0	1	0	0
1	1	0	0	0	1	0
1	1	1	0	0	0	1

在图 14.22 中,译码输出采用 2 输入与门,而图 14.23 中译码输出采用 3 输入与门。图 14.23 中那四个 3 输入与门的最右侧输入端口连接在一起并作为使能端口 S,当 S 接低电平时,由"与"逻辑的功能可知,Y_0、Y_1、Y_2 和 Y_3 输出全部为 0。

思考题

图 14.23 所示电路的使能端口 S 是高电平有效,如何更改电路,使得 S 端口为低电平有效,即当 S 接高电平时,译码器拒绝译码;当 S 接低电平时,电路进行译码。采用组合逻辑电路设计的方法设计该电路。

以上所介绍的 2 线—4 线译码器的输入和输出端口均为高电平有效,其所对应的芯片型号为 CD4555。图 14.24 为该芯片的引脚图和逻辑图。

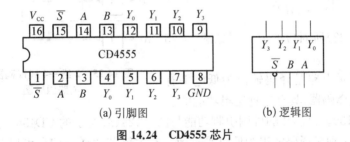

(a) 引脚图 (b) 逻辑图

图 14.24 CD4555 芯片

需要注意的是 CD4555 芯片有 16 个引脚。实际上,该芯片内部集成了两个独立的 2 线—4 线译码器,其中芯片的"1"~"7"引脚对应第一个译码器。在第一个译码器中,芯片的"1"引脚为使能端口,该使能端口是低电平有效;芯片的"2"和"3"引脚是译码输入端口;芯片的"4"~"7"引脚是译码输出端口。芯片的"9"~"15"引脚对应第二个译码器。

前面所介绍的 2 线—4 线译码器的输出端口均为高电平有效,也就是电路的设计采用了所谓的"正逻辑系统",即用"1"或者高电平来代表逻辑真,这与我们的思维方式是一致的。但是有的芯片,例如 74LS139,其译码输出端口却是低电平有效,也就是电路设计采用了所谓的"负逻辑系统",即用"0"或者低电平来代表逻辑真。下面这个例题就是设计一款负逻辑系统架构下的 2 线—4 线译码器。

【例 14 - 5】 设计一款 2 线—4 线译码器,其译码输出端口为低电平有效。

解 这里省略逻辑抽象环节,直接给出真值表。

表 14.13　2 线—4 线译码器真值表(例 14‐5)

译 码 输 入			译 码 输 出			
$\overline{S}$	B	A	$\overline{Y_0}$	$\overline{Y_1}$	$\overline{Y_2}$	$\overline{Y_3}$
1	$\times$	$\times$	1	1	1	1
0	0	0	0	1	1	1
0	0	1	1	0	1	1
0	1	0	1	1	0	1
0	1	1	1	1	1	0

对于表 14.13 的第一行 $\overline{S}=1$,使能端口是无效电平,此时无论译码输入端口 B 和 A 的状态如何,译码器输出 $\overline{Y_0}$、$\overline{Y_1}$、$\overline{Y_2}$ 和 $\overline{Y_3}$ 全部为 1,也就是拒绝译码。当 $\overline{S}=0$ 时,译码电路才响应输入端口的数据,执行译码操作。接下来需要确定译码输出的逻辑表达式。实际上,对于译码输入的四种状态(00、01、10 和 11),$\overline{Y_0} \sim \overline{Y_3}$ 的每一列(除 $\overline{S}=1$ 的那一行数据外)只有一个是低电平,其余三个均为高电平。这一逻辑关系和"与非门"的逻辑关系很接近。因此我们用"与非"逻辑来描述 $\overline{Y_0} \sim \overline{Y_3}$ 的逻辑表达式。

$$\begin{cases} \overline{Y_0} = \overline{\overline{A}\,\overline{B}\,\overline{S}} \\ \overline{Y_1} = \overline{A\,\overline{B}\,\overline{S}} \\ \overline{Y_2} = \overline{\overline{A}B\overline{S}} \\ \overline{Y_3} = \overline{AB\overline{S}} \end{cases} \qquad (14.22)$$

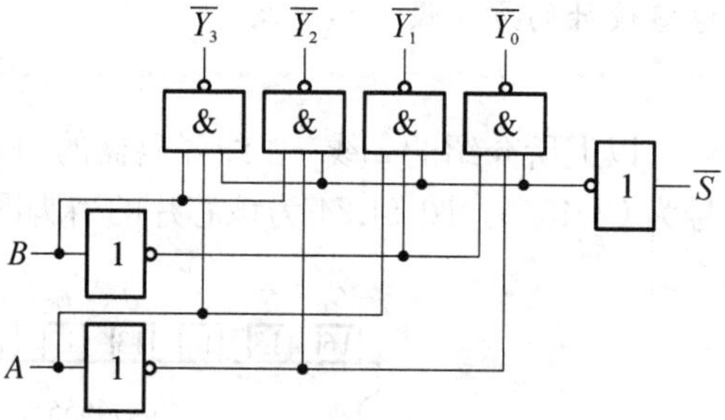

图 14.25　2 线—4 线译码器(例 14‐5)的电路原理图

表达式(14.22)所对应的电路图如图 14.25 所示。

图 14.25 所示电路是译码输出为低电平有效的 2 线—4 线译码器,具有这种逻辑功能的芯片型号为 74LS139。该芯片的外围引脚功能与图 14.24(a)所示的 CD4555 芯片外围引脚功能一致,唯一的区别是译码输出为低电平有效。有关该芯片详细信息可以参考 74LS139 芯片的器件手册。

14.5.2　3 线—8 线译码器

在一些数字电路中,往往需要 3 线—8 线译码器。当然,我们可以使用两个 2 线—4 线译码器来实现 3 线—8 线译码器的逻辑功能。本节将学习 3 线—8 线译码器的基本原理并介绍两款译码器芯片:74HCT238 和 74LS138。

3 线—8 线译码器有三个输入变量,分别用 C、B 和 A 表示,其中 C 为输入变量的最高位,A 为输入变量的最低位。译码输出变量有八个,分别用 Y_0、Y_1、$\cdots$、Y_7 来表示,当某一变量取值为 1 时表示该路信号是有效的;取值为 0 时表示该路信号是无效的。当使能端口 S 接高电平时,译码器进行译码;如果使能端口 S 接低电平时,电路拒绝译码。3 线—8 线译码器的详细功能参见表 14.14。

表 14.14　3 线—8 线译码器真值表

译 码 输 入				译 码 输 出							
S	C	B	A	Y_0	Y_1	Y_2	Y_3	Y_4	Y_5	Y_6	Y_7
0	×	×	×	0	0	0	0	0	0	0	0
1	0	0	0	1	0	0	0	0	0	0	0
1	0	0	1	0	1	0	0	0	0	0	0
1	0	1	0	0	0	1	0	0	0	0	0
1	0	1	1	0	0	0	1	0	0	0	0
1	1	0	0	0	0	0	0	1	0	0	0
1	1	0	1	0	0	0	0	0	1	0	0
1	1	1	0	0	0	0	0	0	1	1	0
1	1	1	1	0	0	0	0	0	0	0	1

　　从表 14.14 可以看出，当 $S=0$ 时，Y_0、Y_1、…、Y_7 输出全部为 0，译码器处于拒绝译码状态。当 $S=1$ 时，译码器开始译码，译码输出的逻辑表达式为：

$$\begin{cases} Y_0 = \overline{A}\,\overline{B}\,\overline{C} \cdot S \\ Y_1 = A\overline{B}\,\overline{C} \cdot S \\ Y_2 = \overline{A}B\overline{C} \cdot S \\ Y_3 = AB\overline{C} \cdot S \\ Y_4 = \overline{A}\,\overline{B}C \cdot S \\ Y_5 = A\overline{B}C \cdot S \\ Y_6 = \overline{A}BC \cdot S \\ Y_7 = ABC \cdot S \end{cases} \tag{14.23}$$

　　公式(14.23)可以看出，当 $S=1$ 时，每一个译码输出实际上是三个变量 A、B 和 C 的最小项。由公式(14.23)可得到 3 线—8 线译码器的电路原理图，具体如图 14.26 所示。

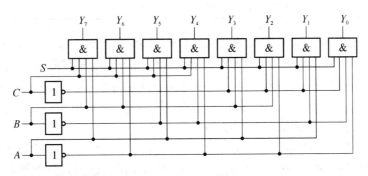

图 14.26　3 线—8 线译码器的电路原理图

　　译码输出为高电平有效的 3 线—8 线译码器芯片型号为 74HCT238，图 14.27 是该芯片的引脚图和逻辑图。

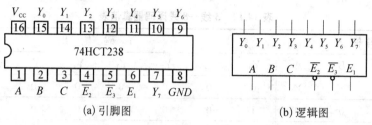

图 14.27 3 线—8 线译码器 74HCT238

图 14.27(a)中,74HCT238 芯片的"1"、"2"和"3"引脚是译码输入端口,芯片的"15"、"14"、…、"9"和"7"引脚是芯片的译码输出端口。芯片的"4"、"5"和"6"引脚为译码使能端口,分别用"$\overline{E_2}$"、"$\overline{E_3}$"和"E_1"来标识,用于控制该芯片是否进行译码。芯片的"8"引脚为接地端口,用字母"GND"来标识;芯片的"16"引脚为电源端口,用字母"V_{CC}"来标识。74HCT238 芯片的具体功能如表 14.15 所示。

表 14.15 74HCT238 真值表

译 码 输 入						译 码 输 出							
E_1	$\overline{E_2}$	$\overline{E_3}$	C	B	A	Y_0	Y_1	Y_2	Y_3	Y_4	Y_5	Y_6	Y_7
$\times$	$\times$	1	$\times$	$\times$	$\times$	0	0	0	0	0	0	0	0
$\times$	1	$\times$	$\times$	$\times$	$\times$	0	0	0	0	0	0	0	0
0	$\times$	$\times$	$\times$	$\times$	$\times$	0	0	0	0	0	0	0	0
1	0	0	0	0	0	1	0	0	0	0	0	0	0
1	0	0	0	0	1	0	1	0	0	0	0	0	0
1	0	0	0	1	0	0	0	1	0	0	0	0	0
1	0	0	0	1	1	0	0	0	1	0	0	0	0
1	0	0	1	0	0	0	0	0	0	1	0	0	0
1	0	0	1	0	1	0	0	0	0	0	1	0	0
1	0	0	1	1	0	0	0	0	0	0	1	1	0
1	0	0	1	1	1	0	0	0	0	0	0	0	1

需要注意的是 74HCT238 芯片的使能端口有三个,而前面所推导的 3 线—8 线译码器只有一个使能端口,但二者的译码原理是一样的,在使用该芯片时需要注意使能端口的配置。根据表 14.15,当 $E_1=1$ 且 $\overline{E_2}+\overline{E_3}=0$ 时,该芯片才能进行译码;否则,译码器被禁止,输出端全部为低电平。注意该芯片输出端口 Y_0、Y_1、…、Y_7 是高电平有效。有关 74HCT238 芯片更多原理性的内容介绍请参考该芯片的器件手册。

还有一种型号为 74LS138 的 3 线—8 线译码器,其外围引脚与 74HCT238 芯片的引脚是兼容的(引脚功能一致),唯一的区别是 74LS138 芯片译码输出是低电平有效。在具体的电路设计过程中可以根据实际的需求有针对性地选择合适型号的芯片。

【例 14-6】 试用 2 线—4 线译码器和适当的逻辑门来实现 3 线—8 线译码器。

解 2 线—4 线译码器的译码输出端口有四个,若要实现 3 线—8 线译码器的逻辑功能,需要两个 2 线—4 线译码器,分别标记为"Decoder A"和"Decoder B"。"Decoder A"的译码输出作为 3 线—8 线译码器译码输出的低四位;"Decoder B"的译码输出作为 3 线—8 线译码器译码输出的高四位。

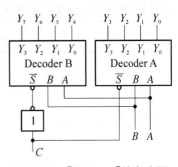

图 14.28 [例 14 - 6]的电路图

3 线—8 线译码器的译码输入端口有三个,记这三个输入端口为 C、B、A,其中,C 是最高位,A 是最低位。此时需要将这两个 2 线—4 线译码器的使能端口来作为 3 线—8 线译码器译码输入的最高位 C。当译码输入 $CBA=000$、001、010、011 时,这个"最高位"C,即 2 线—4 线译码器的使能端口接低电平时,"Decoder A"执行译码操作而"Decoder B"拒绝译码。当译码输入 $CBA=100$、101、110、111 时,"Decoder A"拒绝译码,而"Decoder B"执行译码操作。因此在进行低四位和高四位的译码输出时,这两个 2 线—4 线译码器"Decoder A"和"Decoder B"的使能端口所接入的信号是互反的,可以通过一个"非门"来实现。具体的电路如图 14.28 所示。

? 思考题

图 14.28 所示的 3 线—8 线译码器并没有使能端口,如何在此电路的基础上,利用适当的逻辑门再增加一个使能端口,来完善该译码器。

【例 14 - 7】 试用 74HCT238 芯片实现如下逻辑函数的功能:$F(A,B,C)=AB+AC$。

解 对表达式 F 进行添项处理,我们有

$$
\begin{aligned}
F(A,B,C) &= AB(C+\bar{C})+A(B+\bar{B})C \\
&= ABC+AB\bar{C}+A\bar{B}C \\
&= m_7+m_6+m_5 \\
&= Y_7+Y_6+Y_5
\end{aligned}
\tag{14.24}
$$

3 线—8 线译码器每一个译码输出实际上是三个变量 A、B 和 C 的最小项,因此逻辑函数 $F(A,B,C)=AB+AC$ 可以使用 74HCT238 芯片的译码输出端信号 Y_5、Y_6 和 Y_7,将这三个输出信号经过一个 3 输入或门便实现了逻辑函数 F 的功能。具体电路如图 14.29 所示。

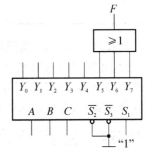

图 14.29 [例 14 - 7]的电路图

14.5.3 二-十进制译码器

二-十进制译码器的功能是将 BCD 编码的十进制数翻译成十路不同的高低电平输出。由于该译码器的译码输入端是 4 位 BCD 编码的二进制数,译码输出是十路不同的高低电平,因此二-十进制译码器又称为 4 线—10 线译码器。典型的 4 线—10 线译码器芯片有:CD4028 和 74LS42。本节主要介绍 CD4028 芯片,图 14.30 是该芯片的引脚图。

如图 14.30 所示,CD4028 芯片的"10"、"11"、"12"和"13"引脚是译码输入端口,"10"引

脚是最低位，"13"引脚是最高位。"1"~"7"、"9"、"14"和"15"引脚是译码输出端口。该芯片没有使能控制端口，只要接入电源，会实时地将输入端口数据译码输出。表14.16为该芯片的真值表。从真值表可以看出，CD4028芯片的译码输出端是高电平有效。

图 14.30　CD4028 芯片

表 14.16　CD4028 芯片真值表

输　入				输　出										状态
D	C	B	A	Y_0	Y_1	Y_2	Y_3	Y_4	Y_5	Y_6	Y_7	Y_8	Y_9	
0	0	0	0	1	0	0	0	0	0	0	0	0	0	有效译码输出
0	0	0	1	0	1	0	0	0	0	0	0	0	0	
0	0	1	0	0	0	1	0	0	0	0	0	0	0	
0	0	1	1	0	0	0	1	0	0	0	0	0	0	
0	1	0	0	0	0	0	0	1	0	0	0	0	0	
0	1	0	1	0	0	0	0	0	1	0	0	0	0	
0	1	1	0	0	0	0	0	0	0	1	0	0	0	
0	1	1	1	0	0	0	0	0	0	0	1	0	0	
1	0	0	0	0	0	0	0	0	0	0	0	1	0	
1	0	0	1	0	0	0	0	0	0	0	0	0	1	
1	0	1	0	0	0	0	0	0	0	0	0	0	0	无效状态
1	0	1	1	0	0	0	0	0	0	0	0	0	0	
1	1	0	0	0	0	0	0	0	0	0	0	0	0	
1	1	0	1	0	0	0	0	0	0	0	0	0	0	
1	1	1	0	0	0	0	0	0	0	0	0	0	0	
1	1	1	1	0	0	0	0	0	0	0	0	0	0	

在表 14.16 中，当译码输入的四位二进制数的范围是 1010~1111 时，CD4028 芯片拒绝译码，此时译码输出端口 Y_0、Y_1、…、Y_9 输出全部为 0。同样能够实现四线—十线译码器的芯片还有 74LS42，但 74LS42 的译码输出均是低电平有效。此外，74LS42 的引脚与 CD4028 的并不兼容，在使用时需要注意。有关 74LS42 芯片更多的内容可参考该芯片的器件手册。

14.5.4　显示译码器

在数字电路中，往往需要将测量或者运算结果以十进制的形式显示出来。目前，使用较为广泛的数值显示器件是七段数码管，简称数码管。图 14.31 是数码管的示意图。

图 14.31 给出了数码管的实物图、段位分布图和字形图。在图 14.31(a) 实物图中左侧的是数码管正面图，右侧的是数码管的背面图（引脚图）。从数码管的正面可以看出，数码管是由七段发光的"线段"构成，在数码管的右下角有个"小数点"。实际上，这 7 个段位和一个"小数点"内部各有一个发光二极管，当给某些"线段"加上一定的驱动电压时，这些段位就会

发光并显示出相应的十进制数码。对于一些大尺寸的数码管,其每一个段位内部是由若干个 LED 以串联或者串并组合的形式连接。从图 14.31(a)中的引脚图可以看到,一位数码管共有 10 个引脚,分上下两排,每排 5 个引脚。这 10 个引脚中,有 8 个引脚分别接数码管的 7 个段位和 1 个"小数点",剩余两个引脚是公共端口。至于每一个引脚具体连接的是哪一个段位,不同的数码管生产厂家所定义的引脚图均有所不同,在使用过程中需要注意。

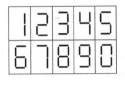

(a) 实物图　　　　(b) 段位分布图　　　　(c) 字形图

图 14.31　数码管示意图

图 14.31(b)是数码管的段位分布图,每一个"线段"用不同的字母标识。数码管最上面横向的那个"线段"用字母"a"来标识,然后按照顺时针方向依次将经过的段位用字母"b"、"c"、"d"、"e"和"f"来标识,中间的横向段位用字母"g"来标识。当给这些段位接入相应的驱动电压时,数码管发光的段位就构成了一个具体的数字,如图 14.31(c)所示。

数码管有共阴极和共阳极之分。所谓共阴极数码管是指其每一个段位内部的发光二极管的阴极全部连接在一起并作为公共端口。在使用时,共阴极数码管的公共端口接低电平,当某一个段位接入高电平时,这个段位就会发光。而共阳极数码管是指其每一个段位内部的发光二极管的阳极全部连接在一起来作为公共端口。共阳极数码管在使用时,其公共端口接高电平,当某一个段位接入低电平时,这个段位就会发光。具体的数码管电路如图 14.32 所示。

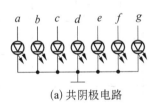
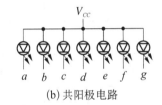

(a) 共阴极电路　　　　　(b) 共阳极电路

图 14.32　数码管电路图

数字电路是用二进制数来表示数值,而数码管是显示十进制数的器件。因此,需要一个能够将 BCD 编码的二进制数转换为能够驱动数码管的器件,这就是显示译码器。由于数码管有共阳极和共阴极之分,因此需要注意显示译码器输出的有效电平。如果要驱动共阴极类型的数码管,此时要求显示译码器的译码输出为高电平有效,典型的芯片型号有 7448、74LS48、74LS248 和 CD4511。如果要驱动共阳极类型的数码管,此时要求显示译码器的译码输出为低电平有效,典型的芯片型号有 7447、74LS47 和 74LS247。有的显示译码器既可以驱动共阴极类型的数码管,也可以驱动共阳极类型的数码管,例如 CD4543。本节将介绍 74LS48 和 CD4543 这两款芯片。

接下来,采用组合逻辑电路设计的步骤来实现译码输出为高电平有效的显示译码器,具体步骤如下。首先进行逻辑抽象。实际上,显示译码器是一款 4 线—7 线译码器,即输入的是 4 位 8421BCD 编码的二进制信号,这 4 个输入变量分别用 D、C、B 和 A 来表示,D 是最高位,A 是最低位。显示译码器有 7 个输出端口,用 Y_a、Y_b、Y_c、Y_d、Y_e、Y_f 和 Y_g 来表示,这 7 个端口分别接数码管的 7 个段位。具体而言,显示译码器的 Y_a 端口接数码管"a"段位所对应的引脚;Y_b 端口接数码管"*b*"段位所对应的引脚;以此类推,Y_g 端口接数码管"*g*"段位所对应的引脚。显示译码器的输入输出关系可以用图 14.33 来表示。

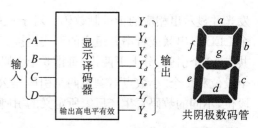

图 14.33 显示译码器输入输出关系示意图

然后,列真值表。根据图 14.33 和图 14.31(c) 的字形图,如果要想使共阴极数码管显示数字"1",那么数码管的"*b*"和"*c*"段位应该接入高电平,其余段位接低电平。也就是说,显示译码器的输出为:$Y_a Y_b Y_c Y_d Y_e Y_f Y_g = 0110000$。如果要想使共阴极数码管显示数字"2",那么数码管的"*a*"、"*b*"、"*g*"、"*e*"和"*d*"段位应该接入高电平,其余段位接低电平,即显示译码器的输出为:$Y_a Y_b Y_c Y_d Y_e Y_f Y_g = 1101101$。依此类推,对于其他字符可以得到如下真值表[①]。

表 14.17 显示译码器真值表

输 入				输 出							
D	C	B	A	Y_a	Y_b	Y_c	Y_d	Y_e	Y_f	Y_g	显示
0	0	0	0	1	1	1	1	1	1	0	0
0	0	0	1	0	1	1	0	0	0	0	1
0	0	1	0	1	1	0	1	1	0	1	2
0	0	1	1	1	1	1	1	0	0	1	3
0	1	0	0	0	1	1	0	0	1	1	4
0	1	0	1	1	0	1	1	0	1	1	5
0	1	1	0	1	0	1	1	1	1	1	6
0	1	1	1	1	1	1	0	0	0	0	7
1	0	0	0	1	1	1	1	1	1	1	8
1	0	0	1	1	1	1	1	0	1	1	9
1	0	1	0	×	×	×	×	×	×	×	拒绝译码
1	0	1	1	×	×	×	×	×	×	×	
1	1	0	0	×	×	×	×	×	×	×	
1	1	0	1	×	×	×	×	×	×	×	
1	1	1	0	×	×	×	×	×	×	×	
1	1	1	1	×	×	×	×	×	×	×	

第三步,写表达式。需要注意的是,在表 14.17 中,显示译码器输入端的有效输入数据

[①] 若输入的 4 位二进制数是 1010~1111,显示译码器拒绝译码。

是 0000～1001 这 10 个 BCD 编码数据。四位二进制数一共有 16 个状态,当输入的数据是 1010～1111 时,显示译码器拒绝译码。接下来采用卡诺图来得到译码输出 $Y_a \sim Y_g$ 的逻辑表达式。这里只给出 Y_a、Y_b 和 Y_c 的卡诺图。

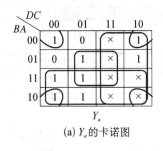
(a) Y_a 的卡诺图

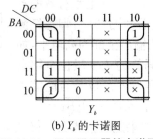
(b) Y_b 的卡诺图

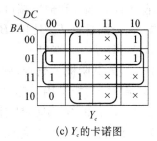
(c) Y_c 的卡诺图

图 14.34 显示译码器的卡诺图

 思考题

采用卡诺图化简的方法给出显示译码器输出端 Y_d、Y_e、Y_f 和 Y_g 的逻辑表达式。

根据卡诺图,我们得到如下逻辑表达式

$$
\begin{cases}
Y_a = B + D + CD + \overline{A}\,\overline{C} \\
Y_b = \overline{A} + \overline{C} + AB \\
Y_c = A + \overline{B} + C \\
Y_d = D + \overline{A}\,\overline{C} + \overline{A}B + B\overline{C} + A\overline{B}C \\
Y_e = \overline{A}\,\overline{C} + \overline{A}B \\
Y_f = D + \overline{A}\,\overline{B} + \overline{B}C + \overline{A}C \\
Y_g = D + \overline{A}B + \overline{B}C + B\overline{C}
\end{cases}
\tag{14.25}
$$

最后,根据公式(14.25)画出显示译码器的电路图。图 14.35 是对应的电路图。

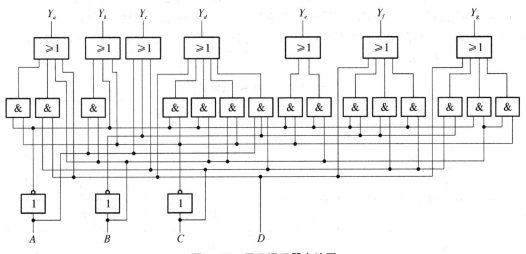

图 14.35 显示译码器电路图

图 14.35 只是一个理论层面上的显示译码器电路图,实际的显示译码器芯片还会有一些控制端口。接下来介绍两款显示译码器芯片:74LS48 和 CD4543。

图 14.36 是 74LS48 芯片的引脚图,从该图可以看到,除了译码输入和输出端口,还有三个低电平有效的控制端口,分别是:$\overline{LT}$、$\overline{BI}$ 和 $\overline{RBI}$。芯片的"3"引脚是灯测试端口,当 $\overline{LT}=0$,端口 $Y_a\sim Y_g$ 的输出全部为高电平,如果此时接入共阴极数码管,则数码管的 7 个段位全部点亮,该端口的功能可用于测试数码管各段位是否能够正常发光。芯片的"4"引脚是消隐控制端口,当 $\overline{BI}=0$,端

图 14.36　74LS48 芯片引脚图

口 $Y_a\sim Y_g$ 的输出全部为低电平,如果此时接入共阴极数码管,则数码管的 7 个段位全部熄灭,因此又称该端口为灭灯输入(或灭零输出)端口。芯片的"4"引脚主要用于多数码管的动态显示控制和数码管亮度的调节(是通过接入不同频率及占空比的矩形波实现的)。芯片的"5"引脚是灭零输入端口,当 $\overline{RBI}=0$,数码管熄灭。芯片的"4"引脚和"5"引脚配合使用可以实现多路数码管的灭零控制。当使用该芯片驱动数码管显示 0~9 这十个数字时,这三个控制端口要全部接高电平。有关 74LS48 芯片的电路原理图以及真值表等更多的内容可参考该芯片的器件手册。

74LS48 芯片只能驱动共阴极类型的数码管,通用性较差。实际上,在电子电路设计中使用最为广泛的显示译码器是 CD4543,一方面是其价格便宜,更重要的是其功能更加丰富,不但可以驱动共阴极数码管,还可以驱动共阳极数码管。图 14.37 是该芯片的引脚图。

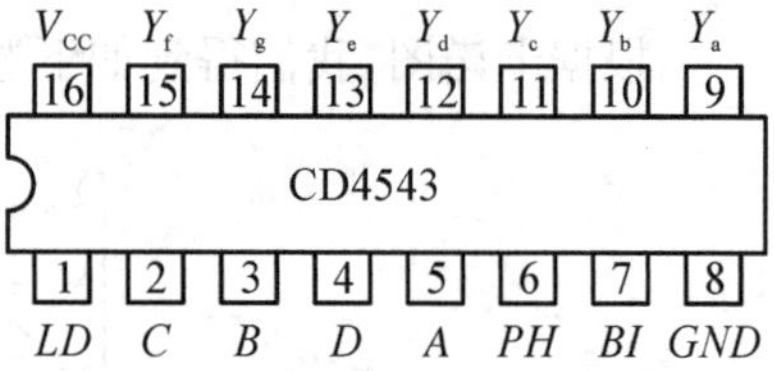

图 14.37　CD4543 芯片引脚图

CD4543 芯片不但可以驱动共阴(阳)极类型的数码管,还可以驱动 LCD 类型的数码管。现结合该芯片的引脚图(图 14.37)和真值表(表 14.18)来分析其功能。A、B、C 和 D 为 BCD 码输入端口,A 为最低位,D 为最高位。Y_a、Y_b、$\cdots$、Y_f 为译码输出端口,用于连接数码管。LD 为数据锁存端口,当 $LD=0$ 时,会锁定并输出上一次数码管所显示的内容。正常使用显示译码功能时,该引脚须接高电平。BI 为消隐控制端口,当 $BI=1$ 且 $PH=0$ 时,译码输出端 Y_a、Y_b、$\cdots$、Y_f 全部输出低电平,实现消隐功能(相对于共阴极数码管而言)。PH 是器件类型选择端口,若要驱动共阴极 LED 数码管,PH 接低电平;若要驱动共阳极 LED 数码管,PH 接高电平;若要驱动 LCD 数码管,该端口接方波。具体功能详见表 14.18。

表 14.18　CD4543 真值表

输　入							输　　出							显示
LD	BI	PH	D	C	B	A	Y_a	Y_b	Y_c	Y_d	Y_e	Y_f	Y_g	显示
$\times$	1	0	$\times$	$\times$	$\times$	$\times$	0	0	0	0	0	0	0	消隐
1	0	0	0	0	0	0	1	1	1	1	1	1	0	 ⊓
1	0	0	0	0	0	1	0	1	1	0	0	0	0	 ‖
1	0	0	0	0	1	0	1	1	0	1	1	0	1	 ⊇

续表

输　入							输　出							
1	0	0	0	0	1	1	1	1	1	1	0	0	1	∃
1	0	0	0	1	0	0	0	1	1	0	0	1	1	4
1	0	0	0	1	0	1	1	0	1	1	0	1	1	5
1	0	0	0	1	1	0	0	0	1	1	1	1	1	6
1	0	0	0	1	1	1	1	1	1	0	0	0	0	7
1	0	0	1	0	0	0	1	1	1	1	1	1	1	8
1	0	0	1	0	0	1	1	1	1	0	0	1	1	9
1	0	0	1	0	1	0	0	0	0	0	0	0	0	闪烁
1	0	0	1	0	1	1	0	0	0	0	0	0	0	闪烁
1	0	0	1	1	0	0	0	0	0	0	0	0	0	闪烁
1	0	0	1	1	0	1	0	0	0	0	0	0	0	闪烁
1	0	0	1	1	1	0	0	0	0	0	0	0	0	闪烁
1	0	0	1	1	1	1	0	0	0	0	0	0	0	闪烁
0	0	0	×	×	×	×	取决于前面 LD＝1 时的 BCD 编码							锁定

表 14.18 是驱动共阴极类型数码管的真值表,由该表可知,若要执行正常的显示译码功能,相应的端口设置如下:$LD＝1$,$BI＝0$,$PH＝0$。如果使用该芯片来驱动共阳极类型的数码管,相应端口设置为:$LD＝1$,$BI＝0$,$PH＝1$。有关 CD4543 芯片更多的内容可参考该芯片的器件手册。

14.6　数值比较器

在一些数字电路中,往往需要比较两个数值的大小。能够实现比较两个数值大小的组合逻辑电路称为数值比较器。接下来通过下面这个例题来实现 1 位数值比较器电路的设计。

【例 14-8】　试用适当的逻辑门来实现 1 位数值比较器电路的设计。

解　该电路用于比较两个二进制数的大小,用 A 和 B 来表示这两个二进制数,比较的结果用 F 来表示。具体地,当 $A＞B$ 时,$F_{(A＞B)}＝1$;当 $A＜B$ 时,$F_{(A＜B)}＝1$;当 $A＝B$ 时,$F_{(A＝B)}＝1$。表 14.19 是相应的真值表。

表 14.19　数值比较器真值表

A	B	$F_{(A＞B)}$	$F_{(A＜B)}$	$F_{(A＝B)}$
0	0	0	0	1
0	1	0	1	0
1	0	1	0	0
1	1	0	0	1

根据表 14.19 可以很容易得到如下逻辑表达式

$$
\begin{cases}
F_{(A>B)} = A\bar{B} = A\bar{B} + A\bar{A} = A(\bar{A} + \bar{B}) = A\,\overline{AB} \\
F_{(A<B)} = \bar{A}B = \bar{A}B + B\bar{B} = B(\bar{A} + \bar{B}) = B\,\overline{AB} \\
F_{(A=B)} = AB + \overline{A}\,\overline{B} = \overline{\overline{AB}} + \overline{A + B} = \overline{\overline{AB}(A + B)} = \overline{A\,\overline{AB} + B\,\overline{AB}}
\end{cases}
\tag{14.26}
$$

由公式(14.26)可得到 1 位数值比较器的电路图

图 14.38 是 1 位数值比较器的电路图。当比较两个多位数的大小时,需要从高位到低位逐位地比较,而且只有在高位相等时才需要比较低位。目前常用的数值比较器芯片有 74LS85 和 CD4585,这两款芯片都是 4 位数值比较器芯片。另外还有 8 位数值比较器芯片 74LS686。本节主要介绍 74LS85 芯片,图 14.39 是该芯片的引脚图。

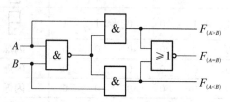

图 14.38 数值比较器电路图

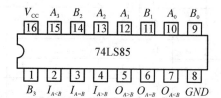

图 14.39 74LS85 芯片引脚图

图 14.39 是 74LS85 芯片示意图及引脚标识文字。芯片的"1"引脚、"9"～"15"引脚为数值比较输入端口,其中"10"引脚和"9"引脚分别为两组待比较的四位二进制数的第 1 位,分别用字母"A_0"和"B_0"来标识。类似地,芯片的"12"引脚和"11"引脚、"13"引脚和"14"引脚、"15"引脚和"1"引脚分别为两组待比较的四位二进制数的第 2 位、第 3 位、第 4 位。芯片的"2"、"3"和"4"引脚均为级联输入端,分别用"$I_{A<B}$"、"$I_{A=B}$"和"$I_{A>B}$"来标识。芯片的"5"、"6"和"7"引脚均为比较结果输出端,分别用"$O_{A>B}$"、"$O_{A=B}$"和"$O_{A<B}$"来标识。若待比较的两组四位二进制数"$A_0A_1A_2A_3$"大于"$B_0B_1B_2B_3$",则芯片的"5"引脚输出高电平,"6"和"7"引脚均输出低电平;若"$A_0A_1A_2A_3$"等于"$B_0B_1B_2B_3$",则芯片的"6"引脚输出高电平,"5"和"7"引脚均输出低电平;若"$A_0A_1A_2A_3$"小于"$B_0B_1B_2B_3$",则芯片的"7"引脚输出高电平,"5"和"6"引脚均输出低电平。芯片的"8"引脚为接地端口,用字母"GND"来标识;芯片的"16"引脚为电源端口,用字母"V_{CC}"来标识。该芯片的具体功能如表 14.20 所示。

表 14.20 74LS85 芯片真值表

比 较 输 入				级 联 输 入			比 较 输 出		
A_3、B_3	A_2、B_2	A_1、B_1	A_0、B_0	$I_{A>B}$	$I_{A<B}$	$I_{A=B}$	$O_{A>B}$	$O_{A<B}$	$O_{A=B}$
$A_3>B_3$	×	×	×	×	×	×	1	0	0
$A_3<B_3$	×	×	×	×	×	×	0	1	0
$A_3=B_3$	$A_2>B_2$	×	×	×	×	×	1	0	0
$A_3=B_3$	$A_2<B_2$	×	×	×	×	×	0	1	0
$A_3=B_3$	$A_2=B_2$	$A_1>B_1$	×	×	×	×	1	0	0
$A_3=B_3$	$A_2=B_2$	$A_1<B_1$	×	×	×	×	0	1	0
$A_3=B_3$	$A_2=B_2$	$A_1=B_1$	$A_0>B_0$	×	×	×	1	0	0

续表

比　较　输　入				级　联　输　入			比　较　输　出		
$A_3=B_3$	$A_2=B_2$	$A_1=B_1$	$A_0<B_0$	×	×	×	0	1	0
$A_3=B_3$	$A_2=B_2$	$A_1=B_1$	$A_0=B_0$	1	0	0	1	0	0
$A_3=B_3$	$A_2=B_2$	$A_1=B_1$	$A_0=B_0$	0	1	0	0	1	0
$A_3=B_3$	$A_2=B_2$	$A_1=B_1$	$A_0=B_0$	×	×	1	0	0	1
$A_3=B_3$	$A_2=B_2$	$A_1=B_1$	$A_0=B_0$	1	1	0	0	0	0
$A_3=B_3$	$A_2=B_2$	$A_1=B_1$	$A_0=B_0$	0	0	0	1	1	0

　　根据表 14.20,4 位数值比较器是由高位开始逐位比较。若高位能够比较出大小,则低于该位的各位大小对于比较的结果没有影响;如果高位相等,则比较次高位;类似地,一直比较到最低位。如果 4 位的比较结果都相等,此时需要考虑级联输入的信号。有关 74LS85 芯片的电路原理图以及更多相关内容可参考该芯片的器件手册。

14.7　组合逻辑电路的竞争冒险现象

　　在前面的章节里,我们系统地讨论了组合逻辑电路的分析和设计方法。需要注意的是,上述组合逻辑电路的分析和设计都是在理想的情况下实现的,即我们假设:

➢ 所有的逻辑器件均为理想器件;
➢ 信号所经过的电路连线及逻辑门都没有延迟;
➢ 电路中有多个输入信号发生变化时,其输入或输出信号的变化是瞬间同时完成的。

　　然而,实际的组合逻辑电路并非如此。所有的逻辑器件均不是理想器件;信号所经过的电路连线及逻辑门都存在延迟;电路中输入或输出信号的变化并非在瞬间同时完成,而是需要一个过渡时间。我们进行组合逻辑电路功能的分析都是在输入和输出处于稳定的逻辑电平下进行的。基于上述原因,电路在信号电平变化的瞬间会产生与稳定逻辑电平状态下逻辑功能不一致的现象,会在瞬间产生一个错误逻辑输出,这就是组合逻辑电路的竞争冒险现象。

14.7.1　竞争冒险现象的产生

　　为了更好地理解竞争冒险现象,我们通过图 14.40 所示电路来分析竞争冒险现象是如何产生的。

　　在理想条件下,图 14.40(a) 所示电路的逻辑表达式为:

$$F=\overline{A}+\overline{A}=0 \qquad (14.27)$$

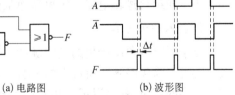

(a) 电路图　　　　　(b) 波形图

图 14.40　竞争冒险现象

　　也就是说在理想条件下,无论输入信号 A 的状态如何,输出端 F 恒为 0。然而,信号通过逻辑门均会存在时间上的延迟。对于非门而言,假设其输入端信号发生变化的一瞬间到输出端有一个稳定的更新输出所经历的时间为 Δt。观察图 14.40(a) 所示电路,一方面信号 A 直接加载到或非门的一个输入端,另外一方面,信号 A 经过非门后再接入到或非门的另外一个的输入端。由于信号 A 经过非门会产生一个时间延迟 Δt,这样一来或非门的两个输入信号会产生一个时间差,具体如图 14.40(b)所示。在图 14.40(b)中,信号 A 是一个时钟信号,其初始值为 0。在图 14.40(b)的波形图中,当输入信号 A 由高电平变为低电平的一瞬间,非门输出的信号并不会立刻由低电平转换为高电平,而是有一个时间为 Δt 的延迟。通过观察可以看出,在 Δt 这一段时间差上,或非门所接入的信号 A 和 $\overline{A}$ 均为低电平,那么或非门输出 F 为高电平,也就是每隔一个时钟周期就会产生一个时长为 Δt 的尖峰脉冲,即输出端 F 并不是恒为 0。以上就是一个典型的竞争冒险现象。

由此可见,图 14.40(b)波形图中那个在理论上不应该存在的、时长为 Δt 的尖峰脉冲的出现主要是由于电路中存在信号传输的延迟。

14.7.2 竞争冒险现象的判断

为了使所设计的电路具有更好的稳定性,需要判断一个电路是否存在竞争冒险现象。在具体的分析判断过程中,如果某一逻辑门的输入信号 A 和 $\overline{A}$ 是通过两个不同的传输路径而来,那么在输入变量 A 的状态发生变化时,其输出端便有可能产生尖峰脉冲。因此在具体的判断过程中,首先将电路所对应的逻辑表达式写出来,观察逻辑表达式中的某些变量是否以原变量和反变量的形式存在。如果有,那么接下来将逻辑表达式中的其他变量的各种取值组合依次带入到表达式中并观察是否出现"$A+\overline{A}$"的形式。如果有则可以判定该电路存在竞争冒险现象。类似地,如果逻辑表达式能够以"$A \cdot \overline{A}$"的形式存在,则也可以判定该电路存在竞争冒险现象。

【例 14 - 9】 某组合逻辑电路的表达式为 $F=\overline{A}C+AC+\overline{A}B$,判断该电路是否存在竞争冒险现象。

解 由表达式可知,逻辑变量 A 和 C 均以原变量和反变量的形式存在,因此需要分别对这两个逻辑变量进行分析。首先考察逻辑变量 A,此时需要将逻辑变量 B 和 C 的所有取值情况依次带入到表达式中,我们有:$BC=00$ 时,$F=\overline{A}$;$BC=01$ 时,$F=A$;$BC=10$ 时,$F=\overline{A}$;$BC=11$ 时,$F=A+\overline{A}$。当 $BC=11$ 时,逻辑变量 A 的变化可能会使电路发生竞争冒险现象。类似地,考察逻辑变量 C,有:$AB=00$ 时,$F=\overline{C}$;$AB=01$ 时,$F=1$;$AB=10$ 时,$F=C$;$AB=11$ 时,$F=C$。逻辑变量 C 的变化不会使电路发生竞争冒险现象。

14.7.3 竞争冒险现象的消除

为了使组合逻辑电路稳定可靠地工作,我们可以采取以下措施来消除竞争冒险现象。

1. 接入滤波电容

竞争冒险现象所产生的尖峰脉冲一般都很窄,在电路的输出端并联一个容量很小的滤波电容可消除尖峰脉冲所带来的影响。在 TTL 逻辑门电路中,通常选择几十至几百皮法的滤波电容的容量,就可以把干扰脉冲削弱至门电路的阈值电压以下。尽管这种方法简单易行,但是电容的存在也使输出电压波形的上升沿和下降沿变得缓慢,即高、低电平间的过渡时间变长。

2. 引入脉冲选通

第二种可行的方法是引入脉冲选通。由于组合逻辑电路的竞争冒险现象往往产生是在输入信号发生变化的过程中,因此可以对输出波形从时间上加以选择和控制,当输入信号稳定建立后,给一个选通脉冲来对相应的逻辑门进行使能。实际上,本方法就是利用选通脉冲来选择电路输出波形稳定的部分,人为地避开尖峰脉冲,最终实现逻辑功能的可靠输出。

3. 增加冗余逻辑

因为竞争冒险现象是由单个变量状态的改变引起的,我们可以采用增加冗余逻辑的方法来予以解决。例如,假设某组合逻辑电路的逻辑表达式为 $F=AB+\overline{A}C$。在 $B=C=1$ 的条件下,A 的状态改变会使电路存在竞争冒险现象。根据第 12 章逻辑代数常用公式

$$F=AB+\overline{A}C=AB+\overline{A}C+BC \tag{14.28}$$

对于公式 (14.28),在增加了冗余项 BC 后,电路的逻辑功能并没有被改变,但是在 $B=C=1$ 的条件下,$F=A+\overline{A}+1=1$,也就是说无论 A 如何改变,F 的输出始终为 1。

有一点需要注意,上述例子中冗余项 BC 仅能改变 $B=C=1$ 条件下 $F=AB+\overline{A}C$ 的竞争冒险现象。如果 A 和 B 的取值同时由 10 变为 01 或者同时由 01 变为 10,这个增加的冗余项 BC 会存在竞争冒险现象。因此,用增加冗余逻辑的方法来消除竞争冒险现象,其适用范围是有限的。

习　题

一、分析计算题

1. 如何使用 2 线—4 线译码器实现 4 线—16 线译码器?提示,查阅 CD4555 芯片的器件手册。要求用 EDA 软件完成电路的仿真并简要叙述电路的基本原理。

2. 有 A、B、C 三个输入信号,如果三个输入信号均为 0 或其中一个为 1 时,输出信号 $Y=1$;其余情况下,输出 $Y=0$。设计该电路。

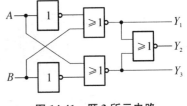

3. 对于图 14.41 所示电路,写出该电路的表达式,列出真值表,并说明其逻辑功能。

图 14.41　题 3 所示电路

4. 设计一个 8421BCD 码校验电路。要求当输入量 DCBA≤2,或 DCBA≥7 时,电路输出 F 为高电平,否则输出 F 为低电平,用与非门设计此电路。列出真值表,写出 F 的表达式,并画出电路图。

5. 设计一个判断一位十进制数能被 3 整除的电路。要求十进数用 8421BCD 码表示。

6. 设计一个三变量的奇偶校验电路,即当输入变量 A,B,C 中有偶数个 1 时,其输出为 1;否则输出为 0。

7. 试用 74LS138 和适当的门电路实现逻辑函数 $Z=F(A,B,C)=\sum m(0,2,4,5,6,7)$。

8. 试用 74HCT238 芯片和适当的门电路实现逻辑函数:$L=AB+BC+AC$。

【微信扫码】
在线练习 & 相关资源

第15章

触发器

在前两个章节中分别介绍了逻辑门电路和组合逻辑电路,它们的共同特点是电路输出的状态仅仅取决于当前时刻的输入状态,而与电路以前的状态无关,即电路没有记忆功能。然而,在很多数字电路中,不但需要对数字信号进行算术和逻辑运算,还需要将这些数字信号及其运算的中间结果临时保存起来,便于后续逻辑运算使用,最终实现各种复杂的逻辑运算和逻辑控制。因此,电路中需要一个存储数据的装置。本章介绍最基本的存储记忆部件——触发器。触发器(Flip-Flop)是具有记忆功能的基本逻辑单元,一个触发器能够存储一位二进制数。

触发器按照其电路结构的不同可分为基本触发器、同步触发器、主从触发器和边沿触发器。根据逻辑功能的不同,又可分为 RS 触发器、D 触发器、JK 触发器、T 触发器和 T' 触发器。图 15.1 是本章知识结构的思维导图。本章主要介绍触发器的基本概念及描述方法、不同类型触发器的电路结构和工作原理、触发器类型的转换和相应芯片的使用。

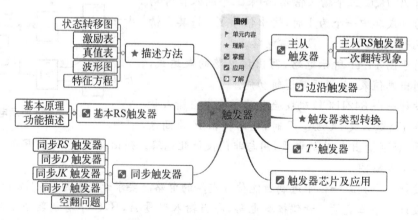

图 15.1　触发器知识点思维导图

15.1　基本触发器

15.1.1　触发器的概念

触发器是具有记忆功能、能够存储数字信号的最基本单元电路。一般而言,触发器具有两个稳定的状态,即逻辑状态 0 和逻辑状态 1,并且能够保持这两个状态不变。因此,触发器有两个输出端,并且在稳定的状态时两个输出端的状态是互补的,分别用 Q 和 $\bar{Q}$ 表示。当 $Q=1$ 和 $\bar{Q}=0$ 时,称触发器处于 1 态;当 $Q=0$ 和 $\bar{Q}=1$ 时,称触发器处于 0 态。注意,在触发器的定义中,Q 和 $\bar{Q}$ 端口的输出是互补的,不允许 Q 和 $\bar{Q}$ 端口的输出都是 1 或者输出都是 0 这种情况发生。

在触发信号的作用下,可以将触发器设置为 1 态或 0 态。具体而言,当触发信号为有效状态时,触发器将发生状态翻转,即触发器从一种状态转换为另外一种新的稳定状态(例如从 1 态转换为 0 态,或者从 0 态转换为 1 态);当触发信号为无效状态或者输入信号消失时,触发器能够保持当前状态不变,也就是具备记忆功能。触发器翻转前的状态称为现态,用 Q^n 表示;触发器翻转后的状态称为次态,用 Q^{n+1} 表示。触发器次态输出 Q^{n+1} 与现态 Q^n 和输入信号之间的逻辑关系,是贯穿本章始终的基本问题。如何获得、描述和理解这种逻辑关系,是本章学习的中心任务。

触发器具有一个或者多个输入端和一个时钟控制端(基本触发器除外),这些端口用于控制触发器的状态。触发器的一般逻辑符号如图 15.2 所示。

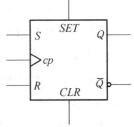

在图 15.2 中,"S"和"R"为同步输入端口,"cp"为时钟输入端口,"SET"和"CLR"为异步输入端口,分别为置位端口和清零端口(又称为复位端口,也可以用"$RESET$"来标识)。所谓同步输入端口是指除了相应端口为有效电平外,还需要时钟信号的配合才能够使触发器发生状态翻转。而异步输入端口则不需要时钟信号的配合,只要相应端口为有效电平,触发器就会发生状态变

图 15.2　触发器的一般逻辑符号

化。当"SET"端口为有效电平时,触发器处于置位状态,相当于存储"1";当"CLR"端口为有效电平时,触发器处于复位状态,相当于存储"0"。当"SET"和"CLR"端口均为无效电平时,在"S"、"R"和"cp"端口信号的作用下触发器进行状态翻转。在接下来所介绍的基本 RS 触发器中,其输入端口只有"S"和"R",没有时钟端口以及异步输入端口"SET"和"CLR"。图 15.2 中,Q 和 $\bar{Q}$ 端口为一对互补输出端口,通常将 Q 端口的状态作为整个触发器的状态。

15.1.2　基本 *RS* 触发器

触发器通常由逻辑门和反馈回路组成,本节介绍基本 RS 触发器[①],它是构成其他类型触发器电路的基本组成部分。基于与非门的基本 RS 触发器电路原理及逻辑符号如图 15.3 所示。

在图 15.3(a) 中,G_1 和 G_2 为两个与非门构成了基本 RS 触发器,与非门 G_1 的输出端作为整个触发器的 Q 端口,同时该端口通过反馈线连接到与非门 G_2 的输

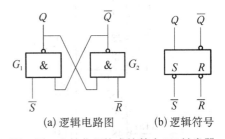

(a) 逻辑电路图　　(b) 逻辑符号

图 15.3　由与非门构成的基本 *RS* 触发器

---

① 在一些教材中称其为"RS 锁存器",为了与后续类型触发器在名称上统一,本书将由与非(或非门)所构成的"RS 锁存器"统称为基本 RS 触发器。

入端。类似地，与非门 G_2 的输出端作为整个触发器的 $\bar{Q}$ 端口，同时该端口通过反馈线连接到与非门 G_1 的输入端。基本 RS 触发器只有两个输入端：$\bar{S}$ 和 $\bar{R}$ 端口，字母上的"非"运算符号表示该端口是低电平有效（在对应的逻辑符号中，输入端口处用小圆圈来表示低电平有效，如图 15.3(b) 所示）。$\bar{S}$(Set) 端口为置位端口，又称其为置 1 端口；$\bar{R}$(Reset) 端口为复位端口，又称其为置 0 端口。

如图 15.3(a) 所示，基本 RS 触发器中使用两根反馈线将 G_1 和 G_2 两个与非门的输出与输入端进行交叉互联，根据与非门的逻辑关系，我们有如下逻辑表达式：

$$Q^{n+1}=\overline{\overline{Q^n}\,\bar{S}},\ \overline{Q^{n+1}}=\overline{Q^n\bar{R}} \tag{15.1}$$

两个输入变量（$\bar{S}$ 和 $\bar{R}$）有四种可能的输入组合，结合上述逻辑表达式分别进行讨论：

(1) 当 $\bar{R}=0,\bar{S}=1$ 时，$Q^{n+1}=0,\overline{Q^{n+1}}=1$，触发器置 0；

(2) 当 $\bar{R}=1,\bar{S}=0$ 时，$Q^{n+1}=1,\overline{Q^{n+1}}=0$，触发器置 1；

(3) 当 $\bar{R}=1,\bar{S}=1$ 时，$Q^{n+1}=Q^n,\overline{Q^{n+1}}=\overline{Q^n}$，触发器保持原态不变，或者说具有记忆功能；

(4) 当 $\bar{R}=0,\bar{S}=0$ 时，根据表达式，$Q^{n+1}=1,\overline{Q^{n+1}}=1$，这与前一节中触发器的定义相矛盾，破坏了触发器 Q 和 $\bar{Q}$ 端口的输出应该是互补的这一要求。此外，当 $\bar{S}$ 和 $\bar{R}$ 端口的低电平同时撤销（即由低电平转换为高电平），两个与非门 G_1 和 G_2 的输出均要由 1 向 0 转换，出现了竞争现象，两个与非门的输出变为 0 的快慢程度则取决于两个与非门 $\bar{S}$ 和 $\bar{R}$ 端口的低电平信号消失的快慢（或者说取决于两个与非门的延迟时间）。具体而言，若与非门 G_1 的 $\bar{S}$ 端口低电平消失速度高于 G_2 的 $\bar{R}$ 端口，则触发器最终将稳定在"0"态；反之，触发器最终将稳定在"1"态。由于低电平信号消失的快慢程度是无法预测的，这导致触发器的最终稳定状态将是不确定的，可能是"1"态，也可能是"0"态。因此，在实际的使用过程中，应避免这种状态的出现，即 $\bar{S}$ 和 $\bar{R}$ 端口避免同接入低电平。

在实际的工程应用中，RS 触发器所对应的芯片型号为 74LS279，图 15.4 为该芯片的逻辑图和引脚图。图 15.4(b) 所示 74LS279 芯片的封装形式是双列直插，共计 16 个引脚，其内部集成了 4 个独立的 RS 触发器。1 引脚~4 引脚对应第 1 个 RS 触发器，沿逆时针方向，5

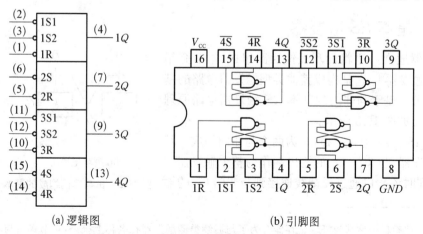

(a) 逻辑图　　　　　　　　　(b) 引脚图

图 15.4　由与非门构成的基本 RS 触发器

引脚～7 引脚对应第 2 个 RS 触发器，8 引脚为接地端口，9 引脚～12 引脚对应第 3 个 RS 触发器，13 引脚～15 引脚对应第 4 个 RS 触发器。

需要注意的是，该芯片中第 1 和第 3 个 RS 触发器的 S 端口有两个。以第 1 个触发器为例，它的两个 S 端口标记为"$\overline{1S1}$"和"$\overline{1S2}$"。在实际的应用中，如果只需要一个 S 端口，可以将多余的端口接高电平或者将这两个 S 端口并联。思考一下，这么处理的原理是什么？关于 74LS279 芯片详细的电气特性，可参考该芯片的器件手册。

15.1.3　触发器逻辑功能的描述

本节以 RS 触发器为例，采用真值表、特征方程、状态转移图、激励表和波形图来介绍触发器逻辑功能的描述方法。

（1）真值表

根据上一节关于基本 RS 触发器逻辑功能的分析，为了进一步明晰触发器现态与次态间的转换关系，将触发器的输入信号、现态和次态画在一张表中，用表格的形式对触发器逻辑功能进行描述，该表就称为触发器的真值表。表 15.1 为由与非门构成的基本 RS 触发器的真值表。

表 15.1　基本 RS 触发器真值表

输入信号		现态	次态	功能描述
$\bar{R}$	$\bar{S}$	Q^n	Q^{n+1}	
0	1	0	0	置 0
0	1	1	0	
1	0	0	1	置 1
1	0	1	1	
1	1	0	0	保持
1	1	1	1	
0	0	0	$\times$	不确定
0	0	1	$\times$	禁止态

在一些教材中，采用如表 15.2 所示的简化真值表。

表 15.2　基本 RS 触发器的简化真值表

$\bar{R}$	$\bar{S}$	Q^{n+1}
0	1	0
1	0	1
1	1	Q^n
0	0	不确定

（2）特征方程

特征方程是描述触发器逻辑功能的逻辑函数表达式。由表 15.1，将输入 $\bar{R}$ 和 $\bar{S}$ 以及现

态 Q^n 作为逻辑变量,并考虑约束条件 $\overline{S}+\overline{R}=1$,通过卡诺图来求解这三个逻辑变量的函数 Q^{n+1},如图 15.5 所示。

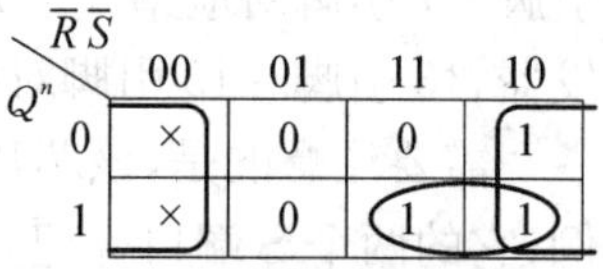

通过卡诺图化简可得基本 RS 触发器的特征方程为:

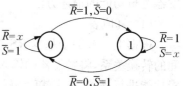

$$\begin{cases} Q^{n+1}=\overline{S}+\overline{R}Q^n=S+\overline{R}Q^n \\ \overline{S}+\overline{R}=1 \end{cases} \quad (15.2)$$

图 15.5　基本 RS 触发器
次态卡诺图

(3) 状态转移图和激励表

触发器的逻辑功能还可以用状态转移图来描述,图 15.6 是基本 RS 触发器的状态转移图。在该图中,带 0 或 1 的圆圈表示触发器的状态,带箭头的线段表示在输入信号的作用下状态转移的方向,箭头离开的状态为现态,箭头指向的状态为次态,箭头上标注了触发器状态转移的条件。

由图 15.6 可知:

1) 当触发器现态 $Q^n=0$ 时,在输入信号 $\overline{R}=1,\overline{S}=0$ 的条件下,触发器转移到次态 $Q^{n+1}=1$;

2) 当触发器现态 $Q^n=1$ 时,在输入信号 $\overline{R}=1,\overline{S}=x$ (即 $\overline{S}=0$ 或 $\overline{S}=1$)的条件下,触发器维持现态不变;

图 15.6　基本 RS 触发器的
状态转移图

3) 当触发器现态 $Q^n=1$ 时,在输入信号 $\overline{R}=0,\overline{S}=1$ 的条件下,触发器转移到次态 $Q^{n+1}=0$;

4) 当触发器现态 $Q^n=0$ 时,在输入信号 $\overline{R}=x,\overline{S}=1$ 的条件下,触发器维持现态不变。

根据图 15.6 可以很方便地列出表 15.3,称其为基本 RS 触发器的激励表。触发器的激励表给出了由现态 Q^n 迁移到确定要求的次态 Q^{n+1} 时对输入信号的要求。表 15.3 本质上是表 15.1 的派生表。

表 15.3　基本 RS 触发器的激励表

状态转移		激励输入	
$Q^n \rightarrow Q^{n+1}$		$\overline{R}$	$\overline{S}$
0	0	x	1
0	1	1	0
1	0	0	1
1	1	1	x

(4) 波形图

波形图又称为时序图,图 15.7 是基本 RS 触发器的波形图,它清晰地反映出输入、输出信号间的状态转移关系,通过波形图可以直观地分析出触发器的特性和工作状态。

图 15.7 中"①"可以看出:在输入信号 $\overline{R}=1,\overline{S}=0$ 的条件下,触发器置 1;

图 15.7 中"②"可以看出:在输入信号 $\overline{R}=1,\overline{S}=1$ 的条件下,触发器维持原态不变;

图 15.7 中"③"可以看出:在输入信号 $\overline{R}=0,\overline{S}=1$ 的条

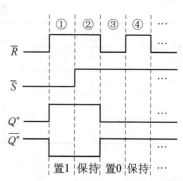

图 15.7　基本 RS 触发器的波形图

件下,触发器置 0;

图 15.7 中"④"可以看出:在输入信号 $\overline{R}=1$,$\overline{S}=1$ 的条件下,触发器维持原态不变。

上述介绍的触发器逻辑功能描述方法的表达形式虽然不同,但它们的内涵是一致的,本质上是相辅相成并且可以互相转换的。

思考题

搭建基于或非门的基本 RS 触发器,并用上述真值表、特征方程、状态转移图、激励表和波形图来描述其逻辑功能,分析它和与非门基本 RS 触发器的异同。

15.2 同步触发器

上一节所介绍的基本 RS 触发器中,$\overline{R}$ 端口和 $\overline{S}$ 端口的状态发生变化会立刻使触发器的输出端有相应的状态转换。然而,在一些数字电路应用中,我们希望电路状态的变化是在统一的时钟信号控制下来完成。基于这一理念,将基本 RS 触发器的电路结构进行更改,加入引导电路来实现时钟控制的触发器。常见的时钟控制触发器主要有电平触发、脉冲触发和边沿触发三种类型。接下来所介绍的同步 RS 触发器是电平触发,并且其他类型的同步触发器均由该触发器衍生而来。

15.2.1 同步 RS 触发器

在基本 RS 触发器电路的基础上增加一个触发信号输入端口,即增加时钟信号脉冲输入端口 cp(Clock Pulse)便构成了同步 RS 触发器,如图 15.8 所示。只有当 cp 端口的信号为有效电平时,触发器才能按照上一节基本 RS 触发器的逻辑功能来响应 $\overline{R}$ 端口和 $\overline{S}$ 端口的输入信号。

在图 15.8(a) 中,与非门 G_1 和 G_2 构成了基本 RS 触发器,G_3 和 G_4 构成了触发控制引导电路,G_3 的 S 端口和 G_4 的 R 端口信号接入到由 G_1 和 G_2 所构成了基本 RS 触发器中,并作为基本 RS 触发器的 $\overline{S}$ 端口和 $\overline{R}$ 端口信号。与非门 G_1 和 G_2 的输出状态作为整个同步 RS 触发器的输出状态。图15.8(b) 是同步 RS 触发器的逻辑符号,注意 S 端口

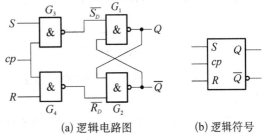

(a) 逻辑电路图　　(b) 逻辑符号

图 15.8 同步 RS 触发器

和 R 端口的有效电平与上一节所介绍的基本 RS 触发器的有效电平正好相反。

根据图 15.8(a),与非门 G_3 和 G_4 的输出方程为:

$$\overline{S_D}=\overline{S \cdot cp}, \quad \overline{R_D}=\overline{R \cdot cp} \tag{15.3}$$

当 $cp=0$ 时,与非门 G_3 和 G_4 被封锁,此时无论 S 端口和 R 端口的信号状态如何,G_3 和 G_4 的输出均为 1,即 $\overline{S_D}=1$,$\overline{R_D}=1$。根据基本 RS 触发器的真值表,由 G_1 和 G_2 所构成

的基本 RS 触发器维持现态不变,即同步 RS 触发器维持现态不变。

当 $cp=1$ 时,与非门 G_3 和 G_4 被打开,S 端口和 R 端口信号通过 G_3 和 G_4 传递给由 G_1 和 G_2 所构成的基本 RS 触发器的输入端,同步 RS 触发器的逻辑状态取决于 S 端口和 R 端口的输入信号以及电路以前的状态。此时,同步 RS 触发器的逻辑功能与基本 RS 触发器逻辑功能类似,需要注意的是:当 $S=1$ 和 $R=1$ 时,$\overline{S_D}=0$,$\overline{R_D}=0$,这导致由 G_1 和 G_2 所构成的基本 RS 触发器处于不确定状态,也就是说 $S=1$ 和 $R=1$ 是同步 RS 触发器的禁止态。因此,同步 RS 触发器的输入端应遵守如下约束条件:$R \cdot S=0$。具体功能详见表 15.4。

表 15.4 同步 RS 触发器真值表

输入信号			现态	次态	功能描述
cp	R	S	Q^n	Q^{n+1}	
0	$\times$	$\times$	0	0	保持
0	$\times$	$\times$	1	1	
1	0	0	0	0	保持
1	0	0	1	1	
1	0	1	0	1	置1
1	0	1	1	1	
1	1	0	0	0	置0
1	1	0	1	0	
1	1	1	0	$\times$	不确定 禁止态
1	1	1	1	$\times$	

根据表 15.4,当 $cp=1$ 时,采用卡诺图化简的方法得到同步 RS 触发器的特征方程:

$$\begin{cases} Q^{n+1} = S + \bar{R}Q^n \\ R \cdot S = 0 \end{cases} \qquad (15.4)$$

图 15.9 给出了当 $cp=1$ 时的同步 RS 触发器状态转移图。

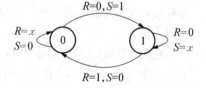

图 15.9 同步 RS 触发器的状态转移图

类似地,当 $cp=1$ 时,我们有同步 RS 触发器的激励表,如表 15.5 所示。

表 15.5 同步 RS 触发器的激励表

状态转移		激励输入	
$Q^n \rightarrow Q^{n+1}$		R	S
0	0	x	0
0	1	0	1
1	0	1	0
1	1	0	x

15.2.2　同步 D 触发器

同步 RS 触发器和前面所介绍的基本 RS 触发器均存在禁止态,同步 RS 触发器的 R、S 输入端口不能同时为 1,否则触发器输出状态不定。触发器的主要功能是存入数据 1(置 1)或存入数据 0(置 0)以及数据保持。根据表 15.4 的分析,在实现数据保持、置 1 和置 0 这三个基本功能的同时尽量使同步 RS 触发器的输入状态简化(因为表 15.4 中实现数据保持功能可以有两种输入方式),只取如下三个状态:

(1) $cp=0$ 时,触发器为保持状态;

(2) $cp=1$,S=1、R=0 时,触发器置 1;

(3) $cp=1$,S=0、R=1 时,触发器置 0。

也就是不考虑 R 和 S 端口信号相等的情况,只考虑 R 和 S 端口信号互补的状态。为了实现这一目标,在 R 和 S 端口间接入一个非门,只让信号从 S 端口进入,取消 R 端口,并改称 S 端口为 D 端口,如图 15.10 所示。这样,便得到了一个单端输入的触发器,称之为同步 D 触发器。同步 D 触发器避免了输入端信号同时为 1,即没有禁止态。

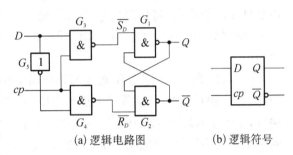

(a) 逻辑电路图　　(b) 逻辑符号

图 15.10　同步 D 触发器

根据上述分析,可得出同步 D 触发器的真值表,如表 15.6 所示。

表 15.6　同步 D 触发器真值表

输入信号		现态	次态	功能描述
cp	D	Q^n	Q^{n+1}	
0	$\times$	0	0	保持
0	$\times$	1	1	
1	0	0	0	置0
1	0	1	0	
1	1	0	1	置1
1	1	1	1	

根据表 15.6,在 $cp=1$ 条件下,同步 D 触发器的输出仅取决于 D 端口的信号状态。根据真值表我们可以得到 $cp=1$ 时的特征方程为

$$Q^{n+1}=D \tag{15.5}$$

思考题

画出同步 D 触发器的状态转移图,列出它的激励表。思考如何搭建基于或非门的同步 D 触发器。

15.2.3 同步 JK 触发器

数字电路讲求的是确定的输入得到确定的输出。但是当同步 RS 触发器的输入端为 R＝S＝1 时,输出状态不确定。从数学的角度来讲,这一现象叫作不完备。就好比一个映射,确定输入对应确定输出就相当于"一对一"的映射,而确定输入对应不确定输出就相当于"一对多"的映射,也就是说电路存在竞争现象,存在瑕疵。因此,为了使同步 RS 触发器的逻辑功能更加完善,可以利用 $cp＝1$ 期间,输出端 Q 和 $\bar{Q}$ 的输出状态不变且互补的特点,将输出信号引入到输入端,便得到同步 JK 触发器,如图 15.11 所示。

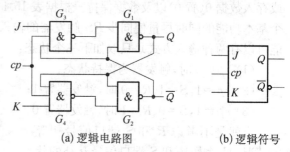

(a) 逻辑电路图 (b) 逻辑符号

图 15.11 同步 JK 触发器

图 15.11 所示的同步 JK 触发器是在同步 RS 触发器的基础上改进得到的,两个三输入与非门 G_3 和 G_4 构成了触发控制引导电路,其中 G_3 的一个输入端作为触发器输入信号的 J 端口,一个输入端为时钟信号输入端口,另外一个端口与 G_2 的输出端相连。类似地,G_4 的一个输入端作为触发器输入信号的 K 端口,一个输入端作为时钟信号输入端口,另外一个端口与 G_1 的输出端相连。

假设与非门 G_3 和 G_4 的输出分别为 Q_3 和 Q_4,根据图 15.11 所示电路,可以列出 $cp＝1$ 条件下与非门 G_3 和 G_4 的输出方程

$$\begin{cases} Q_3 = \overline{J \cdot cp \cdot \overline{Q^n}} = \overline{J \cdot \overline{Q^n}} \\ Q_4 = \overline{K \cdot cp \cdot Q^n} = \overline{K \cdot Q^n} \end{cases} \tag{15.6}$$

根据图 15.11,G_3 的输出信号 Q_3 接入到由 G_1 和 G_2 所构成的基本 RS 触发器的"$\bar{S}$"端口,即 Q_3 相当于 $\bar{S}$。类似地,G_4 的输出信号 Q_4 接入到"$\bar{R}$"端口,即 Q_4 相当于 $\bar{R}$。将 Q_3 和 Q_4 带入到基本 RS 触发器的特征方程

$$\begin{aligned} Q^{n+1} &= S + \bar{R} \cdot Q^n = \bar{\bar{S}} + \bar{R} \cdot Q^n = \overline{Q_3} + Q_4 \cdot Q^n \\ &= J \cdot \overline{Q^n} + \overline{K \cdot Q^n} \cdot Q^n = J \cdot \overline{Q^n} + \bar{K} \cdot Q^n \end{aligned} \tag{15.7}$$

根据上述方程可以列出图 15.11 所示同步 JK 触发器的真值表,具体如表 15.7 所示。

表 15.7 同步 JK 触发器真值表

输入信号			现态	次态	功能描述
cp	J	K	Q^n	Q^{n+1}	
0	×	×	0	0	保持
0	×	×	1	1	

续表

输入信号			现态	次态	功能描述
cp	J	K	Q^n	Q^{n+1}	
1	0	0	0	0	保持
1	0	0	1	1	
1	0	1	0	0	置0
1	0	1	1	0	
1	1	0	0	1	置1
1	1	0	1	1	
1	1	1	0	1	翻转
1	1	1	1	0	

从表 15.7 可以看出，$cp=1$ 时，对于 J 端口和 K 端口每一个确定的输入状态，同步 JK 触发器的输出是一个确定的状态。为了便于后续分析问题方便，表 15.7 进行化简并只考虑 $cp=1$ 时触发器的状态，得到简化版的同步 JK 触发器真值表，详见表 15.8。

由表 15.7 也可以得到同步 JK 触发器的激励表(详见表 15.9)，以及状态转移图(详见图 15.12)。

表 15.8 同步 JK 触发器真值表(简化)

J	K	Q^{n+1}
0	0	Q^n
0	1	0
1	0	1
1	1	$\overline{Q^n}$

表 15.9 同步 JK 触发器的激励表

状态转移		激励输入	
$Q^n \rightarrow Q^{n+1}$		J	K
0	0	0	x
0	1	1	x
1	0	x	1
1	1	x	0

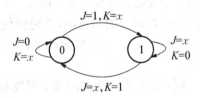

图 15.12 同步 JK 触发器的状态转移图

15.2.4 同步 T 触发器

对同步 JK 触发器进行改进，使其只具有翻转和保持功能，即当输入端口 $T=1$ 时，每来一个时钟信号，触发器的状态就翻转一次；若 $T=0$ 时，触发器维持原态不变。这就是同步 T 触发器。

根据表 15.8，当 $J=K=0$ 时，同步 JK 触发器维持原态不变；当 $J=K=1$ 时，同步 JK 触发器具有翻转功能。结合同步 T 触发器的定义，将图 15.11 所示电路的 J 端口和 K 端口连接在一起，并用"T"来命名新的端口，这就是同步 T 触发器，其电路结构如图 15.13 所示。

将 $J=K=T$ 带入到公式(15.7)中得同步 T 触发器的特征方程

$$Q^{n+1} = T \cdot \overline{Q^n} + \overline{T} \cdot Q^n \qquad (15.8)$$

若进一步限定同步触发器只具有翻转功能,即每来一个时钟信号,触发器的输出状态就翻转一次,这种类型的触发器称为同步 T' 触发器。实际上,将同步 T 触发器的 T 端口接高电平,它就退化为同步 T' 触发器,由公式(15.8)可得到同步 T' 触发器特征方程为

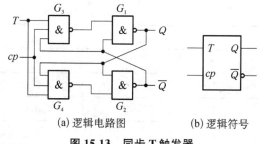

(a) 逻辑电路图　　　　(b) 逻辑符号

图 15.13　同步 T 触发器

$$Q^{n+1} = \overline{Q^n} \qquad (15.9)$$

 思考题

列出同步 T 触发器和同步 T' 触发器的真值表和激励表,画出它们的状态转移图。

15.2.5　同步类型触发器的空翻现象

通过以上几节内容的介绍,我们给出了同步触发状态下的 RS 触发器、D 触发器、JK 触发器、T 和 T' 触发器的工作原理。上述五种类型的触发器是按照触发器逻辑功能的不同来进行划分的,但上述五种触发器的共同特点是触发形式相同,即采用电平触发。同步类型触发器是在时钟信号 $cp=1$ 期间接收并响应输入信号,因此在 $cp=1$ 期间,如果输入信号发生了多次变化,那么同步触发器输出的状态也将发生多次变化,这就是触发器的空翻现象。图 15.14 所示给出了同步 D 触发器产生空翻现象的示意图,在时钟信号第一个高电平期间,D 端口信号改变了三次,输出端也相应地改变了三次,即产生了"空翻"。

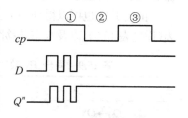

图 15.14　同步 D 触发器的空翻现象

同步触发器的空翻降低了触发器的抗干扰能力,也限制了其应用范围,使得同步触发器只能用于数据锁存,不能用于实现计数器、移位寄存器等,因为这些时序逻辑电路要求在一个时钟周期里输出状态只允许改变一次。为了防止空翻现象,提高触发器的工作可靠性,希望在每一个时钟周期内触发器的状态只发生一次状态变化,一个有效的方法是改进同步类型触发器的电路结构,这就是接下来将要介绍的主从触发器。

15.3　主从触发器

为了避免同步触发器所存在的"空翻"现象,本节介绍主从结构的触发器,具体包括:主从 RS 触发器和主从 JK 触发器。

15.3.1　主从 RS 触发器

为了使触发器在每一个时钟周期里输出端的状态只改变一次,可采用两个同步 RS 触

发器并以级联的方式得到主从 RS 触发器,具体电路如图 15.15 所示。

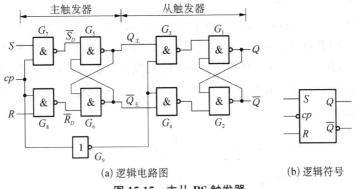

(a) 逻辑电路图　　　　　　(b) 逻辑符号

图 15.15　主从 RS 触发器

在图 15.15 中,主从 RS 触发器是由两个同步 RS 触发器和一个非门构成,这两个同步 RS 触发器分别称为主触发器和从触发器,其中主触发器接收并存储输入信号,可以看成整个主从 RS 触发器的引导电路,主触发器的输出($Q_\pm$ 和 $\overline{Q_\pm}$)作为从触发器的输入,从触发器的输出(Q 和 $\overline{Q}$)作为整个主从 RS 触发器的输出。主触发器和从触发器的时钟端口通过非门连接,实现了主触发器和从触发器工作在同一时钟信号的不同时间段,即当 $cp=1$ 时,主触发器打开,从触发器封锁;当 $cp=0$ 时,主触发器封锁,从触发器打开。这样一来,将接收输入信号和改变状态输出从时间上分开,可以有效地克服空翻现象。主从 RS 触发器的具体工作原理如下。

当 $cp=1$ 时,主触发器打开,从触发器被封锁,根据同步 RS 触发器的特征方程,我们得到主触发器的次态输出

$$\begin{cases} Q_\pm^{n+1} = S + \overline{R}Q_\pm^n \\ RS = 0 \end{cases} \quad cp=1 \tag{15.10}$$

当 $cp=0$ 时,主触发器被封锁,从触发器打开。注意此时主触发器的输出状态为 $Q_\pm^{n+1}$ 和 $\overline{Q_\pm^{n+1}}$,并且分别作为从触发器的"S"端口和"R"端口的输入信号,即

$$S_\text{从} = Q_\pm^{n+1}, R_\text{从} = \overline{Q_\pm^{n+1}} \tag{15.11}$$

再次根据同步 RS 触发器的特征方程,我们得到从触发器的次态输出

$$Q_\text{从}^{n+1} = S_\text{从} + \overline{R_\text{从}}Q_\text{从}^n = Q_\pm^{n+1} + \overline{\overline{Q_\pm^{n+1}}}Q_\text{从}^n = Q_\pm^{n+1} + Q_\pm^{n+1}Q_\text{从}^n = Q_\pm^{n+1} \tag{15.12}$$

从公式(15.12)可以看出,从触发器的次态输出就是主触发器的次态,换句话说,整个主从 RS 触发器的次态输出是主触发器的次态。通过上述分析,主从 RS 触发器的工作分两步进行。第一步,当 cp 由 0 跳变到 1 及 $cp=1$ 期间,主触发器接收输入激励信号,状态发生变化;同时从触发器被封锁,故整个主从 RS 触发器维持原态不变。第二步,当 cp 由 1 跳变到 0 及 $cp=0$ 期间,主触发器被封锁并保持原态不变,而此时从触发器被打开并接收这一时刻主触发器的输出状态,整个主从 RS 触发器的输出状态发生变化。由于 $cp=0$ 期间,主触发器被封锁并不再接收输入激励信号,因此不会引起主从 RS 触发器状态发生两次以上的翻转,从而克服多次空翻现象。

15.3.2 主从 JK 触发器

主从 RS 触发器与前面所介绍的基本 RS 触发器以及同步 RS 触发器一样,都存在禁止态,即当 $cp=1$ 期间并且主从 RS 触发器的 S 端口和 R 端口均输入高电平时,主触发器的次态输出不确定。采用 15.2.3 节所介绍的同步 JK 触发器构造方法,即利用 $cp=1$ 期间,输出端 Q 和 $\overline{Q}$ 的输出状态不变且互补的特点,将输出信号引入到输入端,便得到主从 JK 触发器,如图 15.16 所示。

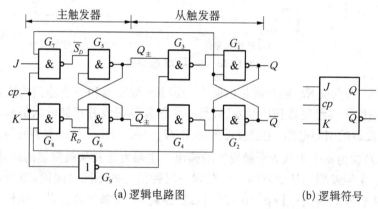

(a) 逻辑电路图　　　　(b) 逻辑符号

图 15.16　主从 JK 触发器

　思考题

根据图 15.16,分析主从 JK 触发器的原理,列出它的特征方程、真值表和激励表,画出它的状态转移图。

尽管主从结构的触发器能够有效地克服空翻现象,但是如果输入端被尖峰脉冲信号干扰,就会出现一次翻转现象,即触发器在时钟信号下降沿到来时的输出状态是由干扰信号引起的,并非真正的输入信号所引起的输出状态改变。接下来介绍主从 JK 触发器一次翻转现象的具体产生过程。

15.3.3 主从 JK 触发器的一次翻转现象

图 15.17 是具有异步复位和置位端口的主从 JK 触发器电路原理图,与非门 $G_5 \sim G_8$ 构成主触发器,与非门 $G_1 \sim G_4$ 构成从触发器,"$\overline{S_D}$"和"$\overline{R_D}$"分别是异步置位端口和异步复位端口(低电平有效),用于设定主从 JK 触发器的初始状态。

如图 15.17 所示,假设主从 JK 触发器的现态为 1,则 G_7 门被封锁。假设 $J=K=0$,那么当 cp 下降沿时主从 JK

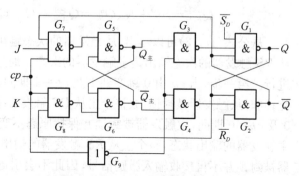

图 15.17　主从 JK 触发器(具有异步输入端口)

触发器次态应该维持 1 不变。在 $cp=1$ 期间,与非门 G_8 的三个输入端口中除了 K 端口均为高电平。假设此时 K 端口受到尖峰脉冲干扰(即 K 端口出现了一次高电平后又迅速变为低电平),那么在这干扰的一瞬间与非门 G_8 输出低电平后又瞬间重新转换为高电平。而与非门 G_5 和 G_6 构成一个基本 RS 触发器,G_5 与 G_7 相连接的端口是置位端口,G_6 与 G_8 相连接的端口是复位端口。K 端口受尖峰脉冲干扰导致 G_8 端口输出低电平使得基本 RS 触发器复位,即与非门 G_5 输出低电平(注意在没有尖峰脉冲干扰前 G_5 端口输出为高电平)。尖峰脉冲消失后 K 端口恢复为 0,此时 G_7 和 G_8 输出均为高电平,这两个高电平会使由 G_5 和 G_6 构成的基本 RS 触发器维持现态不变。此时,无论 K 端口的电平是高还是低,与非门 G_5 始终输出低电平,也就是主触发器的输出不会再发生变化。如果此时 cp 由高电平变为低电平,从触发器打开,G_3 接收 G_5 输出的低电平,G_4 接收 G_6 输出的高电平,会使从触发器输出为低电平,即主从 JK 触发器的次态误翻转为 0。类似地,当主从 JK 触发器现态为 0 时,在 $cp=1$ 期间以及 J 端口在低电平时受到尖峰脉冲干扰会导致主从 JK 触发器的次态误翻转为 1。这就是主从 JK 触发器的一次翻转现象,该现象表明主从 JK 触发器抗干扰能力差,易受外界干扰而导致逻辑错乱,这是主从触发方式造成的,在使用时应注意一次翻转问题所带来的影响。

15.3.4　CD4027 芯片

CD4027 是主从 JK 触发器芯片,该芯片内部集成了两个独立的 JK 触发器,1 引脚～7 引脚对应第一组 JK 触发器,9 引脚～15 引脚对应第二组 JK 触发器,具体外围引脚如图 15.18 所示。

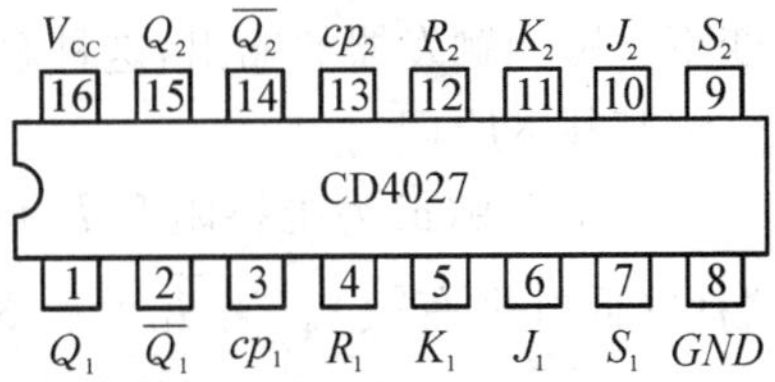

图 15.18 中,"J_1"和"K_1"为第一组 JK 触发器输入端口;"S_1"和"R_1"分别是第一组 JK 触发器的异步置位端口和异步复位端口(高电平有效);"Q_1"和"$\overline{Q_1}$"为第一组 JK 触发器输出端口。

图 15.18　CD4027 引脚图

根据该芯片的真值表(见表 15.10),当置位端口接入高电平,复位端口接入低电平,JK 触发器执行置数操作,即芯片的 1 引脚(Q_1 端口)输出高电平;当置位端口接入低电平,复位端口接入高电平,JK 触发器执行复位操作,即芯片的 1 引脚输出低电平。需要注意的是置位端口和复位端口均为异步端口,其优先级高于时钟端口、J 端口和 K 端口。只有当置位端口和复位端口均接入低电平时,触发器才在时钟信号的作用下响应"J_1"和"K_1"端口的输入信号。类似的,芯片的 9 引脚～15 引脚对应第二组 JK 触发器输入输出端口。

表 15.10　CD4027 真值表

输　入					输　出	
S	R	cp	J	K	Q	$\overline{Q}$
1	0	×	×	×	1	0
0	1	×	×	×	0	1
1	1	×	×	×	1	1

输　　入					输　　出	
S	R	cp	J	K	Q	$\bar{Q}$
0	0	↑	0	0	保持原态不变	
0	0	↑	0	1	0	1
0	0	↑	1	0	1	0
0	0	↑	1	1	翻转	

前面所介绍的各种类型的同步触发器以及主从结构触发器也仅限于理论层面,前者存在空翻问题,后者存在一次翻转问题。但通过上述内容的学习应掌握 RS 触发器、D 触发器、JK 触发器和 T 触发器的逻辑功能。目前市场上实际的触发器芯片产品往往采用边沿触发的方式,下一节将简要介绍边沿触发器的基本原理。

15.4　边沿类型触发器

尽管主从结构触发器能够有效地克服空翻现象,但是它易受噪声干扰,存在一次翻转现象,这限制了主从结构触发器的进一步应用,无法利用它构造重要的时序逻辑部件,如计数器和移位寄存器。为了能够克服一次翻转现象,提高触发器的可靠性,希望触发器仅在时钟信号上升沿或者下降沿到来的一瞬间响应输入端的信号,而在这之前和之后输入状态的改变不会影响触发器的输出,这种触发方式称为边沿触发。接下来以维持阻塞 D 触发器为例介绍其基本原理。

图 15.19(a)为维持阻塞 D 触发器原理图,$\overline{S_D}$ 和 $\overline{R_D}$ 分别是异步置位端口和异步复位端口(低电平有效)。当 $\overline{S_D}=0$,$\overline{R_D}=1$ 时,触发器执行置数操作,即 Q 端口输出为 1;当 $\overline{S_D}=1$,$\overline{R_D}=0$ 时,触发器执行复位操作,即 Q 端口输出为 0。只有当 $\overline{S_D}=1$,$\overline{R_D}=1$ 时,触发器的输出状态才与 D 端口信号和时钟信号有关。下面分析 $\overline{S_D}=1$,$\overline{R_D}=1$ 时触发器的工作原理。

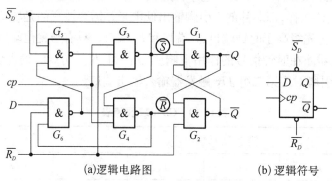

(a)逻辑电路图　　　　　(b) 逻辑符号

图 15.19　维持阻塞 D 触发器

当 $cp=0$ 时,与非门 G_3 和 G_4 被封锁,G_3 和 G_4 输出均为高电平,考虑到此时 $\overline{S_D}=1$,$\overline{R_D}=1$,那么由与非门 G_1 和 G_2 所构成的基本 RS 触发器(与 G_3 输出端相连的 G_1 门端口当

于 $\bar{S}$,与 G_4 输出端相连的 G_2 门端口当于 $\bar{R}$)会维持原态不变。在 $cp=0$ 期间,与非门 G_4 输出的高电平反馈给与非门 G_6,这样 D 端口的数据经过与非门 G_6 后输出为 $\bar{D}$,而该输出结果又反馈给与非门 G_5,这样 G_5 输出即为 D 端口的数据。

当时钟端口信号由 0 正向跳变到 1 时,与非门 G_3 和 G_4 被打开并接收 G_5 和 G_6 的输出信号,那么 G_3 输出为 $\bar{D}$,G_4 输出为 D。G_3 和 G_4 的输出接入由 G_1 和 G_2 所构成的基本 RS 触发器,有

$$Q^{n+1} = S + \bar{R}Q^n = \bar{\bar{S}} + \bar{R}Q^n = \bar{\bar{D}} + DQ^n = D \tag{15.13}$$

即实现了 D 触发器的逻辑功能。

接下来讨论当 $cp=1$ 时触发器的状态。由前一步骤的分析可知,与非门 G_3 和 G_4 的输出是互补的,即 G_3 和 G_4 的输出至少有一个是 0。假设 G_3 的输出为 0,该低电平经过反馈线将 G_4 和 G_5 封锁,此时即便 D 端口数据发生了变化,该变化的数据也不会传递到由 G_1 和 G_2 所构成的基本 RS 触发器,整个维持阻塞 D 触发器仍然维持原态不变;反之,如果是 G_4 的输出为 0,该低电平经过反馈线将 G_6 封锁,此时无论 D 端口数据如何变化,G_6 的输出始终是高电平,整个维持阻塞 D 触发器将维持原态不变。

当时钟端口信号由 1 跳变到 0 时,与非门 G_3 和 G_4 被封锁,整个维持阻塞 D 触发器仍然维持原态不变。

综上所述,维持阻塞 D 触发器是在时钟信号上升沿到来前接收 D 端口信号,在时钟信号上升沿到来时进行翻转,在时钟信号上升沿结束后信号被封锁,从而有效地克服了一次翻转现象。

图 15.19(b)是维持阻塞 D 触发器逻辑图。需要注意的是,该图中时钟信号为上升沿触发,与前面同步 D 触发器的逻辑图有所区别。另外,还有一个低电平有效的异步置位端口和一个异步复位端口。如果图 15.19(a)所示的维持阻塞 D 触发器是由或非门实现的,相应的异步端口为高电平有效。

接下来介绍典型的上升沿触发的边沿 D 触发器芯片:74LS74。图 15.20 为该芯片的引脚图,其内部集成了两个独立的上升沿触发、带有异步置位端口和异步复位端口的 D 触发器。其中,D_1(即芯片的 2 引脚)和 D_2(12 引脚)分别是两个触发器的数据输入端口;3 引脚和 11 引脚是两个独立的时钟输入端口,分别对应两个 D 触发器;1 引脚和 13 引脚是复位端口(低电平有效);4 引脚和 10 引脚是置位端口(低电平有效);5、6 引脚和 9、8 引脚分别是两个 D 触发器的互补输出端口。7 引脚和 14 引脚分别接地和电源。

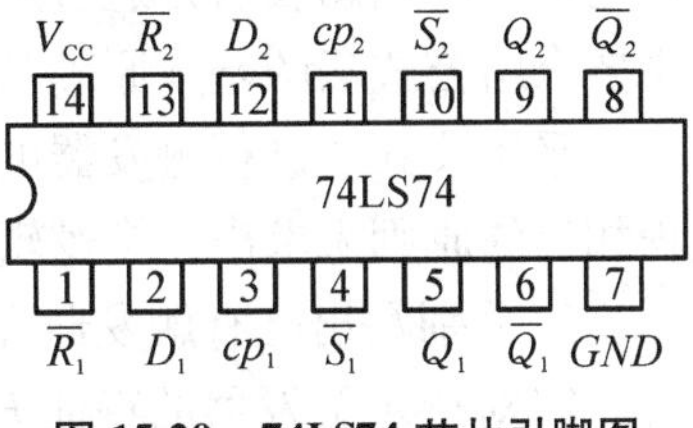

图 15.20 74LS74 芯片引脚图

表 15.11 为该芯片的真值表,根据该表可以看出,异步置位和异步复位端口的优先级高于时钟端口和 D 端口。74LS74 芯片的置位端口和复位端口均为低电平有效,当置位端口接低电平,复位端口接高电平时,触发器执行置位操作,即 Q 端口输出高电平;当置位端口接高电平,复位端口接低电平时,触发器执行复位操作,即 Q 端口输出低电平;当置位端口和复位端口均接高电平时,触发器才会在时钟上升沿的作用下响应数据输入端口 D 的数据,对应的输出为:

$$Q^{n+1} = D, cp \uparrow \tag{15.14}$$

表 15.11 74LS74 芯片真值表

输 入				输 出	
$\bar{S}$	$\bar{R}$	cp	D	Q	$\bar{Q}$
0	1	×	×	1	0
1	0	×	×	0	1
0	0	×	×	不稳定状态	
1	1	↑	1	1	0
1	1	↑	0	0	1
1	1	0	×	Q^n	$\overline{Q^n}$

有关 74LS74 芯片更多的内容,请参考该芯片的器件手册。

15.5 触发器类型转换

前几节我们学习了具有不同逻辑功能的触发器:RS 触发器、D 触发器、JK 触发器、T 和 T' 触发器。目前市场上触发器芯片的型号很多,但绝大多数都是 JK 触发器和 D 触发器,另外还有三款 RS 触发器。在实际的电路设计或者应用中,我们会用到其他功能的触发器,如 T 和 T' 触发器,但这两款触发器并没有对应的芯片产品。另外,如果只有 JK 触发器,却要实现其他类型触发器的逻辑功能,该如何解决这个问题? 这就涉及不同类型触发器间逻辑功能的转换。

触发器的类型转换主要是求解转换逻辑(通常是一个组合逻辑电路),可以采用公式法或者图表法来求解。所谓公式法是通过比较已有触发器和待求触发器的特征方程来求解转换逻辑。所谓图表法是通过触发器的真值表和激励表并结合卡诺图来求解转换逻辑。本节主要介绍公式法的基本原理与步骤。

采用公式法进行触发器的类型转换的核心是:利用已有触发器和待求触发器的特征方程相等的原则来求出转换逻辑,具体步骤如下。

1. 分别写出已有触发器和待求触发器的特征方程;

2. 对待求触发器的特征方程进行适当的变形处理,使其形式与已有触发器的特征方程一致;

3. 比较已有和待求触发器的特征方程,根据两个方程相等的原则求出转换逻辑;

4. 根据转换逻辑画出逻辑电路图。

【例 15 - 1】 试用 JK 触发器实现 D 触发器的逻辑功能。

解 步骤 1,分别写出 JK 触发器和 D 触发器的特征方程如下

$$Q^{n+1}=J \cdot \overline{Q^n}+\bar{K} \cdot Q^n , Q^{n+1}=D$$

步骤 2,对 D 触发器的特征方程进行变换,使其表达式与 JK 触发器的特征方程一致,具体如下

$$Q^{n+1}=D=D(\overline{Q^n}+Q^n)=D\overline{Q^n}+DQ^n$$

步骤 3,将该表达式与 JK 触发器的特征方程相对比,我们有 $J=D,K=\overline{D}$,即所求出的转换逻辑是一个非门。

步骤 4,使用一个非门将 JK 触发器的 J 端口和 K 端口相连就实现了 D 触发器的逻辑功能,具体逻辑电路如图 15.21 所示。

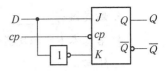

图 15.21 **JK 触发器实现 D 触发器电路图**

【**例 15 - 2**】 试用 JK 触发器实现 T' 触发器的逻辑功能。

解 步骤 1,分别写出 JK 触发器和 T' 触发器的特征方程如下

$$Q^{n+1}=J\cdot\overline{Q^n}+\overline{K}\cdot Q^n,Q^{n+1}=\overline{Q^n}$$

步骤 2,对 T' 触发器的特征方程进行变换,使其表达式与 JK 触发器的特征方程一致,具体如下

$$Q^{n+1}=\overline{Q^n}=1\cdot\overline{Q^n}+\overline{1}\cdot Q^n$$

步骤 3,将该表达式与 JK 触发器的特征方程相对比,有 $J=1,K=1$,即所求出的转换逻辑是将 J 端口和 K 端口均接高电平。

步骤 4,根据上述分析,具体逻辑电路如图 15.22 所示。

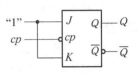

图 15.22 **JK 触发器实现 T' 触发器电路图**

 思考题

如何由 D 触发器实现 T' 触发器的逻辑功能?

【**例 15 - 3**】 双闪灯电路设计。

解 所谓双闪灯是两个 LED 轮流点亮,也就是在某一时间节点一个 LED 点亮,而另外一个 LED 熄灭,在下一个时间节点正好反过来,形成所谓的"双闪"效果。本实验利用 D 触发器的互补输出端来驱动两个 LED 并实现该电路功能。

此外,为了实现"每来一个时钟上升沿,触发器的输出变化一次",还需要将 D 触发器进行逻辑功能的转换,即将其转换为 T' 触发器。具体电路如图 15.23 所示。

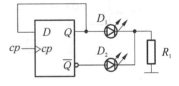

图 15.23 **基于 D 触发器的双闪灯**

 思考题

图 15.23 中发光二极管采用共阴极形式连接,若采用共阳极形式连接是否也能实现双闪灯的功能? 如何用 JK 触发器实现上述电路的功能?

习　题

一、填空题

1. D 触发器的状态方程是_____,如果要用 JK 触发器来实现 D 触发器的功能,则 $J=$_____;$K=$_____。

2. T 触发器的现态为 $Q^n=0$,欲使次态 $Q^{n+1}=1$,则 $T=$_____。

3. 触发器有_____个稳态,存储 8 位二进制信息要_____个触发器。

4. 若基本 RS 触发器的约束条件是 $\overline{R}+\overline{S}=1$,则该触发器不允许输入 $\overline{R}=$_____和 $\overline{S}=$_____。

5. 一个基本 RS 触发器在正常工作时,不允许输入 $R=S=1$ 的信号,因此它的约束条件是_____。

6. 在一个 cp 脉冲作用下,引起触发器两次或多次翻转的现象称为触发器的_____,触发方式为_____或_____的触发器不会出现这种现象。

7. JK 触发器的特征方程为 $Q^{n+1}=$_____。

8. 在 T 触发器中,$T=$_____时具有保持功能;$T=$_____时具有翻转功能。

9. 用一个已有触发器去实现另一类型触发器的功能称为触发器的_____。

10. 在 $cp=1$ 时,同步 RS 触发器的状态方程为 $Q^{n+1}=$_____。

二、分析题

1. 根据图 15.24 回答下列有关触发器的问题:

(1) 指出图 15.24(a)所示触发器的类型;

(2) 写出图 15.24(a)中触发器的状态方程;

(3) 列出图 15.24(a)中触发器的状态转移表;

(4) 分析图 15.24(b)所示电路的功能;

(5) 画出图 15.24(c)中 Q 端波形,设 Q 初态为 0。

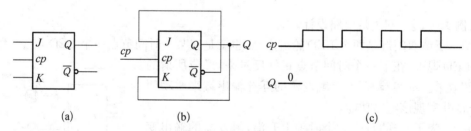

图 15.24 题 1 的电路图及波形图

2. 触发器的连接如图 15.25 所示。

(1) 在图 15.25(a)中 J、K 端口用非门连接后,转换为什么类型的触发器?

(2) 写出图 15.25(a)电路的特征方程,列出状态转移表;

(3) 解释什么是触发器的空翻现象。图 15.25(a)电路能克服空翻现象吗?

(4) 在图 15.25(b)中画出 Q 端波形,设 Q 初态为 0;

(5) 若 J、K 端口直接连接,则转换为什么类型的触发器? 写出它的特征方程。

【微信扫码】
在线练习 & 相关资源

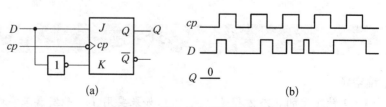

图 15.25 题 2 的电路图及波形图

第16章

时序逻辑电路

在第 14 章和 15 章,我们分别学习了组合逻辑电路和触发器的相关知识。实际上,对于一个典型的数字电路往往既包含组合逻辑电路又包含触发器电路,二者的结合就是时序逻辑电路。本章将系统讲解时序逻辑电路的相关知识,主要包括时序逻辑电路的分析和设计。同时,介绍两款典型的时序逻辑芯片:计数器和寄存器。图 16.1 是本章知识结构的思维导图。

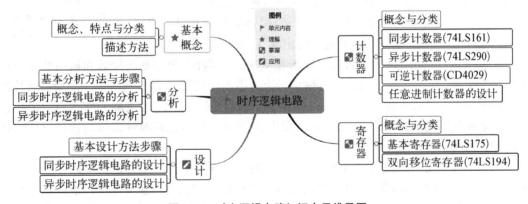

图 16.1 时序逻辑电路知识点思维导图

16.1 时序逻辑电路概述

16.1.1 时序逻辑电路的结构和特点

在 14 章讨论的组合逻辑电路中,任意时刻的输出仅取决于当前时刻的输入,而与电路以前的状态无关。如果电路中存在输出到输入的反馈,也就是说任意时刻的输出还与电路以前的状态有关,这就是时序逻辑电路(Sequential Logic Circuit)。实际上,第 15 章所介绍的触发器就是特殊类型的时序逻辑电路。本节主要介绍时序逻辑电路的基本概念、结构和特点。

图 16.2 是时序逻辑电路的结构框图,其中 I_0、I_1、$\cdots$、I_{m-1} 是输入信号,Y_0、Y_1、$\cdots$、Y_{l-1}

是输出信号。W_0、$\cdots$、W_{s-1}是存储电路的输入信号又称其为激励信号。Q_0、$\cdots$、Q_{t-1}是存储电路的输出信号,该输出信号又作为整个电路的输入信号。根据图16.2,时序逻辑电路具有如下特点:

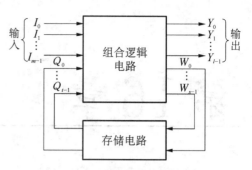

➢ 时序逻辑电路由组合逻辑电路和存储电路构成,即电路中存在存储记忆部件(例如触发器);

➢ 输出和输入之间存在反馈通路,即时序逻辑电路的输出是由输入信号和存储电路的状态决定;

图 16.2 时序逻辑电路结构框图

➢ "时序"一词表明电路具有时间相关性,即电路的输出随着时间的变化而有所改变。

一个典型的时序逻辑电路如图16.3所示,该图实现了串行加法器的逻辑功能。在第14章的图14.13中给出了4位串行进位加法器电路原理图,该电路采用4个全加器来逐位执行加法操作,低位全加器的进位输出依次接入到高位全加器的进位输入端。实际上,该电路采用1个全加器和1个D触发器就可以实现其逻辑功能,具体电路如图16.3所示。

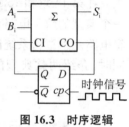

接下来简要介绍图16.3所示电路的逻辑功能。假设两个4位二进制数为$A=A_3A_2A_1A_0$和$B=B_3B_2B_1B_0$,进位输出信号为$C=C_3C_2C_1C_0$,D触发器初始化为0。在第一个时钟信号上升沿到来之前,全加器执行"A_0+B_0"操作,其进位输出端"CO"连接到D触发器

图 16.3 时序逻辑 电路举例

的数据输入端口。在第一个时钟信号上升沿到来的一瞬间,全加器的加数和被加数端口接入数据"A_1"和"B_1",同时触发器在时钟信号上升沿的作用下Q端口输出上一次加法运算的进位输出结果。这样一来,全加器就将执行"$A_1+B_1+C_0$"操作,触发器的作用是记录低位二进制数相加后的进位结果。以此类推,图16.3所示电路可以在时钟信号的作用下依次执行高位的加法运算。

从图16.3所示电路的功能不难看出,典型的时序逻辑电路由组合逻辑电路和触发器构成,电路的输出不仅与电路的当前输入状态有关(加数和被加数),还与电路以前的状态有关(低位的进位输出)。本教材中所描述的时序逻辑电路,其状态是由触发器来记忆和表示的。实际上,从后续所学习的电路中可以发现,时序逻辑电路中可以没有组合逻辑电路,但是不能没有触发器。

16.1.2 时序逻辑电路的功能描述方法

第15章介绍了描述触发器逻辑功能的方法:特征方程(逻辑表达式)、真值表、状态转移表、激励表、状态转移图和波形图。其中,相关的"图"和"表"都可直接应用于时序逻辑电路的功能描述,后续会结合相应的例子进行说明,这里不再展开。关于逻辑表达式,需要着重强调一下。因为,时序逻辑电路逻辑功能描述方法所涉及的表达式类型较多,结合图16.2,时序逻辑电路信号的输入和输出间的逻辑表达式具体如下:

$$Y_i=F(I_0,\cdots,I_{m-1};Q_0^n,\cdots,Q_{t-1}^n),i=0,1,\cdots,l-1 \tag{16.1}$$

$$W_j=G(I_0,\cdots,I_{m-1};Q_0^n,\cdots,Q_{t-1}^n),j=0,1,\cdots,s-1 \tag{16.2}$$

$$Q_k^{n+1} = H(W_0, \cdots, W_{s-1}; Q_0^n, \cdots, Q_{t-1}^n), k = 0, 1, \cdots, t-1 \qquad (16.3)$$

公式(16.1)代表时序逻辑电路输出信号的逻辑表达式,被称为输出方程;公式(16.2)代表触发器(存储电路)输入端的逻辑表达式,被称为驱动方程;公式(16.3)代表触发器次态输出与现态及激励输入之间的逻辑表达式,被称为状态方程。

16.1.3 时序逻辑电路的分类

(1) 按照电路中触发器状态的变化方式可分为:同步时序逻辑电路和异步时序逻辑电路。在同步时序逻辑电路中,所有触发器状态的变化是在同一个时钟信号控制下统一完成状态的翻转。对于异步时序逻辑电路,各触发器状态的变化不是同时发生,并没有统一的时钟信号。

(2) 按照电路输出信号的特性可分为:米里(Mealy)型和摩尔(Moore)型时序逻辑电路。米里型时序逻辑电路的输出不仅仅取决于当前时刻的输入,还与存储电路的状态有关,其典型的电路结构见图 16.2。摩尔型时序逻辑电路的输出仅取决于存储电路的状态,与输入信号无关,其输出方程为:

$$Y_i = F(Q_0^n, \cdots, Q_{l-1}^n), i = 0, 1, \cdots, l-1 \qquad (16.4)$$

实际上,摩尔型时序逻辑电路是米里型的一个特例。后续我们还会看到,一些具体的时序逻辑电路往往不具备图 16.2 所示的完整形式。例如,有的时序逻辑电路并没有组合逻辑电路部分,有的时序逻辑电路可能没有输入逻辑变量,但它们都有一个共性特点,即都有存储电路。因此,一个时序逻辑电路可以没有组合逻辑电路,但不能没有存储电路。

(3) 按照逻辑功能可分为:计数器、寄存器、移位寄存器、顺序脉冲发生器等。计数器和移位寄存器是本章的重点内容。

16.2 时序逻辑电路的分析

16.2.1 时序逻辑电路的基本分析方法

时序逻辑电路的分析就是从给定的电路图出发找出该时序逻辑电路在输入信号和时钟信号作用下,存储电路状态变化规律以及电路的输出,从而确定该时序逻辑电路所具有的逻辑功能。图 16.4 给出了分析时序逻辑电路的一般步骤,具体可总结如下。

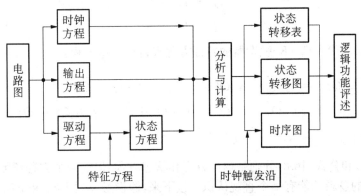

图 16.4 时序逻辑电路分析步骤示意图

1. 列写逻辑表达式。根据实际的电路图,逐一列写时钟方程、输出方程和触发器的驱动方程。如果所分析的电路是同步时序逻辑电路,可以不写时钟方程。若是异步时序逻辑电路,需要写出时钟方程,同时要注明是上升沿触发还是下降沿触发。此外,还需将驱动方程代入到触发器的特征方程来得到状态方程。

2. 分析与计算。根据上一步骤所得到的方程,将电路的输入和现态所有可能的取值依次代入上述方程并进行分析与计算,求出相应的次态输出,并将结果用表格的形式列出,即列出状态转移表。对于异步时序逻辑电路需要注意状态方程的有效时钟条件,只有在有效的时钟条件下,电路的状态才按照状态方程进行改变。如果是无效时钟,状态方程也是无效的,即触发器会维持原态不变。

3. 画状态转移图和时序图。根据状态方程和输出方程的计算结果,以及状态转移表来画出状态转移图以及时序图,便于进一步理解电路的功能。

4. 逻辑功能评述。根据电路图,并结合前几个步骤所得到的状态转移表、状态转移图和时序图来确定该时序逻辑电路的逻辑功能。

16.2.2　同步时序逻辑电路的分析

【**例 16 - 1**】　分析图 16.5 所示电路的逻辑功能。

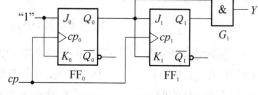

解　图 16.5 所示电路为一个由 2 个 JK 触发器和 1 个与门构成的同步时序逻辑电路。

图 16.5　[例 16 - 1]的时序逻辑电路

1. 列写逻辑表达式

电路的时钟方程为:

$$cp_0 = cp_1 = cp \tag{16.5}$$

由于是同步时序逻辑电路,该方程可以省略。

电路的输出方程为:

$$Y = Q_0^n Q_1^n \tag{16.6}$$

显然,该电路是一个摩尔型时序逻辑电路,电路的输出仅与触发器的状态有关。

电路的驱动方程为:

$$\begin{cases} J_0 = K_0 = 1 \\ J_1 = K_1 = Q_0^n \end{cases} \tag{16.7}$$

将公式(16.7)代入到 JK 触发器的特征方程来得到状态方程:

$$\begin{cases} Q_0^{n+1} = J_0 \overline{Q_0^n} + \overline{K_0} Q_0^n = 1 \cdot \overline{Q_0^n} + \overline{1} \cdot Q_0^n = \overline{Q_0^n} \\ Q_1^{n+1} = J_1 \overline{Q_1^n} + \overline{K_1} Q_1^n = Q_0^n \cdot \overline{Q_1^n} + \overline{Q_0^n} \cdot Q_1^n = Q_0^n \oplus Q_1^n \end{cases} \tag{16.8}$$

2. 分析与计算

公式(16.6)和公式(16.8)分别是输出方程和状态方程,但这两个方程还无法使我们对图 16.5 所示电路的逻辑功能有一个直观认识。接下来,假设触发器 FF_1 和 FF_0 的初始状态为 $Q_1^n Q_0^n = 00$,将其代入到状态方程和输出方程并进行计算,得到时钟信号上升沿到来时各触发器相应的次态输出 $Q_1^{n+1}Q_0^{n+1}=01$，以及电路的输出 $Y=0$。以此类推，将触发器所有可能的状态依次代入上述方程便得到电路的状态转移表，具体如表 16.1 所示。

表 16.1　［例 16 - 1］的状态转移表

现态		次态		输出
Q_1^n	Q_0^n	Q_1^{n+1}	Q_0^{n+1}	Y
0	0	0	1	0
0	1	1	0	0
1	0	1	1	0
1	1	0	0	1

3. 画状态转移图和时序图

根据以上步骤画出状态转移图和时序图，具体如图 16.6 和图 16.7 所示：

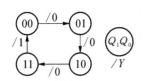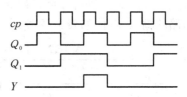

图 16.6　［例 16 - 1］的状态转移图　　图 16.7　［例 16 - 1］的时序图

4. 逻辑功能评述

根据表 16.1、图 16.6 和图 16.7，图 16.5 所示电路在时钟信号上升沿的作用下共有 4 个状态依次出现，这 4 个状态出现的次序为：00→01→10→11→00→…。这 4 个数字是两位二进制数，按照递增的规律反复出现。每重复一次，电路输出一个 1。综合上述分析，该电路是一个四进制加法计数器。

【例 16 - 2】 分析图 16.8 所示电路的逻辑功能。

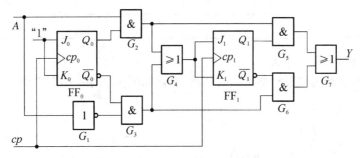

图 16.8　［例 16 - 2］的时序逻辑电路

解　图 16.8 所示电路为一个由 2 个 JK 触发器、1 个非门、4 个与门和 2 个或门构成的同步时序逻辑电路。

1. 列写逻辑表达式

电路的输出方程为：

$$Y = AQ_0^n Q_1^n + \overline{A}\ \overline{Q_0^n}\ \overline{Q_1^n} \tag{16.9}$$

显然,该电路是一个米里型时序逻辑电路,电路的输出不仅与触发器的状态有关,还与输入逻辑变量 A 有关。

电路的驱动方程为:

$$\begin{cases} J_0 = K_0 = 1 \\ J_1 = K_1 = A \odot Q_0^n \end{cases} \tag{16.10}$$

将公式(16.10)代入到 JK 触发器的特征方程来得到状态方程:

$$\begin{cases} Q_0^{n+1} = \overline{Q_0^n} \\ Q_1^{n+1} = A \odot Q_0^n \oplus Q_1^n \end{cases} \tag{16.11}$$

2. 分析与计算

接下来,将触发器 FF_0 和 FF_1 状态的所有可能情况连同逻辑变量 A 的取值一同代入公式(16.9)和公式(16.11)并进行计算,得到时钟信号上升沿到来时各触发器相应的次态输出以及整个电路的输出,具体如表 16.2 所示。

表 16.2 ［例 16 - 2］的状态转移表

输入	现态		次态		输出
A	Q_1^n	Q_0^n	Q_1^{n+1}	Q_0^{n+1}	Y
0	0	0	1	1	1
0	0	1	0	0	0
0	1	0	0	1	0
0	1	1	1	0	0
1	0	0	0	1	0
1	0	1	1	0	0
1	1	0	1	1	0
1	1	1	0	0	1

3. 画状态转移图和时序图

根据以上步骤画出状态转移图和时序图,具体如图 16.9 和图 16.10 所示:

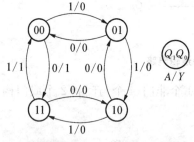

图 16.9 ［例 16 - 2］的状态转移图

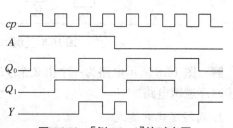

图 16.10 ［例 16 - 2］的时序图

4. 逻辑功能评述

根据表 16.2、图 16.9 和图 16.10,当输入变量 $A=1$ 时,图 16.8 所示电路在时钟信号上升沿的作用下共有 4 个状态依次出现,这 4 个状态出现的次序为:$00\to01\to10\to11\to00\to\cdots$,和上个例题的功能一样,实现的是一个四进制加法计数器;当输入变量 $A=0$ 时,图 16.8 所示电路在时钟信号上升沿的作用下共有 4 个状态依次出现,这 4 个状态出现的次序为:$00\to11\to10\to01\to00\to\cdots$,按照递减的规律反复出现,实现的是一个四进制减法计数器。无论是递增还是递减,当触发器的状态由 11 迁移到 00($A=1$ 时)或由 00 迁移到 11($A=0$ 时),电路输出一个 1。综合上述分析,该电路是一个四进制可逆计数器。

【例 16-3】 分析图 16.11 所示电路的逻辑功能。

解 图 16.11 所示电路为一个由 3 个 JK 触发器和 1 个与门构成的同步时序逻辑电路。

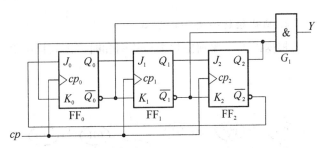

图 16.11 [例 16-3]的时序逻辑电路

1. 列写逻辑表达式

电路的输出方程为:

$$Y = Q_2^n\,\overline{Q_1^n}\,\overline{Q_0^n} \qquad (16.12)$$

电路的驱动方程为:

$$\begin{cases} J_0 = \overline{Q_2^n},\ K_0 = Q_2^n \\ J_1 = Q_0^n,\ K_1 = \overline{Q_0^n} \\ J_2 = Q_1^n,\ K_2 = \overline{Q_1^n} \end{cases} \qquad (16.13)$$

将公式(16.13)代入到 JK 触发器的特征方程来得到状态方程:

$$\begin{cases} Q_0^{n+1} = \overline{Q_2^n} \\ Q_1^{n+1} = Q_0^n \\ Q_2^{n+1} = Q_1^n \end{cases} \qquad (16.14)$$

2. 分析与计算

将触发器 FF$_0$、FF$_1$ 和 FF$_2$ 状态的所有可能的取值代入公式(16.12)和公式(16.14)并进行计算,得到时钟信号上升沿到来时各触发器相应的次态输出以及整个电路的输出,具体如表 16.3 所示。

表 16.3 [例 16-3]的状态转移表

现 态			次 态			输 出
Q_2^n	Q_1^n	Q_0^n	Q_2^{n+1}	Q_1^{n+1}	Q_0^{n+1}	Y
0	0	0	0	0	1	0
0	0	1	0	1	1	0
0	1	0	1	0	1	0

续表

现 态			次 态			输 出
Q_2^n	Q_1^n	Q_0^n	Q_2^{n+1}	Q_1^{n+1}	Q_0^{n+1}	Y
0	1	1	1	1	1	0
1	0	0	0	0	0	1
1	0	1	0	1	0	0
1	1	0	1	0	0	0
1	1	1	1	1	0	0

3. 画状态转移图和时序图

根据以上步骤画出状态转移图和时序图,具体如图 16.12 和图 16.13 所示:

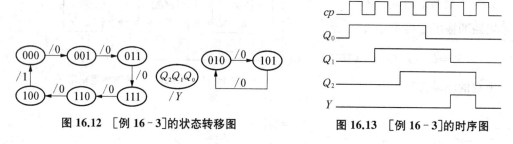

图 16.12 [例 16-3]的状态转移图   图 16.13 [例 16-3]的时序图

4. 逻辑功能评述

图 16.12 的状态转移图中出现了两个循环,左侧的循环有 6 个状态,右侧的循环有 2 个状态。对于左侧 6 个状态的循环,出现的次序为:000→001→011→111→110→100→000→……。图 16.3 是左侧 6 个状态循环的时序图。实际上这 6 个状态是 0~5 这六个十进制数的格雷码,并且是以递增的规律依次反复出现。因此,对于 6 个状态的循环而言,该电路是一个用格雷码表示的六进制加法计数器。

对于右侧 2 个状态的循环,出现的次序为:010→101→010→……,即在 010 和 101 之间反复地循环。实际上,在图 16.12 所示的状态转移图中,左侧的六个循环是我们想要的,可以实现有规律的计数,我们称其为有效循环。有效循环中的每一个状态称为有效状态。而图 16.12 中右侧的两个状态循环是我们不想要的,因为这两个状态的循环相对于左侧而言没有实际的意义,我们称其为无效循环,相应的状态称为无效状态。

对于一个时序逻辑电路,如果其状态转移图中不存在无效状态,或者虽然出现了无效状态,但无效状态未形成循环,经过若干个时钟周期后能够自动地从无效状态迁移到有效状态并进入有效循环中称该电路能够自启动。反之,如果无效状态形成了循环,那么称该电路不能自启动。实际上,不能自启动的电路是没有实用价值的。在分析图 16.11 所示电路中,我们假设电路的初始状态是"000",这样一来,电路就可以在有效的循环状态中进行状态转换。但是,对于实际的硬件电路而言,有时无法保证上电初始状态一定是"000"或者是有效状态中的任意一个。如果上电后初始状态是"010"或者"101",或者电路受到干扰迁移到无效状态,那么电路就会在无效的循环中反复转换,这是我们不希望遇到的。因此,图 16.11 所示的电路是一个典型的不能够自启动的时序逻辑电路。因此,在具体的电路设计中,要避免出现不能自启动这一现象。有关于这方面的内容,在后续时序逻辑电路的设计一节中会具体讨论。

16.2.3 异步时序逻辑电路的分析

异步时序逻辑电路中各个触发器并不在统一的时钟控制下进行状态翻转,在电路的分析过程中需要写出各触发器的时钟方程并分析时钟信号有效的条件。如果是有效的时钟,相应的触发器按照状态方程的既定逻辑进行翻转;如果是无效的时钟,相应的触发器维持原态不变。因此,异步时序逻辑电路的分析过程要比同步时序逻辑电路的分析更复杂。接下来,结合几个例题介绍异步时序逻辑电路的分析方法。

【**例 16‑4**】 分析图 16.14 所示电路的逻辑功能。

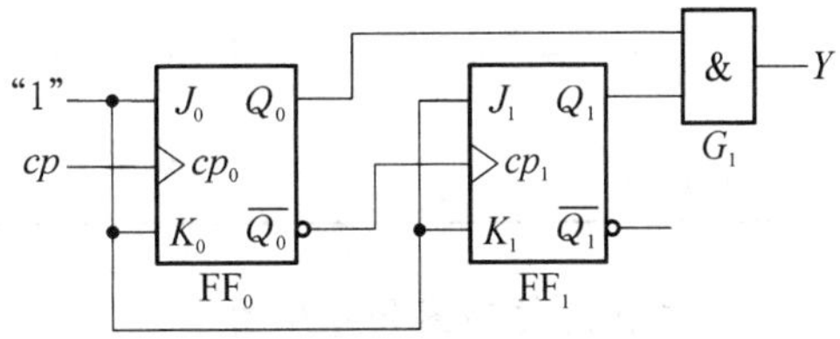

解 图 16.14 所示电路为一个由 2 个 JK 触发器和 1 个与门构成的异步时序逻辑电路。

图 16.14 ［例 16‑4］的时序逻辑电路

1. 列写逻辑表达式

电路的时钟方程为:

$$cp_0 = cp, cp_1 = \overline{Q_0^n} \uparrow \qquad (16.15)$$

触发器 FF_1 的时钟端口接在 FF_0 的反向输出端,也就是说 $\overline{Q_0^n}$ 的输出由低电平变为高电平时触发器 FF_1 才翻转。

电路的输出方程为:

$$Y = Q_0^n Q_1^n \qquad (16.16)$$

电路的驱动方程为:

$$\begin{cases} J_0 = K_0 = 1 \\ J_1 = K_1 = 1 \end{cases} \qquad (16.17)$$

将公式(16.17)代入到 JK 触发器的特征方程可以得到状态方程。也可以根据第 14 章所学习的触发器类型转换相关知识,当触发器 FF_0 和 FF_1 的 J 端口和 K 端口均接高电平时,这两个 JK 触发器实现的功能都是 T' 触发器的逻辑功能。具体的状态方程是:

$$\begin{cases} Q_0^{n+1} = \overline{Q_0^n}, cp \uparrow \\ Q_1^{n+1} = \overline{Q_1^n}, \overline{Q_0^n} \uparrow \end{cases} \qquad (16.18)$$

2. 分析与计算

需要注意公式(16.18)的状态方程是有时钟条件的,只有相应的时钟信号是有效的前提下,触发器才会翻转。假设触发器 FF_1 和 FF_0 的初始状态为 $Q_1^n Q_0^n = 00$,在第一个时钟信号上升沿到来时 FF_0 翻转,即 Q_0^n 由 0 变为 1。而此时 FF_0 的反向输出端 $\overline{Q_0^n}$ 由 1 变为 0(是下降沿),该端口的信号作为 FF_1 的时钟信号,不是有效时钟信号,因此 FF_1 维持原态不变。这样一来,在第一个时钟信号上升沿到来时,各触发器相应的次态输出 $Q_1^{n+1} Q_0^{n+1} = 01$。在第二个时钟信号上升沿到来时 FF_0 翻转，Q_0^n 由 1 变为 0，此时 FF_0 的反向输出端 $\overline{Q_0^n}$ 由 0 变为 1（是上升沿），是有效时钟信号，因此 FF_1 翻转。这样一来，在第二个时钟信号上升沿到来时，各触发器相应的次态输出 $Q_1^{n+1}Q_0^{n+1}=10$。

以此类推，根据公式(16.18)，经过四个时钟周期，触发器的状态会重新回到初态。具体的状态转移表参见表 16.4，在分析时一定要注意触发器 FF_1 时钟信号的有效条件。

表 16.4 ［例 16-4]的状态转移表

现 态		次 态		输 出	备 注
Q_1^n	Q_0^n	Q_1^{n+1}	Q_0^{n+1}	Y	时钟条件
0	0	0	1	0	cp_0
0	1	1	0	0	cp_0,cp_1
1	0	1	1	0	cp_0
1	1	0	0	1	cp_0,cp_1

3. 画状态转移图和时序图

实际上，对比表 16.4 和图 16.5 所示电路的状态转移表(表 16.1)，我们发现这两个表中现态到次态的状态转移关系是一样的，因此本例题中的状态转移图和时序图与图 16.6 和图 16.7 是一样的，在此略去。

4. 逻辑功能评述

根据以上分析，图 16.14 所示电路在时钟信号上升沿的作用下共有 4 个状态依次出现，这 4 个状态出现的次序为：$00\rightarrow01\rightarrow10\rightarrow11\rightarrow00\rightarrow\cdots$。这 4 个数字是两位二进制数，按照递增的规律反复出现。每重复一次，电路输出一个 1。综合上述分析，该电路是一个异步四进制加法计数器。

【例 16-5】 分析图 16.15 所示电路的逻辑功能。

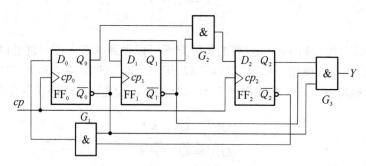

图 16.15 ［例 16-5]的时序逻辑电路

解 图 16.15 所示电路为一个由 3 个 D 触发器和 3 个与门构成的异步时序逻辑电路。注意，触发器 FF_1 的反向输出端接入到数据输入端口，实现的是 T' 触发器的逻辑功能。

1. 列写逻辑表达式

电路的时钟方程为：

$$cp_0=cp_2=cp\uparrow,\quad cp_1=\overline{Q_0^n}\uparrow \tag{16.19}$$

触发器 FF_0 和 FF_2 的时钟端口接到一起,接时钟信号 cp。触发器 FF_1 的时钟端口接在 FF_0 的反向输出端,也就是说 $\overline{Q_0}$ 的输出由低电平变为高电平时触发器 FF_1 才翻转。

电路的输出方程为:

$$Y = Q_2^n \, \overline{Q_1^n} \, \overline{Q_0^n} \tag{16.20}$$

电路的驱动方程为:

$$\begin{cases} D_0 = \overline{Q_2^n} \, \overline{Q_0^n} \\ D_1 = \overline{Q_1^n} \\ D_2 = Q_1^n Q_0^n \end{cases} \tag{16.21}$$

将公式(16.21)代入到 D 触发器的特征方程可以得到状态方程:

$$\begin{cases} Q_0^{n+1} = \overline{Q_2^n} \, \overline{Q_0^n}, cp \uparrow \\ Q_1^{n+1} = \overline{Q_1^n}, \overline{Q_0^n} \uparrow \\ Q_2^{n+1} = Q_1^n Q_0^n, cp \uparrow \end{cases} \tag{16.22}$$

2. 分析与计算

假设触发器 FF_2、FF_1 和 FF_0 的初始状态为 $Q_2^n Q_1^n Q_0^n = 000$,在第一个时钟信号上升沿到来时 FF_2 和 FF_0 是有效的时钟,根据公式(16.22):Q_0^n 由 0 变为 1,Q_2^n 维持原态不变。而此时 FF_0 的反向输出端 $\overline{Q_0^n}$ 由 1 变为 0(是下降沿),该端口的信号作为 FF_1 的时钟信号,不是有效时钟信号,因此 FF_1 维持原态不变。这样一来,在第一个时钟信号上升沿到来时,各触发器相应的次态输出 $Q_2^{n+1} Q_1^{n+1} Q_0^{n+1} = 001$。

在第二个时钟信号上升沿到来时,根据公式(16.22):Q_0^n 由 1 变为 0,Q_2^n 维持原态不变。此时 FF_0 的反向输出端 $\overline{Q_0^n}$ 由 0 变为 1(是上升沿),是有效时钟信号,因此 FF_1 翻转,Q_1^n 由 0 变为 1。这样一来,在第二个时钟信号上升沿到来时,各触发器相应的次态输出 $Q_2^{n+1} Q_1^{n+1} Q_0^{n+1} = 010$。

以此类推,根据公式(16.22),经过八个时钟周期,触发器的状态会重新回到初态。具体的状态转移表参见表 16.5。在分析时一定要注意触发器 FF_1 时钟信号的有效条件,每隔一个 cp 时钟周期,cp_1 有效。

表 16.5 [例 16 - 5]的状态转移表

现态			次态			输出	备注
Q_2^n	Q_1^n	Q_0^n	Q_2^{n+1}	Q_1^{n+1}	Q_0^{n+1}	Y	时钟条件
0	0	0	0	0	1	0	cp_2, cp_0
0	0	1	0	1	0	0	cp_2, cp_1, cp_0
0	1	0	0	1	1	0	cp_2, cp_0
0	1	1	1	0	0	0	cp_2, cp_1, cp_0
1	0	0	0	0	0	1	cp_2, cp_0

续表

现 态			次 态			输 出	备 注
Q_2^n	Q_1^n	Q_0^n	Q_2^{n+1}	Q_1^{n+1}	Q_0^{n+1}	Y	时钟条件
1	0	1	0	1	0	0	cp_2,cp_1,cp_0
1	1	0	0	1	0	0	cp_2,cp_0
1	1	1	1	0	0	0	cp_2,cp_1,cp_0

3. 画状态转移图和时序图

根据以上步骤画出状态转移图和时序图,具体如图 16.16 和图 16.17 所示:

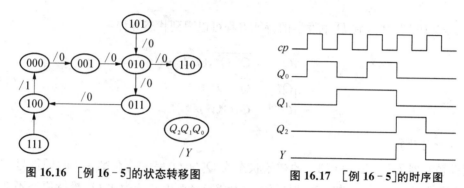

图 16.16 [例 16 - 5]的状态转移图　　　图 16.17 [例 16 - 5]的时序图

4. 逻辑功能评述

根据以上分析,图 16.15 所示电路在时钟信号上升沿的作用下共有 5 个状态依次出现,这 5 个状态出现的次序为:000→001→010→011→100→000→⋯。这 5 个数字是三位二进制数,按照递增的规律反复出现。每重复一次,电路输出一个 1。此外,该电路有三个无效状态:101、110 和 111。如果电路处于这三个状态时会在一个时钟周期后自动进入有效的循环,即电路具有自启功能。综合上述分析,该电路是一个异步五进制加法计数器。

16.3　时序逻辑电路的设计

时序逻辑电路的设计是从具体的逻辑功能需求出发来设计出实现该逻辑功能的电路。本节介绍时序逻辑电路设计的基本原则和一般步骤。

16.3.1　时序逻辑电路设计的一般步骤

时序逻辑电路由触发器和组合逻辑电路构成,其设计要比组合逻辑电路的设计复杂。图 16.18 是时序逻辑电路设计的流程图。

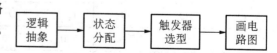

图 16.18　时序逻辑电路的设计流程

1. 逻辑抽象

根据设计要求确定逻辑状态和输出,画出电路的状态转移图。具体包括:

➢ 确定输入和输出变量以及电路的状态数,并给出具体的含义。与组合逻辑电路的设计一样,选择逻辑的"起因"来作为输入变量,逻辑的"结果"来作为输出变量。需要注意的是,一些计数器类型的电路没有具体的输入变量,需要针对具体的问题来具体分析。

➤ 根据上述逻辑抽象结果画出电路的状态转移图。在能够充分描述电路功能的基础上,尽量使所画的状态转移图是最简的,电路的状态越少,所设计的电路越简单。

2. 状态分配

状态分配是指将上一步骤的状态转移图中每一个状态赋予一个二进制代码,因此状态分配又称为状态编码。

➤ 确定二进制代码的位数。一位二进制数可以表示两种不同的状态,如果用 N 表示电路状态数,用 n 代表所使用的二进制数的位数,那么根据编码的概念,使用不等式 $2^{n-1} \leqslant N \leqslant 2^n$ 来确定 n 的数值。

➤ 用 n 位二进制代码对电路的每一个状态进行赋值。编码方案是否合适直接决定了所设计电路的复杂程度。对于计数器类型的编码,一般按照递增或递减的规律进行编码。对于其他类型电路的编码,可参考如下基本原则:当两个以上状态具有相同的次态时,这两个状态尽量安排为相邻的编码①;当两个以上状态属于同一状态的次态时,它们的代码尽可能安排为相邻的编码;为了使所设计电路结构简单,尽可能使输出相同的状态代码相邻。

➤ 完成状态编码后列出二进制编码后的状态转移表,便于后续通过该表确定电路的次态及输出与现态及输入间的函数关系。

3. 触发器选型

时序逻辑电路的状态用触发器状态的不同组合来表示。触发器类型的选择要从整个电路所使用器件统一考虑,在确保逻辑功能正确的前提下,以所设计电路最简单为基本出发点。一个触发器可以存储一位二进制数,根据上一步骤所确定的二进制代码的位数来选择 n 个触发器。

➤ 如果要实现计数器类型的电路,一般选择 T 触发器和 JK 触发器;如果要实现寄存器类型的电路,往往选择 D 触发器和 JK 触发器。

➤ 根据状态转移表,采用卡诺图、逻辑代数等方法来确定每一个触发器的激励方程和电路的输出方程。如果是异步时序逻辑电路,还要确定时钟方程。

4. 画电路图

根据上一步骤所得到的方程来画出电路图。检查所设计的电路是否具有自启功能,如果电路不具有自启功能,可以考虑重新修改逻辑设计或者重新进行状态分配。

16.3.2　同步时序逻辑电路的设计

【例 16 - 6】 设计一款带有进位输出的同步四进制加法计数器。

解　1. 逻辑抽象

计数器的工作特点是在时钟信号的作用下进行状态转换,该电路没有输入变量,只有一个进位输出信号,用逻辑变量 Y 来代表进位输出。

四进制计数器共有 4 个不同的计数状态,分别用 S_0、S_1、S_2 和 S_3 来表示。计数器的初

---

① 所谓相邻编码是采用类似于格雷码的形式进行状态赋值,即两个代码中只有一个变量取值不同,其余变量取值均相同。

始状态为 S_0，在第 1 个有效时钟信号的作用下，由 S_0 迁移到 S_1，进位输出 $Y=0$；接下来，在第 2 个有效时钟信号的作用下，由 S_1 迁移到 S_2，进位输出 $Y=0$；在第 3 个有效时钟信号的作用下，由 S_2 迁移到 S_3，进位输出 $Y=0$；在第 4 个有效时钟信号的作用下，由 S_3 重新迁移到初态 S_0 并进入新一轮的计数循环，此时进位输出 $Y=1$。图16.19 是具体的状态转移图。

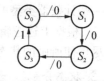

图 16.19　[例 16 - 6]的状态转移图

2. 状态分配

该计数器一共有 4 个状态，用 2 位二进制数 Q_1Q_0 即可描述这 4 个状态。根据题意，加法计数器的 4 个有效状态按照递增的规律依次出现，具体的状态编码如下：$S_0=00$、$S_1=01$、$S_2=10$ 和 $S_3=11$。根据状态转移图可得到如下状态转移表，具体见表 16.6。

表 16.6　[例 16 - 6]的状态转移表

现态		次态		输出
Q_1^n	Q_0^n	Q_1^{n+1}	Q_0^{n+1}	Y
0	0	0	1	0
0	1	1	0	0
1	0	1	1	0
1	1	0	0	1

3. 触发器选型

本题目是计数器类型的电路设计，可选择 JK 触发器。一个 JK 触发器可以存储 1 位二进制数，因此需要两个 JK 触发器 FF_1 和 FF_0 来分别描述 Q_1 和 Q_0。根据表 16.6，可得到 Q_1^{n+1} 与 Q_1^n 和 Q_0^n 的逻辑关系：

$$Q_1^{n+1} = Q_0^n \overline{Q_1^n} + \overline{Q_0^n} Q_1^n \tag{16.23}$$

对于 JK 触发器 FF_1，其特征方程为：

$$Q_1^{n+1} = J_1 \overline{Q_1^n} + \overline{K_1} Q_1^n \tag{16.24}$$

对比公式(16.23)和(16.24)，可以得到触发器 FF_1 的驱动方程：

$$J_1 = Q_0^n, K_1 = Q_0^n \tag{16.25}$$

接下来求解触发器 FF_0 的驱动方程。根据表 16.6，Q_0^{n+1} 与 Q_1^n 和 Q_0^n 的逻辑关系是：

$$Q_0^{n+1} = \overline{Q_1^n}\, \overline{Q_0^n} + Q_1^n \overline{Q_0^n} = \overline{Q_0^n} \tag{16.26}$$

公式(16.26)表明，触发器 FF_0 在电路中的作用只是状态翻转。根据第 15 章中 JK 触发器的真值表，当 $J=K=1$ 时，JK 触发器只具有翻转功能。因此发器 FF_0 的驱动方程是：

$$J_0 = 1, K_0 = 1 \tag{16.27}$$

最后，写出电路的输出方程，即进位输出 Y 的逻辑表达式。根据表 16.6，有：

$$Y = Q_1^n Q_0^n \tag{16.28}$$

4. 画电路图

在上一步骤中,得到了电路的驱动方程和输出方程,根据这两个方程可以得到四进制加法计数器电路的原理图。根据公式(16.27),FF_0 的 J_0 端口和 K_0 端口连接在一起,并且接高电平。根据公式(16.25),FF_1 的 J_1 端口和 K_1 端口连接在一起,并且接 FF_0 的输出端 Q_0^n。由于设计的是同步时序逻辑电路,这两个触发器的时钟端口接在一起,由统一的时钟信号 cp 来控制状态的翻转。根据公式(16.28),触发器 FF_1 和 FF_0 的输出经过一个 2 输入与门 G_1 便得到进位输出 Y。根据上述分析,可以很容易地画出四进制加法计数器的电路原理图,具体见图 16.20 所示。

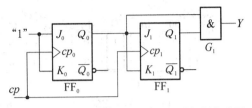

图 16.20 ［例 16-6］的四进制加法计数器电路图

【**例 16-7**】 设计一款带有进位输出的同步五进制加法计数器。

解 1. 逻辑抽象

五进制计数器共有 5 个不同的计数状态,分别用 S_0、S_1、S_2、S_3 和 S_4 来表示,用逻辑变量 Y 来代表进位输出。计数器的初始状态为 S_0,在第 1 个有效时钟信号的作用下,由 S_0 迁移到 S_1,进位输出 $Y=0$;接下来,在第 2 个有效时钟信号的作用下,由 S_1 迁移到 S_2,进位输出 $Y=0$;以此类推,在第 5 个有效时钟信号的作用下,由 S_4 重新迁移到初态 S_0 并进入新一轮的计数循环,此时进位输出 $Y=1$。具体的状态转移图如图 16.21 所示。

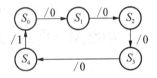

图 16.21 ［例 16-7]的状态转移图

2. 状态分配

该计数器一共有 5 个状态,用 3 位二进制数 $Q_2Q_1Q_0$ 即可描述这 5 个状态。根据题意,加法计数器的 5 个有效状态是按照递增的规律依次出现,具体的状态编码如下:$S_0=000$、$S_1=001$、$S_2=010$、$S_3=011$ 和 $S_4=100$。根据状态转移图可得到如下状态转移表,具体见表 16.7。3 位二进制数一共有 8 个不同的状态,而 101、110 和 111 这三个状态不允许出现在本计数器的计数状态中。

表 16.7 ［例 16-7]的状态转移表

现　态			次　态			输　出
Q_2^n	Q_1^n	Q_0^n	Q_2^{n+1}	Q_1^{n+1}	Q_0^{n+1}	Y
0	0	0	0	0	1	0
0	0	1	0	1	0	0
0	1	0	0	1	1	0
0	1	1	1	0	0	0
1	0	0	0	0	0	1
1	0	1	$\times$	$\times$	$\times$	0
1	1	0	$\times$	$\times$	$\times$	0
1	1	1	$\times$	$\times$	$\times$	0

3. 触发器选型

本题目需要三个 JK 触发器 FF_2、FF_1 和 FF_0 来分别描述 Q_2、Q_1 和 Q_0。根据表 16.7，采用卡诺图化简的方式可得到 Q_2^{n+1} 与 Q_2^n、Q_1^n 和 Q_0^n 的逻辑关系。

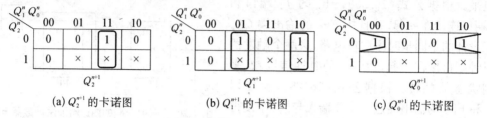

(a) Q_2^{n+1} 的卡诺图　　　(b) Q_1^{n+1} 的卡诺图　　　(c) Q_0^{n+1} 的卡诺图

图 16.22　[例 16-7]的卡诺图

根据图 16.22(a)所示卡诺图，有：

$$Q_2^{n+1} = Q_1^n Q_0^n \tag{16.29}$$

采用逻辑代数方法对公式(16.29)进行变形处理

$$Q_2^{n+1} = Q_1^n Q_0^n = (Q_2^n + \overline{Q_2^n}) Q_1^n Q_0^n = (Q_1^n Q_0^n) \overline{Q_2^n} + \overline{(\overline{Q_1^n Q_0^n})} Q_2^n \tag{16.30}$$

对比公式(16.30)与 JK 触发器的特征方程，我们可以得到触发器 FF_2 的驱动方程：

$$J_2 = Q_1^n Q_0^n, K_2 = \overline{\overline{Q_1^n Q_0^n}} \tag{16.31}$$

根据图 16.22(b)所示卡诺图，有：

$$Q_1^{n+1} = Q_0^n \overline{Q_1^n} + \overline{Q_0^n} Q_1^n \tag{16.32}$$

对比公式(16.32)与 JK 触发器的特征方程，可以得到触发器 FF_1 的驱动方程：

$$J_1 = Q_0^n, K_1 = Q_0^n \tag{16.33}$$

根据图 16.22(c)所示卡诺图，有：

$$Q_0^{n+1} = \overline{Q_2^n}\,\overline{Q_0^n} \tag{16.34}$$

对公式(16.34)进行变形处理，有：

$$Q_0^{n+1} = \overline{Q_2^n}\,\overline{Q_0^n} + \overline{1} Q_0^n \tag{16.35}$$

对比公式(16.35)与 JK 触发器的特征方程，可以得到触发器 FF_0 的驱动方程：

$$J_0 = \overline{Q_2^n}, K_0 = 1 \tag{16.36}$$

最后，写出电路的输出方程，即进位输出 Y 的逻辑表达式。根据表 16.7，有：

$$Y = Q_2^n \overline{Q_1^n}\,\overline{Q_0^n} \tag{16.37}$$

4. 画电路图

在上一步骤中，我们得到了电路的驱动方程和输出方程，根据这些方程可以得到五进制加法计数器电路的原理图。根据公式(16.36)，FF_0 的 J_0 端口接到 FF_2 的反向输出端口 $\overline{Q_2^n}$，

K_0 端口接高电平。根据公式(16.33)，FF$_1$ 的 J_1 端口和 K_1 端口连接在一起，并且接 FF$_0$ 的输出端 Q_0^n。根据公式(16.31)，FF$_0$ 的输出端 Q_0^n 和 FF$_1$ 的输出端 Q_1^n 经过与门后接入到 FF$_2$ 的 J_2 端口，J_2 端口和 K_2 端口间用非门连接起来。由于设计的是同步时序逻辑电路，这三个触发器的时钟端口接在一起，由统一的时钟信号 cp 来控制状态的翻转。根据公式 (16.37)，$\overline{Q_0^n}$、$\overline{Q_1^n}$ 和 Q_2^n 的输出经过一个 3 输入与门 G_1 便得到进位输出 Y。根据上述分析，可以很容易地画出五进制加法计数器的电路原理图，具体见图 16.23 所示。

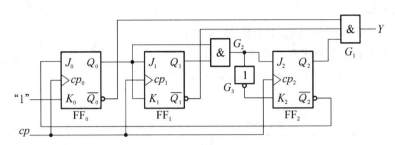

图 16.23 ［例 16–7]的五进制加法计数器电路图

五进制计数器的有效计数状态有 5 个，而 3 位二进制数一共有 8 个不同的状态。需要注意的是，图 16.23 所示电路是否具有自启功能，即当计数器处于 101、110 和 111 这三个状态时能否自动迁移到有效的计数循环中。为此，我们重新画出图 16.23 所示电路的状态转移图，具体见图 16.24。

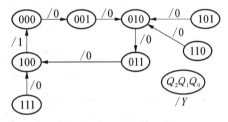

图 16.24 ［例 16–7]的状态转移图

从图 16.24 可以看出，101 和 110 这两个状态在一个时钟周期后自动迁移到 010，111 迁移到 100，因此图 16.23 所示电路具有自启功能。

？ 思考题

对于图 16.23 所示电路，将非门 G_3 去掉，并且 K_2 端口接高电平后所实现的逻辑功能也是五进制加法计数器，思考一下为什么？提示，参考 JK 触发器的真值表。

【例 16–8】 设计一款串行数据检测器：当连续输入 3 个或 3 个以上的"1"时，电路输出为"1"，否则输出为"0"。

解 1. 逻辑抽象

假设输入的逻辑变量用字母 X 来表示，输出变量用 Y 来表示。电路在没有输入"1"以前的状态为 S_0，输入一个"1"后的状态为 S_1，连续输入二个"1"后的状态为 S_2，连续输入三个或三个以上"1"后的状态为 S_3。当电路处于 S_1、S_2 和 S_3 这三个状态时，给电路输入一个"0"，则电路迁移到 S_0。当电路由 S_2 迁移到 S_3 或者维持状态 S_3 不变时，$Y=1$，否则 $Y=0$。具体的状态转移图如图 16.25 所示。

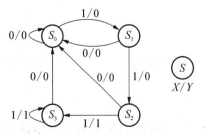

图 16.25 ［例 16–8]的状态转移图

仔细分析图 16.25，我们发现 S_2 和 S_3 这两个状态在同样的输入条件下的输出是一样的，并且状态转换后得到同样的次态输出。也就是说：在现态 S_2 条件下，$X=1$ 时 $Y=1$，并且由现态 S_2 迁移到次态 S_3；在现态 S_3 条件下，$X=1$ 时 $Y=1$，并且维持现态 S_3 不变。因此状态 S_2 和 S_3 本质上属于同一个状态，可以进行合并。图 16.26 是简化后的状态转移图。

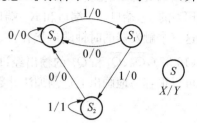

图 16.26 ［例 16-8］的状态转移图（简化版）

2. 状态分配

该串行数据检测器一共有 3 个状态，用 2 位二进制数 $Q_1 Q_0$ 即可描述这 3 个状态。采用格雷码形式进行状态编码：$S_0=00$、$S_1=01$ 和 $S_2=11$。根据图 16.26 可得表 16.8。

表 16.8 ［例 16-8］的状态转移表

$Q_1^{n+1} \quad Q_0^{n+1} \quad Y$ $Q_1^n Q_0^n$		X	
		0	1
0	0	0 0 / 0	0 1 / 0
0	1	0 0 / 0	1 1 / 0
1	1	0 0 / 0	1 1 / 1

3. 触发器选型

本题目选择 JK 触发器，用两个 JK 触发器 FF$_1$ 和 FF$_0$ 来分别描述 Q_1 和 Q_0。根据表 16.8，采用卡诺图化简的方式可得到 Q_1^{n+1} 与 Q_1^n、Q_0^n 和 X 的逻辑关系。

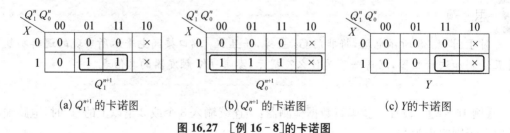

(a) Q_1^{n+1} 的卡诺图   (b) Q_0^{n+1} 的卡诺图   (c) Y 的卡诺图

图 16.27 ［例 16-8］的卡诺图

根据图 16.27(a) 所示卡诺图，有

$$Q_1^{n+1} = XQ_0^n = (XQ_0^n)\overline{Q_1^n} + \overline{\overline{(XQ_0^n)}}Q_1^n \tag{16.38}$$

根据公式(16.38)，可以得到触发器 FF$_1$ 的驱动方程：

$$J_1 = XQ_0^n, K_1 = \overline{XQ_0^n} \tag{16.39}$$

根据图 16.27(b) 所示卡诺图，有：

$$Q_0^{n+1} = X = X\overline{Q_0^n} + \overline{X}Q_0^n \tag{16.40}$$

根据公式(16.40)，可以得到触发器 FF_0 的驱动方程：

$$J_0 = X, K_0 = \overline{X} \tag{16.41}$$

最后，写出电路的输出方程。根据图 16.27(c)所示卡诺图，有：

$$Y = XQ_1^n \tag{16.42}$$

4. 画电路图

根据公式(16.41)，FF_0 的 J_0 端口接输入端 X，J_0 端口和 K_0 端口通过非门连接在一起。根据公式(16.39)，输入端 X 与 FF_0 的输出端 Q_0^n 经过与门接入到 FF_1 的 J_1 端口，J_1 端口和 K_1 端口通过非门连接在一起。根据公式(16.42)，输入端 X 与 FF_1 的输出 Q_1^n 经过与门便得到进位输出 Y。根据上述分析，我们画出电路原理图，具体见图 16.28 所示。

最后，检查图 16.28 所示电路是否具有自启功能，即当串行数据检测器处于"10"这个状态时能否自动迁移到有效的循环中。为此，我们重新画出图 16.28 所示电路的状态转移图，具体见图 16.29。从图 16.29 可以看出，所设计的电路具有自启功能。

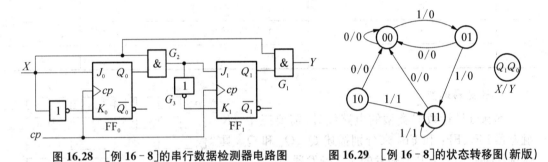

图 16.28　[例 16-8]的串行数据检测器电路图　　图 16.29　[例 16-8]的状态转移图(新版)

16.3.3　异步时序逻辑电路的设计

异步时序逻辑电路的设计与同步时序逻辑电路设计方法大致相同，但由于异步时序逻辑电路中每个触发器并不是在统一的时钟信号下触发，因此在选定触发器的类型后还需要为每一个触发器选定合适的时钟信号。接下来通过一个例子来说明具体的设计过程。

【例 16-9】　设计一款带有进位输出的异步八进制加法计数器。

解

1. 逻辑抽象

计数器没有输入变量，只有一个进位输出信号，用逻辑变量 Y 来代表进位输出。

八进制计数器共有 8 个不同的计数状态，分别用 S_0、S_1、$\cdots$、S_7 来表示。计数器的初始状态为 S_0，在第 1 个有效时钟信号的作用下，由 S_0 迁移到 S_1，进位输出 $Y=0$；接下来，在第 2 个有效时钟信号的作用下，由 S_1 迁移到 S_2，进位输出 $Y=0$；以此类推，在第 7 个有效时钟信号的作用下，由 S_6 迁移到 S_7，进位输出 $Y=0$；在第 8 个有效时钟信号的作用下，由 S_7 重新迁移到初态 S_0 并进入新一轮的计数循环，此时进位输出 $Y=1$。具体的状态转移图如图 16.30 所示。

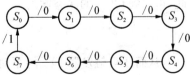

图 16.30　[例 16-9]的状态转移图

2. 状态分配

该计数器一共有 8 个状态,用 3 位二进制数 $Q_2Q_1Q_0$ 即可描述这 8 个状态,具体的状态编码如下:$S_0=000$、$S_1=001$、$S_2=010$、$S_3=011$、$S_4=100$、$S_5=101$、$S_6=110$ 和 $S_7=111$。根据状态转移图可得到如下状态转移表,具体见表 16.9。

表 16.9   [例 16-9]的状态转移表

现　　态			次　　态			输　出
Q_2^n	Q_1^n	Q_0^n	Q_2^{n+1}	Q_1^{n+1}	Q_0^{n+1}	Y
0	0	0	0	0	1	0
0	0	1	0	1	0	0
0	1	0	0	1	1	0
0	1	1	1	0	0	0
1	0	0	1	0	1	0
1	0	1	1	1	0	0
1	1	0	1	1	1	0
1	1	1	0	0	0	1

3. 触发器选型

本题目是计数器类型的电路设计,需要三个 JK 触发器 FF_2、FF_1 和 FF_0 来分别描述 Q_2、Q_1 和 Q_0,具体选择时钟信号上升沿触发的 JK 触发器。

由状态转移表 16.9 画出图 16.31 所示的时序图。

分析图 16.31 所示的时序图,观察 Q_0 的波形,选择时钟信号 cp 作为触发器 FF_0 的时钟信号,在 cp 的

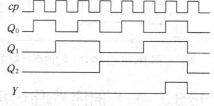

图 16.31   [例 16-9]的时序图

每个上升沿时 FF_0 进行状态翻转。观察 Q_1 的波形,它是在 Q_0 的下降沿翻转。但是我们选择的触发器是上升沿触发的,因此可以选择 FF_0 的反向输出 $\overline{Q_0}$ 作为触发器 FF_1 时钟信号。类似地,选择 FF_1 的反向输出 $\overline{Q_1}$ 作为触发器 FF_2 时钟信号。综合上述分析,可得到异步八进制计数器的时钟方程:

$$cp_0 = cp\uparrow, cp_1 = \overline{Q_0^n}\uparrow, cp_2 = \overline{Q_1^n}\uparrow \tag{16.43}$$

由于所设计的八进制计数器是异步计数器,根据公式(16.43),计数器的最低位 Q_0 的状态翻转仅取决于输入的时钟信号 cp,与 Q_1 和 Q_2 的状态变化无关。结合图 16.31,触发器 FF_0 在每一个时钟信号 cp 上升沿进行一次状态翻转,实现的是 T' 触发器的逻辑功能。因此,可得到 Q_0^{n+1} 的次态输出:

$$Q_0^{n+1} = \overline{Q_0^n} \tag{16.44}$$

从而 JK 触发器 FF_0 的驱动方程:

$$J_0 = K_0 = 1 \tag{16.45}$$

同样地，Q_1 的状态翻转仅取决于最低位触发器 FF_0 的反向输出端 $\overline{Q_0^n}$，与 Q_2 的状态变化无关。根据 Q_1 的波形，其实现的也是 T' 触发器的逻辑功能。因此 JK 触发器 FF_1 的驱动方程是：

$$J_1 = K_1 = 1 \tag{16.46}$$

对于触发器 FF_2，其状态翻转仅取决于触发器 FF_1 的反向输出端 $\overline{Q_1^n}$，结合公式（16.43）和 Q_2 的波形图，有

$$J_2 = K_2 = 1 \tag{16.47}$$

最后，写出电路的输出方程，即进位输出 Y 的逻辑表达式。根据表 16.9，有：

$$Y = Q_2^n Q_1^n Q_0^n \tag{16.48}$$

4. 画电路图

在上一步骤中，我们得到了电路的驱动方程和输出方程，根据这些方程可以画出八进制异步计数器电路的原理图。根据上一步骤的驱动方程，三个触发器的 J 端口和 K 端口均连接在一起，并且接高电平。根据公式（16.48），三个触发器的输出经过一个 3 输入与门 G_1 便得到进位输出 Y。具体的电路原理图参考图 16.32。

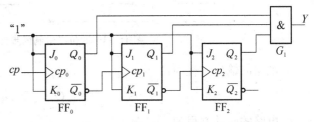

图 16.32　［例 16-9］的八进制异步计数器电路图

 思考题

对于【例 16-9】，如何用 D 触发器来实现异步八进制计数器电路的设计？给出具体的设计过程并画出电路图。此外，如果触发器是下降沿触发，该电路又该如何设计？

16.4　计数器

16.4.1　计数器概述

在日常生活中，到处都会遇到计数的问题。在数字电路中，把用于统计时钟脉冲个数的时序逻辑电路称为计数器。构成计数器的核心单元电路是触发器。

根据计数脉冲输入的方式不同，计数器可以分为同步计数器和异步计数器两大类。根据数的进制来划分，计数器可分为二进制计数器、十进制计数器（BCD 计数器）和 N 进制计数器。根据计数器在计数过程中数字增减趋势的不同，计数器可分为加法计数器、减法计数器和可逆计数器。根据计数器所使用的开关元件，计数器可分为双极型计数器（TTL 计数器）和单极型计数器（MOS 计数器）。

总之，计数器的类型很多，但就其工作特性和基本原理而言差别不大。下面介绍典型的计数器功能以及几种计数器芯片。

16.4.2　同步计数器

同步计数器中,构成计数器的各触发器的时钟信号端口连接在一起,在统一的时钟信号下控制各触发器的状态翻转。现有的同步计数器芯片主要是二进制计数器和十进制计数器。典型的二进制计数器芯片型号有:74LS161、74LS163 和 CD4520;典型的十进制计数器芯片型号有:74LS160、74LS162 和 CD4518。实际上,十进制计数器是 BCD 编码的二进制计数器,也可归类为二进制计数器。因此,本节着重介绍二进制同步计数器的基本原理,并学习 74LS161 芯片的外围引脚功能及应用。

图 16.33 是四位二进制同步计数器的电路原理图,接下来采用时序逻辑电路分析的方法分析其基本原理。

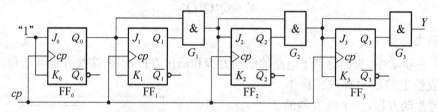

图 16.33　四位二进制同步计数器电路图

电路的输出方程为:

$$Y = Q_3^n Q_2^n Q_1^n Q_0^n \tag{16.49}$$

电路的驱动方程为:

$$\begin{cases} J_0 = K_0 = 1 \\ J_1 = K_1 = Q_0^n \\ J_2 = K_2 = Q_1^n Q_0^n \\ J_3 = K_3 = Q_2^n Q_1^n Q_0^n \end{cases} \tag{16.50}$$

将公式(16.50)代入到 JK 触发器的特征方程来得到状态方程:

$$\begin{cases} Q_0^{n+1} = \overline{Q_0^n} \\ Q_1^{n+1} = Q_0^n \oplus Q_1^n \\ Q_2^{n+1} = (Q_1^n Q_0^n) \oplus Q_2^n \\ Q_3^{n+1} = (Q_2^n Q_1^n Q_0^n) \oplus Q_3^n \end{cases} \tag{16.51}$$

接下来,将触发器 $FF_3 \sim FF_0$ 状态的所有可能的取值一同代入公式(16.49)和公式(16.51)并进行计算,得到时钟信号上升沿到来时各触发器相应的次态输出以及整个电路的输出,具体的状态转移表见表 16.10。

表 16.10　四位二进制同步计数器的状态转移表

现　态				次　态				输出
Q_3^n	Q_2^n	Q_1^n	Q_0^n	Q_3^{n+1}	Q_2^{n+1}	Q_1^{n+1}	Q_0^{n+1}	Y
0	0	0	0	0	0	0	1	0

续表

现 态				次 态				输 出
Q_3^n	Q_2^n	Q_1^n	Q_0^n	Q_3^{n+1}	Q_2^{n+1}	Q_1^{n+1}	Q_0^{n+1}	Y
0	0	0	1	0	0	1	0	0
0	0	1	0	0	0	1	1	0
0	0	1	1	0	1	0	0	0
0	1	0	0	0	1	0	1	0
0	1	0	1	0	1	1	1	0
0	1	1	0	0	1	1	1	0
0	1	1	1	1	0	0	0	0
1	0	0	0	1	0	0	1	0
1	0	0	1	1	0	1	0	0
1	0	1	0	1	0	1	1	0
1	0	1	1	1	1	0	0	0
1	1	0	0	1	1	0	1	0
1	1	0	1	1	1	1	0	0
1	1	1	0	1	1	1	1	0
1	1	1	1	0	0	0	0	1

根据以上步骤画出状态转移图和时序图,具体如图 16.34 和图 16.35 所示:

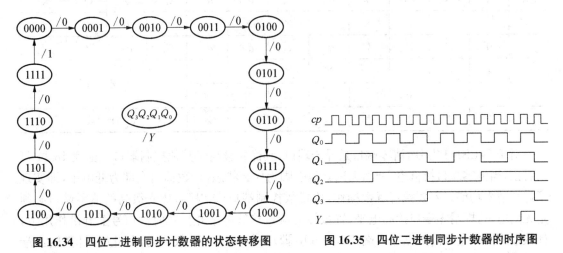

图 16.34　四位二进制同步计数器的状态转移图　　图 16.35　四位二进制同步计数器的时序图

根据表 16.10、图 16.34 和图 16.35,若触发器的初始状态为 0000,在时钟信号上升沿的作用下,每输入一个时钟脉冲,计数器加 1,图 16.34 所示电路的 16 个计数状态按照递增的规律循环变化,即:0000→0001→0010→⋯→1110→1111→0000。计数器从 0000 开始计数,到 1111 结束,在下一个时钟脉冲的作用下重新迁移到 0000,完成一次状态循环,进位输出 $Y=1$。

若时钟信号的频率是 f，从图 16.35 可以看出，Q_0^n、Q_1^n、Q_2^n 和 Q_3^n 的频率分别是：$f/2$、$f/4$、$f/8$ 和 $f/16$，也就是说计数器具有分频的作用。因此，有时也称二进制计数器为分频计数器。

接下来，介绍典型的同步二进制计数器芯片：74LS161。该芯片具有丰富的控制端口，其引脚图和逻辑图参见图 16.36。

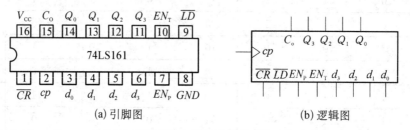

图 16.36　74LS161 芯片

74LS161 芯片为四位二进制同步计数器，该芯片具有异步清零、同步置数、计数和保持功能。图 16.36(a) 是该芯片的引脚图，1 引脚为异步清零控制端口，是低电平有效；2 引脚为时钟输入端口；3～6 引脚为同步置数的数据输入端口，与 9 引脚（同步置数控制端口，低电平有效）配合使用；7 和 10 引脚为计数使能端口；11～14 引脚为计数输出端口；15 引脚为进位输出端口。8 引脚接地，16 引脚为电源端口。表 16.11 为该芯片的真值表。

表 16.11　74LS161 芯片真值表

输　入									输　出			
$\overline{CR}$	$\overline{LD}$	EN_T	EN_P	cp	d_0	d_1	d_2	d_3	Q_0	Q_1	Q_2	Q_3
0	×	×	×	×	×	×	×	×	0	0	0	0
1	0	×	×	↑	d_0	d_1	d_2	d_3	d_0	d_1	d_2	d_3
1	1	0	×	×	×	×	×	×	保　持			
1	1	×	0	×	×	×	×	×				
1	1	1	1	↑	×	×	×	×	计　数			

对于 74LS161 芯片，清零端口是异步端口，其优先级高于其他控制端口。由表 16.11 可以看出，当清零端口接低电平时，无论其他引脚为什么状态，计数输出全部为低电平，即实现了计数清零功能。若要执行置数操作，比置数控制端口（9 引脚）优先级高的清零端口必须是无效电平，即清零端口接高电平，置数控制端口接低电平并且在时钟信号上升沿作用下，计数器将同步置数的数据输入端口（3～6 引脚）的数据送入计数器内部，此时，计数输出端口（14、13、12 和 11 引脚）所输出的数据为置数端口的数据。若要使芯片执行计数操作，清零端口和置数控制端口均接无效电平（即均接高电平）并且两个计数使能端口（7 和 10 引脚）均接高电平，芯片在时钟信号的作用下进行加法计数。若要使芯片执行计数保持功能，要求清零端口和置数控制端口均接无效电平，并且计数使能端口满足条件：$EN_P \cdot EN_T = 0$（即 $EN_P = 0$，$EN_T = ×$ 或者 $EN_P = ×$，$EN_T = 0$）。

16.4.3　异步计数器

异步计数器中,构成计数器的各触发器的时钟信号并不是在统一的时钟信号控制下进行状态翻转。分析下图所示异步计数器电路的逻辑功能。

分析图 16.37 所示电路,我们发现触发器是在时钟信号下降沿触发,并且还有一个异步清零端口"$\overline{R}$",电路的时钟方程为:

$$cp_0 = cp_2 = cp \downarrow , cp_1 = \overline{Q_0^n} \downarrow \tag{16.52}$$

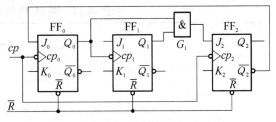

图 16.37　异步计数器电路图

触发器 FF$_0$ 和 FF$_2$ 的时钟端口接到一起,接时钟信号 cp。触发器 FF$_1$ 的时钟端口接在 FF$_0$ 的输出端,也就是说 Q_0^n 的输出由高电平变为低电平时触发器 FF$_1$ 才翻转。

根据图 16.37 可以得到电路的驱动方程为:

$$\begin{cases} J_0 = \overline{Q_2^n} , K_0 = 1 \\ J_1 = 1 , K_1 = 1 \\ J_2 = Q_1^n Q_0^n , K_2 = 1 \end{cases} \tag{16.53}$$

将公式(16.53)代入到 JK 触发器的特征方程可以得到如下状态方程:

$$\begin{cases} Q_0^{n+1} = \overline{Q_2^n}\,\overline{Q_0^n} , cp \downarrow \\ Q_1^{n+1} = \overline{Q_1^n} , Q_0^n \downarrow \\ Q_2^{n+1} = Q_1^n Q_0^n \overline{Q_2^n} , cp \downarrow \end{cases} \tag{16.54}$$

图 16.37 所示电路在工作时先进行初始化,即清零端口给一个复位电平,使触发器 FF$_2$、FF$_1$ 和 FF$_0$ 的初始状态为 $Q_2^n Q_1^n Q_0^n = 000$,接下来清零端口接高电平。在时钟信号 cp 第一个下降沿到来时 FF$_2$ 和 FF$_0$ 是有效的时钟,根据公式(16.54):Q_0^n 由 0 变为 1,Q_2^n 维持原态不变。而此时 FF$_0$ 的 Q_0^n 由 0 变为 1,是上升沿,对于触发器 FF$_1$ 而言是无效时钟信号,因此 FF$_1$ 维持原态不变。这样一来,在 cp 第一个下降沿到来时,各触发器相应的次态输出 $Q_2^{n+1} Q_1^{n+1} Q_0^{n+1} = 001$。

在时钟信号 cp 第二个下降沿到来时 FF$_2$ 和 FF$_0$ 是有效的时钟,根据公式(16.54):Q_0^n 由 1 变为 0,Q_2^n 维持原态不变。此时 FF$_0$ 的 Q_0^n 由 1 变为 0(是下降沿),是有效时钟信号,因此 FF$_1$ 翻转,Q_1^n 由 0 变为 1。这样一来,在 cp 第二个下降沿到来时,各触发器相应的次态输出 $Q_2^{n+1} Q_1^{n+1} Q_0^{n+1} = 010$。

在时钟信号 cp 第三个下降沿到来时,Q_0^n 由 0 变为 1,Q_2^n 维持原态不变。此时 FF$_0$ 的 Q_0^n 由 0 变为 1(是上升沿),是无效时钟信号,因此 FF$_1$ 维持原态不变。这样一来,在 cp 第三个下降沿到来时,各触发器相应的次态输出 $Q_2^{n+1} Q_1^{n+1} Q_0^{n+1} = 011$。

在时钟信号 cp 第四个下降沿到来时,Q_0^n 由 1 变为 0,Q_2^n 由 0 变为 1。此时 FF$_0$ 的 Q_0^n 由 1 变为 0(是下降沿),是有效时钟信号,因此 Q_1^n 由 1 变为 0。这样一来,在 cp 第四个下降沿到来时,各触发器相应的次态输出 $Q_2^{n+1} Q_1^{n+1} Q_0^{n+1} = 100$

在时钟信号 cp 第五个下降沿到来时，Q_0^n 维持原态不变，因此 FF_1 维持原态不变。而 Q_2^n 由 1 变为 0。这样一来，在 cp 第五个下降沿到来时，各触发器相应的次态输出为 $Q_2^{n+1}Q_1^{n+1}Q_0^{n+1}＝000$，即计数器重新迁移到初态，进入新一轮的计数循环。具体的状态转移表参见表 16.12，在分析时一定要注意触发器 FF_1 时钟信号 cp_1 的有效条件。

表 16.12　图 16.37 所示电路的状态转移表

现　态			次　态			备　注
Q_2^n	Q_1^n	Q_0^n	Q_2^{n+1}	Q_1^{n+1}	Q_0^{n+1}	时钟条件
0	0	0	0	0	1	cp_2, cp_0
0	0	1	0	1	0	cp_2, cp_1, cp_0
0	1	0	0	1	1	cp_2, cp_0
0	1	1	1	0	0	cp_2, cp_1, cp_0
1	0	0	0	0	0	cp_2, cp_0

根据以上分析画出状态转移图和时序图，具体如图 16.38 和图 16.39 所示：

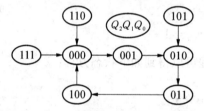

图 16.38　图 16.37 所示电路的状态转移图

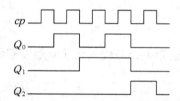

图 16.39　图 16.37 所示电路的时序图

从图 16.38 的状态转移图可以看出，图 16.37 所示电路在时钟信号下降沿的作用下共有 5 个状态依次出现，这 5 个状态出现的次序为：000→001→010→011→100→000→…。此外，该电路有三个无效状态：101、110 和 111。如果电路处于这三个状态时会在一个时钟周期后自动进入有效的循环，即电路具有自启功能。综合上述分析，该电路是一个异步五进制加法计数器。

典型的异步计数器芯片型号有：74LS90、74LS290 和 74LS197。接下来，介绍典型的异步计数器芯片：74LS290。该芯片是异步二—五—十进制计数器，其引脚图和逻辑图参见图 16.40。

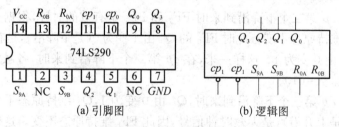

(a) 引脚图　　　　　(b) 逻辑图

图 16.40　74LS290 芯片

74LS290 芯片为中规模异步计数器，图 16.40(a) 和 (b) 分别是该芯片的引脚图和逻辑图。该芯片与其他芯片的不同之处是有两个 NC 端口（2 和 6 引脚），表示这两个引脚为空引脚，与芯片逻辑功能没有关系，无需连入实际的硬件电路。该芯片内部有两个独立的计数器：分别是二进制计数器和五进制计数器。如图 16.40(a)所示,10 引脚和 11 引脚分别是二进制和五进制计数器时钟输入端口;9 引脚是二进制计数的输出端口;5、4 和 8 引脚是五进制计数的输出端口;12 和 13 引脚是计数器的复位端口;1 和 3 引脚是计数器的置位端口。

表 16.13 是 74LS290 芯片的真值表,从该表可以看出,当 $R_{0A} = R_{0B} = 1$,且 $S_{9A} \cdot S_{9B} = 0$ 时,实现异步清零,两个计数器的输出端口 $Q_3 Q_2 Q_1 Q_0 = 0000$;当 $S_{9A} = S_{9B} = 1$,且 $R_{0A} \cdot R_{0B} = 0$ 时,实现异步置数,两个计数器的输出端口 $Q_3 Q_2 Q_1 Q_0 = 1001$,实现异步置 9 功能;当 $R_{0A} \cdot R_{0B} = 0$ 且 $S_{9A} \cdot S_{9B} = 0$ 时,在时钟信号下降沿的作用下进行计数。

表 16.13　74LS290 真值表

输　入					输　出			
R_{0A}	R_{0B}	S_{9A}	S_{9B}	cp	Q_3	Q_2	Q_1	Q_0
1	1	0	×	×	0	0	0	0
1	1	×	0	×	0	0	0	0
0	×	1	1	×	1	0	0	1
×	0	1	1	×	1	0	0	1
×	0	0	×	↓	计　数			
×	0	×	0	↓	计　数			
0	×	0	×	↓	计　数			
0	×	×	0	↓	计　数			

图 16.41 是 74LS290 芯片电路原理图[①],触发器 FF_0 的 J 端口和 K 端口悬空,默认接入的是高电平,实现的是 T 触发器的逻辑功能,即 FF_0 构成二进制计数器。触发器 FF_1、FF_2 和 FF_3 构成了五进制计数器。

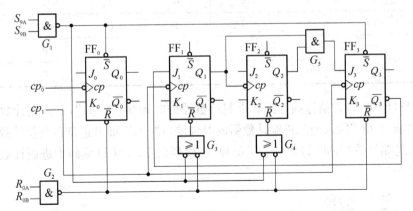

图 16.41　74LS290 芯片电路原理图

将 74LS290 芯片中的二进制计数器和五进制计数器级联后可以构成十进制计数器,具体的十进制计数器的级联方式有两种,具体如图 16.42 所示。

---

① 74LS290 芯片的器件手册中,触发器 FF_3 使用的是 RS 触发器。

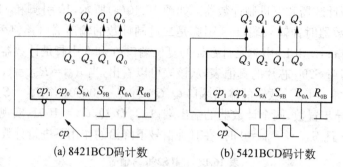

(a) 8421BCD码计数　　　　　(b) 5421BCD码计数

图 16.42　基于 74LS290 芯片的十进制计数器电路

图 16.42(a)中,时钟信号接入到二进制计数器的时钟端口"cp_0",二进制计数器的计数输出端口"Q_0"接入到五进制计数器的时钟端口"cp_1",即二进制计数输出信号作为五进制计数器的时钟信号。通过这一方式可以构成 8421BCD 编码的十进制计数器,具体状态转移表可参考表 16.14。

表 16.14　8421BCD 编码十进制计数器的状态转移表

现　态				次　态			
Q_3^n	Q_2^n	Q_1^n	Q_0^n	Q_3^{n+1}	Q_2^{n+1}	Q_1^{n+1}	Q_0^{n+1}
0	0	0	0	0	0	0	1
0	0	0	1	0	0	1	0
0	0	1	0	0	0	1	1
0	0	1	1	0	1	0	0
0	1	0	0	0	1	0	1
0	1	0	1	0	1	1	0
0	1	1	0	0	1	1	1
0	1	1	1	1	0	0	0
1	0	0	0	1	0	0	1
1	0	0	1	0	0	0	0

图 16.42(b)中,时钟信号接入到五进制计数器的时钟端口"cp_1",五进制计数器的最高位计数输出端口"Q_3"接入到二进制计数器的时钟端口"cp_0",即五进制最高位计数输出端口信号作为二进制计数器的时钟信号。类似地,可以列出 5421BCD 编码十进制计数器的状态转移表,此处略去。

16.4.4　可逆计数器

前面所介绍的计数器均为加法计数器,还有非常重要的一类计数器是可逆计数器,即通过相应的控制端口,可以实现加法计数或者是减法计数。有关可逆计数器的基本原理可以参考【例 16-2】,该例题给出了 2 位二进制可逆计数器的电路原理,可以很容易地设计出 3 位及 4 位二进制可逆计数器。图 16.43 给出了 3 位二进制同步可逆计数器的电路图,注意,该电路是没有进位输出/借位端口的可逆计数器。

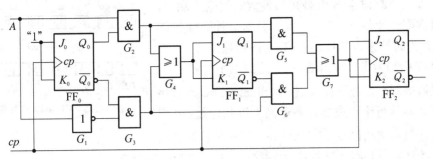

图 16.43　3 位二进制可逆计数器电路原理图

图 16.43 所示电路是通过"A"端口接入不同的电平来实现加法计数或者减法计数,有的可逆计数器芯片(例如 74LS193)有两个时钟端口,分别对应加法计数和减法计数。这种类型的电路如图 16.44 所示。

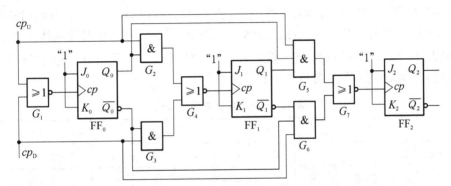

图 16.44　双时钟控制的 3 位二进制可逆计数器电路原理图

对于图 16.44,"cp_U"端口是加法计数器时钟输入端口,"cp_D"端口是减法计数器时钟输入端口。需要注意的是,在进行加法计数时,减法计数器时钟端口要接地;同样地,在进行减法计数时,加法计数器时钟端口要接地。这两个端口的时钟信号不能同时有效,否则无法实现既定的计数功能。图 16.43 和图 16.44 所示电路的另一个区别是:图 16.43 所示电路是同步计数器电路,图 16.44 所示电路是异步计数器电路。

思考题

认真思考图 16.44 所示电路的逻辑功能,根据该电路来设计一款双时钟控制的 4 位二进制可逆计数器。此外,再设计一款双时钟控制的 BCD 码十进制可逆计数器。

典型的二进制可逆计数器芯片型号有:74LS191、74LS193 和 CD4516;典型的十进制可逆计数器芯片型号有:74LS190、74LS192 和 CD4510。此外,还有一种功能更加丰富的可逆计数器芯片:CD4029。该芯片为四位可逆计数器,通过对相应端口的设定即可实现模为 16 的二进制可逆计数和十进制可逆计数。此外,该芯片还有异步置数功能。接下来介绍该芯片的外围引脚功能。

图 16.45 是该芯片的引脚图,其中:1 引脚为异步预置数使能端口 PE(Preset Enable),

高电平有效；4、12、13 和 3 引脚是预置数数据输入端口，与 PE 引脚配合使用；6、11、14 和 2 引脚为计数输出端口；15 引脚为时钟输入端口；5 引脚为进位输入端口，低电平有效；7 引脚为进位输出端口，也是低电平有效；9 引脚是计数器进制类型选择端口 $B/\overline{D}$（Binary/Decade），用于控制计数器执行十六进制计数还是十进制计数；10 引

图 16.45　CD4029 芯片引脚图

脚是可逆计数控制端口 $U/\overline{D}$（Up/Down），用于控制计数器执行加法计数还是减法计数；8 引脚接地，16 引脚为电源端口。

　　表 16.15 是 CD4029 芯片的真值表。从该表第一行可以看到，当 PE 端口为高电平时，计数器执行异步置数功能，计数器将 $d_0 \sim d_3$ 端口的数据送入计数器内部，此时，计数输出端口 $Q_0 \sim Q_3$ 输出数据为 $d_0 \sim d_3$ 端口数据。若要使计数器执行计数操作，PE 接低电平，进位输入端口接低电平。从表 16.15 的第 2 行～第 5 行可以看出，若计数器的进制类型选择端口接高电平，芯片执行二进制计数；若接低电平，芯片执行十进制计数。若芯片的可逆计数控制端口接高电平，执行加法计数；若接低电平，芯片执行减法计数。该芯片的优点是：通过适当的设定 $B/\overline{D}$ 和 $U/\overline{D}$ 端口便能实现四种类型的计数，便于进行计数器的设计。有关CD4029 更多详细的内容可参考该芯片的器件手册。

表 16.15　CD4029 芯片真值表

输入									输出			
PE	$\overline{CI}$	$U/\overline{D}$	$B/\overline{D}$	cp	d_0	d_1	d_2	d_3	Q_0	Q_1	Q_2	Q_3
1	×	×	×	×	d_0	d_1	d_2	d_3	d_0	d_1	d_2	d_3
0	0	0	0	↑	×	×	×	×	十进制减法计数			
0	0	0	1	↑	×	×	×	×	二进制减法计数			
0	0	1	0	↑	×	×	×	×	十进制加法计数			
0	0	1	1	↑	×	×	×	×	二进制加法计数			

16.4.5　任意进制计数器的设计

　　任意进制计数器的设计可以采用前面所介绍的时序逻辑电路设计的方法来实现，即采用触发器和逻辑门来完成电路设计。本节重点关注另外一种方法，即采用已有的中规模计数器芯片（74LS161）来完成任意进制计数器电路的设计。

　　应用已有的 N 进制计数器芯片来设计任意模值为 M 的计数器，通常有两种情况。一种是 $M>N$，可采用多个中规模计数器以级联的形式来扩充计数容量。另外一种是 $M<N$，这时可采用状态跳跃的方式来实现。问题是如何实现状态跳跃呢？实际上，我们可以通过一个反馈电路将计数器的工作状态反馈给置数端口或清零端口来完成计数器的状态跳跃，从而实现任意进制计数器的设计。如果将反馈电路的反馈信号接到计数器芯片的置数端口 LD 来实现状态跳跃，我们称这种任意进制计数器的设计方法为置数法，如图 16.46（a）所示。如果将反馈电路的反馈信号接到计数器芯片的清零端口 $\overline{CR}$ 来实现状态跳跃，我们称这种任意进制计数器的设计方法为清零法，如图 16.46（b）所示。接下来通过两个例题来讲

述置数法和清零法进行任意进制计数器设计的基本原理。

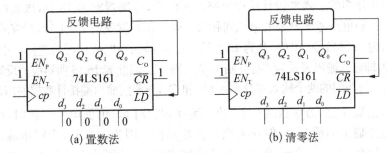

（a）置数法　　　　（b）清零法

图 16.46　任意进制计数器设计原理图

【**例 16-10**】　采用置数法来设计七进制计数器。

解　使用 74LS161 芯片,采用置数法来设计模为 7 的计数器的具体步骤如下。

首先,确定状态转移图。在 74LS161 芯片的状态转移图中选择连续 7 个状态,初始状态为 0000,末态为 0110,如图 16.47 所示。问题是:如何由末态自动迁移到初态并形成有效的循环呢? 实际上,需要使用计数器的置数功能把 0000 置入到输出端,完成末态到初态的状态跳跃。因此,74LS161 芯片的预置数数据输入端口 $d_0 \sim d_3$ 均接低电平。当计数到末态 0110 时,反馈电路给 $\overline{LD}$ 端口一个低电平,计数器执行置数操作。问题是我们该如何设计这个反馈电路呢?

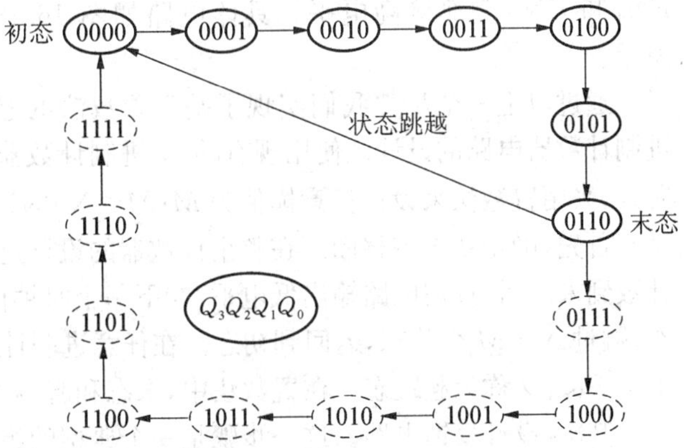

图 16.47　七进制计数器状态转移图

其次,设计反馈电路。反馈电路的输入信号是计数器的输出 $Q_3 \sim Q_0$,反馈电路的输出为 Y。当计数器的状态为 0000,0001,…,0101 时,要求反馈电路始终输出为高电平;当计数到末态 0110 时反馈电路输出为 0。我们得到反馈电路的真值表,具体参考表 16.16。

表 16.16　反馈电路的真值表

输　入				输　出
Q_3^n	Q_2^n	Q_1^n	Q_0^n	Y
0	0	0	0	1
0	0	0	1	1
0	0	1	0	1
0	0	1	1	1
0	1	0	0	1
0	1	0	1	1
0	1	1	0	0

根据表 16.16 可以很容易地设计出反馈电路,这是一个典型的组合逻辑电路的设计问题。可以采用卡诺图化简的形式来设计反馈电路。实际上,仔细观察表 16.16,该表的第一列均为 0,不用考虑。我们重点考察该表的第二列和第三列。我们发现当 $Y=1$ 时,对应的 Q_2 和 Q_1 至少有一个输入为 0;而当 Q_2 和 Q_1 全为 1 时,$Y=0$。在前面我们所学习的逻辑门中,只有与非门满足这一条件,即输入输出关系为:"有 0 则 1,全 1 则 0"。因此表 16.16 所对应的反馈电路是一个二输入与非门。与非门的两个输入端分别接 Q_2 和 Q_1,与非门输出端接计数器的 $\overline{LD}$ 端口。

有个细节需要注意,当计数到 0110 的一瞬间,与非门输出低电平。此时,$\overline{LD}$ 端口虽然接收到反馈电路输出的低电平,但并未执行置数操作。因为 $\overline{LD}$ 端口为同步端口,需要时钟信号的配合。因此,当下一个时钟信号上升沿到来时,计数器才会将初态 0000 置入到输出端,最终实现末态到初态的迁移。

最后,画电路图。若要使所设计的电路具有计数功能,比预置数控制端口优先级高的清零端口应为无效电平,即 $\overline{CR}$ 端口接高电平。同时计数使能端口 EN_P 和 EN_T 全部接高电平。具体电路如图 16.48 所示。

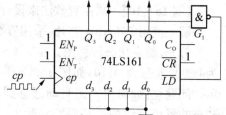

图 16.48 置数法七进制计数器电路图

通过以上三个步骤我们实现了基于置数法的七进制计数器电路的设计。使用现有的 N 进制计数器芯片,采用置数法来设计任意模值为 $M(M<N)$ 的计数器,其具体步骤如下:

首先,确定状态转移图。在整个计数器的设计过程中需要确定初态 S_0 和末态 S_{M-1},当计数到末态后,反馈电路输出低电平,在下一个时钟信号上升沿的作用下计数器执行置数操作,跳过 $N-M$ 个状态,返回到初态。在任意进制计数器的设计中,这个发生了状态跳跃的末态 S_{M-1} 又称为起跳态。在置数法中,末态和起跳态均为 S_{M-1},这一点和清零法不一致。

其次,设计反馈电路。这一步骤是一个典型的组合逻辑电路设计,可以通过输入和输出的逻辑关系列写真值表,由真值表来得到反馈逻辑。

最后,画电路图。本步骤需要注意 $\overline{CR}$ 端口、EN_P 和 EN_T 端口的设定。

从图 16.46 可以看出,置数法和清零法的区别是反馈电路的反馈信号接入到不同的控制端口来实现状态跳跃。于是有一个问题:将图 16.48 所示电路中与非门 G_1 的输出端接入到 $\overline{CR}$ 端口,实现的是不是清零法的七进制计数器呢?实际上,并非如此。如果采用类似于上一个例题中置数法的设计步骤,将两输入与非门的输出端接入到 74LS161 的 $\overline{CR}$ 端口,实现的却是六进制计数器。因为 74LS161 芯片的 $\overline{LD}$ 端口接收到反馈电路输出的低电平后并没有立刻执行置数操作,而是等待一个时钟信号,即在下一个时钟信号上升沿到来时才执行置数操作,这样一来,计数器的末态 0110 会保持一个时钟周期。而 $\overline{CR}$ 端口是异步端口,与时钟信号没有任何关系,只要该端口接收到反馈电路输出的低电平后立刻执行清零操作。也就是说,在计数器输出为 0110 的一瞬间,计数器就已经执行清零操作了,导致我们还没来得及看到末态,电路就已经跳跃到初态了。接下来,通过以下例题来学习清零法的基本原理。

【例 16-11】 采用清零法来设计七进制计数器。

解 使用 74LS161 芯片,采用清零法来设计模为 7 的计数器的具体步骤如下。

首先,确定状态转移图。在 74LS161 芯片的状态转移图中选择连续 7 个状态,初始状态为 0000,末态为 0110。前面已经分析了,如果按照上一个例题的方法,将与非门的输出直接与清零端口相连,末态 0110 将不能维持一个时钟周期。因此,我们选择末态的下一个状态 0111 来作为起跳态。如图 16.49 是清零法进行 7 进制计数器设计的状态转移图。

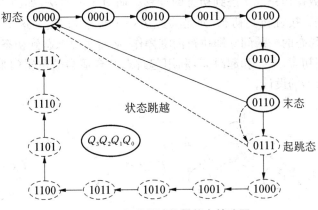

图 16.49　七进制计数器状态转移图

其次,设计反馈电路。反馈电路的输入信号是计数器的输出 $Q_3 \sim Q_0$,反馈电路的输出为 Y。当计数器从初态 0000 计数到末态 0110 时,要求反馈电路始终输出为高电平;当计数到起跳态 0111 时反馈电路输出为 0。我们得到反馈电路的真值表,具体参考表 16.17。

表 16.17　反馈电路的真值表

输 入				输 出
Q_3^n	Q_2^n	Q_1^n	Q_0^n	Y
0	0	0	0	1
0	0	0	1	1
0	0	1	0	1
0	0	1	1	1
0	1	0	0	1
0	1	0	1	1
0	1	1	0	1
0	1	1	1	0

根据表 16.17 可以很容易地设计出反馈电路。仔细观察表 16.17,对于该表的第 2 列到第 4 列。我们发现当 $Y=1$ 时,对应的 Q_2、Q_1 和 Q_0 至少有一个输入为 0;而当 Q_2、Q_1 和 Q_0 全为 1 时,$Y=0$。因此表 16.17 所对应的反馈电路是一个三输入与非门。与非门的三个输入端分别接 Q_2、Q_1 和 Q_0,与非门输出端接计数器的 $\overline{CR}$ 端口。

最后,画电路图。若要使所设计的电路具有计数功能,预置数控制端口需要接高电平,同时计数使能端口 EN_P 和 EN_T 也全部接高电平。具体电路如图 16.50 所示。

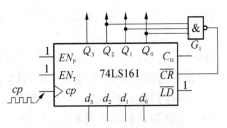

图 16.50　清零法七进制计数器电路图

下面我们对置数法和清零法进行简要的对比分析。图16.51(a)是置数法进行任意进制计数器设计的流程图。用置数法实现 M 进制计数器的过程中，计数器的末态 S_{M-1} 作为起跳态，通过执行置数操作完成末态到初态的迁移。而对于清零法，如图16.51(b)所示，当计数到末态后并不是直接跳转到初态，而是要经历一个暂稳态 S_M。这个暂稳态作为起跳状态，并且在进入暂稳态的一瞬间立即执行清零操作，从而实现末态到初态的迁移。在设计电路时一定要弄清楚初态、末态和起跳态，利用起跳态结合适当的逻辑门来设计反馈电路，并实现任意进制计数器的设计。

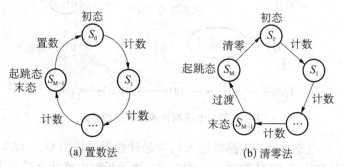

图 16.51 任意进制计数器设计步骤流程图

？ 思考题

上述所介绍的置数法和清零法进行任意进制计数器的设计所使用的芯片是74LS161，其置数端口和清零端口是低电平有效。如果某芯片的清零端口和置数端口是高电平有效，反馈电路该如何设计？

16.5 移位寄存器

16.5.1 寄存器概述

将二进制数据或代码临时存储起来的操作称为寄存。具有寄存功能的时序逻辑电路称为寄存器。在第15章我们学习了触发器的基本概念与原理，D 触发器就具有存储数据的功能，1个触发器能够存储1位二进制数。实际上，寄存器通常由 D 触发器和逻辑门构成。

寄存器按照其功能可分为基本寄存器和移位寄存器。基本寄存器的功能比较单一，能够进行数据的存储与输出，也可以对所存储的数据进行清零操作。移位寄存器除了具有基本寄存器的逻辑功能外还能够对所存储的数据进行移位操作（串行左移或串行右移）。此外，现有的移位寄存器芯片的逻辑功能比较丰富，数据的输入方式可以是串行输入或并行输入，数据的输出方式也可以是串行输出或并行输出。

寄存器数据输入输出的方式有四种：串行输入串行输出、串行输入并行输出、并行输入串行输出和并行输入并行输出。图16.52是这四种方式的原理图。

图16.52(a)是四位寄存器的串行输入、串行输出数据传输方式。由于只有1个输入端

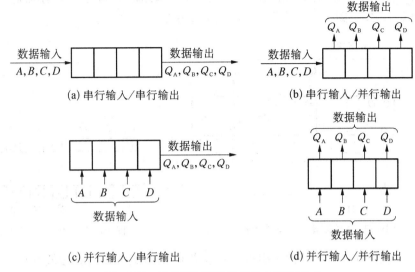

图 16.52　四位寄存器的数据输入输出方式

口，4 位数据 A、B、C 和 D 经过 4 个时钟周期依次输入到寄存器内。输出端口也只有 1 个，寄存器所存储的 4 位数据经过 4 个时钟周期依次输出。因此四位寄存器进行一次"串入串出"操作需要 8 个时钟周期。

　　图 16.52(b)是四位寄存器的串行输入、并行输出数据传输方式。4 位数据 A、B、C 和 D 经过 4 个时钟周期依次输入到寄存器内。输出端口有 4 个，寄存器所存储的 4 位数据可以经过 1 个时钟周期一次性地输出。因此四位寄存器进行一次"串入并出"操作需要 5 个时钟周期。

　　图 16.52(c)是四位寄存器的并行输入、串行输出数据传输方式。由于有 4 个输入端口，4 位数据 A、B、C 和 D 可一次性地输入到寄存器内。输出端口有 1 个，寄存器所存储的 4 位数据经过 4 个时钟周期依次输出。因此四位寄存器进行一次"并入串出"操作需要 5 个时钟周期。

　　图 16.52(d)是四位寄存器的并行输入、并行输出数据传输方式。4 位数据 A、B、C 和 D 可一次性地输入到寄存器内，寄存器所存储的 4 位数据可一次性地输出。因此四位寄存器进行一次"并入并出"操作需要 2 个时钟周期。

16.5.2　基本寄存器

　　基本寄存器简称寄存器，在时序逻辑电路中有着广泛的应用。本节以 4 位基本寄存器为例，讲解其基本原理。通常，一个寄存器具有存储数据，输出数据和清除数据这三个基本功能。图 16.53 是 4 位基本寄存器的电路原理图，该寄存器由 4 个 D 触发器构成，所有 D 触发器的时钟端口连接在一起构成同步时序逻辑电路，通过时钟信号"cp"来统一控制各个 D 触发器。寄存器中 4 个 D 触发器的清零端口连接在一起，构成 $\overline{R_D}$ 端口，当该端口接低电平时执行清除数据操作，此时 $Q_3 \sim Q_0$ 端口输出均为 0。当 $\overline{R_D}$ 端口接高电平，在时钟上升沿一瞬间，图 16.53 所示电路读取 $D_3 \sim D_0$ 端口的数据。时钟上升沿过后，寄存器将输入端 $D_3 \sim D_0$ 端口的数据存入寄存器内部，时钟上升沿过后可以从每一个 D 触发器的 Q 端口读取数据。图 16.53 所示寄存器的数据输入输出方式为并行输入并行输出。

以上简要介绍了 4 位基本寄存器电路的原理。常用的 4 位基本寄存器芯片型号有：74LS175 和 CD4042。图 16.54 是 74SL175 芯片的引脚图。

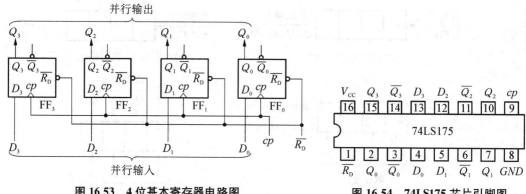

图 16.53 4 位基本寄存器电路图   图 16.54 74LS175 芯片引脚图

图 16.54 的引脚图中,芯片的 1 引脚为异步清零端口,只要该引脚接低电平,$Q_3 \sim Q_0$ 端口输出均为 0。芯片的 2、3 和 4 引脚对应 FF_0 的输入输出端口,以此类推,芯片的 13、14 和 15 引脚对应 FF_3 的输入输出端口。9 引脚是时钟端口,上升沿触发。需要注意的是,该芯片内部的 D 触发器是下降沿触发,时钟端口的信号经过非门接入到各触发器。有关该芯片更多的内容请参考该芯片的器件手册。

16.5.3 移位寄存器

基本寄存器的逻辑功能比较单一,如果寄存器中的数据在时钟信号的作用下依次地进行串行左移或者串行右移,这种类型的寄存器称为移位寄存器。移位寄存器可分为单向移位寄存器和双向移位寄存器。图 16.55 是 4 位串行左移移位寄存器的电路原理图。

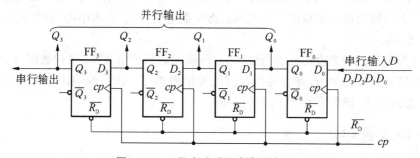

图 16.55 4 位左移移位寄存器电路图

图 16.55 所示的 4 位左移移位寄存器是由四个上升沿触发的边沿 D 触发器构成,触发器的时钟端口连接在一起,在移位脉冲 cp 的作用下统一进行状态翻转。4 个边沿 D 触发器 $FF_0 \sim FF_3$ 在电路连接上的特点是:右侧触发器的输出端 Q 依次接入到左侧触发器的 D 端口。接下来分析图 16.55 所示电路的原理。该电路的驱动方程为:

$$D_0 = D, D_1 = Q_0^n, D_2 = Q_1^n, D_3 = Q_2^n \tag{16.55}$$

将公式(16.55)代入 D 触发器的特征方程来得到状态方程:

$$Q_0^{n+1} = D, Q_1^{n+1} = Q_0^n, Q_2^{n+1} = Q_1^n, Q_3^{n+1} = Q_2^n \tag{16.56}$$

由公式(16.56)所示的状态方程可知,在时钟信号(移位脉冲 cp)的作用下,串行输入端口的数据 D 存入触发器 FF_0,同时 FF 所保存的数据存入 FF_1,以此类推,右侧触发器所存储的数据依次存入左侧的触发器中。也就是说,在移位脉冲的作用下,图 16.55 所示电路实现了串行左移操作。接下来以一个具体的例子来说明串行左移的过程。假设串行输入端口的数据 D 依次存入 1101 这 4 个数码,则 $Q_3 \sim$ Q_0 端口的工作波形图和状态转移表如图 16.56 和表 16.18 所示。

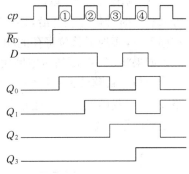

图 16.56　4 位左移移位寄存器
工作波形图

如图 16.56 所示,在第一个时钟信号上升沿到来之前,$\overline{R_D}$ 端口给一个复位电平,然后该端口又恢复为高电平,这样各个 D 触发器在翻转前均执行清零操作,$Q_0^n \sim Q_3^n$ 输出均为 0。紧接着,在第 1 个时钟信号上升沿到来时,FF_0 读取串行输入端口的数据"1"、FF_1 读取 FF_0 的 Q 端口数据"0"、FF_2 读取 FF_1 的 Q 端口数据"0"、FF_3 读取 FF_2 的 Q 端口数据"0"。在第 1 个时钟信号上升沿过后,FF_0 的 Q 端口数据变为"1"、$FF_1 \sim FF_3$ 的 Q 端口数据维持原态"0"不变。

这里有个细节需要注意,由于图 16.55 所示电路为同步时序逻辑电路,在第 1 个时钟信号上升沿到来时,$FF_0 \sim FF_3$ 的这 4 个触发器均同时响应这个时钟信号上升沿,那么是否会出现在第 1 个时钟信号上升沿到来时 FF_1 将 FF_0 的 Q 端口次态更新数据"1"读入到 FF_1 呢? 以此类推,FF_2 和 FF_3 的所读取的数据是否都是"1"呢? 如果图 16.55 所示电路的触发器采用的是电平类型的触发器(例如同步 D 触发器),上述设想是成立的。但是图 16.55 所示电路采用的是边沿类型的触发器,因此答案是否定的。

对于实际的移位寄存器电路(芯片),从时钟信号上升沿开始到触发器 Q 端口出现稳定的更新数据都存在时间延迟,我们称这一时间延迟为数据的建立时间。以仙童公司所生产的双向移位寄存器芯片 74LS194 为例,其 Q 端口数据由低电平变为高电平的建立时间最大值为 26 ns,由高电平变为低电平的建立时间最大值为 35 ns。由于图 16.55 所示电路采用边沿类型的 D 触发器,只有在时钟信号上升沿的一瞬间,触发器才进行状态翻转。这"一瞬间"小于 Q 端口数据的建立时间,这样一来 $FF_1 \sim FF_3$ 在时钟信号上升沿的一瞬间所读取的数据仍是 Q 端口在上一时钟周期的稳定输出数据,即 $FF_1 \sim FF_3$ 读取的仍是数据"0"。此外,该芯片对时钟信号频率也有个限制要求,即时钟频率不能超过 20 MHz。通过一系列的时序要求可以确保移位寄存器电路逻辑功能的正确性。

表 16.18　4 位左移移位寄存器状态转移表

cp 顺序	D	Q_3^n	Q_2^n	Q_1^n	Q_0^n
0	$\times$	0	0	0	0
1	1	0	0	0	1
2	1	0	0	1	1
3	0	0	1	1	0
4	1	1	1	0	1

表 16.18 给出了串行输入端口的数据 D 依次存入 1101 这 4 个数码,对应的 $Q_3 \sim Q_0$ 端

口的输出数据。从该状态转移表可以看出,在第 1 个时钟信号上升沿过后,Q_0 端口输出为 1,$Q_3 \sim Q_1$ 端口输出均为 0;在第 2 个时钟信号上升沿过后,Q_0 和 Q_1 端口输出均为 1,Q_3 和 Q_2 端口输出均为 0。以此类推,在第 4 个时钟信号上升沿过后,$Q_3 \sim Q_0$ 端口输出为:1101。每来一个时钟信号上升沿,移位寄存器 Q 端口输出的效果相当于原有存储的数码依次串行左移 1 位,实现了移位寄存的功能。

如果将图 16.55 所示电路关于纵坐标镜像翻转,所得到的电路是右移移位寄存器,其逻辑功能与左移移位寄存器的原理是一样的,区别在于数据的移位方向不一致。实际上,在电路设计中,我们最关心的还是移位寄存器是否同时具有串行左移和串行右移的逻辑功能,这就是双向移位寄存器。图 16.57 是 4 位双向移位寄存器的电路图。

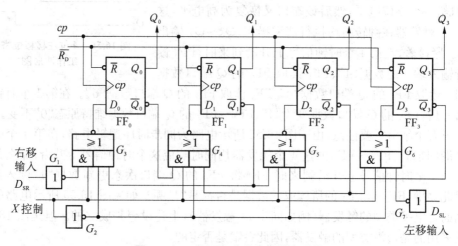

图 16.57　4 位双向移位寄存器电路图

在图 16.57 中,D_{SR} 和 D_{SL} 分别是串行右移和串行左移数据输入端口,X 是控制端口,用于控制电路进行串行左移操作还是右移操作。接下来采用时序逻辑电路分析的方法来确定电路的具体功能。$FF_0 \sim FF_3$ 的驱动方程为:

$$\begin{cases} D_0 = \overline{X \,\overline{D_{SR}} + \overline{X}\,\overline{Q_1^n}} \\ D_1 = \overline{X \,\overline{Q_0^n} + \overline{X}\,\overline{Q_2^n}} \\ D_2 = \overline{X \,\overline{Q_1^n} + \overline{X}\,\overline{Q_3^n}} \\ D_3 = \overline{X \,\overline{Q_2^n} + \overline{X}\,\overline{D_{SL}}} \end{cases} \tag{16.57}$$

将公式(16.57)代入到 D 触发器的特征方程可以得到状态方程:

$$\begin{cases} Q_0^{n+1} = \overline{X \,\overline{D_{SR}} + \overline{X}\,\overline{Q_1^n}} \\ Q_1^{n+1} = \overline{X \,\overline{Q_0^n} + \overline{X}\,\overline{Q_2^n}} \\ Q_2^{n+1} = \overline{X \,\overline{Q_1^n} + \overline{X}\,\overline{Q_3^n}} \\ Q_3^{n+1} = \overline{X \,\overline{Q_2^n} + \overline{X}\,\overline{D_{SL}}} \end{cases} \tag{16.58}$$

当 $X=0$ 时,公式(16.58)退化为: $Q_0^{n+1}=Q_1^n$, $Q_1^{n+1}=Q_2^n$, $Q_2^{n+1}=Q_3^n$, $Q_3^{n+1}=D_{SL}$,图 16.57 所示电路执行串行左移操作,在移位脉冲的作用下实现数码从右向左移位。当 $X=1$ 时,公式(16.58)退化为: $Q_0^{n+1}=D_{SR}$, $Q_1^{n+1}=Q_0^n$, $Q_2^{n+1}=Q_1^n$, $Q_3^{n+1}=Q_2^n$,图 16.57 所示电路执行串行右移操作,在移位脉冲的作用下实现数码从左向右移位。

在图 16.57 的基础上,再额外增加一些控制逻辑使电路的功能更加丰富,典型的双向移位寄存器芯片是 74LS194。图 16.58 是该芯片的引脚图和逻辑图。

74LS194 芯片是四位高速双向移位寄存器,引脚如图 16.58(a)所示。1 引脚为异步清零端口,低电平有效;2 引脚为串行右移数据输入端口;7 引脚为串行左移数据输入端口;3~6 引脚为并行数据输入端口;11 引脚为时钟输入端口,上升沿有效;9、10 引脚为工作模式控制端口;12~15 引脚为并行数据输出端口。表 16.19 为该芯片的真值表。

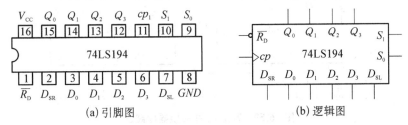

图 16.58　双向移位寄存器芯片 74LS194

根据表 16.19,74LS194 芯片的逻辑功能如下。当 $\overline{R_D}=0$,芯片执行异步清零操作,此时并行数据输出端口全部输出低电平。若要使芯片执行置数、移位和保持功能,异步清零端口必须接无效电平。当 $\overline{R_D}=1$ 时,74LS194 芯片的主要逻辑功能为串行右移、串行左移、并行置数和数据保持这 4 个功能,需要 2 个控制端口 S_1 和 S_0 来进行工作模式的选择,具体如下:

当 $S_1 S_0=00$ 时,芯片执行数据保持功能,即芯片执行数据存储的功能。此外,当 $cp=0$ 时,芯片也具有数据保持功能。

当 $S_1 S_0=01$ 时,芯片执行数据的串行右移功能,即在 cp 上升沿的作用下,芯片将串行右移数据输入端口 D_{SR} 的数据依次读入移位寄存器内部。

当 $S_1 S_0=10$ 时,芯片执行数据的串行左移功能,即在 cp 上升沿的作用下,芯片将串行左移数据输入端口 D_{SL} 的数据依次读入移位寄存器内部。

当 $S_1 S_0=11$ 时,芯片执行数据的并行置数功能,即在 cp 上升沿的作用下,芯片将并行数据输入端口 $D_0 \sim D_3$ 的数据一次性读入移位寄存器内部。

表 16.19　74LS194 真值表

功能	$\overline{R_D}$	cp	S_1	S_0	D_{SR}	D_{SL}	D_0	D_1	D_2	D_3	Q_0^{n+1}	Q_1^{n+1}	Q_2^{n+1}	Q_3^{n+1}
清零	0	×	×	×	×	×	×	×	×	×	0	0	0	0
保持	1	×	0	0	×	×	×	×	×	×	Q_0^n	Q_1^n	Q_2^n	Q_3^n
右移	1	↑	0	1	a	×	×	×	×	×	a	Q_0^n	Q_1^n	Q_2^n
左移	1	↑	1	0	×	a	×	×	×	×	Q_1^n	Q_2^n	Q_3^n	a
置数	1	↑	1	1	×	×	a	b	c	d	a	b	c	d
保持	1	0	×	×	×	×	×	×	×	×	Q_0^n	Q_1^n	Q_2^n	Q_3^n

移位寄存器的串行移位操作可以用于实现乘法和除法运算。例如,将二进制数左移一位相当于对相应的二进制数进行乘2操作。类似地,将二进制数右移一位相当于对相应的二进制数进行除2操作。此外,移位寄存器还可以用于数据的串/并转换、并/串转换、顺序脉冲发生器和环形计数器等逻辑功能,接下来通过几个例题来学习相关知识。

【例 16-12】 分析图 16.59 所示电路的基本原理。

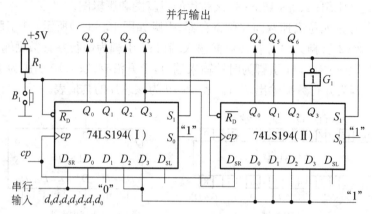

图 16.59 7位串/并转换器电路图

解 图 16.59 中两个双向移位寄存器的复位端口与按钮开关 B_1 的一端相连。当按钮开关没有按下去时,两个双向移位寄存器的复位端口通过电阻 R_1 接电源(即接入的是高电平);当按钮开关按下去时,复位端口接入低电平。左侧双向移位寄存器(I)的并行数据输入端口 D_0 和串行右移数据输入端口连在一起,D_1 接低电平(该端口数据作为串并转换的标志信号),D_2 和 D_3 接高电平;右侧双向移位寄存器(II)的并行数据输入端口 $D_0 \sim D_3$ 全部接高电平。

电路运行时首先执行复位操作(即按钮开关 B_1 按下后再松开),两个双向移位寄存器的输出端全部为低电平。对于右侧移位寄存器(II)的 Q_3 端口,其输出的低电平经过非门 G_1 后转换为高电平并接到两个移位寄存器的 S_1 端口,而两个寄存器的 S_0 端口始终接高电平,这样一来,移位寄存器执行并行置数操作,两个移位寄存器的输出为:$d_6 0111111$。右侧寄存器(II)的 Q_3 端口的高电平经非门后转换为低电平,使得 $S_1 S_0 = 01$,两个寄存器接下来执行串行右移操作。在接下来的第2至第7个时钟作用下,串行数据被依次存入到寄存器中。当第7个时钟脉冲结束后,两个移位寄存器的输出为:$d_0 d_1 d_2 d_3 d_4 d_5 d_6 0$。此时可以将并行输出端口 $Q_0 \sim Q_6$ 的数据一次性读出,实现7位数据的串/并转换。在第7个时钟脉冲结束后,右侧寄存器(II)的 Q_3 端口输出低电平,经非门转换后成为高电平,即 $S_1 S_0 = 11$,两个寄存器再次执行并行置数操作并进入新一轮的串/并转换。

【例 16-13】 分析图 16.60 所示电路的基本原理。

解 图 16.60 所示电路的初始化是通过开关 B_1 实现的,即 B_1 按下后再断开。

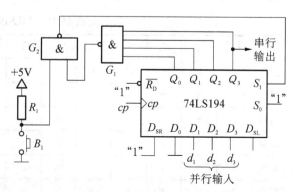

图 16.60 3位并/串转换器电路图

当按钮开关按下去时,与非门 G_2 与 B_1 相连的一个引脚接入低电平,G_2 输出高电平,而该高电平接入到移位寄存器的 S_1 端口,移位寄存器执行并行置数操作,寄存器输出: $Q_0Q_1Q_2Q_3=0\,d_1d_2d_3$。寄存器 Q_0 端口接入到与非门 G_1,G_1 输出高电平,该高电平接入到 G_2。

当 B_1 断开后,与非门 G_2 与 B_1 相连的一个引脚接入高电平,这样一来,G_2 的两个输入端接入的均为高电平,G_2 输出低电平,从而 $S_1S_0=01$。在时钟 cp 上升沿的作用下,寄存器接下来执行串行右移操作。经过 3 个时钟周期,数据 d_3、d_2 和 d_1 从 Q_3 端口依次输出。第 4 个时钟信号上升沿过后,$Q_0Q_1Q_2Q_3=1111$,与非门 G_1 输出低电平,从而 G_2 输出高电平,移位寄存器再次执行并行置数操作并进入新一轮的并/串转换。

思考题

认真分析【例 16-13】的电路原理,思考:如何设计一款 7 位并/串转换器电路? 给出必要的原理性说明。

移位寄存器的一个重要应用是用于实现顺序脉冲发生器。在数控装置以及数字电路中往往需要电路的各个部件按照事先规定的顺序依次进行运算或操作,这就需要顺序脉冲发生器来产生一组在时间上有先后顺序的脉冲。实际上,顺序脉冲发生器也被经常用于流水灯电路。按照电路结构的不同,顺序脉冲发生器可分为移位型和计数型两大类。下一个例题给出了移位型顺序脉冲发生器的电路。

【例 16-14】 分析图 16.61 所示顺序脉冲发生器电路的基本原理。

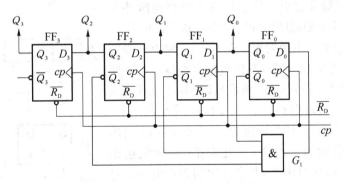

图 16.61 顺序脉冲发生器电路图

解 图 16.61 所示电路是基于移位寄存器的顺序脉冲发生器,移位寄存器的 $Q_0\sim Q_3$ 端口输出顺序脉冲。采用时序逻辑电路分析的方法可以很容易地得到电路的状态方程

$$\begin{cases} Q_0^{n+1}=\overline{Q_2^n}\cdot\overline{Q_1^n}\cdot\overline{Q_0^n} \\ Q_1^{n+1}=Q_0^n \\ Q_2^{n+1}=Q_1^n \\ Q_3^{n+1}=Q_2^n \end{cases} \tag{16.59}$$

根据公式(16.59)可以很容易地画出图 16.62 所示电路的状态转移图。

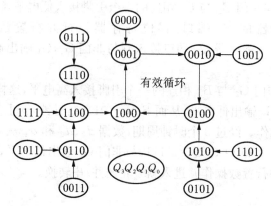

图 16.62　[例 16-14]的状态转移图

从图 16.62 可以看出,有效的脉冲输出是:0001、0010、0100 和 1000。其余 12 个状态均为无效状态,但该电路具有自启功能。

图 16.61 所示电路只能产生 4 个有效的顺序脉冲,使用了 4 个 D 触发器。4 个触发器可以存储 4 个二进制数,共有 16 种状态组合,但图 16.61 所示电路却只有 4 个有效的状态输出。如果想用较少的触发器来实现更多的有效脉冲输出则需要采用计数型顺序脉冲发生器。

计数型顺序脉冲发生器的电路构成往往采用二进制加法计数器和译码器来实现,通过译码器的译码,在每一个有效计数输入下有唯一确定的一个有效译码输出来实现顺序脉冲信号的产生。CD4017 芯片就是一个典型的顺序脉冲发生器芯片,它可以在时钟信号的作用下实现 10 路顺序脉冲输出。接下来以 4 路顺序脉冲发生电路为例介绍计数型顺序脉冲发生器的基本原理。

图 16.63 所示电路中触发器 FF$_0$ 和 FF$_1$ 构成异步四进制计数器(参考【例 16-4】),其计数输出经过二线—四线译码器(由 4 个与门 $G_1 \sim G_4$ 构成)译码输出来实现 4 路顺序脉冲。当计数输出 $Q_1Q_0 = 00$ 时,Y_0 输出高电平,其余输出均为低电平;当计数输出 $Q_1Q_0 = 01$ 时,Y_1 输出高电平,其余输出均为低电平;以此类推,当计数输出 $Q_1Q_0 = 11$ 时,Y_3 输出高电平,其余输出均为低电平。思考一下,如何使用 74LS161 芯片和译码器设计 16 路顺序脉冲发生器。

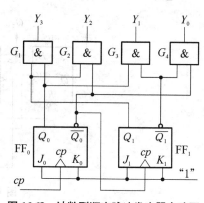

图 16.63　计数型顺序脉冲发生器电路图

习　题

一、填空题

1. 数字电路按照是否有记忆功能通常可分为两类:组合逻辑电路和_____。

2. 时序逻辑电路按其是否有统一的时钟控制分为同步时序电路和_____。

3. 对于一个 8 位移位寄存器,经过 5 个 cp 脉冲后,共有_____个数码存入寄存器中。

4. 某计数器的状态变化为 00→01→10→11→00,则该计数器为二进制_____法计数器。

5. 输出信号仅取决于存储电路的状态,则该时序电路为_____型时序逻辑电路。

6. 移位寄存器不但可以进行数据的移位和存储,还能实现数据的_____。

7. 要构成 5 进制计数器,至少需要_____个触发器,其无效状态有_____个。

8. 74LS290 能实现二进制、五进制和_____进制计数功能。

9. 将同步加法和减法计数器合并在一起,增加一些控制门就可实现_____计数器。

10. 计数器的设计过程中,实现状态跳跃的方法有两种,一种是清零法,另一种是_____。

二、分析设计题

1. 分析图 16.64 所示电路,回答如下问题:

(1) 判断是同步计数器还是异步计数器;

(2) 写出触发器的特征方程;

(3) 写出计数器的状态方程;

(4) 列出状态转移表;

(5) 画出状态转移图;

(6) 是几进制计数器?

(7) 能否自启动?

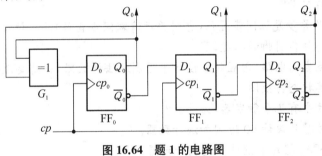

图 16.64　题 1 的电路图

2. 分析图 16.65 所示电路,回答如下问题:

(1) 判断是同步计数器还是异步计数器;

(2) 写出触发器的特征方程;

(3) 写出计数器的状态方程和输出方程;

(4) 列出状态转移表;

(5) 画出状态转移图;

(6) 是几进制计数器?

(7) 能否自启动?

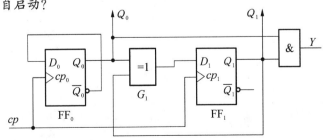

图 16.65　题 2 的电路图

3. 分析图 16.66 所示电路,回答如下问题:

(1) 判断是同步计数器还是异步计数器;

(2) 写出触发器的特征方程;

(3) 写出计数器的状态方程;

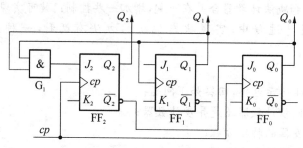

图 16.66　题 3 的电路图

(4) 列出状态转移表(包括有效时钟);

(5) 画出状态转移图;

(6) 是几进制计数器?

(7) 能否自启动?

4. 74LS161 是异步复位同步置位(也叫异步清零同步置数)的 4 位二进制加法计数器。

(1) 说明芯片各引脚的功能;

(2) 选用适当门电路,用置数法设计十进制加法计数器,并简要说明工作原理;

(3) 画出其状态转换图;

(4) 该芯片中有几个触发器,为什么?

(5) 利用该芯片设计 60 进制加法计数器。

5. 使用 74LS290 芯片来设计八进制计数器。

6. 设计一款串行数据检测器:当连续输入 4 个或 4 个以上的"1"时,电路输出为"1",否则输出为"0"。

7. 使用 D 触发器来实现八进制可逆计数器电路的设计。

8. 在网络上查阅 74LS163 芯片的器件手册,指出该芯片的清零控制端口和置数控制端口是同步端口还是异步端口,同时分别利用这两个端口实现八进制加法计数器。

第17章

矩形脉冲电路

在时序逻辑电路中,时钟信号属于矩形脉冲,用于控制和协调整个电路的工作状态。本章将主要介绍矩形脉冲波形的产生和整形电路,具体包括脉冲波形的基本概念及波形的产生和变换,555定时器芯片的外围引脚和功能,单稳态触发器、多谐振荡器和施密特触发器的原理。图17.1是本章知识结构的思维导图。

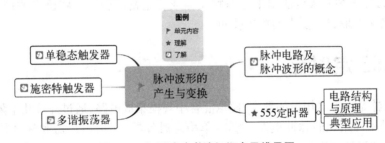

图17.1 矩形脉冲电路知识点思维导图

17.1 概述

脉冲具有脉动和短促两层含义,从数学角度来讲,凡是具有"不连续"特征的信号均可称为脉冲信号。广义上讲,各种非正弦波信号均称为脉冲信号。图17.2是几个典型的脉冲信号。

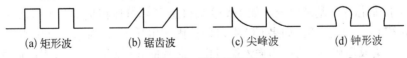

    (a) 矩形波   (b) 锯齿波   (c) 尖峰波   (d) 钟形波

图17.2 脉冲波形图

矩形波是最常用的脉冲波形,在数字电路中往往作为时钟信号来控制和协调整个电路的工作状态。图17.2(a)中的矩形波脉冲是理想条件下的矩形波,由高电平和低电平两个逻辑电平构成,并且由低电平转换为高电平以及由高电平转换为低电平是瞬间完成的。但实际的矩形波中,高低电平间的转换均需一定的过渡时间,图17.3是实际的矩形波脉冲示意图。

为了定量描述矩形波脉冲,结合图 17.3,用如下参数来定量描述矩形波脉冲的特性,这些参数是:

脉冲周期 T:周期性重复的脉冲序列中,两个相邻脉冲之间的时间间隔。

脉冲幅度 U_m:脉冲电压的最大变化幅度,其数值等于脉冲电压的最大值减去最小值。

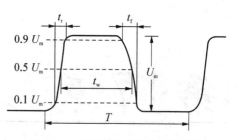

图 17.3　实际的矩形脉冲信号波形

上升时间 t_r:脉冲电压由 $0.1U_m$ 上升至 $0.9U_m$ 所需要的时间,又称为前沿。对于理想的矩形波脉冲,$t_r = 0$。

下降时间 t_f:脉冲电压由 $0.9U_m$ 下降至 $0.1U_m$ 所需要的时间,又称为后沿。对于理想的矩形波脉冲,$t_f = 0$。

脉冲宽度 t_w:同一周期脉冲前沿和后沿上瞬时值为 $0.5U_m$ 的对应点之间的时间间隔。

占空比 q:脉冲宽度与脉冲周期的比值。

通过上述参数可以对包括矩形脉冲信号在内的绝大多数脉冲信号进行定量描述。产生矩形脉冲波形的方法有两种,一种方法是通过脉冲产生电路直接获得,例如多谐振荡器或者 555 定时器;另外一种方法是使用单稳态触发器或者施密特触发器将已有的周期性波形进行整形和变换来获取符合要求的矩形脉冲。

17.2　555 定时器

555 定时器是一种多用途的数字-模拟混合中规模集成电路,通过外接几个阻容元件,就可以构成各种不同用途的脉冲电路,例如:单稳态触发器、多谐振荡器和施密特触发器等。555 定时器在波形的产生与变换、时间延迟、信号的测量与控制和家用电器等诸多领域中都得到广泛的应用。

图 17.4 是 555 定时器的电路原理图,通常该芯片由分压器、比较器、触发器和放电三极管构成。分压器是由 3 个阻值为 5 kΩ 的精密电阻 $R_1 \sim R_3$ 构成,这三个电阻以串联的方式接入到电源和地之间(分别对应芯片的 8 引脚和 1 引脚),用于获得基准电压 u_{R1} 和 u_{R2}。比较器是由 2 个集成运放 A_1 和 A_2 构成,A_1 和 A_2 的输出用于控制基本 RS 触发器和放电管 T_1 的状态。基准电压 u_{R1} 接入到集成运放 A_1 的反相输入端口。基准电压 u_{R2} 接入到集成运放 A_2 的同相输入端口,同时该端口与芯片的 5 引脚相连。芯片的 5 引脚(CO)是电压控制端口,用于控制芯片的基准电压。如果 CO 端口悬空[①],分压器提供两个默认的基准电压:$u_{R1} = V_{CC}/3$ 和 $u_{R2} = 2V_{CC}/3$。如果 CO 端口外接固定电压 V_{CO},则基准电压为:$u_{R1} = V_{CO}/2$ 和 $u_{R2} = V_{CO}$。集成运放 A_2 的反相输入端口作为芯片的 6 引脚(TH),该引脚间接地用于控制由 G_1 和 G_2 所构成的基本 RS 触发器,实现对基本 RS 触发器的复位操作。集成运放 A_1 的同相输入端口作为芯片的 2 引脚($\overline{TR}$),与 6 引脚的功能类似,该引脚间接地实现基本 RS

---

① 如果 5 引脚悬空,该引脚需要接 $0.01~\mu F$ 的旁路电容入地,起到滤波的作用,防止电源电压的噪声干扰。

触发器的置位操作[①]。4 引脚是清零端口,当此端接低电平,无论其他端口的状态如何,定时芯片的 3 引脚输出低电平,要想使芯片正常工作,4 引脚应接高电平。非门 G_4 为输出缓冲反相器,起整形和提高带负载能力的作用。7 引脚为放电端口,该端口与放电三极管 T_1 的集电极相连,为外接电容提供充、放电回路,又称为泄放三极管。

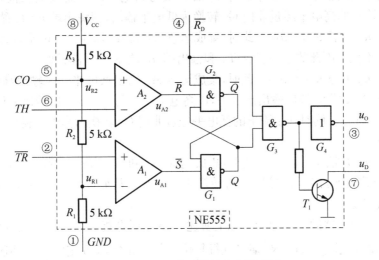

图 17.4　555 定时器的电路原理图

假设 TH 端口接入的电压为 u_{TH},$\overline{TR}$ 端口接入的电压为 u_{TR},表 17.1 给出了 555 定时器在 TH 端口、$\overline{TR}$ 端口和 $\overline{R}_D$ 端口接入不同电平时所具有的功能。

表 17.1　555 定时器功能表

$\overline{R}_D$	u_{TR}	u_{TH}	u_{A1}	u_{A2}	u_O	T_1 的状态
0	$\times$	$\times$	$\times$	$\times$	0	导通
1	$u_{TR} > u_{R1}$	$u_{TH} > u_{R2}$	1	0	0	导通
1	$u_{TR} > u_{R1}$	$u_{TH} < u_{R2}$	1	1	保持	保持
1	$u_{TR} < u_{R1}$	$u_{TH} < u_{R2}$	0	1	截止	截止
1	$u_{TR} < u_{R1}$	$u_{TH} > u_{R2}$	0	0	1	截止

结合图 17.4,当 $\overline{R}_D$ 端口接低电平时,与非门 G_3 输出高电平,从而放电三极管 T_1 饱和导通。同时,G_3 输出的高电平经过非门 G_4 转换为低电平输出,即输出端 u_O 被置为低电平。需要注意的是,$\overline{R}_D$ 端口接低电平时 u_O 端口的输出并不受其他输入端口的影响。若要使 555 定时器芯片响应其他输入端口的信号,$\overline{R}_D$ 端口必须接高电平。

接下来,将 $\overline{R}_D$ 端口接高电平,并考虑其他输入端口的电平状态对输出端 u_O 和放电三极管 T_1 的影响。具体分如下 4 种情况进行讨论:

(1) $u_{TR} > u_{R1}$ 并且 $u_{TH} > u_{R2}$。此时,集成运放 A_1 的同相输入端口的输入电压高于反相输入端口电压(即基准电压 u_{R1}),集成运放 A_2 的反相输入端口的输入电压高于同相输入端

---

① 有的教材分别称 6 引脚和 2 引脚为高触发端口和低触发端口。

口电压(即基准电压 u_{R2})。从而, A_1 输出高电平, A_2 输出低电平。与非门 G_1 和 G_2 构成一个基本 RS 触发器,与集成运放 A_1 输出端相连接的引脚相当于 $\overline{S}$ 端口,与 A_2 输出端相连接的引脚相当于 $\overline{R}$ 端口。根据基本 RS 触发器的真值表,触发器执行复位操作,触发器 Q 端口输出低电平,该低电平经过与非门 G_3 后转换为高电平。从而放电三极管 T_1 饱和导通。同时, G_3 输出的高电平经过非门 G_4 转换为低电平输出,即输出端 u_O 被置为低电平。

(2) $u_{TR} > u_{R1}$ 并且 $u_{TH} < u_{R2}$。此时,集成运放 A_1 和 A_2 均输出高电平,从而基本 RS 触发器维持原态不变。因此放电三极管 T_1 和输出端 u_O 均维持原态不变。

(3) $u_{TR} < u_{R1}$ 并且 $u_{TH} < u_{R2}$。此时,集成运放 A_1 输出低电平, A_2 输出高电平,触发器执行置位操作,触发器 Q 端口输出高电平,该高电平经过与非门 G_3 后转换为低电平。从而放电三极管 T_1 截止。同时, G_3 输出的低电平经过非门 G_4 转换为高电平输出,即输出端 u_O 被置为高电平。

(4) $u_{TR} < u_{R1}$ 并且 $u_{TH} > u_{R2}$。此时,集成运放 A_1 和 A_2 均输出低电平,触发器 Q 端口输出高电平,该高电平经过与非门 G_3 后转换为低电平。从而放电三极管 T_1 截止,输出端 u_O 被置为高电平。

以上是 555 定时器的基本原理。综上所述,555 定时器提供了一个置位电平 u_{R1} 和一个复位电平 u_{R2},同时还可以通过 $\overline{R}_D$ 端口进行复位操作。此外,555 定时器内部还有一个受触发器输出控制的放电三极管,三极管集电极外接电容元件,可控制其充放电,使用起来灵活方便。

17.3 施密特触发器

施密特触发器(Schmitt Trigger)不同于第 15 章所介绍的各种类型触发器,在实际的工程应用中常用于脉冲波形的变换,即把变化缓慢的输入脉冲波形整形成为数字电路所需要的矩形脉冲。施密特触发器的一个重要特点是具有滞回特性,这是一般逻辑门电路所不具备的,其抗干扰能力比较强。施密特触发器具有如下工作特点。

(1) 施密特触发器的触发方式是电平触发,当输入电压达到某一规定阈值时,输出电压会发生跳变。由于电路内部的正反馈作用,使得输出电压波形的边沿变得很陡。

(2) 在输入信号由低电平变为高电平以及由高电平变为低电平时,施密特触发器具有不同的阈值电压,分别称为正向阈值电压 V_{T+} 和负向阈值电压 V_{T-}。这两个阈值电压的差称为回差电压,用 ΔV_T 表示($\Delta V_T = V_{T+} - V_{T-}$)。

基于这两个特点,施密特触发器不仅可以将变化缓慢的信号整形成为边沿陡峭的矩形波,而且还可以将叠加在矩形波高、低电平上的噪声有效地去除。一些逻辑门芯片就具有施密特触发功能,例如 74LS132 和 CD4093 都是具有施密特触发功能的 2 输入与非门,74LS14和 CD40106 都是具有施密特触发功能的非门。

接下来,介绍基于 555 定时器的施密特触发器原理。将 555 定时器的 TH 端口和 $\overline{TR}$ 端口接在一起作为信号输入端即可构成一个施密特触发器,具体如图 17.5 所示。

如图 17.5 所示,555 定时器的 5 引脚通过滤波电容接地,分压器为集成运放所提供的基准电压是: $u_{R1} = V_{CC}/3$ 和 $u_{R2} = 2V_{CC}/3$。 TH 端口和 $\overline{TR}$ 端口接在一起作为信号输入端 u_I。接下来,分析 u_I 变化时所对应的输出变化情况。首先分析 u_I 由 0 逐渐升高的情形:

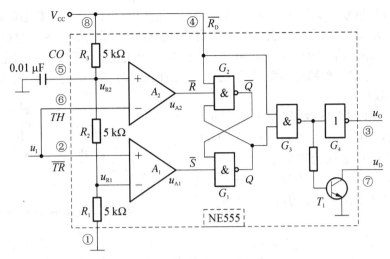

图 17.5　基于 555 定时器的施密特触发器

当 $u_1 < V_{CC}/3$ 时，集成运放 A_1 输出低电平，A_2 输出高电平，触发器执行置位操作，u_O 输出高电平 U_{OH}。

当 $V_{CC}/3 < u_1 < 2V_{CC}/3$ 时，集成运放 A_1 和 A_2 均输出高电平，从而基本 RS 触发器维持原态不变，故 u_O 继续输出高电平 U_{OH}。

当 $u_1 > 2V_{CC}/3$ 时，集成运放 A_1 输出高电平，A_2 输出低电平，基本 RS 触发器执行复位操作，u_O 输出低电平 U_{OL}。因此，正向阈值电压 V_{T+} 为 $2V_{CC}/3$。

接下来，分析 u_1 从高于 $2V_{CC}/3$ 逐渐下降的情形：

当 $V_{CC}/3 < u_1 < 2V_{CC}/3$ 时，集成运放 A_1 和 A_2 均输出高电平，故 u_O 维持低电平不变。

当 $u_1 < V_{CC}/3$ 时，集成运放 A_1 输出低电平，A_2 输出高电平，基本 RS 触发器执行置位操作，u_O 输出高电平。因此，负向阈值电压 V_{T-} 为 $V_{CC}/3$。

从而，我们可以得到回差电压 $\Delta V_T = V_{T+} - V_{T-} = V_{CC}/3$。图17.6 是图 17.5 所示电路的波形图和电压传输特性图。

图 17.6(a) 是图 17.5 所示施密特触发器的工作波形图，从该图可以看出：施密特触发器将变化缓慢的三角波整形成输出跳变的矩形波。图 17.6(b) 是它的电压传输特性图，即输出电压与输入电压的关

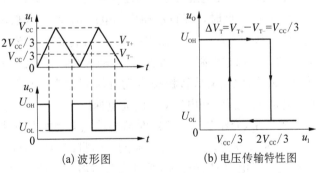

(a) 波形图　　(b) 电压传输特性图

图 17.6　图 17.5 所示电路的特性

系曲线，从该图可以看出：施密特触发器的输出电平是由输入信号的电平决定的，当输入电压 u_1 从低电平上升到 V_{T+}、或由高电平降低到 V_{T-} 时，输出电压 u_O 发生跳变。

17.4　单稳态触发器

单稳态触发器是一种具有稳态和暂稳态两种不同工作状态的脉冲单元电路。单稳态触

发器在没有外加信号触发时,电路处于稳态;在外加信号触发下,电路从稳态翻转到暂稳态,暂稳态维持一段时间后,电路又会自动返回到稳态。暂稳态维持时间的长短取决于电路本身的参数,而与触发信号的宽度、幅度和作用时间的长短无关。单稳态触发器主要应用于脉冲整形、延时和定时。单稳态触发器可以由分立元件和逻辑门来构成,也可用 555 定时器或专用芯片来实现。

图 17.7 是由 CMOS 逻辑门[①]和阻容元件所构成的微分型单稳态触发器。对于 CMOS 逻辑门,可以近似地认为逻辑高电平 $u_{OH} \approx V_{CC}$,逻辑低电平 $u_{OL} \approx 0$,由高电平变为低电平以及由低电平变为高电平的阈值电压 $u_{TH} \approx 0.5V_{CC}$。

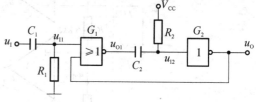

图 17.7　微分型单稳态触发器

在稳态下,输入电压 $u_1 = 0$,非门 G_2 输入端电压 $u_{I2} = V_{CC}$,因此 G_2 输出端电压 $u_O = 0$。G_2 输出的这个低电平接入到或非门 G_1 的一个输入端,而或非门的另外一个输入端通过电阻 R_1 接地(即该输入端口接低电平),从而或非门 G_1 的输出电压 $u_{O1} = V_{CC}$。此时,电容 C_2 两端电压均为高电平。

当给输入端 u_1 一个短的脉冲触发,该脉冲经过由电阻 R_1 和电容 C_1 构成的微分电路得到一个很窄的正、负脉冲 u_{I1}。当 u_{I1} 上升到 u_{TH} 以后,或非门 G_1 输出低电平,电容 C_2 两端存在压差,电源 V_{CC} 经过电阻 R_2 为电容 C_2 充电。在充电的一瞬间,C_2 相当于短路,从而拉低非门 G_2 输入端电压 u_{I2}($u_{I2} < u_{TH}$),G_2 输出高电平。此时,图 17.7 所示电路进入暂稳态。这时即使 u_{I1} 恢复为低电平,u_O 输出高电平仍将维持一段时间。由稳态进入暂稳态这一过程可用图 17.8(a) 来描述。

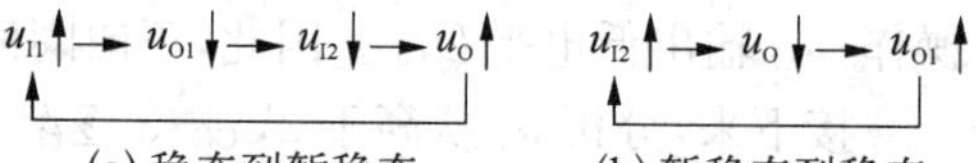

$$u_{I1} \uparrow \to u_{O1} \downarrow \to u_{I2} \downarrow \to u_O \uparrow \qquad u_{I2} \uparrow \to u_O \downarrow \to u_{O1} \uparrow$$

(a) 稳态到暂稳态　　　　(b) 暂稳态到稳态

图 17.8　微分型单稳态触发器电路的反馈过程

在电容 C_2 充电过程中,u_{I2} 逐渐升高,当 $u_{I2} > u_{TH}$ 时,会引发如图 17.8(b) 所示的另外一个状态转换。此时,非门 G_2 输出端电压 u_O 转换为低电平。而输入端触发脉冲已经消失,即 $u_{I1} = 0$。从而,或非门 G_1 输出高电平,u_{I2} 随即恢复为高电平,并使输出继续维持 $u_O = 0$。此时,电容 C_2 通过电阻 R_2 和非门 G_2 输入端保护电路向电源 V_{CC} 放电,直至电容 C_2 上的电压为 0。最终,电路又从暂稳态自动跳转到稳态。根据上述分析,暂稳态的持续时间取决于 RC 电路(电阻 R_2 和电容 C_2)的充电速度。

接下来,介绍基于 555 定时器的单稳态触发器电路原理,具体电路如图 17.9 所示。

在图 17.9 中,将 555 定时器的 2 引脚作为信号输入端口,6 引脚和 7 引脚连接在一起并且通过定时电阻 R 接电源、通过定时电容 C 接地。在没有触发信号时,即 u_1 为高电平时,集成运放 A_1 输出高电平。电源 V_{CC} 通过电阻 R 向电容 C 充电,假设电容 C 两端电压为 u_C。当 $u_C > 2V_{CC}/3$ 时,集成运放 A_2 输出低电平,由与非门 G_1 和 G_2 所构成的基本 RS 触发器执行复位操作,u_O 输出低电平。放电三极管 T_1 饱和导通,电容 C 通过 T_1 进行放电。当 $u_C < 2V_{CC}/3$ 时,集成运放 A_2 输出高电平,触发器维持原态不变。最后电容 C 两端电压放电至低电平,此时电路进入稳定状态。

---

① 使用 CMOS 逻辑门的原因是其输入电阻高(接近于绝缘电阻),输入端电压变化缓慢且容易控制。

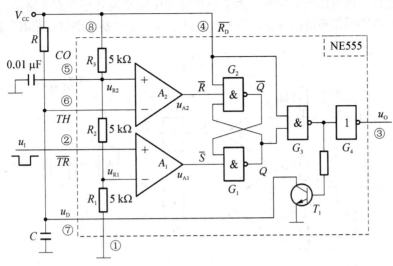

图 17.9　基于 555 定时器的单稳态触发器

当给输入端一个触发信号（即给 u_1 一个低电平后再恢复成高电平），$u_1 = 0$ 使得集成运放 A_1 输出低电平，触发器执行置位操作，u_0 输出高电平，电路进入暂稳态。此时，放电三极管 T_1 截止，电容 C 开始充电。当 $u_C > 2V_{CC}/3$ 时，集成运放 A_2 再次输出低电平。而此时 u_1 恢复为高电平，集成运放 A_1 输出高电平。从而，触发器执行复位操作，输出电压 u_0 由高电平翻转为低电平，放电三极管 T_1 饱和导通，电容 C 通过 T_1 进行放电。整个电路恢复为稳态。

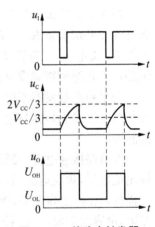

图 17.10　单稳态触发器工作波形图

以上为基于 555 定时器的单稳态触发电路原理，暂稳态维持时间取决于外接电阻 R 和电容 C，图 17.10 为整个电路的工作波形图。

在单稳态工作模式下，555 定时器作为单次触发脉冲发生器工作。当输入端给一个触发信号时开始输出脉冲（实际上是 $u_1 < V_{CC}/3$ 时）。输出的脉冲宽度取决于由定时电阻与电容组成的 RC 网络的时间常数。当电容电压升至 $2V_{CC}/3$ 时输出脉冲停止。根据实际需要可通过改变 RC 网络的时间常数来调节脉冲宽度 t_w，具体由如下公式给出：

$$t_w = R \cdot C \cdot \ln 3 \approx 1.1RC \tag{17.1}$$

虽然一般认为当电容电压充至 $2V_{CC}/3$ 时，电容通过 555 定时器内部的放电三极管瞬间放电，但是实际上放电完毕仍需要一段时间（从图 17.10 可以看出），这一段时间被称为"弛豫时间"。在实际应用中，触发源的周期必须要大于弛豫时间与脉冲宽度 t_w 之和。

基于 555 定时器的单稳态触发器的功能为单次触发，主要应用于定时器、脉冲检测、反弹跳开关、时间延迟、电容测量、脉冲整形以及脉冲宽度调制等。

17.5　多谐振荡器

多谐振荡器（Astable Multivibrator）是一种自激振荡电路，在接通电源后，不需要外加触发信号便能自动地输出矩形脉冲。由于矩形脉冲中除基波外还含有丰富的高次谐波,所以人们把这种电路叫作多谐振荡器。本节介绍基于555定时器的多谐振荡器电路原理。

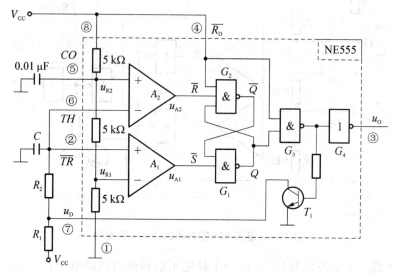

图 17.11　基于 555 定时器的多谐振荡器

图 17.11 是基于 555 定时器的多谐振荡器电路图,555 定时器的 2 引脚和 6 引脚接在一起并通过外接电阻 R_1 和 R_2 接电源,就构成了施密特触发电路。555 定时器的 7 引脚通过电阻 R_1 接电源,三极管 T_1 构成一个反相器,其输出经过外接电阻和电容所构成的 RC 积分电路接入到施密特触发电路的输入端便得到了多谐振荡器。

与单稳态触发器不同,多谐振荡器并没有稳态,而是有两个暂稳态(分别称为第一暂稳态和第二暂稳态),并且电路在工作过程中是在这两个暂稳态之间来回转换,从而输出矩形波脉冲。

在电路接通电源一瞬间,由于电容 C 还未充电,其两端电压 $u_C=0$。因此,集成运放 A_1 输出低电平,集成运放 A_2 输出高电平,由与非门 G_1 和 G_2 所构成的基本 RS 触发器执行置位操作,u_O 输出高电平,放电三极管 T_1 截止。此时,电源 V_{CC} 经过电阻 R_1 和 R_2 向电容 C 充电,电容两端电压 u_C 按指数规律升高。当 $V_{CC}/3 < u_C < 2V_{CC}/3$ 时,集成运放 A_1 的输出由低电平翻转为高电平,A_2 的输出维持高电平不变,这时触发器保持原态不变。因此,u_O 仍然输出高电平。把 u_C 从 $V_{CC}/3$ 上升到 $2V_{CC}/3$ 这段时间内电路的状态称为第一暂稳态,其维持时间的长短与电容的充电时间有关。

此时,u_C 继续上升,当 $u_C > 2V_{CC}/3$ 时,集成运放 A_1 输出高电平不变,A_2 的输出由高电平变为低电平,这时触发器执行复位操作,u_O 输出低电平,放电三极管 T_1 饱和导通。电容 C 通过电阻 R_2 和放电管放电,u_C 按指数规律下降,在 $V_{CC}/3 < u_C < 2V_{CC}/3$ 期间,电路为第二暂稳态。此时 A_1 和 A_2 输出均为 1,触发器保持原态不变。

当 $u_C < V_{CC}/3$ 时,集成运放 A_1 的输出由高电平翻转为低电平,A_2 维持高电平不变,触发器执行置位操作,u_O 输出高电平,放电三极管 T_1 截止,电源 V_{CC} 经过电阻 R_1 和 R_2 再次向电容 C 充电,电路自动翻转到第一暂稳态。

综合上述分析,在接通电源后,图 17.11 所示电路就在两个暂稳态之间来回自动翻转,输出矩形波。电路一旦起振后,电容两端电压 u_C 总是在 $V_{CC}/3 \sim 2V_{CC}/3$ 之间变化。图

17.12 是图 17.11 所示电路的工作波形图。

在电容 C 充电时,第一暂稳态维持时间为

$$t_{w1}=0.7(R_1+R_2)C \tag{17.2}$$

在电容 C 放电时,第二暂稳态维持时间为

$$t_{w2}=0.7R_2C \tag{17.3}$$

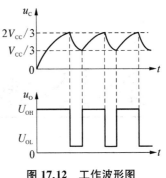

图 17.12　工作波形图

因此,输出的矩形脉冲周期为

$$T=t_{w1}+t_{w2}=0.7(R_1+2R_2)C \tag{17.4}$$

基于 555 定时器的多谐振荡器以振荡器的方式工作。这一工作模式下的 555 芯片常被用于时钟信号发生电路、脉冲发生器、音调发生器、脉冲位置调制等电路中。如果电阻 R_2 使用热敏电阻,图 17.11 所示电路可构成温度传感器,其输出信号的频率由温度决定。

习　题

一、填空题

1. 多谐振荡器的振荡周期为 T,t_w 为负脉冲宽度,则占空比 q 应为_____。

2. 由 555 定时器构成的施密特触发器,当回差电压为 4 V 时,电源电压为_____。

3. 多谐振荡器共有_____个暂稳态。

4. 脉宽和重复周期的比值称为脉冲_____。

5. 单稳态触发器有稳态和_____两个不同的工作状态。

6. 单稳态触发器的暂稳态通常是依靠 RC 电路的_____来维持的。

7. 多谐振荡器是一种能自动产生_____波的电路。

8. 施密特触发器的固有特性是_____。

9. 用 555 定时器构成的施密特触发器的电源电压为 15 V 时,其回差电压为_____V。

10. _____触发器能将缓慢变化的非矩形脉冲变换成边沿陡峭的矩形脉冲。

第18章

模数与数模转换

模数与数模转换是模拟电路和数字电路信号传递的桥梁,在现代电子系统中起到重要的作用。本章介绍模数与数模转换的基本原理,具体包括模数转换器(ADC:Analog to Digital Converter)和数模转换器(DAC:Digital to Analog Converter)的原理。图 18.1 是本章知识结构的思维导图。

图 18.1　模数与数模转换知识点思维导图

18.1　概述

进入二十一世纪以来,数字电子技术取得长足进步,各种数字设备,尤其是数字电子计算机的应用已经深入到日常生活的各个方面。图 18.2 是典型的数字控制系统框图。我们知道,现实生活中绝大多数信号是连续变化的模拟信号,例如电压、电流、温度、压力和光通量等。因此,需要将传感器所获取的模拟信号转换为数字信号,而这一转换装置就是模数转换器(ADC)。将转换后的数字信号传递给数字信号处理单元,例如数字计算机以及数字控制系统进行处理,处理的结果仍然是数字信号。而数字信号是无法直接驱动相应的功能单元来执行处理的结果。需要使用数模转换器(DAC)将数字信号转换为模拟信号,从而进行模拟控制来实现相应的操作。接下来举两个数字控制系统的例子。

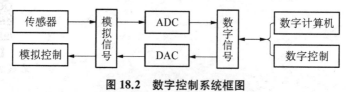

图 18.2　数字控制系统框图

考虑一个简单的电机速度测控系统。在该系统中,传感器由电机轴上的一个小磁铁和固定在轴附近的一个线圈组成,每当磁铁靠近线圈时,线圈就会输出一个信号(例如自行车码表就是采用这种方式测量车速)。首先,将来自线圈的模拟电信号进行放大、整形并输出数字脉冲信号(这一过程可以看成是模数转换),然后通过测量线圈所输出的脉冲之间的时间或计算已知时间内的脉冲数来确定电机的转速。结果可以用数码管来显示或通过 DAC 转换为模拟电压(或电流)在模拟指针仪表上显示。如果要控制电机的转速,则可通过数字系统进行计算,分析当前值和目标值的差别,然后将一个反馈量(通常是数字信号)通过 DAC 转换为模拟量输出给电机的伺服系统或机械设置装置,最终来提高或降低电机的转速。在这个例子中就涉及模拟信号和数字信号间的转换。

传统的收音机调幅波段(中波和短波波段)音质较差,特别是信号弱的电台有很强的底噪。随着无线电技术的进步,有一种 DSP 收音机可以比较好地接收弱信号电台节目。其原理是将天线的模拟信号接入 DSP 芯片内部[①],该芯片内部有一个 18 位的 ADC 模块,将模拟信号转换为数字信号,然后采用软件无线电技术对数字信号进行处理和解调,提取出数字音频信号。接下来将解调处理出来的数字音频信号再通过 DAC 模块转成模拟音频信号并进行功率放大输出给扬声器。采用 DSP 技术的收音机极大地提高了灵敏度、选择性、信噪比和抗干扰能力。

数字系统相对于模拟系统具有如下明显的优点。

(1) 精度高。模拟系统的精度是由元器件决定的,其精度很难达到 10^{-3} 以上,并且高精度的元器件价格是普通元件价格的几十倍甚至上百倍。而数字系统只需要 14 位字长就能达到 10^{-4} 的精度。

(2) 可靠性强。模拟系统的元器件存在一定的温度系数,并且易受温度、噪声、电磁干扰的影响,系统稳定性差。而数字系统只用两个信号电平来描述信号,鲁棒性强。此外,模拟信号容易受其他信号的干扰而失真变形,在传输过程中保密性差,且不容易加密。数字信号则不存在这些问题,可以很容易地对其进行加密处理。

(3) 容易大规模集成。模拟系统所使用的大容量的电容、电感等元件是无法集成化的,并且随着网络规模的扩大,模拟系统调试非常困难。而数字系统所需要的部件均具有高度的规范性,易于大规模集成,调试过程中只需修改相关的参数即可,基本上不需要更改硬件架构体系。

基于上述优点,数字电路系统被广泛地应用于通信、语音处理、图像处理、消费电子、仪器仪表、卫星导航、医疗和工业控制与自动化等诸多领域。所有这些应用都不可避免地涉及模拟信号与数字信号间的转换问题。因此,学习模数和数模转换的原理具有重要的理论和应用价值。本章将重点介绍 ADC 和 DAC 的基本原理。

18.2　模数转换器

18.2.1　模数转换基本原理

为了采用数字技术来处理信号,输入的模拟信号必须要转换为数字信号。所谓模数转

---

① 在一些高端的收音机中是先对无线电波信号进行二次或者三次变频处理后再接入 DSP 芯片内部。

换是指将输入的模拟信号转换为与之成正比的数字信号输出。需要注意的是,模拟信号是时间上和幅值上均连续的信号,而数字信号是时间上离散、幅值上量化的信号。所以在进行模数转换时,需要将时间和幅值这两个量进行离散化处理,即先要按照一定的时间间隔对输入的模拟信号进行采样来完成时间离散化,然后再把这些采样值进行量化处理来得到最终的数字信号。具体的模数转换步骤包括:采样、保持、量化和编码,如图 18.3 所示。

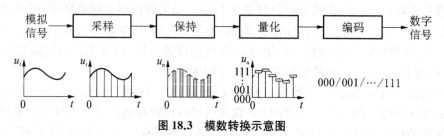

图 18.3　模数转换示意图

时间上的离散是通过采样与保持环节来实现的,幅值上的量化是通过量化与编码环节来实现的。接下来,分别从这两个角度来介绍模数转换的基本原理。

1. 采样与保持

采样就是将输入的连续时间模拟信号转换为离散时间信号(幅值仍是连续的)的过程。如图 18.4 所示,采样的过程就是通过固定周期的时钟脉冲来控制采样开关,在时钟脉冲的高电平期间让输入的模拟信号通过采样开关并输出模拟信号,在时钟脉冲的低电平期间采样开关断开,模拟信号无法输出。

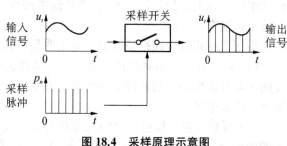

图 18.4　采样原理示意图

实际上,采样的过程就是对模拟信号进行周期性地抽取样值,使模拟信号转换为离散时间信号(时间上离散的脉冲序列),离散时间信号的值就是采样点那一瞬间模拟信号的数值。采样脉冲的频率越高,采样值就越多,这些采样点所形成的包络线就越接近原始模拟信号。但是采样值高就意味着要处理的数据量增加。实际上,并不是采样点越多越好。我们最关心的是在什么样的采样频率下所获取的离散时间信号能够不失真地还原出原始模拟信号。

奈奎斯特定理:在进行有限带宽信号的模数转换过程中,当采样频率 f_s 大于信号中最高频率 f_{max} 的 2 倍时,采样之后的信号能够完整地保留原始信号中的信息。

根据奈奎斯特定理,当采样频率大于信号中最高频率的 2 倍时,可以从离散时间信号中不失真地还原出原始模拟信号。在实际的工程应用中,采样频率往往要有一定的富余量,即采样频率取值为信号最高频率的 3～5 倍。

采样过后需要执行保持操作,即采样电平必须保持恒定一段时间,直到进行下一个采样。只有这样,后续量化编码电路才有时间来处理采样信号。经过采样和保持操作产生近似于模拟输入波形的"阶梯"波形,如图 18.3 所示。

2. 量化与编码

采样保持后所得到的离散时间信号只能实现对模拟信号时间上的离散,其幅值仍然是连续的。由于任何一个数字量的大小只能是某个规定的最小数量单位的整数倍,接下来还要通过量化来实现幅值上的离散化,即将采样保持后的离散时间信号用最小数量单位 △ 来进行表示,这就是量化。将量化的结果用二进制编码来表示就可以得到模数转换的最终数字量输出,这一过程就是编码。

　　由于离散时间信号是连续的,在进行量化过程中,绝大多数的信号值均不是最小数量单位 △ 的整数倍。因此量化过程不可避免地会引入误差,我们把这种误差称为量化误差。将输入信号进行量化等级的划分时,不同的划分方法会得到不同的误差。接下来介绍两种量化等级划分的方法,具体如图 18.5 所示。

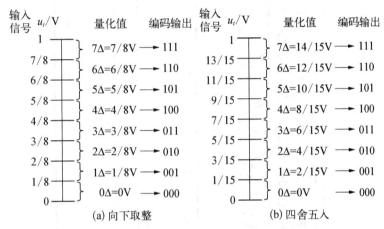

图 18.5　量化电平划分示意图

　　下面对 0~1 V 的模拟电压 u_t 进行 3 位的量化编码输出。由于 3 位二进制数能够描述 8 种不同的状态,因此将 0~1 V 的模拟电压 u_t 分成 8 个量化级。图 18.5(a) 是向下取整量化方法,该划分量化单位 △=1/8 V。规定:$0 \leqslant u_t < 1/8$ V 为 0△,即在这个范围内的电压均量化为 0 V,对应的编码输出为 000;$1/8$ V$\leqslant u_t < 2/8$ V 为 1△,即在这个范围内的电压均量化为 1/8 V,对应的编码输出为 001;以此类推,$7/8$ V$\leqslant u_t < 1$ V 为 7△,即在这个范围内的电压均量化为 7/8 V,对应的编码输出为 111。向下取整量化方法的量化误差为 △=1/8 V。

　　为了减小量化误差,可采用图 18.5(b) 所示的四舍五入量化方法。这里,量化单位 △=2/15 V,规定:$0 \leqslant u_t < 1/15$ V 为 0△,即在这个范围内的电压均量化为 0 V,对应的编码输出为 000;$1/15$ V$\leqslant u_t < 3/15$ V 为 1△,即在这个范围内的电压均量化为 2/15 V,对应的编码输出为 001;以此类推,$13/15$ V$\leqslant u_t < 1$ V 为 7△,即在这个范围内的电压均量化为 14/15 V,对应的编码输出为 111。除第一级划分($0 \leqslant u_t < 1/15$ V)外,四舍五入量化方法是将量化电压值规定为所对应的区间的中间点,其量化误差为 △/2=1/15 V。

　　以上是模数转换过程中所涉及的采样、保持、量化和编码这四个环节的基本原理。接下来,介绍两款模数转换器:并联比较型 ADC 和逐次渐近型 ADC。

18.2.2　并联比较型 ADC

　　并联比较型 ADC 的电路结构如图 18.6 所示,它由电压比较器、寄存器和编码器构成。电压比较器主要由 8 个串联的分压电阻和 7 个集成运放构成;寄存器由 7 个边沿类型的 D 触发器构成;编码器是优先编码器,I_7 的优先级最高,I_1 的优先级最低。

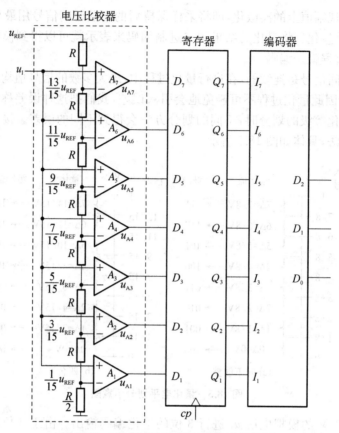

图 18.6　3 位并联比较型 ADC 电路结构图

如图 18.6 所示,参考电压为 u_{REF},7 个集成运放的同相输入端连接在一起作为模数转换的输入端 u_1,集成运放 A_1 的反向输入端所接入的电压为 u_{REF} 的 1/15;集成运放 A_2 的反向输入端所接入的电压为 u_{REF} 的 3/15;以此类推,集成运放 A_7 的反向输入端所接入的电压为 u_{REF} 的 13/15。集成运放的输出接入到 D 触发器的 D 端口,采样脉冲信号接入到 D 触发器的时钟端口。D 触发器可以使用 2 片 4D 触发器芯片 74LS175,或者 1 片 8D 触发器芯片 74LS273。触发器的输出接入到编码器的输入端 $I_7 \sim I_1$ 端口,编码器可以使用输入、输出端口为高电平有效的 8 线—3 线优先编码器 CD4532。由于 CD4532 芯片有 8 个输入端口,而 D 触发器的输出为 7 位,因此优先编码器 CD4532 的最低优先级输入端口接高电平,其余端口按照图 18.6 所示方式依次与 D 触发器的输出端相连。表 18.1 是图 18.6 所示 3 位并联比较型 ADC 的编码表。

表 18.1　3 位并联比较型 ADC 的编码表

u_1 的输入范围	Q_7	Q_6	Q_5	Q_4	Q_3	Q_2	Q_1	D_2	D_1	D_0
	I_7	I_6	I_5	I_4	I_3	I_2	I_1			
$0 \leqslant u_1 < 1/15u_{REF}$	0	0	0	0	0	0	0	0	0	0
$1/15u_{REF} \leqslant u_1 < 3/15u_{REF}$	0	0	0	0	0	0	1	0	0	1
$3/15u_{REF} \leqslant u_1 < 5/15u_{REF}$	0	0	0	0	0	1	1	0	1	0

续表

u_1 的输入范围	Q_7	Q_6	Q_5	Q_4	Q_3	Q_2	Q_1	D_2	D_1	D_0
	I_7	I_6	I_5	I_4	I_3	I_2	I_1			
$5/15u_{REF} \leqslant u_1 < 7/15u_{REF}$	0	0	0	0	1	1	1	0	1	1
$7/15u_{REF} \leqslant u_1 < 9/15u_{REF}$	0	0	0	1	1	1	1	1	0	0
$9/15u_{REF} \leqslant u_1 < 11/15u_{REF}$	0	0	1	1	1	1	1	1	0	1
$11/15u_{REF} \leqslant u_1 < 13/15u_{REF}$	0	1	1	1	1	1	1	1	1	0
$13/15u_{REF} \leqslant u_1 < u_{REF}$	1	1	1	1	1	1	1	1	1	1

根据表 18.1,当输入电压 u_1 的取值范围是 $0 \leqslant u_1 < 1/15u_{REF}$ 时,7 个集成运放的同相输入端的电位均低于反向输入端的参考电压,因此这 7 个集成运放输出均为 0,此时对应的编码输出 $D_2 D_1 D_0 = 000$。如果输入电压 u_1 的取值范围是 $9/15u_{REF} \leqslant u_1 < 11/15u_{REF}$ 时,集成运放 $A_1 \sim A_5$ 的同相输入端的电位均高于反向输入端的参考电压,因此这 5 个集成运放输出均为 1,集成运放 A_6 和 A_7 的同相输入端的电位均低于反向输入端的参考电压,因此这 2 个集成运放输出均为 0。由于编码器是优先编码器,只对优先级最高的 A_5 端口进行编码,此时对应的编码输出 $D_2 D_1 D_0 = 101$。

需要注意的是,若 $u_1 > u_{REF}$,图 18.6 所示 3 位并联比较型 ADC 输出均为 111,也就是不能进行正常的模数转换。此时需要更多位数的 ADC。但是随着位数的增多,ADC 所需要的集成运放和 D 触发器数量会呈几何级数地增长,其编码电路也会更加复杂,这是并联比较型 ADC 的缺点。n 位并联比较型 ADC 需要 $2^n - 1$ 个集成运放和 $2^n - 1$ 个 D 触发器。若是 32 位的 ADC,所需集成运放和 D 触发器数量太多,成本会很高,功耗也很大。

并联比较型 ADC 的优点也很明显,其各个量级是同时进行比较,各位输出码也是并行产生,所以它的转换速度很快,并且转换速度与 ADC 的位数无关,其转换时间可达 50ns 以下。例如,MAX1125 芯片是 8 位并联比较型 ADC,其转换速率为 300 MHz,而 MAX1151 芯片也是 8 位并联比较型 ADC,其转换速率为 900 MHz。因此,并联比较型 ADC 通常用于高速低分辨率的应用场景。

思考题

设计 2 位并联比较型 ADC。D 触发器采用 74LS175 芯片,编码器采用组合逻辑电路设计的方法来实现。

18.2.3 逐次渐近型 ADC

逐次渐近型 ADC 是应用较为广泛的一种模数转换器,具有低功耗和低成本的综合优势。在讲解其基本原理前先回顾一下用天平来称量一个未知重量重物的过程。

假设有一个 13 g 的重物,有四种砝码:8 g、4 g、2 g 和 1 g。现在用这四个砝码来称该物体。具体过程见表 18.2。

表 18.2　砝码称重过程

渐进次数	砝码	称量比较	砝码的去留	称量结果
1	8 g	8 g＜13 g	留	1 000
2	4 g	4 g＋8 g＜13 g	留	1 100
3	2 g	2 g＋4 g＋8 g＞13 g	去	1 100
4	1 g	1 g＋4 g＋8 g＝13 g	留	1 101

用天平称量重物,首先要选择最重的砝码。在表 18.2 的第一行中,由于最重的砝码比待称量的重物轻,因此"8 g"砝码留在天平上。称量的结果用 4 位二进制数来表示,这 4 位二进制数从左向右依次代表 8 g、4 g、2 g 和 1 g 的砝码,相应的二进制数取 1 代表该重量的砝码留在天平上,取 0 代表去掉该重量的砝码。在第一次比较过程中,"8 g"砝码需要留在天平上,因此称量的结果为"1 000"。接下来将"4 g"砝码放到天平上,经比较该砝码也需要保留,称量的结果为"1 100"。第三次称量时,砝码的重量大于重物,因此"2 g"砝码去除,称量结果为"1 100"。第四次称量时,8 g、4 g 和 1 g 的砝码等于重物质量,称量的结果为"1 101"。基于上述称重的原理,我们可以很好地理解逐次渐近型 ADC 的模数转换过程,具体见图 18.7。

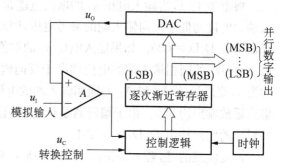

图 18.7　逐次渐近型 ADC 原理框图

如图 18.7 所示,逐次渐近型 ADC 由比较器、数模转换器(DAC)、逐次渐近寄存器、控制逻辑和时钟信号构成。当转换控制信号 u_C 是有效电平后,逐次渐近寄存器执行清零操作。在时钟脉冲的控制下,逐次渐近寄存器的最高有效位置为 1,使并行数字输出为"100…0",该输出经 DAC 后加载到比较器的同向输入端并与输入的模拟信号 u_I 进行比较,这一过程类似于砝码称重的第一步。若 $u_O＞u_I$,则说明当前设置的数字过大,要将这个最高位的"1"清除;若 $u_O＜u_I$,则说明当前设置的数字还不够大,要保留这个最高位的"1"。接下来,采用同样的方式把逐次渐近寄存器的次高有效位置为 1,重复上述过程,直至最低位为止。比较完毕后寄存器所存的数码即为模数转换的结果。实际上,上述转换方法也类似于程序设计中的"折半查找算法"。

相对于并联比较型 ADC,逐次渐近型 ADC 转换速度较慢。然而,在输出位数较多时,逐次渐近型 ADC 的突出优点是电路规模小得多,即成本更低。典型的逐次渐近型 ADC 芯片有:ADC0804、ADC0809 和 AD574。

ADC 有三个基本参数:转换速率、分辨率和转换误差。其中,转换速率是指采样、量化和编码所需的时间;分辨率可粗略地理解为编码位数。下面将分别讨论这些指标。

(1)转换速率。完成一次从模拟信号到数字信号转换所需的时间称为转换时间,转换时间的倒数称为转换速率。ADC 的转换速率主要取决于转换电路的类型,并联比较型 ADC 的转换速率最高,其转换时间可达到纳秒级;渐进比较型 ADC 转换速度稍慢,其转换时间可达到微秒级;还有转换速率更低的,例如积分型 ADC,其转换时间是毫秒级。

（2）分辨率。分辨率又称精度,通常以数字信号的位数来表示。该指标反映了 ADC 对输入微小模拟量的敏感程度,也就是最大和最小模拟量之间可以用多少位编码来表示,位数越多,描述电压细微变化的能力越强。

（3）转换误差

DAC 电路各个部分的参数不可避免地存在误差,这些误差主要包括:量化误差、偏移误差和增益误差。量化误差是最基本的误差,是指实际电压与数字编码所对应的电压之间所存在的误差。量化误差取决于量化编码方案以及数字量的位数。偏移误差是指输入信号为零时输出信号不为零的值,该误差主要源自集成运放的零点漂移。增益误差主要是指由基准电压和集成运放增益不稳定所造成的误差。

18.3　数模转换器

18.3.1　数模转换基本原理

将输入的数字量转换成与之成正比的模拟量的过程称为数模转换。图 18.8 是数模转换示意图。图 18.8(a)中,$D=d_0 d_1 \cdots d_{n-1}$ 是输入的 n 位二进制数,u_O 是与输入的二进制数成正比的输出电压,这一电压转换特性可参考图 18.8(b)所示的 3 位 DAC 实例。

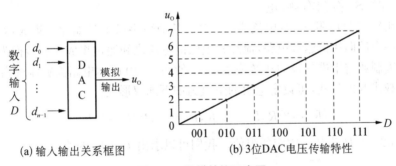

(a) 输入输出关系框图　　　　(b) 3位DAC电压传输特性

图 18.8　数模转换示意图

从第 12 章二进制数与十进制数的转换可知,一个二进制数 $D=d_0 d_1 \cdots d_{n-1}$ 可以按照级数展开的形式转化为十进制数,具体计算公式为:

$$u_O = d_{n-1} 2^{n-1} + \cdots + d_1 2^1 + d_0 2^0 \tag{18.1}$$

根据公式(18.1)可以得到二进制数所对应的十进制数,也就是实现了数模转换。从图 18.8 以及公式(18.1)可以看出,两个相邻的数码转换出的电压值是不连续的。相邻两个数码所对应的模拟电压值由最低码位所代表的位权值决定,它是 DAC 所能分辨的最小量,用 1 LSB(Least Significant Bit)来表示。

通常,一个典型的 DAC 由寄存器、模拟电子开关、位权网络、集成运放和基准电压源构成。图 18.9 是数模转换的原理框图。

如图 18.9 所示,寄存器用于存放二进制数 $D=d_0 d_1 \cdots d_{n-1}$,每一位二进制数分别控制一个模拟电子开关,使数码为"1"的位所对应的电

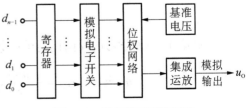

图 18.9　数模转换原理框图

子开关闭合,数码为"0"的位所对应的电子开关断开,从而在位权网络上产生与其位权成正比的电流。最后由集成运放对各个位权电流进行求和并转换为电压值。位权网络由电阻网络构成。根据位权网络的不同,数模转换器可分为权电阻网络 DAC、T 型电阻网络 DAC 和倒 T 型电阻网络 DAC 等。

18.3.2 权电阻网络 DAC

权电阻网络 DAC 是最基本的数模转换器,其他各种类型的 DAC 均在它的基础上改进而来。本节以 4 位权电阻网络 DAC 为例介绍其基本原理。图 18.10 是 4 位权电阻网络 DAC 的电路原理图。

在图 18.10 中,电阻 $R_0 \sim R_3$ 构成位权网络(即权电阻网络),$S_0 \sim S_3$ 是模拟电子开关。寄存器用于存放数字输入量 $d_0 \sim d_3$,这 4 个数字量用于控制模拟电子开关。以开关 S_0 为例,当 $d_0 = 1$ 时,S_0 拨到左侧,电阻 R_0 与基准电压 u_{REF} 相连,流过电阻 R_0 的电流为 I_0;当 $d_0 = 0$ 时,S_0 拨到右侧,电

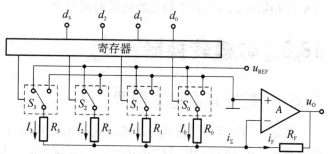

图 18.10　4 位权电阻网络 DAC 电路图

阻 R_0 与地相连,流过电阻 R_0 的电流为 0。对于其他数字量也是如此。集成运放的电路连接形式构成一个反向比例运算电路,流经各电阻的电流之和通过集成运放转换为电压 u_O 输出。根据二进制数与十进制数的转换关系,为了使图 18.10 所示电路能够体现出公式(18.1)中这种 2^i 加权求和的形式,可设定电阻的阻值为如下加权形式:

$$R_0 = 2^3 R, R_1 = 2^2 R, R_2 = 2^1 R, R_3 = 2^0 R \tag{18.2}$$

公式(18.2)中,R 为某一固定的阻值。我们可以求出 $I_0 \sim I_3$ 的值:

$$I_0 = \frac{u_{REF}}{2^3 R} d_0, I_1 = \frac{u_{REF}}{2^2 R} d_1, I_2 = \frac{u_{REF}}{2^1 R} d_2, I_3 = \frac{u_{REF}}{2^0 R} d_3 \tag{18.3}$$

由公式(18.3)得到干路电流 i_Σ:

$$i_\Sigma = I_0 + I_1 + I_2 + I_3 = \frac{u_{REF}}{2^3 R}(d_0 2^0 + d_1 2^1 + d_2 2^2 + d_3 2^3) \tag{18.4}$$

公式(18.4)的表达式与公式(18.1)比较接近,出现了 2^i 加权求和的形式。在图 18.10 中,干路电流 i_Σ 接入到集成运放的反向输入端口,同时假设集成运放的反馈电阻 $R_F = R$。根据理想集成运放的"虚短"和"虚断"原则,有:

$$i_F = i_\Sigma \tag{18.5}$$

根据第 10 章所学习的反向比例运算电路相关知识,有

$$u_O = -i_F R_F = -\frac{u_{REF}}{2^3}(d_0 2^0 + d_1 2^1 + d_2 2^2 + d_3 2^3) \tag{18.6}$$

公式(18.6)是图 18.10 所示电路的数模转换计算公式。可以将该公式推广到 n 位权电

阻网络 DAC 的计算：

$$u_O = -\frac{u_{REF}}{2^{n-1}} \sum_{i=0}^{n-1} d_i \times 2^i \tag{18.7}$$

【例 18 - 1】 对于图 18.10 所示电路，假设 $u_{REF} = 5$ V，当输入的二进制数据 D = 1010 时，求输出电压 u_O。同时，确定 4 位权电阻网络 DAC 的 u_O 取值范围。

解 根据题意，将相关参数代入到公式(18.7)中，有输入数据为 D = 1010 时所对应的输出为：

$$\begin{aligned}
u_O &= -\frac{u_{REF}}{2^{n-1}} \sum_{i=0}^{n-1} d_i \times 2^i \\
&= -\frac{5}{8}(1 \times 2^3 + 0 \times 2^2 + 1 \times 2^1 + 0 \times 2^0) \\
&= -6.25 \text{ V}
\end{aligned} \tag{18.8}$$

将 D = 0000 代入到上述公式，可得到输出电压为：$u_O = 0$；对于 D = 1111，有 $u_O = -9.375$。因此，4 位权电阻网络 DAC 的 u_O 取值范围是：0～-9.375。

在实际的电路中，如果输入的数字量全为 0 时所对应的模拟电压输出不为 0，可以通过电路调整来使输出量为 0，这一过程称为零点校准。当然，现代半导体工艺比较成熟，对于大多数 DAC 芯片，无需考虑零点校准。将输入数字量全部为 1 时所对应的模拟输出(取绝对值)称为满刻度值 FSR(Full Scale Range)。

思考题

对于图 18.10 所示电路，如何使数模转换输出的电压值为正数？画出电路图并给出必要的分析计算。

权电阻网络 DAC 的优点是电路结构简单，缺点是在输入数字信号位数较多时各个电阻的阻值相差较大。例如，一个 16 位的权电阻网络 DAC，取电阻网络中最小电阻为 $R = 1$ kΩ，则权电阻网络中最大的电阻阻值为 $2^{15}R = 32.768$ MΩ，两者相差 32 768 倍。如果是 32 位 DAC 这一差异性会更大。若要实现位数较多的权电阻网络 DAC 芯片，对于阻值较大的电阻，在工艺上实现起来比较困难，阻值精度难以保证。

18.3.3 倒 T 型电阻网络 DAC

为了克服权电阻网络 DAC 的缺点，可采用图 18.11 所示的倒 T 型电阻网络 DAC[①]。图中的位权网络是采用 R 和 $2R$ 两种阻值的电阻并形成所谓的"倒 T 形"网络结构。由于只有两种阻值的电阻，这样一来给 DAC 芯片的制造带来了很大的便利性。

根据理想集成运放的"虚短"和"虚断"原则，无论模拟电子开关 $S_0 \sim S_3$ 拨向左侧还是右侧，各个阻值为"$2R$"的电阻的上端都相当于接地。假设由基准电压 u_{REF} 所流出的干路电流为 I，则很容易求出流过倒 T 型电阻网络中各个电阻的电流，具体数值已经标记在图 18.11

---

① 有的教材称其为 R - $2R$ 梯形网络 DAC。

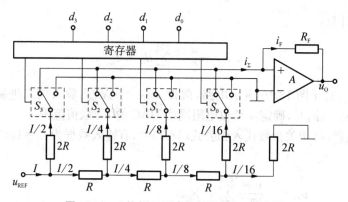

图 18.11 4 位倒 T 型电阻网络 DAC 电路图

中。从该图可以看出，干路电流为 I 每经过一个"$2R$"电阻就减半。这样一来，流过 4 个"$2R$"电阻的电流分别为 $I/2$、$I/4$、$I/8$ 和 $I/16$。这样便出现了公式(18.1)中这种 2^i 加权求和的形式，并且这 4 个电流是流入集成运放的反向输入端还是流入地取决于数字量 $d_0 \sim d_3$。从图 18.11 可以求出电流 i_Σ

$$i_\Sigma = d_3\frac{I}{2} + d_2\frac{I}{4} + d_1\frac{I}{8} + d_0\frac{I}{16} \tag{18.9}$$

图 18.11 中倒 T 型电阻网络的等效电阻为 R，因此干路电流 I 为：

$$I = \frac{u_{REF}}{R} \tag{18.10}$$

将公式(18.10)带入到公式(18.9)中，我们有：

$$i_\Sigma = \frac{u_{REF}}{2^4 R}(d_3 2^3 + d_2 2^2 + d_1 2^1 + d_0 2^0) \tag{18.11}$$

取反馈电阻 $R_F = R$，并将公式(18.11)带入到集成运放的反向比例计算公式得到输出电压公式：

$$u_O = -i_F R_F = -i_\Sigma R_F = -\frac{u_{REF}}{2^4}(d_3 2^3 + d_2 2^2 + d_1 2^1 + d_0 2^0) \tag{18.12}$$

类似地，n 位倒 T 型电阻网络 DAC 输出电压计算公式为：

$$u_O = -\frac{u_{REF}}{2^n}\sum_{i=0}^{n-1} d_i \times 2^i \tag{18.13}$$

倒 T 型电阻网络 DAC 是工作速度较快，应用较广的一类 DAC。常见的倒 T 型电阻网络 DAC 芯片型号有：AD7524、DAC0832 和 AD7546 等。

DAC 的主要性能指标有：分辨率、转换误差和转换速率，下面将分别讨论这些指标。

(1) 分辨率。分辨率用于表示 DAC 对输入微小数字量变化的敏感程度，定义为 DAC 的模拟输出电压可能分成的等级数，n 位 DAC 具有 2^n 个不同的输出电压，位数越多，等级越多，意味着分辨率越高。

(2) 转换误差。DAC 转换的实际输出与预期输出还是有一定的差距，这一差距称为转换误差。实际上，数模转换的各个环节在参数及性能上和理论值存在着差异，体现在：基准电压的波动、运算放大器的零点漂移、电子开关的导通内阻和导通压降以及电阻网络中电阻阻值的偏差等。

（3）转换速率。转换速率是一个与建立时间有关的指标。粗略地讲，DAC 的输入端接收到数字量到输出端输出稳定模拟电压所需的时间称为建立时间。一般用最大建立时间来衡量 DAC 的转换速率，即从 DAC 的输入端从全 0 突变为全 1 开始到输出电压稳定在 FSR $\pm1/2$LSB 范围内为止的这段时间称为最大建立时间。

习　题

一、填空题

1. 将一个时间上连续变化的模拟信号转换为时间上离散的模拟信号的过程称为_____。

2. 权电阻网络 DAC 的转换精度取决于基准电压、模拟电子开关、运算放大器和_____的精度。

3. 与权电阻网络 DAC 相比，倒 T 型电阻网络 DAC 克服了权电阻阻值多且_____的缺点。

4. 并联比较型 ADC 的突出优点是_____，同时转换速度与输出码位的多少无关。

5. 根据奈奎斯特定理，在 A/D 转换过程中，为使采样输出信号不失真地还原出输入的模拟信号，采样频率 f_s 和输入模拟信号的最高频率 f_{max} 的关系是_____。

6. 用二进制数来表示离散电平称为_____。

7. 模数转换中，把取样电压转换为某一指定电平的倍数的过程称为_____。

参考文献

[1] 邱关源,罗先觉.电路:第5版[M].北京:高等教育出版社,2006.

[2] 童诗白,华成英.模拟电子技术基础:第4版[M].北京:高等教育出版社,2006.

[3] 于歆杰,朱桂萍,陆文娟.电路原理[M].北京:清华大学出版社,2007.

[4] 康华光.电子技术基础:模拟部分:第6版[M].北京:高等教育出版社,2013.

[5] 李心广,王金矿,张晶.电路与电子技术基础:第2版[M].北京:机械工业出版社,2012.

[6] 王毓银.数字电路逻辑设计:第3版[M].北京:高等教育出版社,2003.

[7] 阎石,王红.数字电子计数基础:第6版[M].北京:高等教育出版社,2016.

[8] 康华光.电子技术基础:数字部分:第6版[M].北京:高等教育出版社,2014.

[9] HOROWITZ P, HILL W. The art of Electronics[M]. Cambridge: Cambridge University Press. 2014.

[10] FLOYD T L. Digital Fundamentals[M].10th ed.北京:科学出版社,2016.

[11] SALAM M A, RAHMAN Q M. Fundamentals of Electronical Circuit Analysis[M]. Singapore:Springer Nature Singapore Pte Ltd. 2018.